W0255271

Teubner Studienbücher

Mathematik

Ahlswede/Wegener: **Suchprobleme**
328 Seiten. DM 28,80

Ansorge: **Differenzenapproximationen partieller Anfangswertaufgaben**
298 Seiten. DM 29,80 (LAMM)

Böhmer: **Spline-Funktionen**
Theorie und Anwendungen. 340 Seiten. DM 28,80

Clegg: **Variationsrechnung**
138 Seiten. DM 17,80

Collatz: **Differentialgleichungen**
Eine Einführung unter besonderer Berücksichtigung der Anwendungen
5. Aufl. 226 Seiten. DM 24,80 (LAMM)

Collatz/Krabs: **Approximationstheorie**
Tschebyscheffsche Approximation mit Anwendungen. 208 Seiten. DM 28,—

Constantinescu: **Distributionen und ihre Anwendung in der Physik**
144 Seiten. DM 18,80

Fischer/Sacher: **Einführung in die Algebra**
2. Aufl. 240 Seiten. DM 18,80

Grigorieff: **Numerik gewöhnlicher Differentialgleichungen**
Band 1: Einschrittverfahren. 202 Seiten. DM 16,80
Band 2: Mehrschrittverfahren. 411 Seiten. DM 29,80

Hainzl: **Mathematik für Naturwissenschaftler**
2. Aufl. 311 Seiten. DM 29,— (LAMM)

Hässig: **Graphentheoretische Methoden des Operations Research**
160 Seiten. DM 26,80 (LAMM)

Hilbert: **Grundlagen der Geometrie**
12. Aufl. VII, 271 Seiten. DM 24,80

Jaeger/Wenke: **Lineare Wirtschaftsalgebra**
Eine Einführung
Band 1: vergriffen
Band 2: IV, 160 Seiten. DM 19,80 (LAMM)

Jeggle: **Nichtlineare Funktionalanalysis**
Existenz von Lösungen nichtlinearer Gleichungen. 255 Seiten. DM 24,80

Kall: **Mathematische Methoden des Operations Research**
Eine Einführung. 176 Seiten. DM 22,80 (LAMM)

Kochendörffer: **Determinanten und Matrizen**
IV, 148 Seiten. DM 17,80

Kohlas: **Stochastische Methoden des Operations Research**
192 Seiten. DM 24,80 (LAMM)

Fortsetzung auf der 3. Umschlagseite

Suchprobleme

Von Dr. rer. nat. Rudolf Ahlswede
o. Professor an der Universität Bielefeld

und Dr. math. Ingo Wegener
wiss. Assistent an der Universität Bielefeld

Mit 22 Figuren

B. G. Teubner Stuttgart 1979

Prof. Dr. rer. nat. Rudolf Ahlswede

Geboren 1938 in Dielmissen/Niedersachsen. Studium der
Mathematik, Philosophie und Physik in Göttingen von
1958 bis 1964. Von 1964 bis 1967 Assistent in Göttingen und Erlangen, von 1967 bis 1969 Assistant Professor, von 1969 bis 1972 Associate Professor und von
1972 bis 1974 Full Professor für Mathematik an der
Ohio State University, Columbus, Ohio, USA. Seit 1975
Professor an der Fakultät für Mathematik der Universität Bielefeld. Gastaufenthalt in Ithaca 1968, Urbana
1970/71 und Rom 1972. 1974/75 DFG-Gastprofessor in
Göttingen.

Dr. math. Ingo Wegener

Geboren 1950 in Bremen. Studium der Mathematik und
Soziologie in Bielefeld von 1970 bis 1976. 1976 wiss.
Hilfskraft und von 1976 bis 1978 Verwalter einer
Stelle als wiss. Assistent in Bielefeld. Seit 1978
wiss. Assistent an der Fakultät für Mathematik der
Universität Bielefeld.

CIP-Kurztitelaufnahme der Deutschen Bibliothek

Ahlswede, Rudolf:
Suchprobleme / von Rudolf Ahlswede u. Ingo Wegener. -
Stuttgart : Teubner, 1979.
   (Teubner Studienbücher : Mathematik)
   ISBN 978-3-519-02058-5   ISBN 978-3-322-91203-9 (eBook)
   DOI 10.1007/978-3-322-91203-9
NE: Wegener, Ingo

Gesamtherstellung: Beltz Offsetdruck, Hemsbach/Bergstr.
Umschlaggestaltung: W. Koch, Sindelfingen

<u>Vorwort</u>

In den vergangenen drei Jahrzehnten findet man sowohl in theoretisch ausgerichteten als auch in anwendungsorientierten Zeitschriften in zunehmendem Maße Beiträge zum Thema "Suchen". Dabei ist auffallend, daß sehr verschiedenartige Probleme als Suchprobleme klassifiziert werden und daß Forscher der verschiedenen Fachrichtungen häufig sehr wenig über Ergebnisse, die in ihnen nicht vertrauten Gebieten erzielt wurden, informiert sind.

Mit diesem Buch wird ein Versuch unternommen, das umfangreiche Material so darzustellen, daß dem Leser ein schneller Einstieg in den Fragenkreis und ein möglichst umfassender Überblick ermöglicht wird.

Es war unser Ziel, die wesentlichen Arbeiten auf dem Gebiet nach neuestem Stand zu behandeln, aber wir erheben keinen Anspruch auf Vollständigkeit in irgendeinem Sinne, da schon der Rahmen dieses Buches einem solchen Verlangen nicht gerecht werden kann. Bei einigen Arbeiten, die es an sich verdient hätten, ausführlich dargestellt zu werden, haben wir uns deshalb auf die Angabe ihrer Ergebnisse beschränkt. Der interessierte Forscher wird so in den Stand versetzt, sich seinen Weg durch die Literatur selbst zu bahnen. Das Buch dürfte für den Experten als Nachschlagewerk nützlich sein.

Aber unser Hauptanliegen ist es, jedem Leser mit der Bereitschaft und der Fähigkeit zu abstraktem, formalen Denken einen Zugang zu den grundlegenden Ideen, Methoden und Resultaten des Gebietes zu ermöglichen, die noch nicht in Büchern erschienen sind, aber von ihrer Bedeutung her eine weitere Verbreitung verdienen. Teil 2 des Buches ist vornehmlich für diesen größeren Leserkreis bestimmt. An Vorkenntnissen wird hier lediglich ein solides mathematisches Schulwissen erwartet. Alle Beweise werden in großer Ausführlichkeit gegeben.

Für das Verständnis von Teil 4 sind Kenntnisse in elementarer Wahrscheinlichkeitsrechnung erforderlich. Teil 3 setzt ein Wissen im Umfang eines Grundkurses in Stochastik voraus. In beiden Teilen werden die Beweise straffer geführt.

Die einzelnen Teile können unabhängig voneinander gelesen und für Unterrichtszwecke verwendet werden.

Wir danken Frau Waltraut Blenski für das zügige Schreiben des Manuskripts.

Wir danken Beatrix und Christa dafür, daß sie uns gefunden haben.

Bielefeld, im Mai 1979   R. Ahlswede
                                                      I. Wegener

Inhalt

<u>T E I L 1 :</u>   <u>Einführende Bemerkungen und Definitionen</u>

<u>Kapitel I:</u> <u>Einleitung</u>

Man schreibt Lessing den Ausspruch zu: "Was wir sind, ist nichts, was wir suchen, ist alles." In seinen gesammelten Werken konnten wir diesen Satz allerdings nicht finden. Wir gedenken hier auch nicht, über diesen Ausspruch zu philosophieren. Vielleicht kämen wir sonst dazu, ihn abzuwandeln zu: "Suchen ist alles." Wir führen den Ausspruch nur als Beispiel dafür an, welche Bedeutung ein Denker dem Suchen beimißt.

Jeder kann in kurzer Besinnung über einen Tagesablauf erkennen, wieviel Zeit er damit verbringt, etwas zu suchen. Man denke etwa nur an Einkaufsartikel in einem Kaufhaus, Sendungen im Fernsehen, Kleidungsstücke zum Anziehen, verlegte Gegenstände in der Wohnung oder am Arbeitsplatz, Bücher in einer Bibliothek, die Suche nach einer guten Ausrede oder an die Suche nach der Einleitung zu einem Buch. Dann denke man an uns mehr bewegende Dinge wie die Suche nach richtigen Entscheidungen, Suche nach Erkenntnis, Suche nach sich selbst.

Unabhängig davon, welche Bedeutung der einzelne den verschiedenen Suchzielen und Formen des Suchens in seinem Leben einräumt, durch diese Aufzählung ist wohl deutlich geworden, daß niemand die Bedeutung des Suchens für das menschliche Leben ernsthaft leugnen kann.

Für den Wissenschaftler ist es eine zentrale Frage, wie man gute Arbeitshypothesen findet und wie man Experimente anlegt, um über diese zu entscheiden. Der Theoretiker sucht Theorien und Methoden zu ihrer Entwicklung. Jeder, der derartigen Tätigkeiten eine gewisse Zeit geopfert hat, entwickelt ein gewisses Gespür dafür, daß auch dieses Betätigungsfeld menschlicher Kreativität und Phantasie gewissen Regeln unterworfen ist. Diese herauszufinden, ist sehr schwierig. Bemerkenswerterweise hat Descartes seine "Regulae ad directionem ingenii" nie fertiggestellt (sie erschienen ein halbes Jahrhundert nach seinem Tode) und hat Leibniz den Plan zu einem Werk "Kunst des Erfindens" aufgegeben.

In der Mathematik stellt sich insbesondere die Aufgabe, Vermutungen (Arbeitshypothesen) zu fixieren und für sie einen Beweis

oder eine Widerlegung zu finden. Jeder Mathematiker verfügt über
ein gewisses Reservoir an Vorgehensweisen, die er teils bewußt,
teils unbewußt verwendet. Inwieweit läßt sich sein Verhalten ratio-
nalisieren? Lassen sich Regeln angeben, die es ermöglichen, das gewünschte Ziel schnell zu erreichen? Polya ("How to solve it", 1945)
hat sehr interessante Beiträge zu diesem Thema geliefert.

Mit diesen allgemeinen Andeutungen dürfte die Komplexität und
Breite des Themas "Suchen" ins Bewußtsein gerückt sein. Ein Zyniker
mag dieses auf die Formel bringen: "Ein Philosoph ist jemand, der
weder weiß, wie er sucht, noch, was er sucht." Als Jünger Hilberts
können wir uns damit nicht zufriedengeben, denn uns mahnt seine
Stimme: "Wir müssen wissen, wir werden wissen." Damit wird auch der
Rahmen dieses Buches abgesteckt. Wir behandeln nämlich nur Suchprobleme, bei denen wir wissen, welches Suchziel verfolgt wird und
welche Suchverfahren zur Verfügung stehen. Unter den genannten Vor-
gaben suchen wir möglichst gute (erfolgreiche, schnelle, billige,
einfache) Suchstrategien. In Kap. II wird dieses anhand eines Bei-
spieles erläutert.

Mit unseren Begriffsbildungen und Klassifikationen wollen wir
dazu beitragen, das Wesentliche und das Gemeinsame der verschiedenen Suchprobleme herauszuarbeiten. Damit soll dem Leser ein
schneller Einstieg in die Problematik und ein Überblick über die
neuesten Resultate ermöglicht werden. Gleichzeitig möchten wir
möglichst viele Leser zu selbständiger Forschung anregen. Durch die
Nebeneinanderstellung der verschiedenen Suchprobleme und der verschiedenen Lösungsmethoden hoffen wir schließlich, den Informa-
tionsaustausch zwischen den Wissenschaftlern der verschiedenen
Zünfte zu verbessern. Die Notwendigkeit dafür wird schon allein
daran deutlich, daß gewisse Ergebnisse von Forschern immer wieder
"gefunden" wurden.

Es wurde bewußt auf die Entwicklung einer einheitlichen und
allseitig geglätteten Theorie des Suchens verzichtet, weil dieses
bei einem sich so sehr in Bewegung befindlichem Gebiet zu zu
frühen Festlegungen führt und dazu verführt, die weitere Entwicklung dem perpetuum mobile des mathematischen Apparates zu überlassen. Es kommt uns darauf an, ein gewisses Problembewußtsein
offen zu halten und den Wettstreit der verschiedenen Ansätze und
Arbeitsmethoden nicht zu unterbinden. Deshalb haben wir auch als

Titel des Buches "Suchprobleme" und nicht "Theorie des Suchens" gewählt.

Nachdem der Leser das Buch verstanden hat, kann er es getrost
wegwerfen, denn er wird es wiederfinden können. Findet er es jedoch
nicht, so findet es vielleicht ein anderer, der es unbedingt lesen
sollte. Wer sich aber außerstande sieht, das Buch oder einige Teile
davon zu verstehen, der möge Trost suchen bei "Matthäus 7,7".

Kapitel II: Ein exemplarisches Suchmodell

In diesem Kapitel wollen wir das Suchmodell darstellen, das wir im Teil 2 des Buches (mit Ausnahme von Kap. VII § 3) untersuchen. Die später behandelten, allgemeineren Modelle werden wir erst in den entsprechenden Kapiteln erläutern. Das Suchproblem, an dem wir das Modell erklären, wird in Kap. VII § 2 näher untersucht.

Im Zweiten Weltkrieg wurden alle in den USA zur Armee einberufenen Bürger auf Syphilis untersucht. Dabei wurde das Blut jeder einzelnen Person mit der Wassermannschen Reaktion darauf getestet, ob es bestimmte Antikörper enthält, die nur bei Syphiliskranken im Blut enthalten sind. Bei dieser Massenuntersuchung merkte man, daß es vernünftiger sein kann, das Blut von mehreren Personen gemeinsam zu testen. Enthält diese gemeinsame Blutprobe keine Antikörper, so ist keine der untersuchten Personen an Syphilis erkrankt. Ansonsten muß mindestens eine der untersuchten Personen an Syphilis erkrankt sein. Man ist nun an einem Verfahren interessiert, mit dem "möglichst schnell" die Menge aller kranken Personen ermittelt werden kann.

Die zu untersuchenden Personen werden von $1,\ldots,N$ durchnumeriert. Jede Teilmenge von $\{1,\ldots,N\}$ kann die Menge der kranken Personen sein. In unserem Suchmodell nehmen wir allgemein an, daß es bei unserer Suche eine endliche Menge von möglichen Resultaten gibt. Diese Menge nennen wir den Suchbereich X. In unserem Beispiel ist X die Potenzmenge von $\{1,\ldots,N\}$, $P(\{1,\ldots,N\})$.

Welche Möglichkeiten haben wir bei unserer Suche? In unserem Beispiel können wir für alle $A\subseteq\{1,\ldots,N\}$ das Blut der Personen in A gemeinsam der Wassermannschen Reaktion unterziehen. Es gibt zwei mögliche Ergebnisse, je nachdem, ob eine der Personen in A krank ist oder nicht. Allgemein modellieren wir die Aktionen bei einer Suche durch irrtumsfreie Tests t, wobei t eine Abbildung von X in eine Menge R ist. Falls $i\in X$ gesucht wird, so ergibt t das Ergebnis $t(i)$. Hat andererseits t das Ergebnis $r\in R$, so muß das gesuchte Objekt in $t^{-1}(r)$ sein. Der gemeinsamen Untersuchung der Personen in $A\subseteq\{1,\ldots,N\}$ entspricht der Test $t_A:P(\{1,\ldots,N\})\to\{0,1\}$ mit $t_A(B)=1\Leftrightarrow A\cap B\neq\emptyset$. Das Blut der Personen in A enthält genau dann Antikörper (Testergebnis 1), wenn die Menge der kranken Personen (B) mit der Menge der untersuchten Personen (A) einen nichtleeren Durchschnitt hat.

Wie können wir die Suche planen? Wir können eine Folge von Tests $t_1,\ldots,t_m$ angeben, wobei wir diese Tests nacheinander durchführen wollen. Falls $i\in X$ gesucht wird, so erhalten wir die Ergebnisfolge $e(i)=(t_1(i),\ldots,t_m(i))$. Sind die Ergebnisfolgen $e(i)$ $(i\in X)$ verschieden, so ist die Strategie $s=(t_1,\ldots,t_m)$ erfolgreich, da wir aus der Ergebnisfolge eindeutig auf das gesuchte Element schließen können. Für unser Beispiel sind für $N=8$ die Strategien s' und s'' offensichtlich erfolgreich:

$$s'=(t_{\{1\}},\ldots,t_{\{8\}}),\quad s''=(t_{\{1,\ldots,8\}},t_{\{1\}},\ldots,t_{\{8\}}).$$

Für $i\in X$ beträgt die Suchdauer von $s=(t_1,\ldots,t_m)$ $\ell(i)=k$, wenn wir aus $t_1(i),\ldots,t_k(i)$ aber nicht aus $t_1(i),\ldots,t_{k-1}(i)$ schließen können, daß i gesucht wird. Bei s' beträgt die Suchdauer stets 8, während bei s'' die Suchdauer 1 beträgt, wenn alle Personen gesund sind, die Suchdauer 8 beträgt, wenn nur die achte Person krank ist, und ansonsten die Suchdauer 9 ist.

Der bisher angegebene Strategiebegriff erweist sich in vielen Fällen als zu speziell. Bevor wir den k-ten Test durchführen, kennen wir bereits die Ergebnisse der ersten k-1 Tests. Strategien, die diese Information ausnutzen, nennen wir sequentiell, während wir die obigen, einfachen Strategien nichtsequentiell nennen. Es sei T die Menge der zugelassenen, irrtumsfreien Tests und STOP die Aktion, die Suche zu beenden. Eine sequentielle Strategie $s=(s_1,s_2,\ldots)$ setzt sich folgendermaßen zusammen: Es ist $s_1\in T^*:=T\cup\{STOP\}$. Falls $s_1=t$, so beginnen wir mit dem Test t, während wir, falls $s_1=STOP$, die Suche sofort stoppen. Falls $s_1=t$ und r ein mögliches Ergebnis von t ist, dann gibt $s_2(r)\in T^*$ an, was wir als zweites tun, wenn der erste Test das Ergebnis r hat. Falls $s_1,\ldots,s_{k-1}$ bereits definiert sind, dann soll s_k auf der Menge der Ergebnisfolgen $(r_1,\ldots,r_{k-1})$ definiert sein, die bei den ersten k-1 Tests möglich sind. Diese Menge kann natürlich leer sein (z.B. wenn $s_{k-1}=STOP$). $s_k(r_1,\ldots,r_{k-1})\in T^*$ ist die nächste Aktion, wenn wir die Ergebnisse $r_1,\ldots,r_{k-1}$ erhalten haben.

Offensichtlich kann jede nichtsequentielle Strategie $s=(t_1,\ldots,t_m)$ als sequentielle Strategie aufgefaßt werden: $s_1=t_1,\ldots,s_m=t_m,s_{m+1}=STOP$. Vernünftigerweise sollten wir sequentielle Strategien so definieren, daß wir die Suche dann stoppen, wenn wir das gesuchte Objekt identifiziert haben.

Für die folgende erfolgreiche, sequentielle Strategie s^* gibt

es keine entsprechende nichtsequentielle Strategie. Es sei N=8.
Wir teilen die 8 Personen in 4 Paare $\{1,2\},\ldots,\{7,8\}$ ein. Zunächst
wird das Blut jedes Paares gemeinsam getestet. Paare, in deren Blut
keine Antikörper gefunden werden, sind gesund. Für die anderen
Paare testen wir das Blut der Person mit ungerader Nummer. Ist
diese Person gesund, so muß die andere Person des Paares krank
sein. Auch diese Paare sind damit klassifiziert. Für alle restlichen Paare wird auch noch das Blut der Person mit gerader Nummer
untersucht. Als Übung berechne man die Suchdauer von s*, wenn genau
die Personen 1,4,7 und 8 krank sind.

Da X endlich ist, können wir uns auf endliche, sequentielle
Strategien beschränken, das sind Strategien s, für die es ein k mit
$s_k \equiv$ STOP gibt. Für $i \in X$ gibt es dann eine eindeutige Ergebnisfolge
$e(i) = (e_1(i),\ldots,e_{\ell(i)}(i))$ mit $\ell(i)<k$, wobei die Strategie s,
falls i gesucht wird, nach $\ell(i)$ Tests mit der Ergebnisfolge $e(i)$
stoppt. s heißt erfolgreich, wenn für jedes $i \in X$ kein anderes Objekt
nach $\ell(i)$ Tests die Ergebnisfolge $e(i)$ liefert. $\ell(i)$ ist dann die
Suchdauer von s für i. Die maximale Suchdauer von s beträgt
$\max\{\ell(i)|i \in X\}$. Unser Ziel kann darin bestehen, eine sequentielle
oder nichtsequentielle, erfolgreiche Strategie anzugeben, deren
maximale Suchdauer minimal ist.

Dieses Problem ist für unser Beispiel trivial. Wenn alle Personen krank sind, haben wir das erst dann festgestellt, wenn wir
das Blut aller Personen einzeln getestet haben. Die maximale Suchdauer jeder Strategie beträgt also mindestens N. Andererseits hat
die erfolgreiche Strategie $t_{\{1\}},\ldots,t_{\{N\}}$ die maximale Suchdauer N
und ist daher optimal.

Bei den Reihenuntersuchungen des amerikanischen Militärs
konnte nach einiger Zeit q, der Anteil der Syphiliskranken an der
Gesamtzahl der untersuchten Bürger, sehr genau geschätzt werden.
Darüber hinaus konnte man, da man über die einzelnen Bürger kaum
Informationen hatte, folgende Annahmen rechtfertigen: Die
"a-priori-Wahrscheinlichkeit", an Syphilis erkrankt zu sein, ist
für alle Personen gleich und damit gleich q. Ob eine Person an
Syphilis erkrankt ist oder nicht, ist unabhängig vom Gesundheitszustand der anderen Personen. Daher ist die a-priori-Wahrscheinlichkeit, daß genau die Personen in $A \subseteq \{1,\ldots,N\}$ an Syphilis er-
krankt sind, $p(A) = q^{|A|}(1-q)^{n-|A|}$. Allgemein ist eine a-priori-

Verteilung auf X eine Abbildung $p: X \rightarrow [0,1]$ mit $\sum\limits_{i \in X} p(i) = 1$.

Wenn es bei einem Suchproblem möglich ist, eine a-priori-Verteilung p anzugeben (zu schätzen), dann läßt sich E(s), die erwartete Suchdauer einer erfolgreichen Strategie s, durch $E(s) = \sum\limits_{i \in X} p(i) \ell(i)$ ausdrücken. Unser Ziel besteht nun darin, eine sequentielle (oder nichtsequentielle), erfolgreiche Strategie anzugeben, deren erwartete Suchdauer minimal ist. Für unser medizinisches Suchproblem ist diese Aufgabe noch ungelöst (Kap. VII § 2). Damit haben wir schon hier ein Problem dargestellt, an dem der interessierte Leser forschen kann. Wir wollen noch bemerken, daß die oben angegebene Strategie s* genau dann besser als s' ist, wenn $q < 3/2 - 1/2 \sqrt{5} \approx 0{,}38$ ist (Kap. VII § 2).

In allgemeineren Suchmodellen muß die Mächtigkeit des Suchbereiches nicht endlich sein. Dann können Tests auch mehr als endlich viele Ergebnisse haben. Häufig ist das Testergebnis durch das gesuchte $i \in X$ nicht eindeutig bestimmt. Durch die Struktur des Tests oder durch äußere Einflüsse und menschliches Versagen kann das Testergebnis eine Zufallsgröße sein. In einigen Fällen gibt es weiterhin erfolgreiche Strategien, bei deren Verwendung wir das gesuchte Objekt mit Sicherheit identifizieren können. Ansonsten müssen wir uns damit begnügen, das gesuchte Objekt mit großer Wahrscheinlichkeit richtig (oder annähernd richtig) zu identifizieren. Die Strategien werden dann mit anderen Gütekriterien verglichen. Schließlich können verschiedene Tests verschiedene Kosten verursachen. An Stelle der Suchdauer untersuchen wir dann die Suchkosten. Diese allgemeineren Modelle behandeln wir in den späteren Kapiteln.

T E I L   2 :   Suchprobleme mit irrtumsfreien Tests

Kapitel III: Binäre Suchprobleme ohne Einschränkungen an die
              Tests

§ 1: Einleitung

Wir wollen uns zunächst nur mit Suchproblemen beschäftigen,
in denen alle zur Verfügung stehenden Tests irrtumsfrei sind. Die
Suchprobleme heißen binär, wenn alle Tests nur zwei verschiedene
Ergebnisse annehmen können. Derartige Tests heißen auch binäre
Tests. Die beiden möglichen Testergebnisse von t bezeichnen wir
mit 0 und 1. Binäre Tests lassen sich somit durch die Menge der
Objekte beschreiben, für die das Testergebnis 1 ist. Für $A \subset X$ sei
t_A der binäre Test, der genau dann das Ergebnis 1 hat, wenn das
gesuchte Objekt in A liegt: $t_A(x)=1 :\Longleftrightarrow x \in A$.

Zusätzlich wollen wir in diesem Kapitel annehmen, daß alle
Tests t_A $(A \subset X)$ zugelassen sind. Diese Annahme ist häufig nicht
gerechtfertigt. Die Struktur anwendungsorientierter Suchprobleme
schließt, wie wir in späteren Kapiteln sehen werden, viele der
Tests t_A aus. Jedoch ist es sinnvoll, zunächst das binäre Suchproblem ohne derartige Einschränkungen zu untersuchen. Viele der
dabei gewonnenen Ergebnisse werden grundlegend für die Untersuchung speziellerer Suchprobleme sein.

In § 2 stellen wir uns die Frage, wieviele Tests im ungünstigsten Fall durchgeführt werden müssen, um die Suche erfolgreich
zu beenden. Zunächst untersuchen wir die Menge der nichtsequentiellen Strategien. Die Lösung dieses Suchproblems ist elementar.
Gleichzeitig zeigen wir die Äquivalenz des Suchproblems zu dem
kombinatorischen Problem der Minimierung von trennenden Systemen.
Schließlich zeigt es sich, daß wir in diesem einfachen Suchproblem
auch mit sequentiellen Strategien kein besseres Ergebnis erzielen
können.

In § 3 untersuchen wir die Güte der Strategie, die zu jedem
Zeitpunkt unabhängig vom bisherigen Verlauf des Suchprozesses
einen Test zufällig aus der Menge aller Tests nach der Gleichverteilung auswählt. Diese unsystematische Strategie erweist sich
als "ziemlich gut" im Vergleich zu den in § 2 bestimmten optimalen
Strategien.

Im weiteren Verlauf dieses Kapitels werden wir dann nicht mehr
das worst-case-Verhalten von Strategien untersuchen. Statt dessen
wollen wir die erwartete Suchdauer minimieren, wobei eine a-priori-
Verteilung auf dem Suchbereich gegeben ist.

In § 4 zeigen wir, daß das Problem, eine sequentielle Strategie
mit minimaler erwarteter Suchdauer zu bestimmen, äquivalent ist zu
dem informationstheoretischen Problem der Minimierung der erwarteten Codewortlänge von Präfixcodes. Mit diesem Ergebnis können
wir in § 5 das aus der Informationstheorie bekannte noiseless-
coding-theorem auf unser Suchproblem übertragen. Wir erhalten sowohl eine obere als auch eine untere Schranke für die erwartete
Suchdauer optimaler Strategien, wobei die Differenz der beiden
Schranken nur 1 beträgt. Schließlich geben wir in § 6 ein effizientes Verfahren zur Berechnung optimaler Strategien an. § 7 behandelt den Spezialfall, daß die a-priori-Verteilung die Gleichverteilung ist.

Wir werden sehen, daß die Verallgemeinerung, die darin besteht, daß alle Tests mit k verschiedenen Ergebnissen zugelassen
sind (k$\in$N), keine neuen Probleme ergibt. Alle Ergebnisse lassen
sich leicht auf diese allgemeinere Situation übertragen. Da sich
die Beweise in ihren wesentlichen Punkten nicht ändern, in manchen
Fällen jedoch aufwendiger werden, werden wir sie nur für die binären Suchprobleme führen.

§ 2: Nichtsequentielle Strategien und trennende Systeme

Der Suchbereich sei durch $X=\{1,\ldots,n\}$ ($n\in$N) gegeben. Jede
nichtsequentielle Strategie für das in § 1 dargestellte Such-
problem läßt sich durch eine Folge $t_{A_1},\ldots,t_{A_m}$ ($A_1,\ldots,A_m\subset X, m\in$N)
beschreiben. Genau dann, wenn für jedes $x\in X$ die Ergebnisfolge
$t_{A_1}(x),\ldots,t_{A_m}(x)$ das Objekt x eindeutig bestimmt, heißt die
nichtsequentielle Strategie $s=(t_{A_1},\ldots,t_{A_m})$ erfolgreich. Entweder
ist der letzte Test t_{A_m} überflüssig oder die Strategie benötigt im
ungünstigsten Fall m Tests, um das gesuchte Objekt zu identifizieren. Wir können uns auf die Analyse von erfolgreichen Strategien
beschränken, bei denen der letzte Test nicht überflüssig ist.
Unter diesen Strategien soll eine bestimmt werden, für die die
ungünstigste Suchdauer, also m, minimal ist.

Bevor wir nun dieses Suchproblem lösen, soll eine Verbindung zu einem kombinatorischen Problem dargestellt werden, das in Kap. VI § 4 ebenfalls eine Rolle spielen wird. Die Strategie $s=(t_{A_1},\ldots,t_{A_m})$ ist genau dann erfolgreich, wenn für $x \neq y (x,y \in X)$ ein $i \in \{1,\ldots,m\}$ existiert, so daß $t_{A_i}(x) \neq t_{A_i}(y)$ ist, d.h. $x \in A_i$ und $y \notin A_i$ oder $x \notin A_i$ und $y \in A_i$. Derartige Mengensysteme werden trennend genannt.

<u>Definition 2.1:</u> $A_1,\ldots,A_m \subset X$ bilden genau dann ein trennendes System in X, wenn folgende Bedingung erfüllt ist:
$\forall x,y \in X, x \neq y \quad \exists 1 \leq i \leq m: x \in A_i, y \notin A_i$ oder $x \notin A_i, y \in A_i$.

Unsere Überlegungen lassen sich folgendermaßen zusammenfassen:
<u>Bemerkung 2.2:</u> Die nichtsequentielle Strategie $s=(t_{A_1},\ldots,t_{A_m})$ ist genau dann erfolgreich, wenn die Mengen $A_1,\ldots,A_m$ ein trennendes System in X bilden.

Um zu entscheiden, ob s eine erfolgreiche Strategie ist, stellen wir jeden Test t_{A_i} durch seine Wertetabelle $(t_{A_i}(1),\ldots,t_{A_i}(n))$ dar. Sei $A=(a_{ix})$ folgende m×n-Matrix mit Werten aus $\{0,1\}$: $a_{ix}=1: \iff t_{A_i}(x)=1$. Wir bezeichnen A als die zur Strategie s gehörige Inzidenzmatrix. s ist genau dann erfolgreich, wenn alle n Spalten von A verschieden sind.

Die Spalten von A haben Länge m, und es gibt genau 2^m verschiedene 0-1-Vektoren der Länge m. Also muß für eine erfolgreiche Strategie $s=(t_{A_1},\ldots,t_{A_m})$ $2^m \geq n$ und damit $m \geq \lceil \log_2 n \rceil$ sein. Ist $m=\lceil \log_2 n \rceil$ und damit $2^m \geq n$, kann man n verschiedene 0-1-Vektoren $a_1,\ldots,a_n$ der Länge m auswählen. Die Strategie, deren Inzidenzmatrix aus den Spaltenvektoren $a_1,\ldots,a_n$ zusammengesetzt ist, ist erfolgreich. Im folgenden ist $\log$ stets $\log_2$.

Damit haben wir das Suchproblem gelöst.

<u>Satz 2.3:</u> Wenn alle binären Tests zugelassen sind, gibt es eine nichtsequentielle Strategie, die jedes Objekt aus einem n-elementigen Suchbereich spätestens nach $m=\lceil \log n \rceil$ Tests identifiziert hat. Für alle $m < \lceil \log n \rceil$ gibt es keine erfolgreiche Strategie $t_{A_1},\ldots,t_{A_m}$. (Ein minimales trennendes System für eine n-elementige Menge besteht aus $\lceil \log n \rceil$ Mengen.)

Wir wollen nun das gleiche Problem unter der Annahme, daß alle sequentiellen Strategien zugelassen sind, untersuchen. Jede nicht-sequentielle Strategie kann als sequentielle Strategie, die die zuvor gewonnene Information bei der Auswahl der folgenden Tests nicht berücksichtigt, angesehen werden. Also gibt es eine sequentielle Strategie, die spätestens nach $\lceil \log n \rceil$ Tests das gesuchte Objekt identifiziert hat.

Nach dem ersten Test t_{A_1} weiß man, ob das gesuchte Objekt in A_1 oder in $X-A_1$ liegt. Da $|X|=n$ ist, ist $|A_1| \geq \lceil \frac{n}{2} \rceil$ oder $|X-A_1| \geq \lceil \frac{n}{2} \rceil$. Wenn man diese Argumentation fortsetzt, sieht man, daß im ungünstigsten Fall nach m Tests einer sequentiellen Strategie noch mindestens $\lceil n2^{-m} \rceil$ Objekte als gesuchtes Objekt in Frage kommen. Wenn die Strategie im ungünstigsten Fall nach m Tests erfolgreich ist, muß $n2^{-m} \leq 1$ und damit $m \geq \lceil \log n \rceil$ sein. Also gilt folgender Satz:

<u>Satz 2.4:</u> Es seien alle binären Tests zugelassen. Es gibt genau dann eine sequentielle Strategie, die jedes Objekt aus einem n-elementigen Suchbereich spätestens nach m Tests identifiziert hat, wenn $m \geq \lceil \log n \rceil$ ist.

In diesem elementaren Suchproblem tritt das seltene Phänomen auf, daß die sequentiellen Strategien nicht mehr als die nicht-sequentiellen Strategien leisten.

Sind alle Tests mit k verschiedenen Ausgängen zugelassen, beweist man auf analoge Weise, daß die besten sequentiellen oder nichtsequentiellen Strategien im ungünstigsten Fall $\lceil \log_k n \rceil$ Tests benötigen.

§ 3: Zufällige nichtsequentielle Strategien

Wie wir in § 2 gesehen haben, gibt es bei diesem einfachen Suchproblem keine sequentielle Strategie, die besser als alle nichtsequentiellen Strategien ist. Wenn man also systematisch sucht, benötigt man die Information über die Ergebnisse bereits durchgeführter Tests nicht. Hier soll nun untersucht werden, was geschieht, wenn wir bei der Suche auf jede Systematik verzichten und die Tests unabhängig voneinander nach der Gleichverteilung auswählen. (Rényi [112], [113], [114]).

Dazu seien Y_{ix} ($1 \leq i < \infty, x \in X$) unabhängige Zufallsvariablen mit der Verteilung $P(Y_{ix}=0): = P(Y_{ix}=1): = \frac{1}{2}$. Dann sind $A_i := \{x \in X \mid Y_{ix}=1\}$

zufällige Mengen. Für $m \in \mathbb{N}$ ist $s_m = (t_{A_1}, \ldots, t_{A_m})$ eine zufällige nicht-sequentielle Strategie. Nach Konstruktion ist dabei die Auswahl des Tests t_{A_i} unabhängig von den Tests t_{A_j} $(j \neq i)$. Für $B \subset X$ gilt $P(t_{A_i} = t_B) = 2^{-n}$.

Wir werden nun zeigen, daß diese zufällige Strategie nicht sehr viel schlechter ist als die in § 2 ermittelten optimalen Strategien. Natürlich ist die zufällige Strategie s_m für kein $m \in \mathbb{N}$ mit Sicherheit erfolgreich, da es möglich ist, daß man stets den gleichen Test wiederholt. Wir können aber berechnen, mit welcher Wahrscheinlichkeit die zufällige Strategie erfolgreich ist.

<u>Definition 3.1</u>: i) $W_1(n,m,x)$ ist die Wahrscheinlichkeit, daß die zufällige Strategie s_m erfolgreich ist, wenn $x \in X = \{1, \ldots, n\}$ das gesuchte Objekt ist.

ii) $W_2(n,m)$ ist die Wahrscheinlichkeit, daß die zufällige Strategie s_m erfolgreich ist, d.h. $A_1, \ldots, A_m$ ein trennendes System bilden.

<u>Satz 3.2</u>: i) $\forall m,n \in \mathbb{N} \; \forall x \in X : W_1(n,m,x) = (1-2^{-m})^{n-1}$

ii) $\forall n \in \mathbb{N} \; \forall m < \lceil \log n \rceil : W_2(n,m) = 0$

iii) $\forall n \in \mathbb{N} \; \forall m \geq \lceil \log n \rceil : W_2(n,m) = \prod_{1 \leq \ell < n} (1 - \ell 2^{-m})$

<u>Bemerkung:</u> Da alle Objekte des Suchbereichs von den zufälligen Strategien gleich behandelt werden, überrascht es nicht, daß $W_1(n,m,x)$ nicht von x abhängt. Wir schreiben daher später $W_1(n,m)$ an Stelle von $W_1(n,m,x)$.

<u>Beweis des Satzes:</u> Es sei $Y := (Y_{iy})$ $(1 \leq i \leq m, y \in X)$.

i) $W_1(n,m,x)$ ist die Wahrscheinlichkeit, daß die x-te Spalte von Y von allen anderen Spalten verschieden ist. Nach Definition der Zufallsvariablen Y_{iy} sind alle $m \times n$-Matrizen mit Werten in $\{0,1\}$ gleich wahrscheinlich. Es gibt 2^{mn} derartige Matrizen. Die x-te Spalte von Y kann auf 2^m verschiedene Weisen ausgewählt werden. Danach kommt für jede der anderen $n-1$ Spalten jeder 0-1-Vektor der Länge m, der von der x-ten Spalte verschieden ist, in Frage. Also ist

$$W_1(n,m,x) = \frac{2^m(2^m-1)^{n-1}}{2^{mn}} = \left(\frac{2^m-1}{2^m}\right)^{n-1} = (1-2^{-m})^{n-1} .$$

ii)/iii) $W_2(n,m)$ ist die Wahrscheinlichkeit, daß alle Spalten von Y verschieden sind. Nachdem die ersten y Spalten ($0 \leq y < n$) von Y verschieden ausgewählt sind, bleiben für die $(y+1)$-te Spalte noch $2^m - y$ 0-1-Vektoren der Länge m zur Auswahl. Es gibt also nur dann noch einen anderen Vektor, falls $2^m - y \geq 1$ und damit $y \leq 2^m - 1$ ist. Da $n-1$ der größte Wert für y ist, muß $m \geq \lceil \log n \rceil$ sein. Damit ist ii) bewiesen, und für $m \geq \lceil \log n \rceil$ ist

$$W_2(n,m) = 2^{-mn} \prod_{0 \leq y < n} (2^m - y) = \prod_{0 \leq y < n} \frac{2^m - y}{2^m} = \prod_{1 \leq y < n} (1 - y 2^{-m}).$$

Q.E.D.

Diese exakte Berechnung der uns interessierenden Wahrscheinlichkeiten läßt sich nur schwer benutzen, um für vorgegebenes $n \in \mathbb{N}$ und $\varepsilon > 0$ zu berechnen, wieviele Tests der zufälligen Strategie man durchführen muß, um mit einer Wahrscheinlichkeit, die $1 - \varepsilon$ übertrifft, das gesuchte Objekt identifizieren zu können oder ein trennendes System zu erhalten. Wir wollen daher das asymptotische Verhalten von $W_1(n,m)$ und $W_2(n,m)$ untersuchen.

<u>Satz 3.3:</u> Sei $m : \mathbb{N} \rightarrow \mathbb{N}$.

i) Existiert ein $c \in \mathbb{R}$, so daß $m(n) \geq \log n + c$ ist, so gilt
$$\varliminf_{n \rightarrow \infty} W_1(n,m(n)) \geq \exp(-2^{-c})$$

ii) $m(n) \leq \log n + c \Rightarrow \varlimsup_{n \rightarrow \infty} W_1(n,m(n)) \leq \exp(-2^{-c})$

iii) $m(n) \geq 2 \log n + c \Rightarrow \varliminf_{n \rightarrow \infty} W_2(n,m(n)) \geq \exp(-2^{-(c+1)})$

iv) $m(n) \leq 2 \log n + c \Rightarrow \varlimsup_{n \rightarrow \infty} W_2(n,m(n)) \leq \exp(-2^{-(c+1)})$

Bevor wir diese Aussagen beweisen, wollen wir sie interpretieren. Es ist $\exp(-2^{-7}) > 0,99$ und $\exp(-2^{-6}) < 0,99$. Für genügend große n hat man mit $\lceil \log n \rceil + 7$ aber nicht mit $\lfloor \log n \rfloor + 6$ Tests der zufälligen Strategie das zu suchende Objekt x mit einer Wahrscheinlichkeit, die 0,99 übertrifft, identifiziert (siehe i) und ii)). Unser Ziel besteht aber darin (siehe § 2), ein trennendes System zu erhalten. Erst dann wird jedes Objekt, falls es gesucht wird, identifiziert. Um mit einer Wahrscheinlichkeit, die 0,99 übertrifft, ein trennendes System zu erhalten, sind nach iii) und iv) für große n $2 \lceil \log n \rceil + 6$ aber nicht $2 \lfloor \log n \rfloor + 5$ Tests der zufälligen Strategie ausreichend. Verglichen mit den $\lceil \log n \rceil$ Tests der optimalen Strategie zeigt sich, daß die zufällige Strategie im wesentlichen mit der doppelten Anzahl von Tests auskommt.

<u>Beweis des Satzes:</u>

i) $\underline{\lim\limits_{n\to\infty}} W_1(n,m(n)) = \underline{\lim\limits_{n\to\infty}} (1-2^{-m(n)})^{n-1} \geq \lim\limits_{n\to\infty} (1-\frac{2^{-c}}{n})^n = \exp(-2^{-c})$

ii) $\overline{\lim\limits_{n\to\infty}} W_1(n,m(n)) = \overline{\lim\limits_{n\to\infty}} (1-2^{-m(n)})^{n-1} \leq \lim\limits_{n\to\infty} (1-\frac{2^{-c}}{n})^n = \exp(-2^{-c})$

iii) $\underline{\lim\limits_{n\to\infty}} W_2(n,m(n)) = \underline{\lim\limits_{n\to\infty}} \prod\limits_{1\leq\ell<n} (1-\ell 2^{-m(n)}) \geq$

$\underline{\lim\limits_{n\to\infty}} \prod\limits_{1\leq\ell\leq\lceil\frac{n}{2}\rceil} (1-2^{-c}\frac{\ell}{n^2})(1-2^{-c}\frac{(n-\ell)}{n^2}) =$

$\underline{\lim\limits_{n\to\infty}} \prod\limits_{1\leq\ell\leq\lceil\frac{n}{2}\rceil} (1-2^{-c}\frac{1}{n} + 2^{-2c}\frac{\ell(n-\ell)}{n^4}) = : \lim\limits_{n\to\infty} B_n = : B .$

Es ist $B \geq \lim\limits_{n\to\infty} \prod\limits_{1\leq\ell\leq\lceil\frac{n}{2}\rceil} (1-2^{-c}\frac{1}{n})$

$= \lim\limits_{n\to\infty} (1-2^{-(c+1)}(\frac{n}{2})^{-1})^{n/2} = \exp(-2^{-(c+1)}) .$

iv) Analog zu iii) folgt $\overline{\lim\limits_{n\to\infty}} W_2(n,m(n)) \leq \overline{\lim\limits_{n\to\infty}} B_n$. Der letzte Summand jedes Faktors von B_n ist von der Ordnung $o(\frac{1}{n})$ und damit folgt

$\overline{\lim\limits_{n\to\infty}} W_2(n,m(n)) \leq \lim\limits_{n\to\infty} \prod\limits_{1\leq\ell\leq\lceil\frac{n}{2}\rceil} (1-2^{-(c+1)}(1-o(1))\frac{2}{n}) = \exp(-2^{-(c+1)}) .$

Q.E.D.

Im weiteren Verlauf dieses Buches werden wir zufällige Strategien nicht mehr mit optimalen Strategien vergleichen. Diese Aufgabe bleibt dem Leser überlassen.

In anderen Zusammenhängen werden wir aber auch weiterhin zufällige Strategien untersuchen. Wenn die Konstruktion optimaler oder auch nur guter Strategien nicht gelingt, kann man das Verhalten zufälliger Strategien betrachten. Ist die Wahrscheinlichkeit, nach m Tests erfolgreich zu sein, positiv, muß eine erfolgreiche nichtsequentielle Strategie existieren, die im ungünstigsten Fall höchstens m Tests benötigt. Daher folgt direkt aus Satz 3.2 iii) die Existenz einer erfolgreichen nichtsequentiellen Strategie mit $\lceil\log n\rceil$ Tests.

§ 4: Sequentielle Strategien und Präfixcodes

In den bisherigen Untersuchungen wurden alle Objekte im Suchbereich auf gleiche Weise behandelt, da wir die maximale Suchdauer
minimierten. Manchmal kennt man jedoch die a-priori-Wahrscheinlich-
keit $p(x)$, daß das Objekt x zu suchen ist ($p(x) \geq 0$, $\sum_{x \in X} p(x) = 1$). In
diesem Fall ist es vernünftig, anstelle der Suchdauer im ungünstig-
sten Fall die erwartete Suchdauer zu minimieren.

Sei s eine sequentielle Strategie. Wir können uns darauf beschränken, solche Strategien s zu betrachten, die keinen Test, der
schon durchgeführt wurde, wiederholen. Da die Tests irrtumsfrei
sind, könnte man im Wiederholungsfall das Testergebnis vorhersagen
und damit diesen Test einsparen. Da die Anzahl der zur Verfügung
stehenden Tests endlich ist, können wir uns also auf endliche
sequentielle, erfolgreiche Strategien $s = (s_1, \ldots, s_k)$ beschränken.
Ist $x \in X$ das gesuchte Objekt, so erhalten wir als Ergebnis des
ersten Tests $e_1(x) := s_1(x)$. Dann wird der Test $t_2 := s_2(s_1(x))$
mit dem Ergebnis $e_2(x) := t_2(x)$ durchgeführt. Es ergibt sich eine
eindeutige Ergebnisfolge $e(x) := (e_1(x), \ldots, e_{\ell(x)}(x)) \in \{0,1\}^{\ell(x)}$,
wobei $\ell(x) := \min\{1 \leq j \leq k \mid s_{j+1}(e_1(x), \ldots, e_j(x)) = \text{STOP}\}$ ist. $\ell(x)$ ist
damit die Suchdauer der erfolgreichen Strategie s, um x zu identi-
fizieren. Eigentlich müßte es $\ell(x,s)$ heißen. Falls jedoch klar ist,
welche Strategie s wir untersuchen, werden wir die kürzere Bezeichnung $\ell(x)$ benutzen. Die erwartete Suchdauer der erfolgreichen,
sequentiellen Strategie s ist $E(s) := \sum_{x \in X} p(x) \ell(x)$.

Wir stellen nun ein informationstheoretisches Problem vor, von
dem wir beweisen, daß seine Lösung äquivalent zur Lösung des oben
beschriebenen Suchproblems ist. Es handelt sich um ein Problem der
störungsfreien Übermittlung einer von n Nachrichten. Dabei können
die Nachrichten in beliebiger Form vorliegen. Über den zur Übermittlung dienenden störungsfreien Informationskanal können jedoch
nur Buchstaben eines bestimmten Alphabets A, hier $A = \{0,1\}$, übertragen werden. Ein Code c ist eine Abbildung von der Menge der
Nachrichten in die Menge der Codewörter, d.h. der Menge der endlichen Folgen über A. Damit der Empfänger eine Folge von über-
mittelten Nachrichten fortlaufend lesen kann, untersucht man die
spezielle Klasse der Präfixcodes.

Definition 4.1: Sei c ein Code für n Nachrichten und sei

$c(i)=(c_1(i),\ldots,c_{L(i)}(i))\in\{0,1\}^{L(i)}$ das Codewort für die i-te Nachricht. Der Code c ist genau dann ein Präfixcode, wenn für zwei Codewörter $c(i)$ und $c(j)$ $(i\neq j)$ gilt:

$$L(i) \leq L(j) \Rightarrow (c_1(i),\ldots,c_{L(i)}(i)) \neq (c_1(j),\ldots,c_{L(i)}(j)).$$

(Kein Codewort ist Anfang (Präfix) eines anderen Codewortes.)

Falls $a=(a_1,\ldots,a_m)\in\{0,1\}^m$ die Codierung einer Folge von Nachrichten mit einem Präfixcode ist, kann man a folgendermaßen decodieren. Man bestimmt das minimale m', so daß $(a_1,\ldots,a_{m'})$ ein Codewort ist. Die zugehörige Nachricht wurde als erste übermittelt. Man fährt analog mit der Folge $(a_{m'+1},\ldots,a_m)$ fort. Die Präfixeigenschaft des Codes sichert, daß dies die einzige Möglichkeit ist, die Folge a zu lesen. Wenn $p(i)$ die a-priori-Wahrscheinlichkeit für die i-te Nachricht ist, ist $E(c): = \sum_{1\leq i\leq n} p(i)L(i)$ die durchschnittliche Codewortlänge des Präfixcodes c. Um möglichst wenige Buchstaben übermitteln zu müssen, sucht man einen Präfixcode mit minimaler erwarteter Codewortlänge.

Wir zeigen nun, daß das Problem, eine optimale sequentielle Suchstrategie zu konstruieren, zu dem Problem, einen optimalen Präfixcode zu bilden, äquivalent ist (u.a. Sobel [132]).

<u>Satz 4.2:</u> i) Für jede sequentielle, erfolgreiche Suchstrategie s bilden die Ergebnisfolgen $e(1),\ldots,e(n)$ einen Präfixcode.

ii) Für jeden Präfixcode c gibt es eine sequentielle, erfolgreiche Suchstrategie, deren Ergebnisfolgen gleich den Codewörtern $c(1),\ldots,c(n)$ sind.

iii) Stimmen die a-priori-Wahrscheinlichkeiten auf der Menge der Nachrichten und auf dem Suchbereich überein, ist die erwartete Suchdauer einer optimalen Suchstrategie gleich der erwarteten Codewortlänge eines optimalen Präfixcodes.

<u>Beweis:</u> iii) Da es nur endlich viele sequentielle Strategien gibt, die keinen Test wiederholen, gibt es stets eine optimale Strategie, und die Aussage von iii) ist ein Korollar der Aussagen i) und ii).

i) Annahme: $x\neq y$, $\ell(x) \leq \ell(y)$ und

$$(e_1(x),\ldots,e_{\ell(x)}(x)) = (e_1(y),\ldots,e_{\ell(x)}(y)).$$

Wenn x gesucht wird, führt man $\ell(x)$ Tests mit der Ergebnisfolge $e(x)$ durch. Wenn y gesucht wird, folgt aus der Annahme, daß man zunächst die gleichen $\ell(x)$ Tests mit den gleichen Ergebnissen

durchführt. Damit ist x nach $\ell(x)$ Tests noch nicht identifiziert
im Widerspruch zur Definition von $\ell(x)$. Also bilden die Ergebnisfolgen einen Präfixcode.

ii) Wir definieren eine sequentielle, erfolgreiche Suchstrate-
gie s, die den Präfixcode c simuliert. Sei $B:=\{x|c_1(x)=1\}$ und
$s_1:=t_B$. Falls kein Codewort eine echte Verlängerung von
$(b_1,\ldots,b_j)\in\{0,1\}^j$ ist, sei $s_{j+1}(b_1,\ldots,b_j):=$STOP. Ansonsten sei
$B(b_1,\ldots,b_j):=\{x|c_{j+1}(x)=1\}$ und $s_{j+1}(b_1,\ldots,b_j):=t_{B(b_1,\ldots,b_j)}$.
Offensichtlich sind die Ergebnisfolgen der Strategie s gleich den
Codeworten des Präfixcodes c. s ist wegen der Präfixeigenschaft
von c auch erfolgreich.   Q.E.D.

Sind alle Tests mit k Ergebnissen zugelassen, bleibt die Aussage des Satzes richtig, wenn man ein k-elementiges Alphabet für
die Codierung zuläßt.

§ 5: Ungleichung von Kraft und noiseless-coding-theorem

Das Ziel dieses Paragraphen besteht nicht darin, optimale
Strategien zu konstruieren. Hier werden wir zunächst die erwartete
Suchdauer optimaler Strategien sehr genau abschätzen und dabei ein
Verfahren zur Berechnung guter Strategien erhalten. Für unsere
Zwecke ist es einfacher, von Präfixcodes anstatt von sequentiellen
Strategien zu sprechen. Nach Satz 4.2 sind beide Begriffe gleich-
wertig.

Wir beginnen mit der Frage, zu welchen vorgegebenen Codewortlängen $L(1),\ldots,L(n)$ ein Präfixcode existiert. Diese Frage läßt
sich erstaunlich leicht genau beantworten. Dazu betrachten wir
binäre Wurzelbäume der Länge $m\in\mathbb{N}$. Dies sind Bäume mit einem aus-
gezeichneten Punkt ohne Vorgänger, der Wurzel. Ein binärer Wurzelbaum der Länge 0 besteht nur aus der Wurzel, die mit einer leeren
Folge von Buchstaben bezeichnet wird. Aus einem binären Wurzelbaum
T_{m-1} der Länge m-1 erhalten wir einen binären Wurzelbaum T_m der
Länge m, indem wir jeden Endpunkt E von T_{m-1} zwei direkte Nachfolger zuordnen. Ist E mit $w\in\{0,1\}^{m-1}$ bezeichnet, so erhält der
linke (bzw. rechte) Nachfolger von E die Bezeichnung w0 (bzw. w1).
Die Abbildung 5.1 zeigt einen binären Wurzelbaum der Länge 3.

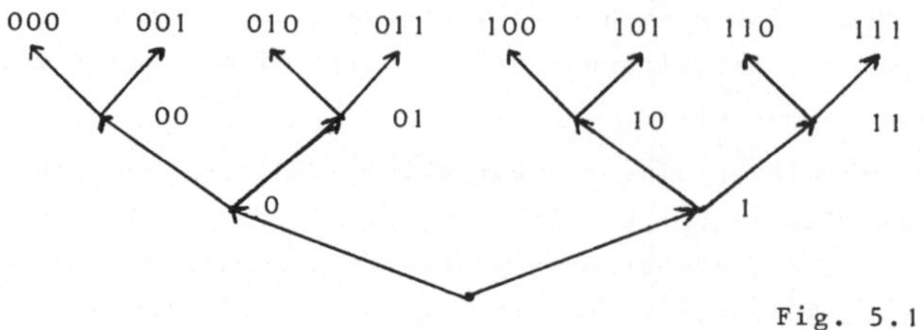

Fig. 5.1.

Wenn das längste Codewort eines Präfixcodes die Länge L_{max} hat, kommt jedes Codewort in T_{max}, dem binären Wurzelbaum der Länge L_{max}, vor. Wir identifizieren das Codewort mit dem zugehörigen Knoten im Wurzelbaum. Hat ein Codewort die Länge L, gibt es in T_{max} genau $2^{L_{max}-L}$ Endpunkte, die Nachfolger dieses Codewortes sind. Aus der Präfixeigenschaft des Codes folgt, daß kein Codewort Nachfolger eines anderen ist. Daher haben verschiedene Codeworte nur verschiedene Endpunkte als Nachfolger. Da T_{max} insgesamt $2^{L_{max}}$ Endpunkte hat, gilt $\sum_{1 \le j \le n} 2^{L_{max}-L(j)} \le 2^{L_{max}}$ und damit $\sum_{1 \le j \le n} 2^{-L(j)} \le 1$. Diese Ungleichung ist also notwendig für die Existenz eines Präfixcodes mit den Codewortlängen $L(1),\ldots,L(n)$. Daß sie auch hinreichend ist, zeigen wir durch die Konstruktion eines Präfixcodes, bei der die Endpunkte von T_{max} von links angefangen sukzessive zu Nachfolgern von Codeworten werden.

<u>Satz 5.1 (Ungleichung von Kraft)</u>: Es gibt genau dann einen Präfixcode im Alphabet $\{0,1\}$ mit Codewortlängen $L(1),\ldots,L(n)$, wenn $\sum_{1 \le j \le n} 2^{-L(j)} \le 1$ ist.

(Ist das Alphabet k-elementig, bleibt die Aussage des Satzes richtig, wenn man die Ungleichung durch $\sum_{1 \le j \le n} k^{-L(j)} \le 1$ ersetzt.)

<u>Beweis</u>: Nach den obigen Überlegungen genügt es zu beweisen, daß wir einen Präfixcode konstruieren können, falls $\sum_{1 \le j \le n} 2^{-L(j)} \le 1$ ist. Es gibt einen einfacheren Beweis als den folgenden. Dieser Beweis läßt sich jedoch in Kap. IV auch in einer allgemeineren Situation verwenden. O.B.d.A. nehmen wir an, daß $L(1) \le \ldots \le L(n)$ ist. Sei T_{max} ein binärer Wurzelbaum der Länge $L_{max} := L(n)$. Wir beweisen den Satz, indem wir folgende Aussage beweisen:

Für $i \in \{1, \ldots, n\}$ gibt es einen Präfixcode mit den Codewort-längen $L(1), \ldots, L(i)$, so daß in T_{max} genau die $\sum_{1 \leq j \leq i} 2^{L_{max} - L(j)}$ Endpunkte, die am weitesten links liegen, ein Codewort als Vor-gänger haben.

Für $i = n$ beweist dies die Behauptung. Das erste Codewort sei eine Folge von $L(1)$ Nullen. Damit ist die Aussage für $i = 1$ richtig. Wir nehmen nun an, daß die Aussage für $i = j - 1 < n$ richtig ist und beweisen sie für $i = j$.

$$\sum_{1 \leq h \leq j-1} 2^{-L(h)} < \sum_{1 \leq h \leq n} 2^{-L(h)} \leq 1 \Rightarrow \sum_{1 \leq h \leq j-1} 2^{L_{max} - L(h)} < 2^{L_{max}},$$

also sind nicht alle Endpunkte von T_{max} Nachfolger eines der ersten $j-1$ Codeworte. Nach Konstruktion besteht daher das $(j-1)$-te Code-wort $(c_1(j-1), \ldots, c_{L(j-1)}(j-1))$ nicht nur aus Einsen. Sei $k := \max\{1 \leq k' \leq L(j-1) \mid c_{k'}(j-1) = 0\}$, dann definieren wir das j-te Codewort $(c_1(j), \ldots, c_{L(j)}(j))$ folgendermaßen:

$$\forall 1 \leq m < k : c_m(j) := c_m(j-1), \quad c_k(j) := 1, \quad \forall k < m \leq L(j) : c_m(j) := 0.$$

Da $L(j) \geq L(j-1) \geq k$ ist, verletzt $c(j)$ nicht die Präfixeigen-schaft des Codes. Das Codewort $c(j)$ liegt in T_{max} rechts von $c(j-1)$ und damit ebenfalls nach Induktion rechts von allen bisher kon-struierten Codeworten.

$c(j)$ hat $2^{L_{max} - L(j)}$ Endpunkte als Nachfolger. Wenn zwischen dem rechtesten Endpunktnachfolger von $c(j-1)$ und dem linkesten Endpunktnachfolger von $c(j)$ kein Endpunkt von T_{max} liegt, ist die Aussage bewiesen. <u>Annahme</u>: $c' = (c'_1, \ldots, c'_{L_{max}})$ ist ein derartiger Endpunkt. Damit c' rechts von $c(j-1)$ und links von $c(j)$ liegen kann, muß für $m \in \{1, \ldots, k-1\}$ $c'_m = c_m(j) = c_m(j-1)$ sein.

<u>1. Fall</u>: $c'_k = 0$. c' liegt rechts von $c(j-1) \Rightarrow$

$$c'_{k+1} = c_{k+1}(j-1) = 1, \ldots, c'_{L(j-1)} = c_{L(j-1)}(j-1) = 1 \Rightarrow c' \text{ ist Nach-folger von } c(j-1).$$

<u>2. Fall</u>: $c'_k = 1$. c' liegt links von $c(j) \Rightarrow$

$$c'_{k+1} = c_{k+1}(j) = 0, \ldots, c'_{L(j)} = c_{L(j)}(j) = 0 \Rightarrow c' \text{ ist Nachfolger von } c(j).$$

Damit werden von $c(j)$ genau die am weitesten links liegenden freien Endpunkte von T_{max} besetzt. Q.E.D.

Diese Aussage über die Codewortlängen eines Präfixcodes können wir nun direkt anwenden, um die angekündigten Schranken für die erwartete Codewortlänge eines optimalen Präfixcodes zu beweisen. Dazu definieren wir die Entropie einer Wahrscheinlichkeitsverteilung p. Diese Größe kann als Maß für die Unsicherheit über den Wert einer Zufallsvariablen mit der Verteilung p interpretiert werden. Das noiseless-coding-theorem (Satz 5.4) wird diese Interpretation rechtfertigen.

Definition 5.2: Die Entropie der Wahrscheinlichkeitsverteilung $p=(p(1),\ldots,p(n))$ ist $H(p):=-\sum_{1\leq i\leq n} p(i)\log p(i)$ $(0\log 0:=0)$.

Für den Beweis des noiseless-coding-theorems benötigen wir das folgende

Lemma 5.3: Für alle Wahrscheinlichkeitsverteilungen $q=(q(1),\ldots,q(n))$ ist $H(p)=-\sum_{1\leq i\leq n} p(i)\log p(i)\leq-\sum_{1\leq i\leq n} p(i)\log q(i)$. Genau dann, wenn für alle i $p(i)=q(i)$ ist, gilt in dieser Beziehung die Gleichheit.

Beweis: $-\sum_{1\leq i\leq n} p(i)\log p(i)\leq-\sum_{1\leq i\leq n} p(i)\log q(i)\Longleftrightarrow\sum_{1\leq i\leq n} p(i)\log\frac{q(i)}{p(i)}\leq 0$

$\Longleftrightarrow\sum_{1\leq i\leq n} p(i)\ln\frac{q(i)}{p(i)}\leq 0$. Da $\ln(1+x)$ streng konkav ist und x die

Tangente an die Kurve $\ln(1+x)$ im Punkt $(0,0)$ ist, gilt $\ln(1+x)\leq x$, wobei für $x\neq 0$ sogar $\ln(1+x)<x$ ist. Also ist

$$\sum_{1\leq i\leq n} p(i)\ln\frac{q(i)}{p(i)} = \sum_{1\leq i\leq n} p(i)\ln(1+\frac{q(i)-p(i)}{p(i)})\leq \sum_{1\leq i\leq n} (q(i)-p(i)) = 0.$$

Q.E.D.

Satz 5.4 (noiseless-coding-theorem): Sei für $i\in\{1,\ldots,n\}$ $p(i)>0$ und $L_{min}(p)$ die erwartete Codewortlänge eines optimalen Präfixcodes zur a-priori-Verteilung p. Dann ist $H(p)\leq L_{min}(p)<H(p)+1$.

Beweis: Wir beweisen zunächst die erste Ungleichung. Seien $L(1),\ldots,L(n)$ die Codewortlängen eines optimalen Präfixcodes. Mit $Q:=\sum_{1\leq j\leq n} 2^{-L(j)}$ und $q(i):=2^{-L(i)}Q^{-1}$ ist $q=(q(1),\ldots,q(n))$ eine Wahrscheinlichkeitsverteilung. Aus der Ungleichung von Kraft folgt $Q\leq 1$ und damit $\log Q\leq 0$. Aus Lemma 5.3 folgt

$$H(p)\leq-\sum_{1\leq i\leq n} p(i)\log 2^{-L(i)}Q^{-1} = \sum_{1\leq i\leq n} p(i)L(i)+\sum_{1\leq i\leq n} p(i)\log Q\leq L_{min}(p).$$

Falls $Q=1$ und für alle i $q(i)=p(i)$ ist, folgt sogar $H(p)=L_{min}(p)$. Dies gilt, wenn $\sum_{1\leq i\leq n} 2^{-L(i)}=1$ und $p(i)=2^{-L(i)}$ ist. $p(i)=2^{-L(i)}\Longleftrightarrow L(i)=-\log p(i)$. Dies legt den Beweis der zweiten Ungleichung nahe.

Im allgemeinen ist $-\log p(i) \notin \mathbb{N}$. Daher wählen wir die nächstgrößere ganze Zahl: $L'(i):=\lceil -\log p(i)\rceil$. Es folgt: $L'(i)\geq -\log p(i)$, $p(i)\geq 2^{-L'(i)}$ und $1= \sum_{1\leq i\leq n} p(i)\geq \sum_{1\leq i\leq n} 2^{-L'(i)}$. Aus der Ungleichung von Kraft folgt die Existenz eines Präfixcodes mit den Codewortlängen $L'(1),\ldots,L'(n)$. Also ist

$$L_{min}(p)\leq \sum_{1\leq i\leq n} p(i)L'(i)< \sum_{1\leq i\leq n} p(i)(-\log p(i)+1)=H(p)+1. \qquad \text{Q.E.D.}$$

<u>Korollar 5.5:</u> Ist für $i\in\{1,\ldots,n\}$ $-\log p(i)\in\mathbb{N}$, gilt $L_{min}(p)=H(p)$.

Die Aussagen des noiseless-coding-theorems bleiben für k-elementige Alphabete richtig, wenn man die in Definition 5.2 definierte Entropie $H(p)$ durch $H_k(p):=- \sum_{1\leq i\leq n} p(i)\log_k p(i)$ ersetzt.

Nach Übertragung dieser Ergebnisse auf das binäre Suchproblem haben wir bewiesen, daß die erwartete Suchdauer einer optimalen sequentiellen Suchstrategie mindestens $H(p)$ beträgt und kleiner als $H(p)+1$ ist. Folgende Aussage ist also annähernd richtig: Je größer die Entropie der Wahrscheinlichkeitsverteilung, desto länger dauert im Durchschnitt eine optimale binäre Suche. Je länger wir suchen müssen, desto weniger wissen wir a-priori über das zu suchende Objekt. Daher ist es vernünftig, die Entropie als Unsicherheitsmaß anzusehen.

Der Beweis der oberen Schranke des noiseless-coding-theorems war konstruktiv. Wir erhalten mit $L'(i)=\lceil -\log p(i)\rceil$ sehr leicht die Codewortlängen eines guten Präfixcodes. Der Beweis der Ungleichung von Kraft zeigt, wie man den zugehörigen Code konstruiert. In § 4 haben wir gesehen, wie man aus Präfixcodes eine gleichwertige Suchstrategie berechnet.

Wir werden in Kap. IV § 3 die obere Schranke des noiseless-coding-theorems in einem anderen Zusammenhang geringfügig verbessern.

Abschließend wollen wir unsere bisherigen Resultate vergleichen. Wir können so suchen, daß wir das Objekt im ungünstigsten Fall nach $\lceil \log n\rceil$ Tests gefunden haben. Die durchschnittliche

Suchdauer ist nicht größer als die maximale Suchdauer. Sie kann jedoch viel kleiner sein. Für a-priori-Verteilungen, deren Entropie nahe 0 liegt, braucht man im ungünstigsten Fall mindestens $\lceil \log n \rceil$ Tests, aber im Durchschnitt weniger als $H(p)+1$ Tests, wobei $H(p)$ fast 0 ist. Andererseits ist die Entropie der Gleichverteilung $\log n$. Falls $n=2^m$ ($m \in \mathbb{N}$) ist, ist die minimale erwartete Suchdauer gleich der Suchdauer im ungünstigsten Fall. Welches dieser Beispiele ist "typischer"?

Sieht man eine Wahrscheinlichkeitsverteilung $(p(1),\ldots,p(n))$ als Element des $\mathbb{R}^n$ an und untersucht die Gleichverteilung auf der Menge aller Wahrscheinlichkeitsverteilungen auf n Elementarereignissen, so beträgt die durchschnittliche Entropie $\log n - 0(1)$ (Bayer [10]). Für die "meisten" Wahrscheinlichkeitsverteilungen benötigt also die beste sequentielle Strategie im Durchschnitt fast so viele Tests wie die in § 2 konstruierte nichtsequentielle Strategie im ungünstigsten Fall.

§ 6: Der Algorithmus von Huffman

Wir wollen nun ein Verfahren zur Konstruktion optimaler Präfixcodes und optimaler Suchstrategien kennenlernen. Dieser Algorithmus wurde von Huffman [71] zur Berechnung optimaler Präfixcodes dargestellt. Später entdeckte u.a. Zimmerman [170] (unabhängig von Huffman) den gleichen Algorithmus für die Ermittlung optimaler Suchstrategien.

Wie ermittelt man den ersten Test einer optimalen Suchstrategie? Alle plausiblen, einfachen Antworten auf diese Frage sind widerlegt worden. Es gibt bisher kein Verfahren zur Ermittlung optimaler Strategien, das mit der Konstruktion des ersten Tests beginnt. In Kap. IV werden wir - für speziellere Suchprobleme - Verfahren kennenlernen, die zunächst den ersten Test bestimmen. Diese Verfahren ergeben "gute", im allgemeinen jedoch keine optimalen Strategien.

Der Algorithmus von Huffman wird statt dessen die Strategie "von hinten" aufbauen. Aus Gründen der einfacheren Darstellung werden wir das Verfahren für optimale Präfixcodes beschreiben. Wie man optimale Präfixcodes konstruieren kann, folgt direkt aus dem folgenden Satz:

Satz 6.1: Sei $p=(p(1),\ldots,p(n))$ eine a-priori-Verteilung für n

Nachrichten, wobei $p(1) \geq \ldots \geq p(n)$ ist.

Sei $p'=(p(1),\ldots,p(n-2),p(n-1)+p(n))$ und $c'=(c'(1),\ldots,c'(n-1))$ ein optimaler Präfixcode zu p'. Sei für $j \in \{1,\ldots,n-2\}$ $c(j):=c'(j)$ und sei $c(n-1)$ bzw. $c(n)$ die Verlängerung von $c'(n-1)$ um eine 0 bzw. 1.

Dann ist c ein optimaler Code zu p und

$$L_{min}(p)-L_{min}(p')=E(c)-E(c')=p(n-1)+p(n).$$

Aus diesem Satz folgt, daß der Algorithmus, den wir nun beschreiben, einen optimalen Präfixcode ermittelt. Sei N_i die i-te Nachricht.

1.) Ordne $p(1),\ldots,p(n)$, so daß $p(i_1) \geq \ldots \geq p(i_n)$ ist.

2.) Falls mehr als zwei Nachrichten vorliegen, fasse die beiden Nachrichten N_i und N_j mit den kleinsten a-priori-Wahrscheinlichkeiten zu einer neuen Nachricht $N_{(i,j)}$ mit $p((i,j)):=p(i)+p(j)$ zusammen. Streiche $N_i, N_j, p(i)$ und $p(j)$ aus den Listen und ordne $p((i,j))$ in die Liste der anderen a-priori-Wahrscheinlichkeiten ein. Dieser Schritt wird solange wiederholt, bis nur noch zwei Nachrichten vorliegen. Es ist optimal, ihnen die Codeworte 0 und 1 zuzuordnen.

3.) Durchlaufe den Prozeß aus Stufe 2 in umgekehrter Reihenfolge. Falls N_i und N_j zu $N_{(i,j)}$ zusammengefaßt wurden und $c((i,j))$ das Codewort für $N_{(i,j)}$ ist, seien $c(i)$ und $c(j)$ die Verlängerungen von $c((i,j))$ um 0 und 1.

4.) $c=(c(1),\ldots,c(n))$ ist ein optimaler Präfixcode für $N_1,\ldots,N_n$.

Dieses Verfahren benötigt $O(n \log n)$ Rechenschritte (paarweise Vergleiche und Additionen). In Kap. V beweisen wir, daß für das Ordnen der Wahrscheinlichkeiten $O(n \log n)$ Vergleiche notwendig und hinreichend sind. Dazu werden n-2 Additionen auf Stufe 2 durchgeführt und n-2 mal neue Wahrscheinlichkeiten in die vorliegende geordnete Liste, deren Länge nie größer als n ist, einsortiert. Ebenfalls in Kap. V zeigen wir, daß auch dafür $O(n \log n)$ Vergleiche ausreichen. Da die Wahrscheinlichkeiten stets geordnet sind, benötigen wir keine Rechenschritte, um die beiden kleinsten Wahrscheinlichkeiten zu bestimmen.

Wir wollen nun für 5 Nachrichten mit den a-priori-Wahrscheinlichkeiten $p(1)=0,15$, $p(2)=0,20$, $p(3)=0,10$, $p(4)=0,15$ und $p(5)=0,40$ einen optimalen Präfixcode konstruieren. In der folgenden Tabelle

sind die Wahrscheinlichkeiten schon sortiert und stehen neben den
Nachrichten.

$$
\begin{array}{llll}
N_5 \quad 0,40 & N_5 \quad 0,40 & N_5 \quad 0,40 & N_{((2,1),(4,3))} \ 0,60 \\
N_2 \quad 0,20 & N_{(4,3)} \ 0,25 & N_{(2,1)} \ 0,35 & N_5 \qquad\qquad 0,40 \\
N_1 \quad 0,15 & N_2 \quad 0,20 & N_{(4,3)} \ 0,25 & \\
N_4 \quad 0,15 & N_1 \quad 0,15 & & \\
N_3 \quad 0,10 & & &
\end{array}
$$

In der folgenden Tabelle werden die zugehörigen optimalen Präfixcodes dargestellt.

$$
\begin{array}{llllllll}
N_{((2,1),(4,3))} \ 0 & N_5 \quad 1 & N_5 \quad 1 & N_5 \quad 1 & = : c(5) \\
N_5 \qquad\qquad 1 & N_{(2,1)} \ 00 & N_{(4,3)} \ 01 & N_2 \quad 000 & = : c(2) \\
& N_{(4,3)} \ 01 & N_2 \quad 000 & N_1 \quad 001 & = : c(1) \\
& & N_1 \quad 001 & N_4 \quad 010 & = : c(4) \\
& & & N_3 \quad 011 & = : c(3)
\end{array}
$$

c ist damit ein optimaler Präfixcode zu p. Es ist $E(c)=2,2$ und
$H(p)\approx 2,146$. Setzt man wie im Beweis der oberen Schranke des
noiseless-coding-theorems $L(i):=\lceil -\log p(i)\rceil$, erhält man $L(1)=3$,
$L(2)=3$, $L(3)=4$, $L(4)=3$, $L(5)=2$. Die erwartete Codewortlänge des
zugehörigen Präfixcodes beträgt $2,7$.

Für den Beweis von Satz 6.1 zeigen wir zunächst zwei Lemmas.
Aus ihnen folgt die Existenz eines optimalen Präfixcodes, bei dem
sich die Codeworte für die beiden Nachrichten mit den kleinsten
a-priori-Wahrscheinlichkeiten nur an der letzten Stelle unterscheiden. Danach beweisen wir, daß wir aus einem optimalen Präfixcode zu p' auf die im Satz beschriebene Weise einen optimalen
Präfixcode zu p ermitteln können.

Lemma 6.2: Sei $p(1)\geq\ldots\geq p(n)$. Dann existiert ein optimaler Präfixcode c, so daß $L(1)\leq\ldots\leq L(n)$ ist.

Beweis: Sei c ein optimaler Präfixcode und c' der Präfixcode, der
durch Vertauschung des i-ten und des j-ten Codewortes von c entsteht. Dann gilt:

L(j) = L'(i), L(i) = L'(j) und

$$0 \leq E(c')-E(c) = \sum_{1 \leq k \leq n} p(k)(L'(k)-L(k)) =$$

p(i)L'(i)+p(j)L'(j)-p(i)L(i)-p(j)L(j) = (p(i)-p(j))(L(j)-L(i)).

Falls p(i)>p(j) ist, folgt L(j)$\geq$L(i). Falls p(i)=p(j) ist, folgt
E(c')=E(c). Endlich viele Vertauschungen der eben beschriebenen
Art für Werte i und j mit p(i)=p(j) genügen stets, um aus c einen
Präfixcode mit den gewünschten Eigenschaften zu gewinnen.   Q.E.D.

<u>Lemma 6.3:</u> Sei p(1)$\geq$...$\geq$p(n). Dann existiert ein optimaler Präfix-
code c, so daß L(1)$\leq$...$\leq$L(n-1)=L(n) ist und die Codeworte c(n-1)
und c(n) sich genau an der letzten Stelle unterscheiden.

<u>Beweis:</u> Sei c' ein optimaler Präfixcode mit L'(1)$\leq$...$\leq$L'(n)
(Lemma 6.2) und der Eigenschaft, daß man kein Codewort verkürzen
kann, ohne die Präfixeigenschaft zu verletzen. Sei ℓ=L'(n) und
$c'(n)=(c'_1(n),\ldots,c'_\ell(n))$.

<u>1. Fall:</u> $(c'_1(n),\ldots,c'_{\ell-1}(n),1-c'_\ell(n))$ ist kein Codewort im Code c'.
Sei c'' der Code, der aus c' durch Verkürzung des n-ten Codewortes
um die letzte Stelle hervorgeht. Aus der Annahme von Fall 1 und der
Tatsache, daß kein Codewort länger als ℓ ist, folgt:
Keine Verlängerung von c''(n) ist ein Codewort von c''. Da c' Präfixcode ist, ist c'(n) und damit c''(n) keine Verlängerung eines anderen Codewortes. Also ist im Widerspruch zu den Annahmen über c'
auch c'' ein Präfixcode. Fall 1 ist also unmöglich.

<u>2. Fall:</u> Es gibt ein i$\in$\{1,...,n-1\}, so daß
$c'(i)=(c'_1(n),\ldots,c'_{\ell-1}(n),1-c'_\ell(n))$ ist. Falls i=n-1, ist c' der gewünschte Code. Falls i<n-1, ist L'(i)=L'(n)=L'(n-1). Wir vertauschen das i-te und das (n-1)-te Codewort. Die erwartete Codewortlänge bleibt gleich. Der neue Präfixcode hat die gewünschten
Eigenschaften.   Q.E.D.

   Gleichzeitig haben wir bewiesen, daß in optimalen Präfixcodes
eine Änderung der letzten Stelle eines Codewortes mit maximaler
Länge wieder ein Codewort ergibt.

<u>Beweis von Satz 6.1:</u> Mit $L_{min}(p)$ bezeichnen wir wieder die er-
wartete Codewortlänge eines optimalen Präfixcodes zur a-priori-
Verteilung p. Sei p=(p(1),...,p(n)) und
p'=(p(1),...,p(n-2),p(n-1)+p(n)). Wie man leicht sieht, gilt nach
Definition von c und c':

$L_{min}(p) \leq E(c) = E(c') + (p(n-1) + p(n)) = L_{min}(p') + (p(n-1) + p(n))$.

Sei nun c" ein optimaler Präfixcode für die a-priori-Verteilung p, der allen Bedingungen von Lemma 6.3 genügt. c'" sei folgender Präfixcode für die a-priori-Verteilung p'. Für die ersten n-2 Codeworte ($1 \leq i \leq n-2$) sei c'"(i):=c"(i) und c'"(n-1) sei die Verkürzung von c"(n-1) (oder c"(n)) um die letzte Stelle. c'" ist ein Präfixcode: c'"(n-1), das einzige neue Codewort, ist nicht Verlängerung eines anderen Codewortes von c'", da sonst c"(n-1) Verlängerung eines anderen Codewortes von c" wäre. Jede echte Verlängerung von c'"(n-1) ist entweder eine Verlängerung von c"(n-1) oder von c"(n) und kommt daher nicht im Code c'" vor. Offensichtlich ist $L_{min}(p) = E(c") = E(c'") + (p(n-1) + p(n)) \geq L_{min}(p') + (p(n-1) + (p(n)))$.

Damit haben wir den Satz bewiesen, denn es folgt
$L_{min}(p) = E(c) = E(c') + (p(n-1) + p(n)) = L_{min}(p') + (p(n-1) + p(n))$.   Q.E.D.

Wir verallgemeinern jetzt den Algorithmus von Huffman, so daß er auch zur Konstruktion optimaler Präfixcodes in k-elementigen Alphabeten dient ($k \geq 2$). Die direkte Verallgemeinerung von Lemma 6.3 ist falsch. Dies sieht man folgendermaßen ein: Würde Lemma 6.3 weiterhin gelten, könnte man auch Satz 6.1 direkt übertragen. Man würde dann stets k Nachrichten zu einer Nachricht zusammenfassen. Falls für alle $\ell \in \mathbb{N}$ $n \neq \ell(k-1)+1$ und n>k ist, bleiben schließlich nicht k, sondern weniger Nachrichten übrig. Das bedeutet, daß nicht alle k Buchstaben erste Buchstaben eines Codewortes in dem so konstruierten Präfixcode sind. Derartige Codes sind natürlich nicht optimal. Es bleibt dem Leser überlassen zu zeigen, daß folgende Verallgemeinerung des Algorithmus von Huffman ein Algorithmus zur Konstruktion optimaler Präfixcodes auch für k-elementige Alphabete ($k \geq 2$) ist. Es sei $n' := \min\{m \in \mathbb{N} \mid m \geq n$ und $\exists \ell \in \mathbb{N}: m = \ell(k-1)+1\}$ (falls k=2, ist n'=n). Man übertrage den Algorithmus von Huffman direkt auf das Problem, n' Nachrichten mit den a-priori-Wahrscheinlichkeiten $p(1), \ldots, p(n), p(n+1) := 0, \ldots, p(n') := 0$ zu codieren. Satz 6.1, Lemma 6.2 und 6.3 gelten entsprechend für diesen Algorithmus.

Präfixcodes mit minimaler erwarteter Codewortlänge haben die unangenehme Eigenschaft, daß Nachrichten mit sehr kleiner a-priori-Wahrscheinlichkeit häufig ein sehr langes Codewort erhalten. Damit man auch im ungünstigsten Fall für eine Nachricht nicht allzuviele Buchstaben übermitteln muß, möchte man unter allen Präfixcodes, deren Codewortlängen eine vorgegebene Zahl $m \in \mathbb{N}$ nicht übertreffen,

einen mit minimaler erwarteter Codewortlänge bestimmen können.
Hu/Tan [68] geben eine Lösung für dieses allgemeinere Problem an.

§_7: Optimale_Strategien_bei_Gleichverteilung_auf_dem_Suchbereich

Abschließend wollen wir eine optimale sequentielle Suchstrategie und die zugehörige erwartete Suchdauer für die Gleichverteilung
p_n auf $X=\{1,\ldots,n\}$ bestimmen. Auch hier ist es wieder einfacher,
die Ergebnisse und Beweise in der Sprache der Präfixcodes zu formulieren. Wir zeigen zunächst, daß Codeworte eines optimalen Codes
sich in ihrer Länge um höchstens 1 unterscheiden. Dann berechnen
wir die möglichen Codewortlängen $\ell-1$ und ℓ und wieviele der Codeworte die Länge ℓ haben.

Lemma 7.1: Sei c ein für p_n optimaler Präfixcode mit Codewortlängen $L(1)\leq\ldots\leq L(n)$. Dann ist $L(n)-L(1)\leq 1$.

Beweis: Für $n=2$ ist die Aussage offensichtlich richtig. Sei nun
$n>2$ und $L(n)-L(1)>1$. Sei $c(n)=(c_1(n),\ldots,c_{L(n)}(n))$. Aus dem Beweis
von Lemma 6.3 folgt, daß für ein $i\in\{2,\ldots,n-1\}$
$c(i)=(c_1(n),\ldots,c_{L(n)-1}(n),1-c_{L(n)}(n))$ ist. Wir definieren einen
neuen Präfixcode c'.

$c'(1):\ =\ (c_1(1),\ldots,c_{L(1)}(1),0)\ \rightarrow\ L'(1)\ =\ L(1)+1$.

$c'(i):\ =\ (c_1(1),\ldots,c_{L(1)}(1),1)\ \rightarrow$

$L'(i)\ =\ L(1)+1<L(n)\ =\ L(i)\ \rightarrow\ L'(i)\leq L(i)-1$.

$c'(n):\ =\ (c_1(n),\ldots,c_{L(n)-1}(n))\ \rightarrow\ L'(n)\ =\ L(n)-1$.

$\forall j\in\{2,\ldots,n-1\}-\{i\}:c'(j):\ =\ c(j)\ \rightarrow\ L'(j)\ =\ L(j)$.

c' ist, wie man leicht sieht, ein Präfixcode, und es ist
$E(c)-E(c')\ \geq\ \frac{1}{n}$ im Widerspruch zur Optimalität von c.   Q.E.D.

Satz 7.2: $L_{min}(p_n)=\lceil \log n\rceil -\frac{1}{n} 2^{\lceil \log n\rceil} + 1$. Wenn c ein für p_n
optimaler Präfixcode ist, haben $a(n)=2^{\lceil \log n\rceil} - n$ Codeworte die
Länge $\lceil \log n\rceil - 1$ und $b(n)=2n-2^{\lceil \log n\rceil}$ Codeworte die Länge $\lceil \log n\rceil$.

Beweis: Nach Lemma 7.1 unterscheiden sich die Längen der Codeworte
von c höchstens um 1. Sei ℓ so gewählt, daß alle Codeworte entweder die Länge ℓ oder $\ell-1$ haben und mindestens ein Codewort Länge
ℓ hat.

Ist $(d_1,\ldots,d_\ell)$ ein Codewort, dann ist, wie wir im Beweis von
Lemma 6.3 gesehen haben, auch $(d_1,\ldots,d_{\ell-1},1-d_\ell)$ ein Codewort. Ist
$(d_1,\ldots,d_\ell)$ kein Codewort (und damit auch $(d_1,\ldots,d_{\ell-1},1-d_\ell)$ kein

Codewort), dann ist $(d_1, \ldots, d_{\ell-1})$ ein Codewort. Ansonsten könnte man c verbessern, indem man ein Codewort der Länge ℓ durch $(d_1, \ldots, d_{\ell-1})$ ersetzt.

Sei nun $a(n)$ $(b(n))$ die Anzahl der Codeworte mit Länge $\ell-1$ (ℓ). Dann ist $a(n)+b(n)=n$ und aus den obigen Überlegungen folgt, wie man am binären Wurzelbaum der Länge ℓ leicht sieht, $n+a(n)=2a(n)+b(n)=2^{\ell}$. Also ist $n \leq 2^{\ell} < 2n$ (da $0 \leq a(n) < n$). Daraus folgt, da $\ell \in \mathbb{N}$ ist, $\ell = \lceil \log n \rceil$.

Da $a(n)+n=2^{\ell}$ ist, gilt $a(n)=2^{\lceil \log n \rceil}-n$. Aus $a(n)+b(n)=n$ folgt $b(n)=2n-2^{\lceil \log n \rceil}$. Damit haben wir die Ergebnisse über die Struktur der zu p_n optimalen Präfixcodes bewiesen.

Für die erwartete Codewortlänge der optimalen Präfixcodes folgt
$$L_{\min}(p_n) = \frac{1}{n} ((\ell-1)a(n)+\ell \cdot b(n)) = \frac{1}{n} \ell(a(n)+b(n)) - \frac{1}{n} a(n)$$
$$= \lceil \log n \rceil - \frac{1}{n} 2^{\lceil \log n \rceil} + 1. \qquad \text{Q.E.D.}$$

Aus diesen Resultaten über die Struktur optimaler Präfixcodes zur Gleichverteilung p_n kann man leicht folgern: p_n ist die ungünstigste Verteilung, d.h. bei keiner anderen a-priori-Verteilung $p=(p(1), \ldots, p(n))$ muß man im Durchschnitt länger suchen als bei der Gleichverteilung.

<u>Satz 7.3:</u> Für alle a-priori-Verteilungen $p=(p(1), \ldots, p(n))$ ist $L_{\min}(p) \leq L_{\min}(p_n) = \lceil \log n \rceil - \frac{1}{n} 2^{\lceil \log n \rceil} + 1$.

<u>Beweis:</u> Wir zerlegen die Menge der zu codierenden Nachrichten in zwei disjunkte Mengen A und B, so daß A genau $a(n)=2^{\lceil \log n \rceil}-n$ und B genau $b(n)=n-a(n)$ Nachrichten enthält und die a-priori-Wahrscheinlichkeit keiner Nachricht in B die a-priori-Wahrscheinlichkeit einer Nachricht in A übertrifft. Sei c ein optimaler Präfixcode zu p_n, dann haben nach Satz 7.2 $a(n)$ Codeworte die Länge $\lceil \log n \rceil - 1$ und $b(n)$ Codeworte die Länge $\lceil \log n \rceil$. Den Nachrichten aus A ordnen wir nun die $a(n)$ kürzeren und den Nachrichten aus B die $b(n)$ längeren Codeworte von c zu. Damit erhalten wir einen Präfixcode c' zu p. Also ist $L_{\min}(p) \leq E(c')$. Indem wir zeigen, daß $E(c') \leq L_{\min}(p_n)$ ist, beweisen wir den Satz.

Nach Definition von A ist $p(A) \geq \frac{1}{n} a(n)$, wobei $p(A)$ die Wahrscheinlichkeit aller Nachrichten in A ist. Es folgt
$E(c')=p(A)(\lceil \log n \rceil - 1)+(1-p(A))\lceil \log n \rceil = \lceil \log n \rceil - p(A) \leq \lceil \log n \rceil - \frac{1}{n}a(n) = L_{\min}(p_n)$, wobei die letzte Gleichheit aus Satz 7.2 folgt. $\qquad$ Q.E.D.

Aus Lemma 5.3 folgt mit $q=p_n$, daß $H(p) \leq \log n = H(p_n)$ ist. Daher folgt schon aus dem noiseless-coding-theorem:
$L_{min}(p) < H(p)+1 \leq \log n +1$. Die obere Schranke aus Satz 7.3 ist also nur dann eine geringfügige Verbesserung der oberen Schranke aus dem noiseless-coding-theorem, falls die Entropie der a-priori-Verteilung sehr groß ist.

Kapitel IV: Alphabetische Codes und binäre Suchbäume

§ 1: Einleitung

Nachdem wir in Kap. III Suchprobleme der einfachsten Struktur
behandelt haben, sollen nun Suchprobleme untersucht werden, in
denen nicht mehr alle Tests mit einer bestimmten Anzahl von Ergebnissen zugelassen sind. Der Suchbereich X wird als vollständig geordnet angenommen. Nur Tests, die mit dieser Ordnung verträglich
sind, sind zugelassen.

Suchproblem 1.1: Suche nach einem Defekt in einer Ölpipeline.

Eine Pipeline bestehe aus n Segmenten, an deren Enden man
messen kann, wieviel Öl an dieser Stelle durch die Pipeline
fließt.

Wir nehmen an, daß in jeder Sekunde die gleiche Menge Öl in
die Pipeline gepumpt wird. Wenn die Ölmenge, die in jeder Sekunde
das Ende der Pipeline erreicht, geringer ist, muß die Pipeline
defekt sein. Indem wir die Ölmenge messen, die pro Sekunde vom
k-ten in das (k+1)-te Segment fließt, können wir feststellen, ob
der Defekt im vorderen oder im hinteren Teil der Pipeline ist.

Eine derartige Messung ist also ein binärer Test. Wenn die
Pipeline aus n Segmenten besteht, können wir den Suchbereich X
mit der Menge $\{1,\ldots,n\}$ identifizieren, wobei $x \in X$ das x-te Segment
bezeichnet. Eine Messung zwischen dem k-ten und dem (k+1)-ten Segment ist dem binären Test $t_k := t_{\{k+1,\ldots,n\}}$ gleichwertig
$(t_k(x)=1 :\iff x>k)$. Man ist daran interessiert, das defekte Segment
der Pipeline mit möglichst wenigen Messungen zu ermitteln. Später
zeigen wir, daß dieses Problem zu dem informationstheoretischen
Problem, optimale alphabetische Codes zu bestimmen, äquivalent
ist.

Suchproblem 1.2: Speicherung von Daten in Computersystemen

Daten werden in Computersystemen häufig unter bestimmten
Stichwörtern gespeichert und können auf die folgende Weise abge-
fragt werden (Bayer [10], Hu [66], Hu/Tan [68], Hu/Tucker [69],
Knuth [90], [91], Mehlhorn [100],[101],[102]). Unter den n verschiedenen, alphabetisch geordneten Stichwörtern $W_1,\ldots,W_n$ seien
Daten gespeichert. Es soll entschieden werden, ob unter dem vorliegenden Wort W Daten gespeichert sind. Bei positiver Antwort

möchte man die Daten lesen. Der Computer ist in der Lage, W mit jedem der Stichworte W_i zu vergleichen und zu entscheiden, ob $W=W_i$ ist oder W alphabetisch vor oder hinter W_i liegt. Falls $W=W_i$, so ist die Suche erfolgreich beendet. Erst wenn man gezeigt hat, daß W alphabetisch zwischen zwei Stichworten W_j und W_{j+1} oder vor W_1 oder hinter W_n liegt, hat man bewiesen, daß unter dem Stichwort W keine Daten gespeichert sind. Daher können wir den Suchbereich mit $X=\{x_1,\ldots,x_n\}\dot{\cup}\{y_0,\ldots,y_n\}$ identifizieren. Dabei bedeutet x_i, daß $W=W_i$ ist. y_j ($1\leq j\leq n-1$) heißt, daß W alphabetisch zwischen W_j und W_{j+1} liegt. y_0 bzw. y_n bedeutet, daß W vor W_1 bzw. hinter W_n liegt. Diese Interpretation impliziert die folgende Ordnung auf $X: y_0<x_1<y_1<x_2<y_2<\ldots<x_n<y_n$. Den Vergleich der Wörter W und W_i können wir durch folgenden Test t^i beschreiben. Falls $z\in X$ und $z<x_i (z>x_i)$ ist, so ist $t^i(z):=0 (t^i(z):=2)$, während $t^i(x_i):=1$ ist. Man ist daran interessiert, W mit möglichst wenigen Vergleichen zu klassifizieren. Dieses Problem wird sich als äquivalent zu dem Problem der Minimierung der Kosten eines binären Suchbaumes erweisen.

Wong [164] untersucht dieses Suchproblem in dem Spezialfall, daß $X=\{x_1,\ldots,x_n\}$ ist. Da er dieses Problem nur für den Fall, daß die a-priori-Verteilung die Gleichverteilung ist, gelöst hat, wollen wir auf die Darstellung seiner Ergebnisse verzichten.

Das Suchproblem 1.2 ist allgemeiner als das Suchproblem 1.1. Wenn alle Stichwörter $W_1,\ldots,W_n$ die a-priori-Wahrscheinlichkeit 0 haben, spezialisiert sich Suchproblem 1.2 zu Suchproblem 1.1.

Dennoch werden wir in § 3 das Suchproblem 1.1 untersuchen.

Für dieses Problem liegen nämlich - analog zu Kap. III - Ergebnisse aus der Informationstheorie vor, die sich direkt auf unser Suchproblem übertragen lassen. Wir erhalten bei gegebener a-priori-Verteilung gute Schranken für die erwartete Suchdauer optimaler sequentieller Strategien und auch gute sequentielle Strategien. Einen effizienten Algorithmus zur Ermittlung optimaler Strategien werden wir nur erwähnen, da der Beweis für die Gültigkeit dieses Algorithmus sehr kompliziert ist.

Zuvor wird in § 2 das worst-case-Verhalten von Strategien für beide Suchprobleme untersucht. Man kann auf elementare Weise optimale Strategien erhalten.

Von § 4 an beschäftigen wir uns damit, für das Suchproblem 1.2

bei gegebener a-priori-Verteilung sequentielle Strategien mit minimaler erwarteter Suchdauer zu ermitteln. In § 4 stellen wir Verfahren zur Konstruktion optimaler Strategien dar. Das beste Verfahren benötigt $O(n^2)$ Rechenschritte, wobei n die Mächtigkeit des Suchbereichs ist.

In § 5 zeigen wir, daß man viele sequentielle Strategien, die intuitiv gut sind, mit $O(n)$ Rechenschritten konstruieren kann. Wir geben obere Schranken für die erwartete Suchdauer dieser Strategien an. Damit haben wir auch obere Schranken für die erwartete Such- dauer optimaler Strategien bewiesen. Es zeigt sich, daß eine der oberen Schranken in einem noch zu präzisierenden Sinn bestmöglich ist.

In § 6 beweisen wir untere Schranken für die erwartete Such- dauer optimaler Strategien. Da diese unteren Schranken sich nur wenig von der in § 5 bewiesenen oberen Schranke unterscheiden, sind die in § 5 effizient konstruierten Strategien tatsächlich gut. Da das beste bekannte Verfahren zur Berechnung optimaler Strategien eine wesentlich größere Rechenzeit benötigt als die effizienten Algorithmen zur Konstruktion guter Strategien, wird man sich häufig damit begnügen, gute Strategien zu konstruieren. Wie schon in Kap. III § 6 diskutiert, konstruieren die Algorithmen zur Berech- nung optimaler Strategien zunächst die "letzten Tests" der Strate- gien, während die effizienten Algorithmen für gute Strategien zu- nächst den ersten Test ermitteln.

Abschließend ermitteln wir in § 7 für beide Suchprobleme a-priori-Verteilungen, bei denen die erwartete Suchdauer der optimalen Strategien am größten ist.

§ 2: Die Minimierung der Suchdauer im ungünstigsten Falle

Wir wiederholen zunächst die Definition des Suchproblems aus Beispiel 1.1. Der Suchbereich $X=\{1,\dots,n\}$ ist in natürlicher Weise geordnet. Zugelassen sind alle binären Tests, die mit dieser Ord- nung verträglich sind: $t_k := t_{\{k+1,\dots,n\}}$ $(0 \le k \le n)$, wobei $t_k(x)$ genau dann den Wert 1 annimmt, wenn $x>k$ ist. Unser Ziel ist die Minimie- rung der maximalen Suchdauer zur Identifizierung des gesuchten Objekts.

Wir untersuchen zunächst die Klasse der nichtsequentiellen Strategien. Falls $t_{i_1},\dots,t_{i_m}$ eine erfolgreiche Strategie ist, muß für $x \in \{1, \dots, n-1\}$ $(t_{i_1}(x), \dots, t_{i_m}(x)) \neq (t_{i_1}(x+1), \dots, t_{i_m}(x+1))$ sein. Es ist genau dann $t_{i_j}(x) \neq t_{i_j}(x+1)$, wenn $i_j = x$ ist. Also muß eine erfolgreiche nichtsequentielle Strategie alle Tests t_k ($1 \leq k \leq n-1$) enthalten. Andererseits ist die nichtsequentielle Strategie $s = (t_1, \dots, t_{n-1})$ erfolgreich.

Wir wollen nun sehen, was für dieses Suchproblem sequentielle Strategien leisten können. Wenn alle binären Tests zugelassen sind, muß man, um mit Sicherheit erfolgreich zu sein, im ungünstigsten Fall mindestens $\lceil \log n \rceil$ Tests durchführen (Kap. III §2). Hier sind nur einige binäre Tests zugelassen. Also braucht man auch hier im ungünstigsten Fall mindestens $\lceil \log n \rceil$ Tests.

Andererseits sind $\lceil \log n \rceil$ Tests auch ausreichend. Nach Durchführung einiger Tests einer sequentiellen Strategie weiß man, daß das gesuchte Objekt in $A \subseteq X$ ist. Zu Beginn der Suche ist $A = X$. Aufgrund der Struktur der Tests hat A stets die Gestalt $A = \{i+1, \dots, j\}$ ($0 \leq i < j \leq n$). Als nächstes führen wir den Test t_k durch: $k := i + \lceil \frac{j-i}{2} \rceil$. Danach weiß man, ob das gesuchte Objekt in $A' = \{i+1, \dots, k\}$ oder in $A'' = \{k+1, \dots, j\}$ liegt. Da sowohl $|A'| \leq \lceil \frac{1}{2}|A| \rceil$ als auch $|A''| \leq \lceil \frac{1}{2}|A| \rceil$ ist, hat man nach spätestens $\lceil \log n \rceil$ Tests erreicht, daß A einelementig ist. Damit ist dann das Objekt identifiziert. Wir haben nun folgenden Satz bewiesen.

<u>Satz 2.1:</u> Es sei $X = \{1, \dots, n\}$. Die Menge der zugelassenen Tests bestehe aus den binären Tests t_k ($0 \leq k \leq n, t_k(x) = 1 : \Longleftrightarrow x > k$). Falls die Aufgabe darin besteht, die maximale Suchdauer zu minimieren, so benötigt die beste nichtsequentielle Strategie $n-1$ Tests, während die beste sequentielle Strategie nie mehr als $\lceil \log n \rceil$ Tests durchführt.

Während in Kap. III § 2 die sequentiellen Strategien nicht mehr leisteten als nichtsequentielle Strategien, sind für dieses Suchproblem die besten sequentiellen Strategien viel schneller erfolgreich als die besten nichtsequentiellen Strategien.

Wenn man ähnliche Überlegungen für das Suchproblem 1.2 durchführt, kann man leicht beweisen:

i) die beste nichtsequentielle Strategie benötigt im ungünstigsten Fall n Tests.

ii) die beste sequentielle Strategie benötigt nie mehr als
$\lceil \log(n+1) \rceil$ Tests. (Dies folgt aus Satz 2.1, indem man zeigt,
daß eine Strategie genau dann erfolgreich ist, wenn sie alle
y_i ($0 \leq i \leq n$) unterscheiden kann.)

§ 3: Gute und optimale alphabetische Codes

Wir untersuchen hier weiterhin das Suchproblem 1.1. Bei gegebener a-priori-Verteilung $p = (p(1), \ldots, p(n))$ auf der Menge X soll
eine sequentielle Strategie mit minimaler erwarteter Suchdauer bestimmt werden. Zunächst zeigen wir, daß dieses Problem zu dem
informationstheoretischen Problem, einen alphabetischen Code mit
minimaler erwarteter Codewortlänge zu konstruieren, äquivalent ist.
Wir gehen dann wie in Kap. III § 5 vor und beweisen eine Version
der Ungleichung von Kraft und damit eine obere und untere Schranke
für die erwartete Suchdauer optimaler Strategien. Die Differenz
der beiden Schranken wird nur 2 betragen. Erstaunlicherweise kann
man diese Schranken schneller direkt beweisen. Wir werden aber
beide Beweise darstellen, da die Ungleichung von Kraft mehr Einsicht in die Struktur des Problems vermittelt.

Die Beweise der oberen Schranken sind konstruktiv. Wir geben
dabei zunächst das Codewort für die erste Nachricht, dann das Codewort für die zweite Nachricht, usw., an. Bei einem anderen Verfahren zur Konstruktion einer guten Strategie werden wir zunächst den
ersten Test, danach für jedes Testergebnis den zweiten Test, usw.
ermitteln. Das heißt für den zugehörigen Code, daß wir zunächst
für alle Codeworte den ersten Buchstaben, dann für alle Codeworte
den zweiten Buchstaben, usw. bestimmen. Das zweite Verfahren verbessert die zuvor gewonnenen Schranken geringfügig. In § 5 können
wir zeigen, daß wir das zweite Verfahren sehr effizient durchführen
können.

Wir beweisen nun, daß unser Suchproblem zu dem Problem, optimale alphabetische Codes zu konstruieren, äquivalent ist. Wie wir
in Kap. III § 4 gezeigt haben, bilden die Ergebnisfolgen einer erfolgreichen sequentiellen Strategie einen Präfixcode. Dieses Ergebnis bleibt für das hier betrachtete Suchproblem richtig, da die
Menge der Tests und damit die Menge der Strategien eingeschränkt
wurde. Aufgrund der ordnungserhaltenden Struktur der zugelassenen
Tests hat der aus den Ergebnisfolgen gebildete Präfixcode eine

bestimmte Struktur.

Seien $e(x)=(e_1(x),\ldots,e_{\ell(x)}(x))$ und $e(y)=(e_1(y),\ldots,e_{\ell(y)}(y))$ die Ergebnisfolgen für zwei verschiedene Objekte $x,y \in X, x<y$. Aus der Präfixeigenschaft folgt, daß $j:=\min\{1 \leq i \leq \min(\ell(x),\ell(y)) \mid e_i(x) \neq e_i(y)\}$ wohldefiniert ist. Die ersten j Tests sind bei der Suche nach x oder y gleich. Sei t_k der j-te Test. Da $e_j(x) \neq e_j(y)$ und $x<y$ ist, muß $y \in \{k+1,\ldots,n\}$ und $x \notin \{k+1,\ldots,n\}$ sein. Also ist $e_j(x)=0$ und $e_j(y)=1$. Im Alphabet $\{0,1\}$ sei 0 der erste Buchstabe. Dann steht das Wort $e(x)$ alphabetisch vor $e(y)$.

<u>Definition 3.1:</u> Ein Präfixcode c für n Nachrichten heißt alphabetisch, wenn für $k<\ell$ $c(k)$ alphabetisch vor $c(\ell)$ steht, d.h.:
$j:=\min\{i \mid c_i(k) \neq c_i(\ell)\} \Rightarrow c_j(k)<c_j(\ell)$.

<u>Satz 3.2:</u> Sei $X=\{1,\ldots,n\}$ und seien alle Tests $t_k (0 \leq k \leq n)$ zugelassen.

  i) Für jede sequentielle, erfolgreiche Suchstrategie bilden die Ergebnisfolgen einen alphabetischen Code.

 ii) Zu jedem alphabetischen Code c gibt es eine sequentielle, erfolgreiche Strategie, deren Ergebnisfolgen gleich den Codewörtern von c sind.

iii) Ist die a-priori-Wahrscheinlichkeit der i-ten Nachricht gleich der a-priori-Wahrscheinlichkeit des i-ten Objekts, dann ist die erwartete Suchdauer einer optimalen sequentiellen Strategie gleich der erwarteten Codewortlänge eines optimalen alphabetischen Codes.

<u>Beweis:</u> iii) folgt aus i) und ii). Die Aussage i) haben wir schon in den Vorbetrachtungen bewiesen.

ii) Wir konstruieren analog zum Beweis von Satz 4.2, Kap. III eine Strategie, die den alphabetischen Code simuliert. Sei $m:=\max(\{x \mid c_1(x)=0\} \cup \{0\})$ und $s_1:=t_m$. Da der Code alphabetisch ist, gilt $c_1(x)=0 \Leftrightarrow x \leq m$. Falls kein Codewort eine echte Verlängerung von $(m_1,\ldots,m_j) \in \{0,1\}^j$ ist, sei $s_{j+1}(m_1,\ldots,m_j):=\text{STOP}$. Ansonsten sei
$M(m_1,\ldots,m_j):=\max(\{x \mid c_1(x)=m_1,\ldots,c_j(x)=m_j,c_{j+1}(x)=0\} \cup \{0\})$ und
$s_{j+1}(m_1,\ldots,m_j):=t_{M(m_1,\ldots,m_j)}$. Für alle x mit
$c_1(x)=m_1,\ldots,c_j(x)=m_j$ gilt $c_{j+1}(x)=0 \Leftrightarrow x \leq M(m_1,\ldots,m_j)$, denn sonst wäre der Code nicht alphabetisch. Nach Konstruktion sind die Er-

gebnisfolgen zur Strategie s gleich den Codewörtern des Codes c.
Wegen der Präfixeigenschaft des Codes ist s erfolgreich.   Q.E.D.

<u>Definition 3.3</u>: Mit $A_{min}(p)$ bezeichnen wir die erwartete Codewort-
länge eines optimalen alphabetischen Codes zur a-priori-Verteilung p.

Nach Satz 3.2 ist $A_{min}(p)$ auch die erwartete Suchdauer einer
optimalen Strategie, falls p die a-priori-Verteilung auf X ist und
$t_o,\ldots,t_n$ die zugelassenen Tests sind.

Wir wollen uns nun wieder fragen, zu welchen $L(1),\ldots,L(n)\in\mathbb{N}$
ein alphabetischer Code existiert, so daß das i-te Codewort die
Länge $L(i)$ hat. Da alphabetische Codes insbesondere Präfixcodes
sind, muß nach der Ungleichung von Kraft (Satz 5.1, Kap. III)
$\sum\limits_{1\leq i\leq n} 2^{-L(i)}\leq 1$ sein. Falls die Folge $L(1),\ldots,L(n)$ monoton wachsend
ist, folgt wie im Beweis der Ungleichung von Kraft, daß
$\sum\limits_{1\leq i\leq n} 2^{-L(i)}\leq 1$ auch eine hinreichende Bedingung für die Existenz
eines alphabetischen Codes mit den Codewortlängen $L(1),\ldots,L(n)$
ist.

Diese Bedingung ist aber im allgemeinen nicht hinreichend.
Für ein beliebiges $k\in\mathbb{N}$ sei $L(1)=k$, $L(2)=1$, $L(3)=k$. Zu diesen Codewortlängen gibt es keinen alphabetischen Code. Es müßte nämlich
$c(2)=0$ oder $c(2)=1$ sein. Im ersten Falle gibt es aber kein Codewort für die erste Nachricht, das alphabetisch vor $c(2)$ liegt, im
zweiten Falle kein Codewort für die dritte Nachricht. Es ist
$\sum\limits_{1\leq i\leq 3} 2^{-L(i)}=\frac{1}{2}+2\cdot 2^{-k}$. Da k eine beliebige natürliche Zahl ist,
haben wir gezeigt, daß für alle $a > \frac{1}{2}$ $\sum\limits_{1\leq i\leq n} 2^{-L(i)}\leq a$ im allgemeinen nicht die Existenz eines alphabetischen Codes mit den Code-
wortlängen $L(1),\ldots,L(n)$ impliziert. Im folgenden zeigen wir, daß
$\sum\limits_{1\leq i\leq n} 2^{-L(i)}\leq\frac{1}{2}$ eine hinreichende Bedingung für die Existenz alphabetischer Codes mit den Codewortlängen $L(1),\ldots,L(n)$ ist.

Ähnlich wie in dem Beweis der Ungleichung von Kraft betrachten
wir den binären Wurzelbaum der Tiefe $L_{max}=\max\{L(i)\mid 1\leq i\leq n\}$. Bei der
Konstruktion von Präfixcodes besetzte das i-te Codewort die
$2^{L_{max}-L(i)}$ am weitesten links liegenden freien Endpunkte. Hier benötigen wir die doppelte Menge von Endpunkten.

<u>Satz 3.4:</u> Falls $\sum\limits_{1\leq i\leq n} 2^{-L(i)} \leq \frac{1}{2}$ ist, existiert ein alphabetischer

Code, bei dem das i-te Codewort die Länge $L(i)$ hat.

<u>Beweis:</u> Aus der Voraussetzung folgt: $2\sum\limits_{1\leq i\leq n} 2^{L_{max}-L(i)} \leq 2^{L_{max}}$. Wir

beweisen den Satz durch den Beweis der folgenden Aussage:

Für alle $i\in\{1,\ldots,n\}$ existiert ein alphabetischer Code mit den
Codewortlängen $L(1),\ldots,L(i)$, so daß jeder Endpunkt im binären
Wurzelbaum der Länge L_{max}, der Nachfolger eines Codewortes ist,
zu den am weitesten links stehenden $2\sum\limits_{1\leq j\leq i} 2^{L_{max}-L(j)}$ Endpunkten
gehört.

Das Codewort für die erste Nachricht bestehe aus $L(1)$ Nullen.
Damit ist die Aussage für $i=1$ richtig. Sei die Aussage für alle
Werte $i<j$ bewiesen. Wir zeigen die Aussage für $i=j$. Sei
$c(1),\ldots,c(j-1)$ der nach Induktionsvoraussetzung existierende
alphabetische Code. Da $2\sum\limits_{1\leq m<j} 2^{L_{max}-L(m)} \leq 2^{L_{max}}-2\cdot 2^{L_{max}-L(j)}$ ist,

sind die am weitesten rechts liegenden $2\cdot 2^{L_{max}-L(j)}$ Endpunkte des
Wurzelbaumes noch frei. Also enthält $c(j-1)$ nicht nur Einsen und
beginnt auch nicht mit $L(j)$ Einsen. Daher ist
$k:=\max\{1\leq k'\leq\min(L(j-1),L(j))\mid c_{k'}(j-1)=0\}$ wohldefiniert.
$\forall 1\leq m<k: c_m(j):=c_m(j-1), c_k(j):=1, \forall k<m\leq L(j): c_m(j):=0$. Der Code bleibt
alphabetisch und ein Präfixcode. $c(j)$ hat $2^{L_{max}-L(j)}$ Endpunkte als
Nachfolger, und es genügt zu zeigen, daß nicht mehr als $2^{L_{max}-L(j)}$
Endpunkte zwischen $c(j-1)$ und $c(j)$ liegen. Sei $d=(d_1,\ldots,d_{L_{max}})$ so
ein Endpunkt. Es folgt $d_1=c_1(j-1)=c_1(j),\ldots,d_{k-1}=c_{k-1}(j-1)=c_{k-1}(j)$.
Wäre $d_k=1$, müßte $d_{k+1}=c_{k+1}(j)=0,\ldots,d_{L(j)}=c_{L(j)}(j)=0$ sein, damit d
links von $c(j)$ liegt. Damit ist d ein Nachfolger von $c(j)$. Also
muß $d_k=0$ sein. d muß rechts von $c(j-1)$ liegen, und daher ist
$d_{k+1}=c_{k+1}(j-1)=1,\ldots,d_\ell=c_\ell(j-1)=1$ $(\ell=\min(L(j-1),L(j)))$. Falls
$\ell=L(j-1)$, so ist d damit ein Nachfolger von $c(j-1)$, und kein Endpunkt liegt zwischen $c(j-1)$ und $c(j)$. Falls $\ell=L(j)$, so liegen $L(j)$
Positionen von d fest. Für die restlichen Positionen gibt es nur
$2^{L_{max}-L(j)}$ Möglichkeiten. $\hfill$ Q.E.D.

Es ist nun einfach, mit diesem Ergebnis einen Satz vom Typ des noiseless-coding-theorems zu beweisen.

<u>Satz 3.5:</u> Sei $p=(p(1),\ldots,p(n))$ eine a-priori-Verteilung und für alle i gelte $p(i)>0$, dann ist $H(p)\leq A_{min}(p)<H(p)+2$.

<u>Beweis:</u> Da alle alphabetischen Codes Präfixcodes sind, folgt aus dem noiseless-coding-theorem $H(p)\leq L_{min}(p)\leq A_{min}(p)$.

Im Beweis des noiseless-coding-theorems haben wir gezeigt, daß $\sum\limits_{1\leq i\leq n} 2^{-L^*(i)}\leq 1$ ist, falls $L^*(i):=\lceil-\log p(i)\rceil$ ist. Sei nun

$L(i):=\lceil-\log p(i)\rceil+1$, dann ist $\sum\limits_{1\leq i\leq n} 2^{-L(i)}=\frac{1}{2}\sum\limits_{1\leq i\leq n} 2^{-L^*(i)}\leq\frac{1}{2}$. Nach

Satz 3.4 existiert ein alphabetischer Code mit den Codewortlängen $L(1),\ldots,L(n)$. Daher ist

$A_{min}(p)\leq \sum\limits_{1\leq i\leq n} p(i)L(i)< \sum\limits_{1\leq i\leq n} p(i)(-\log p(i)+2)=H(p)+2.$ Q.E.D.

Die obere Schranke aus Satz 3.5 läßt sich auf einem anderen, weniger intuitiven aber kürzerem Wege herleiten. Es sei $q(j):= \sum\limits_{1\leq i<j} p(i)+\frac{1}{2}p(j)$ und $L(j):=\lceil-\log p(j)\rceil+1$. $c(j)$ bestehe aus

den ersten $L(j)$ Stellen der Binärdarstellung von $q(j)$ nach dem Komma. Wir zeigen, daß c ein alphabetischer Code ist. Analog zum Beweis von Satz 3.5 folgt dann die obere Schranke $H(p)+2$.

Falls die Präfixeigenschaft verletzt ist, gibt es zwei Code-wörter $c(k)$ und $c(m)$, so daß $L(k)\leq L(m)$ ist und $c(k)$ ein Präfix von $c(m)$ ist. Die ersten $L(k)$ Stellen der Binärdarstellung von $q(k)$ und $q(m)$ müssen also übereinstimmen. Daraus folgt $|q(k)-q(m)|<2^{-L(k)}\leq 2^{\log p(k)-1}=\frac{1}{2}p(k)$. Diese Folgerung führt zu einem Widerspruch. Wenn $k>m$ ist, so ist nämlich $|q(k)-q(m)|=\frac{1}{2}p(m)+ \sum\limits_{m<i<k} p(i)+\frac{1}{2}p(k)>\frac{1}{2}p(k)$. Ist $k<m$, so folgt $|q(k)-q(m)|=\frac{1}{2}p(k)+ \sum\limits_{k<i<m} p(i)+\frac{1}{2}p(m)>\frac{1}{2}p(k)$. Da c offensichtlich alphabetisch ist, folgt die obere Schranke in Satz 3.5.

Wir wollen nun die zweifach bewiesene obere Schranke $H(p)+2$ für die erwartete Suchdauer optimaler sequentieller Strategien geringfügig verbessern (Horibe [63]). Dazu wird eine sequentielle Strategie konstruiert, von der man intuitiv glaubt, daß sie gut ist. Für alle i sei $p(i)>0$ und für $1\leq i\leq j\leq n$ sei $p(i,j):= \sum\limits_{i\leq\ell\leq j} p(\ell)$.

Welchen Test wählt man vernünftigerweise als nächsten, wenn man
schon weiß, daß das gesuchte Objekt sich in der Menge $\{i,\ldots,j\}$
befindet? Falls $i=j$ ist, so ist das gesuchte Objekt identifiziert,
und man sollte die Suche beenden. Ist $i<j$, so sollte man versuchen,
"die Menge $\{i,\ldots,j\}$ unter Beachtung der a-priori-Wahrscheinlichkeiten der Objekte zu halbieren". Wir wählen den nächsten Test t_k
so aus, daß $|p(i,k)-p(k+1,j)|$ minimal ist. Aus Gründen der Eindeutigkeit unserer Definitionen wählen wir dabei k minimal mit der
oben beschriebenen Eigenschaft. Nach Durchführung des Tests weiß
man, ob das gesuchte Objekt in $\{i,\ldots,k\}$ oder in $\{k+1,\ldots,j\}$ liegt.
Man kann zeigen, daß die so definierte Strategie nicht immer optimal ist. Wir planen mit dieser Strategie ja auch nur sehr kurzfristig.

Für die eben definierte Strategie wollen wir nun die erwartete
Suchdauer nach oben abschätzen. Dazu stellen wir unsere Strategie
s durch einen binären Wurzelbaum B(s) dar. Die Wurzel des Baumes
wird mit (1,n) bezeichnet, da wir zu Beginn der Suche nur wissen,
daß das gesuchte Objekt in $\{1,\ldots,n\}$ liegt. Zu dieser Situation
gehört nach unserer Definition eindeutig ein Test t_k. Der linke
(rechte) Nachfolger der Wurzel erhält die Bezeichnung (1,k)
((k+1,n)), da man nach dem Testergebnis 0 (1) weiß, daß das gesuchte Objekt in $\{1,\ldots,k\}$ ($\{k+1,\ldots,n\}$) liegt. Auf gleiche Weise
konstruieren wir die Nachfolger von (1,k) und (k+1,n), usw.. Wenn
ein Punkt die Bezeichnung (i,i) erhält, ist die Suche erfolgreich
beendet und i das gesuchte Objekt. Die Knoten (i,i) sind die Endpunkte des Baumes.

Wir zeigen, daß für jedes $x\in\{1,\ldots,n-1\}$ genau ein innerer
Punkt existiert, zu dem der Test t_x gehört. Gäbe es keinen derartigen Punkt, würde man den Test t_x nie durchführen und könnte
nicht zwischen den Objekten x und x+1 unterscheiden. Sei nun t_k
der zur Wurzel (1,n) gehörende Test. Dieser Test wird im Verlauf
der Suche nie wieder durchgeführt, da nach unserer Definition s
nie einen Test ausführt, dessen Ergebnis vorhersagbar ist. Ist
$x<k$, so wird im rechten Teilbaum der Test t_x nicht auftauchen, da
man dort bereits weiß, daß das gesuchte Objekt in $\{k+1,\ldots,n\}$
liegt. Also suchen wir im linken Teilbaum weiter. Diese Überlegung
zeigt, daß t_x nicht zu zwei Punkten des Baumes gehört.

Sei X_ℓ ($1\leq\ell\leq n-1$) die Zufallsvariable, die den Wert 1 annimmt,

wenn die Strategie s den Test t_ℓ durchführt, und sonst den Wert 0 hat. Da t_ℓ höchstens einmal durchgeführt wird, mißt $\sum\limits_{1\leq\ell\leq n-1} X_\ell$ die Anzahl der benötigten Tests. $E(s)=E(\sum\limits_{1\leq\ell\leq n-1} X_\ell)=\sum\limits_{1\leq\ell\leq n-1} E(X_\ell)$ ist die erwartete Suchdauer der Strategie s. Sei (i,j) der eindeutig bestimmte innere Punkt des Baumes, zu dem der Test t_ℓ gehört und I die Menge aller inneren Punkte des Baumes. Dann ist
$$E(X_\ell)=P(X_\ell=1)=p(i,j) \text{ und damit } E(s)=\sum_{(i,j)\in I} p(i,j).$$

Aus Satz 3.5 folgt, daß die erwartete Suchdauer guter Strategien sich kaum von H(p) unterscheidet. Daher wollen wir H(p) so umformen, daß man H(p) und E(s) gut vergleichen kann. Dazu benötigen wir aus der Informationstheorie die Gruppierungseigenschaft der Entropiefunktion (Shannon [125]).

<u>Lemma 3.6:</u> Für $1\leq k\leq n$ ist
$$H(p(1),\ldots,p(n))=H(p(1,k),p(k+1,n))$$
$$+p(1,k)H\left(\frac{p(1)}{p(1,k)},\ldots,\frac{p(k)}{p(1,k)}\right)+p(k+1,n)H\left(\frac{p(k+1)}{p(k+1,n)},\ldots,\frac{p(n)}{p(k+1,n)}\right).$$

Die Gruppierungseigenschaft läßt sich folgendermaßen interpretieren. $H(p(1),\ldots,p(n))$ ist die Ungewißheit darüber, welches Objekt das Gesuchte ist. $H(p(1,k),p(k+1,n))$ ist die Ungewißheit, ob das gesuchte Objekt in $\{1,\ldots,k\}$ oder in $\{k+1,\ldots,n\}$ liegt. Im ersten Fall (im zweiten Fall schließen wir analog), der die Wahrscheinlichkeit p(1,k) hat, ist die bedingte Wahrscheinlichkeit, daß $i\in\{1,\ldots,k\}$ das gesuchte Objekt ist, $p(i)/p(1,k)$. Die noch verbliebene Ungewißheit beträgt also $H\left(\frac{p(1)}{p(1,k)},\ldots,\frac{p(k)}{p(1,k)}\right)$. Damit mißt auch die rechte Seite von Lemma 3.6 die Ungewißheit über das zu suchende Objekt.

<u>Beweis des Lemmas:</u> $H(p(1,k),p(k+1,n))+p(1,k)H\left(\frac{p(1)}{p(1,k)},\ldots,\frac{p(k)}{p(1,k)}\right)$
$$+p(k+1,n)H\left(\frac{p(k+1)}{p(k+1,n)},\ldots,\frac{p(n)}{p(k+1,n)}\right)$$

$$=-p(1,k)\log p(1,k)-p(k+1,n)\log p(k+1,n)$$

$$-p(1,k)\sum_{1\leq i\leq k}\frac{p(i)}{p(1,k)}(\log p(i)-\log p(1,k))$$

$$-p(k+1,n)\sum_{k<i\leq n}\frac{p(i)}{p(k+1,n)}(\log p(i)-\log p(k+1,n))$$

$$=-\sum_{1\leq i\leq n} p(i)\log p(i)=H(p(1),\ldots,p(n)), \text{ da}$$

$$\sum_{1\leq i\leq k} p(i)\ \log\ p(1,k)=p(1,k)\log\ p(1,k)\ \text{und}$$

$$\sum_{k<i\leq n} p(i)\log\ p(k+1,n)=p(k+1,n)\log\ p(k+1,n)\ \text{ist.} \qquad \text{Q.E.D.}$$

Wir zeigen nun, daß die Entropie jeder a-priori-Verteilung p die erwartete Entropie aller durchzuführenden Tests ist. Dazu iterieren wir die Gleichung aus Lemma 3.6.

Lemma 3.7: Sei I die Menge der inneren Punkte des Baumes B(s), der die Strategie s darstellt. Mit (i,ℓ) und $(\ell+1,j)$ bezeichnen wir die direkten Nachfolger von $(i,j)\in I$. Dann ist

$$H(p(1),\ldots,p(n)) = \sum_{(i,j)\in I} p(i,j)H(\frac{p(i,\ell)}{p(i,j)},\ \frac{p(\ell+1,j)}{p(i,j)}).$$

Beweis: Induktion über n. Für n=1 und n=2 ist die Behauptung offensichtlich richtig. Für größere n sei $H(p(1),\ldots,p(n))$ nach Lemma 3.6 umgeformt. Sowohl für $H(\frac{p(1)}{p(1,k)},\ldots,\frac{p(k)}{p(1,k)})$ als auch für $H(\frac{p(k+1)}{p(k+1,n)},\ldots,\frac{p(n)}{p(k+1,n)})$ gilt nach Induktionsvoraussetzung die Behauptung. Seien I_L und I_R die inneren Punkte des linken und rechten Teilbaumes von B(s). Da $p(1,n)=1$ und $I=I_L\dot\cup I_R\dot\cup\{(1,n)\}$ ist, folgt

$$H(p(1),\ldots,p(n)) = p(1,n)H(\frac{p(1,k)}{p(1,n)},\ \frac{p(k+1,n)}{p(1,n)})$$

$$+p(1,k)\sum_{(i,j)\in I_L}\frac{p(i,j)}{p(1,k)}H(\frac{p(i,\ell)/p(1,k)}{p(i,j)/p(1,k)},\ \frac{p(\ell+1,j)/p(1,k)}{p(i,j)/p(1,k)})$$

$$+p(k+1,n)\sum_{(i,j)\in I_R}\frac{p(i,j)}{p(k+1,n)}H(\frac{p(i,\ell)/p(k+1,n)}{p(i,j)/p(k+1,n)},\ \frac{p(\ell+1,j)/p(k+1,n)}{p(i,j)/p(k+1,n)})$$

$$= \sum_{(i,j)\in I} p(i,j)H(\frac{p(i,\ell)}{p(i,j)},\ \frac{p(\ell+1,j)}{p(i,j)}). \qquad \text{Q.E.D.}$$

Wie wir bereits bewiesen haben, ist $E(s) = \sum_{(i,j)\in I} p(i,j)$. Also:

$$E(s)-H(p(1),\ldots,p(n))= \sum_{(i,j)\in I} p(i,j)(1-H(\frac{p(i,\ell)}{p(i,j)},\ \frac{p(\ell+1,j)}{p(i,j)})).$$

Lemma 3.8: Für $q\in[0,1]$ ist $1-H(q,1-q)\leq|q-(1-q)|$.

Beweis: Da die Entropiefunktion symmetrisch ist, können wir $q\geq\frac{1}{2}$ voraussetzen. Es sei $f(q):=1+q\ \log\ q +(1-q)\log\ (1-q)$ und $g(q):=2q-1,q\in[\frac{1}{2},1]$. Damit ist f konvex und g linear. Da $f(\frac{1}{2})=g(\frac{1}{2})$ und $f(1)=g(1)$ ist, ist die Behauptung bewiesen. \qquad Q.E.D.

Also ist $E(s)-H(p) \leq \sum_{(i,j)\in I} |p(i,\ell)-p(\ell+1,j)|$. Die Strategie s wählt in jeder Situation den folgenden Test so aus, daß der zugehörige Summand $|p(i,\ell)-p(\ell+1,j)|$ minimal ist.

<u>Satz 3.9:</u> $E(s)-H(p)\leq \sum\limits_{1\leq\ell\leq n-1} \max\{p(\ell),p(\ell+1)\}-p_{min}$, wobei

$p_{min}=\min\{p(1),\ldots,p(n)\}$ ist.

<u>Beweis:</u> Der Baum $B(s)$, der s darstellt, enthält für alle
$\ell\in\{1,\ldots,n-1\}$ genau einen inneren Punkt (i,j), zu dem der Test t_ℓ
gehört. Der Beitrag dieses Punktes zu der zuvor bewiesenen oberen
Schranke für $E(s)-H(p)$ ist $d(i,j):=|p(i,\ell)-p(\ell+1,j)|$. Wir schätzen
$d(i,j)$ nach oben ab.

1. <u>Fall:</u> $i<\ell$ und $p(i,\ell)\geq p(\ell+1,j)$.
Es ist $p(i,\ell-1)<p(\ell,j)$, da sonst im Widerspruch zur Definition
von s $|p(i,\ell-1)-p(\ell,j)|<|p(i,\ell)-p(\ell+1,j)|$ wäre. Also ist
$d(i,j)=p(i,\ell)-p(\ell+1,j)\leq p(\ell,j)-p(i,\ell-1)=p(\ell)+p(\ell+1,j)-(p(i,\ell)-p(\ell))$
$=2p(\ell)-d(i,j)$ und damit $d(i,j)\leq p(\ell)$.

2. <u>Fall:</u> $i=\ell$ und $p(i,\ell)\geq p(\ell+1,j)$.
Es ist $d(i,j)=p(\ell,\ell)-p(\ell+1,j)\leq p(\ell)-p_{min}\leq p(\ell)$.

3. <u>Fall:</u> $\ell+1<j$ und $p(i,\ell)<p(\ell+1,j)$.
Analog zum ersten Fall folgt $d(i,j)\leq p(\ell+1)$.

4. <u>Fall:</u> $\ell+1=j$ und $p(i,\ell)<p(\ell+1,j)$.
Analog zum zweiten Fall folgt $d(i,j)\leq p(\ell+1)-p_{min}\leq p(\ell+1)$.
Zusammengefaßt ist $d(i,j)\leq\max\{p(\ell),p(\ell+1)\}$ und damit
$E(s)-H(p)\leq \sum\limits_{1\leq\ell\leq n-1} \max\{p(\ell),p(\ell+1)\}$. Der Summand $-p_{min}$ kommt hinzu,
da es in jedem binären Baum mindestens einen inneren Punkt (i,j)
gibt, der zwei Endpunkte als Nachfolger hat. Für diesen Punkt ist
$j=i+1$ und damit die Voraussetzung des zweiten oder vierten Falles
erfüllt. $\hfill$ Q.E.D.

<u>Satz 3.10:</u> $H(p)\leq A_{min}(p)\leq E(s)\leq H(p)+2-(n+2)p_{min}$.

<u>Beweis:</u> Die untere Schranke für $A_{min}(p)$ wurde in Satz 3.5 bewiesen.
Nach Satz 3.9 ist $A_{min}(p)\leq E(s)\leq H(p)+ \sum\limits_{1\leq\ell\leq n-1} \max\{p(\ell),p(\ell+1)\}-p_{min}$
$\leq H(p)+ \sum\limits_{1\leq\ell\leq n-1} (p(\ell)+p(\ell+1)-p_{min})-p_{min}\leq H(p)+2-(n+2)p_{min}$. $\hfill$ Q.E.D.

Mit dieser verbesserten oberen Schranke für alphabetische Codes
kann man leicht das noiseless-coding-theorem geringfügig verbessern.

<u>Satz 3.11:</u> $H(p)\leq L_{min}(p)\leq H(p)+1-2p_{min}$.

Beweis: Die untere Schranke für $L_{min}(p)$ wurde in Satz 5.4, Kap. III bewiesen. Bei der Konstruktion eines Präfixcodes ist keine Ordnung auf der Menge der Nachrichten zu beachten. Also können wir annehmen, daß $p(1)\geq\ldots\geq p(n)$ ist. Aus Satz 3.9 folgt

$$L_{min}(p)\leq A_{min}(p)\leq H(p)+\sum_{1\leq\ell\leq n-1}\max\{p(\ell),p(\ell+1)\}-p_{min}$$

$$=H(p)+\sum_{1\leq\ell\leq n-1}p(\ell)-p_{min}=H(p)+1-2p_{min}. \qquad\text{Q.E.D.}$$

In § 5 werden wir zeigen, daß wir die gute Strategie s sehr effizient, nämlich in $O(n)$ Rechenschritten, konstruieren können.

Wir wollen analog zu Kap. III § 7 das Suchproblem für die Gleichverteilung p_n vollständig lösen. Offensichtlich ist $L_{min}(p_n)\leq A_{min}(p_n)$. Ist c ein optimaler Code zu p_n, so können wir die Codeworte alphabetisch ordnen: $c(i_1),\ldots,c(i_n)$. c', definiert durch $c'(j)=c(i_j)$, ist ein alphabetischer Code. Da alle Codewörter die gleiche a-priori-Wahrscheinlichkeit haben, ist $A_{min}(p_n)\leq E(c')=E(c)=L_{min}(p_n)$. Mit Satz 7.2, Kap. III folgt

Satz 3.12: $\quad A_{min}(p_n)=L_{min}(p_n)=\lceil\log n\rceil-\frac{1}{n}2^{\lceil\log n\rceil}+1.$

Nachdem wir in der Lage sind, gute Strategien zu konstruieren, möchten wir auch Verfahren zur Konstruktion optimaler Strategien kennenlernen. In § 4 werden wir optimale Strategien für das Such-problem 1.2 konstruieren. Diese Algorithmen sind also auch auf dieses vorliegende Suchproblem anwendbar. Der beste Algorithmus benötigt $O(n^2)$ Rechenschritte.

Für die hier vorliegende einfachere Situation gibt es einen ef-fizienteren Algorithmus, der nur $O(n \log n)$ Rechenschritte benötigt (Hu/Tucker [69], Hu [66]). Dieser Algorithmus faßt - wie der Algorithmus von Huffman - jeweils zwei Nachrichten zu einer neuen Nachricht zusammen. Dabei werden im Verlaufe des Algorithmus auch nicht benachbarte (aber in einem bestimmten Sinne verbundene) Nachrichten zusammengefaßt. Der entstehende Code ist nicht alpha-betisch. Es gibt jedoch keinen alphabetischen Code mit kleinerer erwarteter Codewortlänge. Durch Vertauschungen von Codewortteilen, die die erwartete Codewortlänge nicht verändern, erhalten wir einen optimalen alphabetischen Code. Der Beweis, daß dieser Algo-rithmus tatsächlich einen optimalen alphabetischen Code konstru-iert, ist jedoch so lang, daß wir auf eine Darstellung verzichten.

§ 4: Die Konstruktion optimaler binärer Suchbäume

Wir beginnen nun mit der Untersuchung des Suchproblems 1.2.
Dazu wiederholen wir einige Definitionen. $X=\{x_1,\ldots,x_n\}\dot{\cup}\{y_0,\ldots,y_n\}$
mit $y_0<x_1<y_1<x_2<y_2<\ldots<x_n<y_n$ und $n\in\mathbb{N}$ ist der Suchbereich, den wir
folgendermaßen interpretieren können: x_i: das eingegebene Wort W
stimmt mit dem i-ten Stichwort W_i überein, y_j $(1\leq j\leq n-1)$: W liegt
alphabetisch zwischen W_j und W_{j+1} und y_0 bzw. y_n: W liegt alphabetisch vor W_1 bzw. hinter W_n. Alle alphabetischen Vergleiche von
W mit einem der Worte $W_1,\ldots,W_n$ sind zugelassene Tests. Für $1\leq i\leq n$
formalisieren wir den Vergleich zwischen W und W_i mit t^i: $t^i(z)$ ist
0,1 oder 2, je nachdem, ob $z<x_i, z=x_i$ oder $z>x_i$ ist. Die Test-
ausgänge 0,1 und 2 bedeuten also: W liegt alphabetisch vor W_i,
$W=W_i$, und W liegt alphabetisch hinter W_i. Unser Ziel besteht in
der Bestimmung sequentieller, erfolgreicher Strategien mit möglichst kleiner erwarteter Suchdauer. Dabei können wir uns offensichtlich auf Strategien beschränken, die keinen Test durchführen,
dessen Ergebnis vorher bekannt ist.

Sei s eine erfolgreiche, sequentielle Strategie, die keine
überflüssigen Tests durchführt. Dieser Strategie s werden wir nun
einen binären Wurzelbaum B(s) zuordnen, dessen n innere Punkte von
links nach rechts mit $x_1,\ldots,x_n$ und dessen n+1 Endpunkte von links
nach rechts mit $y_0,\ldots,y_n$ bezeichnet werden. Darüber hinaus wird
die Anzahl der inneren Knoten auf dem Pfad von der Wurzel zu $z\in X$
gleich der Anzahl der Tests der Strategie s bis zur Identifikation
von z sein.

Falls n=1 ist, so ist $s_1:=t^1$ und $s_2:=$STOP die einzige erfolgreiche, sequentielle Strategie ohne überflüssige Tests. B(s) besteht aus der Wurzel x_1 und zwei nachfolgenden Endpunkten, die von
links nach rechts mit y_0 und y_1 bezeichnet werden.

Sei nun s eine erfolgreiche, sequentielle Strategie ohne über-
flüssige Tests für den Suchbereich $X=\{x_1,\ldots,x_n\}\dot{\cup}\{y_0,\ldots,y_n\}$(n>1).
Ist $s_1=t^k$, dann wird die Wurzel von B(s) mit x_k bezeichnet. Man
hat $s_2(1)=$STOP, da man bei dem Testergebnis 1 weiß, daß $W=W_k$ ist.
Für die Wurzel von B(s) sind also alle Anforderungen erfüllt. Die
Strategie s^o, die durch $s^o_j(i_1,\ldots,i_{j-1}):=s_{j+1}(0,i_1,\ldots,i_{j-1})$
definiert ist, ist eine erfolgreiche, sequentielle Strategie ohne
überflüssige Tests für den eingeschränkten Suchbereich

$X_k^o = \{x_1, \ldots, x_{k-1}\} \dot\cup \{y_o, \ldots, y_{k-1}\}$, da man bei dem Testergebnis O weiß, daß $z \in X_k^o$ ist. Der nach Induktionsvoraussetzung definierte zugehörige Baum $B(s^o)$ wird der linke Teilbaum von $B(s)$. Dann enthält der Pfad von der Wurzel von $B(s)$ zu $z \in X_k^o$ genau einen inneren Punkt (die Wurzel von $B(s)$) mehr als der Pfad von der Wurzel von $B(s^o)$ zu z. Für das Testergebnis 2 erhält man analog die Strategie s^2 und den Baum $B(s^2)$ als rechten Teilbaum von $B(s)$.

<u>Beispiel 4.1:</u> $n=4, s_1 = t^2, s_2(o) = t^1, s_2(1) = STOP, s_2(2) = t^4, s_3(2,0) = t^3,$ $s_3(i_1, i_2) = STOP$, falls $(i_1, i_2) \neq (2,0), s_4 \equiv STOP$. Die Suchdauer für das Objekt $z \in X$ beträgt 1 für x_2, 2 für x_1, x_4, y_o, y_1 und y_4 und 3 für x_3, y_2 und y_3. s enthält keinen überflüssigen Test. Abbildung 4.1 zeigt den zugehörigen Wurzelbaum $B(s)$.

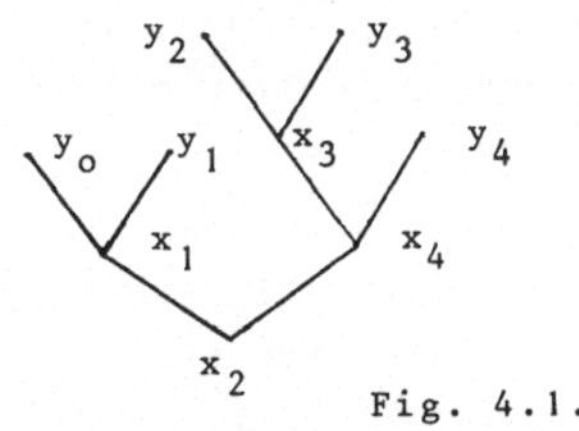

Fig. 4.1.

<u>Definition 4.2:</u> Sei B ein binärer Wurzelbaum mit n inneren Punkten und n+1 Endpunkten. Die Endpunkte werden von links nach rechts mit $y_o, \ldots, y_n$ bezeichnet. Die inneren Punkte werden von links nach rechts mit $x_1, \ldots, x_n$ bezeichnet, d.h. falls ein Pfad von x_i über seinen linken (rechten) Nachfolger zu x_j existiert, ist $i > j$ ($i < j$). Dann heißt B binärer Suchbaum. Für $z \in X = \{x_1, \ldots, x_n\} \dot\cup \{y_o, \ldots, y_n\}$ seien die Kosten des Punktes $z, L(z)$, gleich der Anzahl der inneren Punkte auf dem Pfad von der Wurzel von B zu z. Für jede Gewichtung $p: X \to \mathbb{R}_o^+$ sind $C(B) := \sum_{z \in X} p(z) L(z)$ die Kosten des binären Suchbaumes B zur Gewichtung p.

Wir haben gezeigt, daß die Kosten von $B(s)$ zur a-priori-Verteilung p auf X gleich der erwarteten Suchdauer von s sind.

Auf der anderen Seite gibt es zu jedem binären Suchbaum B eine sequentielle, erfolgreiche Strategie s, so daß die Suchdauer für das Objekt $z \in X$ $L(z)$ beträgt. Wir beginnen an der Wurzel des Baumes. Erreichen wir den inneren Punkt x_k, dann führen wir den Test t_k durch. Beim Testergebnis O bzw. 2 suchen wir den linken bzw. rechten Nachfolger von x_k auf. Beim Testergebnis 1 oder beim Erreichen eines Endpunktes stoppen wir die Suche.

Der folgende Satz faßt unsere Ergebnisse zusammen:

Satz 4.3: Für jede erfolgreiche, sequentielle Strategie s ohne überflüssige Tests gibt es einen binären Suchbaum $B(s)$, so daß für alle $z \in X$ die Kosten von z in $B(s)$ gleich der Suchdauer von s für das Objekt z sind. Auch die Umkehrung gilt. Wenn p eine a-priori-Verteilung auf X ist, dann sind die Kosten eines optimalen binären Suchbaumes gleich der erwarteten Suchdauer einer optimalen Strategie.

Im folgenden betrachten wir Verfahren zur Konstruktion optimaler (binärer) Suchbäume. Da es nur endlich viele Suchbäume mit n inneren Punkten gibt, könnte man die Kosten aller Suchbäume vergleichen. Man kann jedoch zeigen, daß es $\frac{1}{n+1}\binom{2n}{n} = O(n^{-3/2}4^n)$ Suchbäume mit n inneren Punkten gibt (s. Kap. VII § 4). Falls n nicht sehr klein ist, ist dieses Verfahren nicht durchführbar.

Wir werden nun für unser Suchproblem die Optimalitätsgleichung von Bellman (Bellman [18], Hinderer [61]) beweisen und aus ihr einen Algorithmus zur Konstruktion optimaler Suchbäume ableiten.

Definition 4.4: Sei $X_{ij} := \{x_{i+1}, \ldots, x_j\} \cup \{y_i, \ldots, y_j\}$ eine Einschränkung des Suchbereichs $X = X_{on}$. Mit p bezeichnen wir auch die Einschränkung von p auf X_{ij}. $W_{ij} := p(X_{ij})$. C_{ij} seien die Kosten eines optimalen Suchbaumes B zu X_{ij} und der Gewichtung p. R_{ij} sei die Wurzel oder der Index der Wurzel dieses Baumes.

Satz 4.5 (Optimalitätsgleichung von Bellman):
Für $0 \leq i < j \leq n$ ist $C_{ij} = W_{ij} + C_{i,R_{ij}-1} + C_{R_{ij},j} = \min\{W_{ij} + C_{i,k-1} + C_{kj} \mid i < k \leq j\}$, wobei $C_{ii} = 0$ ist.

Beweis: Sei B ein binärer Suchbaum zu dem Suchbereich X_{ij} und der Gewichtung p. Die Kosten der Wurzel betragen 1. Die Kosten eines Punktes in einem der Teilbäume sind in B um 1 größer als in dem betreffenden Teilbaum. Die Kosten von B sind also um W_{ij} größer als die Summe der Kosten seiner beiden Teilbäume. Ist B optimal, dann müssen auch beide Teilbäume optimal sein. Da wir annehmen können, daß R_{ij} die Wurzel des optimalen Baumes ist, folgt die erste Gleichung.

In der zweiten Gleichung ist die "$\geq$-Beziehung" offensichtlich richtig.

<u>Annahme:</u> $W_{ij}+C_{i,k-1}+C_{kj}<W_{ij}+C_{i,R_{ij}-1}+C_{R_{ij},j}=C_{ij}$. Dann sind die

Kosten des Baumes mit Wurzel x_k und zwei optimalen Teilbäumen kleiner als C_{ij}, die Kosten eines optimalen Suchbaumes. Wir erhalten also einen Widerspruch.   Q.E.D.

Aus Satz 4.5 ergibt sich folgender Algorithmus zur Berechnung aller R_{ij} und C_{ij} ($0\leq i<j\leq n$).

<u>Algorithmus von Bellman:</u> Da $X_{i,i+1}=\{x_{i+1}\}\dot{\cup}\{y_i,y_{i+1}\}$ ist, ist $R_{i,i+1}=i+1$ und $C_{i,i+1}=W_{i,i+1}$. Nachdem alle R_{ij} und C_{ij} mit $j-i<\ell$ berechnet worden sind, können wir folgendermaßen $R_{i,i+\ell}$ und $C_{i,i+\ell}$ berechnen ($0\leq i\leq n-\ell$). $R_{i,i+\ell}$ ist einer der Werte k, die $C_{i,k-1}+C_{k,i+\ell}$ ($i<k\leq i+\ell$) minimieren und

$$C_{i,i+\ell}=W_{i,i+\ell}+C_{i,R_{i,i+\ell}-1}+C_{R_{i,i+\ell},i+\ell}\;.$$

Indem wir die Werte W_{ij} jeweils für festes i und wachsendes j berechnen, können wir alle W_{ij} mit $O(n^2)$ Additionen berechnen. Für jeden der $n-\ell+1$ Werte für i genügen ℓ Additionen zur Berechnung der $C_{i,k-1}+C_{k,i+\ell}$, $\ell-1$ paarweise Vergleiche zur Bestimmung des kleinsten Wertes der $C_{i,k-1}+C_{k,i+\ell}$ und damit zur Berechnung von $R_{i,i+\ell}$ und eine weitere Addition zur Berechnung von $C_{i,i+\ell}$. Insgesamt genügen also $O(n^2)+\sum_{1\leq\ell\leq n}(n-\ell+1)(\ell+(\ell-1)+1)=O(n^3)$ Rechenschritte.

<u>Satz 4.6:</u> Der Algorithmus von Bellman zur Berechnung eines optimalen Suchbaumes benötigt $O(n^3)$ Rechenschritte.

Knuth [90] hat gezeigt, daß man zur Konstruktion eines optimalen Suchbaumes nicht alle R_{ij} und C_{ij} ($0\leq i<j\leq n$) berechnen muß. Falls wir den Suchbereich nach links (rechts) erweitern, wird die Wurzel optimaler Suchbäume nicht in die andere Richtung wandern.

<u>Satz 4.7:</u> Man kann die Wurzeln optimaler Suchbäume zu X_{ij} ($0\leq i<j\leq n$) und p so auswählen, daß $R_{i,j-1}\leq R_{ij}\leq R_{i+1,j}$ ist.

<u>Beweis:</u> Induktion über $j-i$. Für $j-i=2$ ist $R_{i,i+1}=i+1$ und $R_{i+1,i+2}=i+2$. Da $R_{i,i+2}\in\{i+1,i+2\}$ ist, ist die Behauptung bewiesen. Sei nun $j-i=m$ und die Behauptung richtig, falls $j-i<m$ ist. Dann ist nach Induktionsvoraussetzung $R_{i,j-1}\leq R_{i+1,j-1}\leq R_{i+1,j}$. Wir müssen zeigen, daß es zu X_{ij} und p einen optimalen Suchbaum B mit Wurzel R gibt, so daß $R\in R:=\{R_{i,j-1},\ldots,R_{i+1,j}\}$ ist.

Wir beweisen die Behauptung zunächst für den Fall, daß

$q := p(x_{i+1}) + p(y_i) = 0$ ist. Dann zeigen wir, daß für $q \in \mathbb{R}_o^+$ ein optimaler Suchbaum mit Wurzel $R' \leq R_{i+1,j}$ existiert. Aufgrund der Links-Rechts-Symmetrie von binären Suchbäumen gibt es dann auch einen optimalen Suchbaum mit Wurzel $R'' \geq R_{i,j-1}$. Falls die Behauptung falsch ist, muß $R' < R_{i,j-1} \leq R_{i+1,j} < R''$ sein, während alle Suchbäume mit Wurzel $R \in R$ nicht optimal sind. Wir zeigen schließlich, daß dies unmöglich ist.

Sei nun also $q = 0$ und B ein optimaler Suchbaum zu $X_{i+1,j}$ und p mit Wurzel $R_{i+1,j}$. B' sei der Suchbaum zu X_{ij} und p, der auf die in Abbildung 4.2 dargestellte Weise aus B entsteht. Dem Endpunkt y_i in B werden zwei Nachfolger zugeordnet, die mit y_{i-1} und y_i bezeichnet werden. Der alte Punkt y_i wird nun zum inneren Punkt x_i.

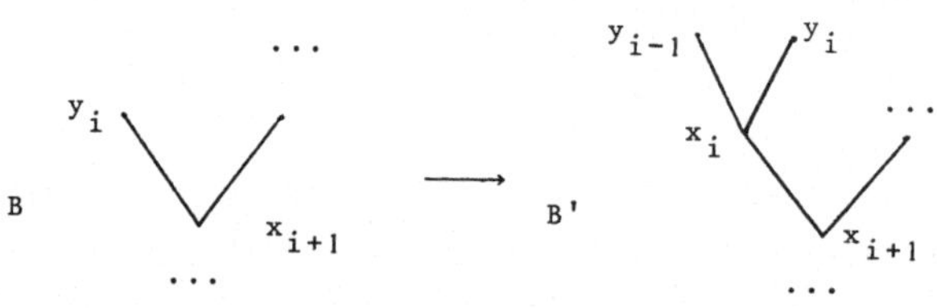

Fig. 4.2.

Wir beweisen die Behauptung, indem wir zeigen, daß B' optimal ist. Offensichtlich ist $C(B') = C(B) + p(y_i)$. Sei B" ein optimaler Suchbaum zu X_{ij} und p. Der innere Punkt x_i hat als linken Nachfolger den Endpunkt y_{i-1}, während y_i in dem Teilbaum liegt, der rechts auf x_i folgt. B''' entstehe aus B", indem wir die Punkte x_i und y_{i-1} eliminieren und den Vorgänger von x_i direkt mit dem rechten Nachfolger von x_i verbinden. Damit werden zumindest die Kosten des Punktes y_i um 1 kleiner. Also ist $C(B''') \leq C(B") - p(y_i)$ und damit, da B optimal ist, $C(B') = C(B) + p(y_i) \leq C(B''') + p(y_i) \leq C(B")$. Da B" optimal ist, ist auch B' optimal.

Wir zeigen nun für beliebige $q \in \mathbb{R}_o^+$, daß es einen optimalen Suchbaum zu X_{ij} und p mit Wurzel $R \leq R_{i+1,j}$ gibt. Falls diese Behauptung falsch ist, sei Q die Menge der Werte $q \in \mathbb{R}_o^+$, für die die Behauptung nicht richtig ist und $Q = \inf Q$.

Für jeden Suchbaum B hängen die Kosten, da $L_B(x_i) = L_B(y_{i-1})$ ist, linear von q ab: $C_B(q) = \sum_{z > x_i} p(z) L_B(z) + q L_B(x_i)$. Da es nur endlich viele Suchbäume gibt, ist die Menge der q, für die ein Suchbaum optimal ist, abgeschlossen. Daher gibt es, falls $Q > 0$ ist,

einen optimalen Suchbaum B zu X_{ij} und $q=Q$ mit Wurzel $R \leq R_{i+1,j}$.
Nach unseren Vorbetrachtungen bleibt diese Aussage für $Q=0$ richtig.
Andererseits gibt es ein $\varepsilon > 0$, so daß für $q \in (Q, Q+\varepsilon]$ ein Baum B' mit
Wurzel $R' > R_{i+1,j}$, aber kein Baum mit Wurzel $\overline{R} \leq R_{i+1,j}$, optimal ist.
Wir nehmen an, daß die Teilbäume von B und B' die Aussage unseres
Satzes erfüllen.

Da $C_B(Q) = C_{B'}(Q)$ und für alle $q \in (Q, Q+\varepsilon]$ $C_B(q) > C_{B'}(q)$ ist, folgt
$L := L_B(x_i) > L_{B'}(x_i) =: L'$. Sei $k_1, \ldots, k_L$ bzw. $\ell_1, \ldots, \ell_{L'}$ die Indexfolge
der Knoten in B bzw. B', die auf dem Pfad von der Wurzel zu x_i
liegen. Es ist $k_1 = R \leq R_{i+1,j} < R' = \ell_1$. Da B und B' für $q=Q$ optimal sind,
folgt aus $k_m < \ell_m$ $k_{m+1} \leq \ell_{m+1}$ (Induktionsvoraussetzung). Andererseits
ist $k_{L'} > i = \ell_{L'}$. Daher gibt es ein m, so daß $k_m = \ell_m$ ist. Sei B'' der
Suchbaum, der aus B entsteht, wenn man den linken auf x_{k_m} folgenden
Teilbaum durch den entsprechenden Teilbaum von B' ersetzt . Da B
und B' für $q=Q$ optimal sind, ist B'' für $q=Q$ optimal und damit
$C_{B''}(Q) = C_{B'}(Q)$. Die Wurzel von B'' ist dieselbe wie im Baum B, also
$R \leq R_{i+1,j}$. Nach Konstruktion ist $L_{B''}(x_i) = L_{B'}(x_i)$. Da die Geraden
$C_{B'}(q)$ und $C_{B''}(q)$ nun also in einem Punkt übereinstimmen ($q=Q$) und
die gleiche Steigung haben ($L_{B'}(x_i)$), ist für alle $q \in \mathbb{R}_o^+$
$C_{B'}(q) = C_{B''}(q)$. Im Widerspruch zur Definition von Q ist B'' damit
für alle $q \in [Q, Q+\varepsilon]$ optimal. Analog folgt die Existenz eines optimalen Suchbaumes $\overline{B}$ mit Wurzel $\overline{R} \geq R_{i,j-1}$.

Wir nehmen nun an, daß Q', die Menge aller $q \in \mathbb{R}_o^+$, für die der
Satz falsch ist, nicht leer ist. $Q' := \inf Q'$. Analog zum vorhergehenden Beweis gibt es für $q=Q'$ einen optimalen Suchbaum B mit
Wurzel $R \in R$, während für ein $\varepsilon' > 0$ die Wurzeln aller optimalen Suchbäume für $q \in (Q', Q'+\varepsilon']$ nicht in R liegen. Wie wir bereits bewiesen
haben, gibt es jedoch Suchbäume $'B$ und B', die für alle
$q \in [Q', Q'+\varepsilon']$ optimal sind und für deren Wurzeln $'R$ und R' gilt:
$'R \leq R_{i+1,j}$ und $R' \geq R_{i,j-1}$. Da $'R, R' \in R$, ist $'R < R_{i,j-1} \leq R_{i+1,j} < R'$.
Analog zum vorhergehenden Beweis können wir einen Teilbaum in B
durch den entsprechenden Teilbaum in B' so ersetzen, daß der neue
Suchbaum B'' die Wurzel $R \in R$ hat und für alle $q \in [Q', Q'+\varepsilon']$ optimal
ist. Dieser Widerspruch zur Definition von Q' beweist den Satz.

Q.E.D.

Mit diesem Satz können wir den Algorithmus von Bellman verbessern.

<u>Algorithmus von Knuth:</u> Wir berechnen mit $O(n^2)$ Rechenschritten alle W_{ij} ($0 \leq i < j \leq n$). Es ist $R_{i,i+1} = i+1$ und $C_{i,i+1} = W_{i,i+1}$. Nachdem wir für $j-i < \ell$ R_{ij} und C_{ij} berechnet haben, können wir nach Satz 4.5 und Satz 4.7 für jedes Paar (i,j) mit $0 \leq i < j \leq n$ und $j-i = \ell$ R_{ij} und C_{ij} mit $2(R_{i+1,j} - R_{i,j-1} + 1)$ Rechenschritten berechnen: Mit $R_{i+1,j} - R_{i,j-1} + 1$ Additionen berechnen wir $C_{i,k-1} + C_{k,j}$ ($R_{i,j-1} \leq k \leq R_{i+1,j}$). Mit $R_{i+1,j} - R_{i,j-1}$ paarweisen Vergleichen bestimmen wir das Minimum der zuvor berechneten Werte und damit R_{ij}. Eine weitere Addition genügt, um $C_{ij} = W_{ij} + C_{i,R_{ij}-1} + C_{R_{ij},j}$ zu berechnen.

Die Gesamtzahl der Rechenschritte dieses Algorithmus beträgt also $O(n^2) + 2$
$$\sum_{(i,j) \mid 0 \leq i < j \leq n} (R_{i+1,j} - R_{i,j-1} + 1) =$$

$$O(n^2) + 2 \sum_{(i,j) \mid 0 \leq i < j \leq n} (R_{i+1,j} - R_{i,j-1}).$$

Jedes $R_{k\ell}$ ($1 \leq k \leq \ell \leq n$) kommt in der Summe genau einmal als positiver Summand vor ($(i,j) = (k-1,\ell)$), während jedes $R_{k',\ell'}$ ($0 \leq k' \leq \ell' < n$) genau einmal als negativer Summand ($(i,j) = (k',\ell'+1)$) auftritt. Also ist
$$\sum_{(i,j) \mid 0 \leq i < j \leq n} (R_{i+1,j} - R_{i,j-1}) = \sum_{1 \leq i \leq n} R_{in} - \sum_{0 \leq j < n} R_{oj} \leq n^2,$$
denn $R_{in} \leq n$ und $R_{oj} \geq 0$.

<u>Satz 4.8:</u> Der Algorithmus von Knuth zur Berechnung eines optimalen Suchbaumes benötigt $O(n^2)$ Rechenschritte.

Bisher ist unbekannt, ob es einen Algorithmus gibt, der optimale Suchbäume mit weniger als $O(n^2)$ Rechenschritten konstruiert.

Optimale Suchbäume können die Eigenschaft haben, daß die Suchkosten von Objekten mit geringer a-priori-Wahrscheinlichkeit sehr groß sind. Um auch im ungünstigsten Fall keine allzu hohen Kosten zu haben, möchte man (analog zu Kap. III § 6) unter den Suchbäumen, in denen alle Objekte höchstens Kosten $k \in \mathbb{N}$ haben, einen besten konstruieren. Itai [74] hat den Algorithmus von Knuth auf dieses allgemeinere Problem übertragen.

§ 5: Die effiziente Konstruktion guter binärer Suchbäume

Wir werden nun einige Verfahren zur Konstruktion von intuitiv guten Suchbäumen untersuchen. Diese Verfahren ergeben im allgemeinen keine optimalen Suchbäume. Wir werden die Kosten dieser Suchbäume nach oben abschätzen. Mit den unteren Schranken für die

Kosten optimaler Suchbäume, die wir in § 6 beweisen werden, folgt, daß diese Suchbäume tatsächlich gut sind. Abschließend geben wir einen Algorithmus an, der die guten Suchbäume sehr effizient - mit $O(n)$ Rechenschritten - berechnet.

Es scheint vernünftig zu sein, die Wurzel eines Suchbaumes so zu bestimmen, daß sich die Gewichte der beiden Teilbäume möglichst wenig unterscheiden. Falls x_k die Wurzel eines Suchbaumes zu dem Suchbereich $X_{ij}=\{x_{i+1},\ldots,x_j\}\cup\{y_i,\ldots,y_j\}$ und der Gewichtsverteilung $p:X_{ij}\to\mathbb{R}_o^+$ ist, hat der linke Teilbaum das Gewicht $W_{i,k-1}$ und der rechte Teilbaum das Gewicht W_{kj}. Um den Baum zu balancieren, wählen wir die Wurzel x_R so, daß mit $D_k(i,j):=|W_{i,k-1}-W_{kj}|$ $D_R(i,j)=\min\{D_{i+1}(i,j),\ldots,D_j(i,j)\}$ ist. Wir nennen einen Suchbaum balanciert, wenn jeder innere Punkt den Teilbaum, dessen Wurzel er ist, balanciert.

<u>Beispiel 5.1:</u> Es gibt nicht immer einen optimalen balancierten Suchbaum.

Sei $n=3$, $p(y_k)=0$ $(0\leq k\leq 3)$, $p(x_1)=\frac{1}{2}+2\varepsilon$, $p(x_2)=p(x_3)=\frac{1}{4}-\varepsilon$ $(0<\varepsilon<\frac{1}{20})$.

Es ist $D_1(0,3)=\frac{1}{2}-2\varepsilon$, $D_2(0,3)=\frac{1}{4}+3\varepsilon$ und $D_3(0,3)=\frac{3}{4}+\varepsilon$. Damit ist x_2 die Wurzel jedes balancierten Suchbaumes. In Abbildung 5.1 sind alle möglichen Suchbäume für dieses Problem dargestellt. B_3 ist der einzige balancierte Suchbaum. Aber B_1 und B_2 sind die einzigen optimalen Suchbäume: $C(B_1)=C(B_2)=\frac{7}{4}-3\varepsilon$, $C(B_3)=\frac{7}{4}+\varepsilon$, $C(B_4)=\frac{8}{4}$ und $C(B_5)=\frac{9}{4}+3\varepsilon$.

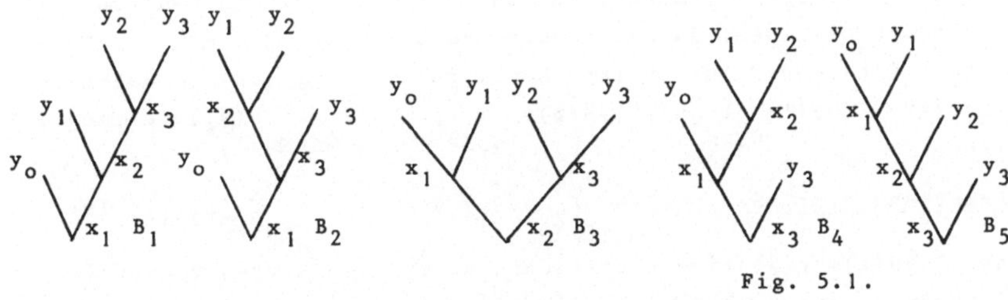

Fig. 5.1.

Mehlhorn [100] hat folgendes Ergebnis bewiesen: Wenn B ein balancierter Suchbaum zu dem Suchbereich $X=\{x_1,\ldots,x_n\}\cup\{y_0,\ldots,y_n\}$ und der a-priori-Verteilung p ist, so gilt für die Kosten von B: $C(B)\leq c\cdot H(p)+2$, wobei $c=(1-\log(\sqrt{5}-1))^{-1}\approx 1,44$ ist. Bayer [10] hat dieses Ergebnis wesentlich verbessert und bewiesen, daß $C(B)\leq H(p)+2$ ist. Bayer hat als erster die wesentliche Rolle der

Entropie in diesen Problemen klar erkannt.

In der gleichen Arbeit hat Bayer min-max-Bäume untersucht. Dabei wird die Wurzel des Suchbaumes so gewählt, daß der Teilbaum mit dem größeren Gewicht ein möglichst kleines Gewicht hat. Folgendermaßen kann man zu X_{ij} und p eine min-max-Wurzel bestimmen. Wenn x_k Wurzel des Suchbaumes ist, so sind $W_{i,k-1}$ und W_{kj} die Gewichte der beiden Teilbäume. $M_k(i,j):=\max\{W_{i,k-1},W_{kj}\}$ ist das Gewicht des schwereren Teilbaumes. x_R ist eine min-max-Wurzel, falls $M_R(i,j)=\min\{M_{i+1}(i,j),\ldots,M_j(i,j)\}$ ist. Ein Suchbaum heißt dann min-max-Baum, wenn die Wurzel jedes Teilbaumes eine min-max-Wurzel ist.

<u>Beispiel 5.2:</u> Es gibt nicht immer einen optimalen min-max-Baum. Sei $n=3,p(y_0)=\frac{4}{24},p(x_1)=\frac{4}{24},p(y_1)=0,p(x_2)=\frac{3}{24},p(y_2)=\frac{3}{24},p(x_3)=0,$ $p(y_3)=\frac{10}{24}$. Es ist $M_1(0,3)=\max\{\frac{4}{24},\frac{16}{24}\}=\frac{16}{24}$, $M_2(0,3)=\max\{\frac{8}{24},\frac{13}{24}\}=\frac{13}{24}$ und $M_3(0,3)=\max\{\frac{14}{24},\frac{10}{24}\}=\frac{14}{24}$. Also ist B_3 (Abbildung 5.1) der einzige min-max-Baum. Andererseits ist B_4 der einzige optimale Suchbaum: $C(B_1)=\frac{53}{24},C(B_2)=\frac{46}{24},C(B_3)=\frac{45}{24},C(B_4)=\frac{44}{24}$ und $C(B_5)=\frac{46}{24}$.

Für min-max-Bäume B hat Bayer bewiesen, daß
$$C(B)\leq H(p)+1+\sum_{0\leq i\leq n}p(y_i)$$ ist. Wir werden später einen Algorithmus von Mehlhorn [102] kennenlernen, mit dem man einen Suchbaum B' konstruiert, für den ebenfalls $C(B')\leq H(p)+1+\sum_{0\leq i\leq n}p(y_i)$ ist. Wir wollen diese obere Schranke nur für die von Mehlhorn konstruierten Suchbäume beweisen, da der Beweis von Bayer für die min-max-Bäume wesentlich komplizierter ist. Zuvor zeigen wir, daß die obere Schranke $H(p)+1+\sum_{0\leq i\leq n}p(y_i)=H(p)+\sum_{1\leq j\leq n}p(x_j)+2\sum_{0\leq i\leq n}p(y_i)$ bestmöglich ist.

<u>Bemerkung 5.3:</u> Sei $p(x):=\sum_{1\leq j\leq n}p(x_j)$ und $p(y):=\sum_{0\leq i\leq n}p(y_i)$. Ist $aH(p)+bp(x)+cp(y)$ eine obere Schranke für die Kosten von optimalen Suchbäumen zum Suchbereich $X=\{x_1,\ldots,x_n\}\dot{\cup}\{y_0,\ldots,y_n\}$ und der a-priori-Verteilung p, dann ist $a\geq1$, $b\geq1$ und $c\geq2$.

<u>Beweis:</u> i) $a\geq1$. Sei $p(x_j)=0$ für alle j und $p(y_i)=\frac{1}{n+1}$ für alle i. Da $p(x)=0$ ist, ist das Problem, einen optimalen Suchbaum zu konstruieren, zu dem Problem, einen optimalen alphabetischen Code zu bestimmen, äquivalent (§1/§3). Die Kosten eines optimalen alphabe-

tischen Codes betragen mindestens $H(p)=\log(n+1)$. Nach Voraussetzung ist also $aH(p)+cp(y)\geq H(p)$. Deshalb gilt auch $a\cdot\log(n+1)+c\geq\log(n+1)$ und damit $a\geq 1-c(\log(n+1))^{-1}$. Da n eine beliebige natürliche Zahl ist, folgt $a\geq 1$.

ii) $b\geq 1$. Sei $n=1$, $p(y_0)=p(y_1)=0$, $p(x_1)=1$. Es gibt nur einen Suchbaum, dessen Kosten 1 betragen. Da $aH(p)+bp(x)+cp(y)=b$ ist, muß $b\geq 1$ sein.

iii) $c\geq 2$. Sei $n=2$, $p(y_0)=p(y_2)=p(x_1)=p(x_2)=0$, $p(y_1)=1$. Es gibt zwei verschiedene Suchbäume, deren Kosten 2 betragen. Da $aH(p)+bp(x)+cp(y)=c$ ist, muß $c\geq 2$ sein.   Q.E.D.

Wir stellen nun einen Algorithmus von Mehlhorn zur Konstruktion eines Suchbaumes, dessen Kosten $H(p)+1+p(y)$ nicht übertreffen, dar.

Für $k\in\{1,\ldots,n\}$ sei $q(k):=\sum_{1\leq i\leq k}p(x_i)+\sum_{0\leq j<k}p(y_j)+\frac{1}{2}p(y_k)$.

x_k wird Wurzel des Baumes, falls $q(k-1)\leq\frac{1}{2}\leq q(k)$ ist. Dieser Algorithmus balanciert die Gewichte der beiden Teilbäume auf eine neue Weise. Die Wurzel des linken (rechten) Teilbaumes $x_\ell(x_r)$ wird so gewählt, daß $q(\ell-1)\leq\frac{1}{4}\leq q(\ell)$ $(q(r-1)\leq\frac{3}{4}\leq q(r))$ ist. Analog fährt man fort. Im folgenden werden wir diesen Algorithmus formalisieren.

Der Teil des Suchbereichs, zu dem wir die Wurzel eines Teilbaumes konstruieren, wird durch die Parameter (i,j,w,ℓ) mit $i,j,\ell\in\mathbb{N}_0$ und $w\in\mathbb{R}_0^+$, beschrieben. Dabei müssen drei Bedingungen erfüllt sein:

i) $0\leq i<j\leq n$ (X_{ij} ist der zugehörige Suchbereich).

ii) $w=v2^{-\ell+1}$ und $v\in\{0,1,\ldots,2^{\ell-1}-1\}$.

iii) $w\leq q(i)\leq q(j)\leq w+2^{-\ell+1}$ (ℓ gibt an, wieviele innere Punkte auf dem Pfad von der Wurzel des Gesamtbaumes zu der Wurzel des Teilbaumes liegen, v zeigt an, wie weit rechts dieser Teilbaum im Gesamtbaum liegt).

Zu Beginn des Algorithmus sind mit $i=0$, $j=n$, $\ell=1$ und $w=0$ alle drei Bedingungen erfüllt. Allgemein soll die Wurzel x_k des Teilbaumes möglichst so gewählt werden, daß $q(k-1)\leq w+\frac{1}{2}2^{-\ell+1}=w+2^{-\ell}\leq q(k)$ ist. Da die Bedingung iii) erfüllt ist, erhalten die beiden Teilbäume ungefähr das gleiche Gewicht.

<u>Algorithmus von Mehlhorn:</u> Es seien (i,j,w,ℓ) gegeben, die den Bedingungen i), ii) und iii) genügen. Zu Beginn ist $i=0$, $j=n$, $w=0$

und $\ell=1$.

<u>Fall 1</u>: $i+1=j$. Dann ist $X_{ij}=\{x_j\}\dot\cup\{y_{j-1},y_j\}$. Der Algorithmus konstruiert den einzigen Suchbaum mit Wurzel x_j und den Endpunkten y_{j-1} und y_j. Danach stoppt der Algorithmus.

<u>Fall 2</u>: $i+1\neq j$ und $q(i)>w+2^{-\ell}$. x_{i+1} wird Wurzel des Suchbaumes, der linke Teilbaum besteht aus dem Endpunkt y_i, und der rechte Teilbaum wird mit diesem Algorithmus zu den Parametern $(i+1,j,w+2^{-\ell},\ell+1)$ konstruiert.

<u>Bemerkung</u>: Für das Tupel $(i+1,j,w+2^{-\ell},\ell+1)$ gelten die Bedingungen i), ii) und iii).

  i) $0\leq i<j\leq n$ und $i+1\neq j \Rightarrow 0\leq i+1<j\leq n$.

 ii) $w=v2^{-\ell+1}$ und $v\in\{0,1,\ldots,2^{\ell-1}-1\}\Rightarrow w+2^{-\ell}=(2v+1)2^{-\ell}$ und $2v+1\in\{0,1,\ldots,2^{\ell}-1\}$.

iii) Es ist $w+2^{-\ell}<q(i)\leq q(i+1)\leq q(j)\leq w+2^{-\ell+1}=(w+2^{-\ell})+2^{-\ell}$.

<u>Fall 3</u>: $i+1\neq j$ und $q(j)<w+2^{-\ell}$. x_j wird Wurzel des Suchbaumes, der rechte Teilbaum besteht aus dem Endpunkt y_j, und der linke Teilbaum wird mit diesem Algorithmus zu den Parametern $(i,j-1,w,\ell+1)$ konstruiert.

<u>Bemerkung</u>: Analog zu Fall 2 gelten die Bedingungen i), ii) und iii) für das Tupel $(i,j-1,w,\ell+1)$.

<u>Fall 4</u>: $i+1\neq j$ und $q(i)\leq w+2^{-\ell}\leq q(j)$. Die Wurzel x_k des Suchbaumes wird so ausgewählt, daß $q(k-1)\leq w+2^{-\ell}\leq q(k)$ und $i<k\leq j$ ist. Der linke Teilbaum besteht, falls $k=i+1$ ist, aus dem Endpunkt y_i und wird ansonsten mit diesem Algorithmus zu den Parametern $(i,k-1,w,\ell+1)$ konstruiert. Falls $k=j$ ist, besteht der rechte Teilbaum aus dem Endpunkt y_j. Andernfalls wird er mit diesem Algorithmus zu den Parametern $(k,j,w+2^{-\ell},\ell+1)$ ermittelt.

<u>Benerkung</u>: Falls $k\neq i+1$ $(k\neq j)$ ist, gelten für $(i,k-1,w,\ell+1)$ $((k,j,w+2^{-\ell},\ell+1))$ die Bedingungen i), ii) und iii).

  i) $k\neq i+1\Rightarrow 0\leq i<k-1\leq n$ und $k\neq j\Rightarrow 0\leq k<j\leq n$.

 ii) $w=v2^{-\ell+1}=2v2^{-\ell}$ und $w+2^{-\ell}=(2v+1)2^{-\ell}$. Da $v\in\{0,1,\ldots,2^{\ell-1}-1\}$ ist, sind $2v,2v+1\in\{0,1,\ldots,2^{\ell}-1\}$.

iii) Es ist $w\leq q(i)\leq q(k-1)\leq w+2^{-\ell}\leq q(k)\leq q(j)\leq w+2^{-\ell+1}$
$$=(w+2^{-\ell})+2^{-\ell}.$$

Durch die eingefügten Bemerkungen haben wir nachgewiesen, daß dieser Algorithmus einen binären Suchbaum B konstruiert. Da wir im folgenden für $z \in X$ nicht $p(z) > 0$ voraussetzen, beweisen wir allgemein: $A_{min}(p) \leq H(p) + 2$.

<u>Satz 5.4:</u> Für die Kosten des durch den Algorithmus von Mehlhorn konstruierten Suchbaumes B gilt: $C(B) \leq H(p) + 1 + \sum\limits_{0 \leq i \leq n} p(y_i)$.

<u>Beweis:</u> Wir werden für jeden Knoten des Suchbaumes B die Kosten nach oben abschätzen. Falls x_k die Wurzel des Teilbaumes ist, der zu den Parametern (i,j,w,ℓ) gebildet wird, ist $L(x_k) = \ell$. Dies folgt direkt aus der Definition des Algorithmus, da wir für jeden neuen Aufruf des Algorithmus den Parameter ℓ um 1 erhöhen und mit $\ell = 1$ beginnen. Da Bedingung iii) erfüllt und $i < k \leq j$ ist, folgt

$$2^{-L(x_k)+1} = 2^{-\ell+1} \geq q(j) - q(i) = \sum\limits_{i < h \leq j} p(x_h) + \sum\limits_{i < h' < j} p(y_{h'}) + \frac{1}{2}(p(y_i) + p(y_j))$$

$\geq p(x_k)$ und damit $L(x_k) \leq -\log p(x_k) + 1$. Wenn der Endpunkt y_m konstruiert wird, während (i,j,w,ℓ) die aktuellen Parameter sind, folgt auf analoge Weise $L(y_m) = \ell$. Da $i \leq m \leq j$ ist, folgt aus der obigen Rechnung $2^{-L(y_m)+1} = 2^{-\ell+1} \geq \frac{1}{2} p(y_m)$ und damit $L(y_m) \leq -\log p(y_m) + 2$. Zusammenfassend haben wir bewiesen, daß

$$C(B) = \sum\limits_{1 \leq k \leq n} p(x_k) L(x_k) + \sum\limits_{0 \leq m \leq n} p(y_m) L(y_m) \leq \sum\limits_{1 \leq k \leq n} p(x_k)(-\log p(x_k) + 1) +$$

$$\sum\limits_{0 \leq m \leq n} p(y_m)(-\log p(y_m) + 2) = H(p) + 1 + \sum\limits_{0 \leq m \leq n} p(y_m) \text{ ist.} \qquad \text{Q.E.D.}$$

<u>Beispiel 5.5:</u> Der Algorithmus von Mehlhorn ergibt nicht immer einen optimalen Suchbaum.

Es seien n und p wie in Beispiel 5.2 definiert. Dann ist $q(1) = \frac{16}{48}$, $q(2) = \frac{25}{48}$ und $q(3) = \frac{38}{48}$. Der Algorithmus wählt x_2 als Wurzel und konstruiert den Suchbaum B_3 (Abb. 5.1). Schon in Beispiel 5.2 haben wir gezeigt, daß B_4 der einzige optimale Suchbaum ist.

Wie wir nun zeigen werden, benötigt der Algorithmus von Mehlhorn nur sehr wenig Rechenzeit. Um dies beweisen zu können, müssen wir exakt erklären, wie wir im vierten Fall die Wurzel x_k bestimmen. Das nun folgende Verfahren geht auf Fredman [49] zurück. Auf ähnliche Weise kann man nach Gewicht balancierte Suchbäume, min-max-Bäume und den in § 3 dargestellten guten alphabetischen Code von Horibe mit $O(n)$ Rechenschritten, also sehr schnell, konstruieren.

Wir berechnen zunächst $q(1), \ldots, q(n)$, wofür offensichtlich

O(n) Additionen und Divisionen ausreichen. Wenn (i,j,w,ℓ) die
aktuellen Parameter sind, prüfen wir zunächst, ob $i+1=j$ ist. Bei
positiver Antwort stoppt der Algorithmus nach einer bestimmten Anzahl von Rechenschritten. Ansonsten prüfen wir, ob $q(i)>w+2^{-\ell}$ oder
$q(j)<w+2^{-\ell}$ ist. In jedem der beiden Fälle genügt eine bestimmte
Anzahl von Rechenschritten, um sowohl die Wurzel des Teilbaumes
und den Teilbaum, der nur einen Knoten enthält, als auch die neuen
Parameter $(i+1,j,w+2^{-\ell},\ell+1)$ oder $(i,j-1,w,\ell+1)$ zu berechnen.

Andernfalls gelten die Voraussetzungen von Fall 4, und wir
müssen k so bestimmen, daß $q(k-1)\leq w+2^{-\ell}\leq q(k)$ ist. Wir beschreiben
das Verfahren zur Bestimmung von k nur für die Ausgangssituation
$(0,n,0,1)$. Dies vereinfacht die Notation, und es ist klar, wie man
das Verfahren auf eine allgemeinere Situation überträgt.

Wir können mit einer festen Anzahl von Rechenschritten feststellen, ob man $k=\ell$ wählen kann oder ob $k<\ell$ oder $k>\ell$ sein muß. Da-
zu vergleichen wir $q(\ell-1)$ und $q(\ell)$ mit $\frac{1}{2}$. Ist $q(\ell-1)\leq\frac{1}{2}\leq q(\ell)$, kann
man $k=\ell$ wählen. Falls $q(\ell-1)>\frac{1}{2}$ $(q(\ell)<\frac{1}{2})$ ist, muß man $k<\ell$ $(k>\ell)$
wählen. Wir prüfen zunächst, ob man $k=\lfloor\frac{1}{2}(n+1)\rfloor$ wählen kann. Falls
dies möglich ist, müssen noch die beiden Teilbäume mit $k-1$ und $n-k$
inneren Punkten konstruiert werden. Ansonsten wissen wir, ob wir k
in der Menge $\{1,\ldots,\lfloor\frac{1}{2}(n+1)\rfloor-1\}$ oder in der Menge
$\{\lfloor\frac{1}{2}(n+1)\rfloor+1,\ldots,n\}$ suchen müssen. Wir beschreiben das Verfahren
für die erste Menge, da das Verfahren für die zweite Menge analog
verläuft, wenn man n mit 1, $n-1$ mit 2, usw. identifiziert. Wir
prüfen, ob man $k\leq 1$, $k\leq 2$, $k\leq 4$, $k\leq 8$, ... wählen kann, wobei wir diese
Fragen bei der ersten positiven Antwort beenden. Es gibt nun eine
Menge $\{2^{h-1}+1,\ldots,2^{h}\}$, in der wir k suchen müssen. Indem wir diese
Menge fortlaufend halbieren, genügen $h-1$ weitere Fragen, um k zu
bestimmen. Falls $k\leq\lfloor\frac{1}{2}(n+1)\rfloor$ ist, genügen insgesamt $2\lceil\log k\rceil+1$
Fragen: $k\leq\lfloor\frac{1}{2}(n+1)\rfloor,k\leq 1,\ldots,k\leq 2^{\lceil\log k\rceil}$ und dann weitere $\lceil\log k\rceil-1$
Fragen zur Ermittlung von k in $\{2^{\lceil\log k\rceil-1}+1,\ldots,2^{\lceil\log k\rceil}\}$. An-
schließend müssen die beiden Teilbäume mit $k-1$ und $n-k$ inneren
Punkten konstruiert werden. Falls $k=n+1-\ell>\lfloor\frac{n+1}{2}\rfloor$ ist, so ist $\ell\leq\frac{n+1}{2}$.
In diesem Fall genügen $2\lceil\log \ell\rceil+1$ Fragen zur Bestimmung von k. Die
beiden Teilbäume enthalten $\ell-1$ und $n-\ell$ innere Punkte.

Es sei nun $f(n)$ die Anzahl der Rechenschritte zur Berechnung
eines guten Suchbaumes mit dem Verfahren von Fredman nach dem
Algorithmus von Mehlhorn. Wir haben die Existenz von $a,b\in\mathbb{N}$ be-

wiesen, so daß $f(n) \leq \max\{a+b \ \log k +f(k-1)+f(n-k) \mid 1 \leq k \leq \frac{1}{2}(n+1)\}$ ist.
Außerdem ist $f(1) \leq a$ und $f(0)=0$. Wir zeigen nun, daß
$f(n) \leq g(n):=an+bn-b \ \log(n+1)$ ist.

$g(0)=f(0)$ und $g(1) \geq f(1)$. Falls für $\ell < n$ $f(\ell) \leq g(\ell)$ ist, folgt
$f(n) \leq \max\{a+b \ \log k+a(k-1)+b(k-1)-b \ \log k+a(n-k)+b(n-k)-b \ \log(n-k+1) \mid$
$$1 \leq k \leq \frac{1}{2}(n+1)\}$$
$$= an+bn-b+\max\{-b \ \log(n-k+1) \mid 1 \leq k \leq \frac{1}{2}(n+1)\}$$
$$\leq an+bn-b-b \ \log\frac{n+1}{2}=an+bn-b \ \log(n+1).$$
Damit benötigt dieses Verfahren höchstens $an+bn-b \ \log(n+1)$ Rechenschritte.

Also gilt

<u>Satz 5.6:</u> Mit dem Verfahren von Fredman kann der Algorithmus von
Mehlhorn in $O(n)$ Rechenschritten durchgeführt werden.

Da die Komplexität des Algorithmus von Mehlhorn/Fredman erheblich geringer ist als die des Algorithmus von Knuth zur Konstruktion von optimalen Suchbäumen, wird man sich in der Praxis häufig
mit diesen guten, aber schnell zu konstruierenden Suchbäumen zufriedengeben.

Die auf X angenommene a-priori-Verteilung p wird im allgemeinen eine Häufigkeitsverteilung sein. Nachdem man einen guten
(oder optimalen) Suchbaum für die gegebene Häufigkeitsverteilung
mehrmals angewendet hat, kann sich die Häufigkeitsverteilung so
verändert haben, daß der alte Suchbaum für die neue Verteilung ein
schlechter Suchbaum ist. Mehlhorn [101] untersucht dieses Problem
und gibt ein Verfahren an, das mit einem guten Suchbaum für die
gegebene Häufigkeitsverteilung beginnt. Nach jedem Suchvorgang
wird der Suchbaum mit einem Arbeitsaufwand, der proportional zur
Suchdauer ist, abgeändert. Für die jeweilige neue Häufigkeitsverteilung ergibt sich ein guter Suchbaum.

<u>§ 6:</u> <u>Untere Schranken für die Kosten optimaler binärer Suchbäume</u>

In § 5 haben wir Suchbäume, deren Kosten $H(p)+1+ \sum_{0 \leq m \leq n} p(y_m)$
nicht übersteigen, konstruiert. Indem wir nun untere Schranken für
die Kosten optimaler Suchbäume beweisen, zeigen wir auch, daß die
in § 5 konstruierten Suchbäume gut sind. Eine einfache Anwendung
des noiseless-coding-theorems ergibt eine erste untere Schranke
für die Kosten optimaler Suchbäume. Diese Schranke können wir ver-

bessern, indem wir auch für die Kosten der inneren Punkte eines Suchbaumes eine Ungleichung beweisen, die die gleiche Rolle wie die Ungleichung von Kraft für die Endpunkte spielen wird.

Um die erwartete Codewortlänge eines bestimmten alphabetischen Codes mit der Entropie der a-priori-Verteilung vergleichen zu können, hatten wir in § 3 die Entropie unter Ausnutzung der Gruppierungseigenschaft zerlegt. Ähnliche Überlegungen zusammen mit einer sorgfältigen Untersuchung der Entropie von Wahrscheinlichkeitsvektoren der Länge 3 ergeben eine weitere untere Schranke für die Kosten optimaler Suchbäume.

Wir bezeichnen mit $C(p)$ die Kosten eines optimalen Suchbaumes zur a-priori-Verteilung p auf dem Suchbereich $X=\{y_o,x_1,y_1,\ldots,x_n,y_n\}$. Suchbäume stellen, wie wir in § 4 gesehen haben, erfolgreiche, sequentielle Strategien dar. Da die Strategie erfolgreich ist, bilden die Ergebnisfolgen $e(y_o),e(x_1),e(y_1),\ldots,e(x_n),e(y_n)$ einen (sogar alphabetischen) Präfixcode im Alphabet $\{0,1,2\}$. Wie wir nach dem Beweis des noiseless-coding-theorems (Satz 5.4, Kap.III) bemerkt haben, gilt für die erwartete Codewortlänge $E(c)$ eines Präfixcodes zu einem dreielementigen Alphabet

$$E(c)\geq H_3(p)=-\sum_{z\in X} p(z)\log_3 p(z)=(-\sum_{z\in X} p(z)\log p(z))/\log 3=H(p)/\log 3.$$

Da die erwartete Codewortlänge des Codes gleich den Kosten des Suchbaumes ist, folgt

<u>Satz 6.1:</u> Für alle Suchbereiche $X=\{x_1,\ldots,x_n\}\dot{\cup}\{y_o,\ldots,y_n\}$ und alle a-priori-Verteilungen p auf X gilt $C(p)\geq(\log 3)^{-1}H(p)$ $((\log 3)^{-1}\approx0,63)$.

Wenn wir die Ergebnisfolgen $e(y_o),e(x_1),\ldots,e(y_n)$ der zu dem Suchbaum gehörenden sequentiellen Strategie näher betrachten, stellen wir folgendes fest: Das Testergebnis 1 tritt genau dann auf, wenn man einen Test t^i durchführt und x_i das gesuchte Objekt ist. Die Ergebnisfolgen $e(y_o),\ldots,e(y_n)$ enthalten also keine 1, während in den Ergebnisfolgen $e(x_1),\ldots,e(x_n)$ genau das letzte Folgenglied eine 1 ist. Man hat nämlich das Objekt x_i genau dann identifiziert, wenn man den Test t^i durchgeführt hat. Zur Bildung der Codeworte $e(y_o),e(x_1),\ldots,e(y_n)$ stehen uns also "fast nur zwei Buchstaben" zur Verfügung. Daher kann man vermuten, daß die untere Schranke aus Satz 6.1 nicht sehr gut ist und daß man eine untere Schranke beweisen kann, die nicht viel kleiner als H(p) ist.

Wir werden nun auch für die inneren Punkte eines Suchbaumes ein Ergebnis, das der Ungleichung von Kraft entspricht, beweisen. Dazu seien wieder $L(x_k)$ und $L(y_m)$ die Kosten der Knoten x_k und y_m im Suchbaum B.

__Lemma 6.2:__ Sei B ein binärer Suchbaum. Dann gelten

$$\text{i)} \quad \sum_{0 \le m \le n} 2^{-L(y_m)} \le 1 \qquad \text{ii)} \quad \sum_{1 \le k \le n} 2^{-L(x_k)} \le \frac{1}{2} \log(n+1).$$

__Beweis:__ i) folgt aus der Ungleichung von Kraft (Satz 5.1, Kap. III), da die Ergebnisfolgen $e(y_o), \ldots, e(y_m)$ einen Präfixcode im Alphabet $\{0,2\}$ bilden.

ii) Wir beweisen diese Ungleichung durch Induktion über n. Für n=1 ist $L(x_1)=1$, und beide Seiten der Ungleichung haben den Wert $\frac{1}{2}$. Sei nun die Behauptung für kleinere Bäume als B bereits bewiesen. Dann gilt die Behauptung für B' und B", die beiden Teilbäume von B. B' enthalte die inneren Punkte $x_1, \ldots, x_{\ell-1}$ und B" die Punkte $x_{\ell+1}, \ldots, x_n$. Offensichtlich sind die Kosten der Knoten in den Teilbäumen um 1 kleiner als im Gesamtbaum: $L'(x_i)=L(x_i)-1$ ($1 \le i \le \ell-1$) und $L''(x_i)=L(x_i)-1$ ($\ell+1 \le i \le n$). Da $L(x_\ell)=1$ ist, folgt

$$\sum_{1 \le i \le n} 2^{-L(x_i)} = \frac{1}{2} \sum_{1 \le i \le \ell-1} 2^{-L'(x_i)} + \frac{1}{2} + \frac{1}{2} \sum_{\ell+1 \le i \le n} 2^{-L''(x_i)}$$

$\le \frac{1}{2}(\frac{1}{2} \log \ell+1+\frac{1}{2}\log(n-\ell+1)) = \frac{1}{2}\log(2\ell^{1/2}(n-\ell+1)^{1/2})$. Da für $q\in[0,1]$ $q(1-q)\le\frac{1}{4}$ ist, folgt $\frac{\ell}{n+1} \cdot \frac{n-\ell+1}{n+1} \le \frac{1}{4}$ und deshalb auch $2\ell^{1/2}(n-\ell+1)^{1/2}\le n+1$. Q.E.D.

Sei $p(x):= \sum\limits_{1 \le k \le n} p(x_k)$ und $p(y):= \sum\limits_{0 \le m \le n} p(y_m)$ und B ein optimaler Suchbaum. Wir wollen $C(p)-H(p)$ nach unten abschätzen und dabei Lemma 6.2 benutzen. Es ist

$$C(p)-H(p)= \sum_{1 \le k \le n} p(x_k)(L(x_k)+\log p(x_k))+ \sum_{0 \le m \le n} p(y_m)(L(y_m)+\log p(y_m))$$

$$= - \sum_{1 \le k \le n} p(x_k)\log \frac{2^{-L(x_k)}}{p(x_k)} - \sum_{0 \le m \le n} p(y_m)\log \frac{2^{-L(y_m)}}{p(y_m)}.$$

Für $x\in\mathbb{R}^+$ ist $\ell n\ x\le x-1$ und damit $\log x \le (x-1)\log e$. Also können wir den zweiten Summanden folgendermaßen abschätzen:

$$- \sum_{0 \leq m \leq n} p(y_m) \log \frac{2^{-L(y_m)}}{p(y_m)} \geq -\log e \sum_{0 \leq m \leq n} (2^{-L(y_m)} - p(y_m)) \geq -\log e (1 - p(y)).$$

(Die letzte Ungleichung folgt aus Lemma 6.2 i).)

Die Abschätzung $\log x \leq (x-1)\log e$ ist besonders gut, wenn $x \approx 1$ ist. Nach Lemma 6.2 ii) scheint es nicht vernünftig zu sein, den ersten Summanden auf die gleiche Weise abzuschätzen wie den zweiten Summanden.

Es ist jedoch

$$- \sum_{1 \leq k \leq n} p(x_k) \log \frac{2^{-L(x_k)}}{p(x_k)}$$

$$= - \sum_{1 \leq k \leq n} p(x_k) \log \frac{2^{-L(x_k)}}{p(x_k) \frac{1}{2}\log(n+1)} - \sum_{1 \leq k \leq n} p(x_k) \log(\tfrac{1}{2}\log(n+1))$$

$$\geq -\log e \left(\sum_{1 \leq k \leq n} \left(\frac{2^{-L(x_k)}}{\frac{1}{2}\log(n+1)} - p(x_k) \right) \right) - p(x)(\log \log(n+1) - 1)$$

$$\geq -\log e (1 - p(x)) - p(x)(\log \log(n+1) - 1).$$

Zusammenfassend haben wir bewiesen:

$$C(p) - H(p) \geq -\log e (1 - p(y) + 1 - p(x)) - p(x)(\log \log(n+1) - 1)$$
$$= -\log e - p(x)(\log \log(n+1) - 1), \text{ und es gilt}$$

<u>Satz 6.3:</u> Für alle a-priori-Verteilungen p ist
$$C(p) \geq H(p) - \log e - p(x)(\log \log(n+1) - 1).$$

In Kap. III § 5 wurde schon erwähnt, daß für die meisten Verteilungen p auf $X = \{x_1, \ldots, x_n\} \dot{\cup} \{y_0, \ldots, y_n\}$ $H(p)$ ungefähr $\log(2n+1)$ ist. Die in Satz 6.3 bewiesene Schranke ist in diesen Fällen ungefähr gleich $H(p) - p(x)\log H(p)$ und damit viel besser als die in Satz 6.1 bewiesene untere Schranke. Für Verteilungen mit kleiner Entropie liefert Satz 6.3 keine gute untere Schranke.

Wir werden nun für alle a-priori-Verteilungen p eine untere Schranke für die Kosten optimaler Suchbäume beweisen, die sich von $H(p) - p(x)\log H(p)$ nur um einen konstanten Summanden unterscheidet. Dazu zerlegen wir wie in § 3 $C(p)$ und $H(p)$.

Für jeden inneren Knoten x_k betrachten wir den Baum b, der aus x_k und seinen Nachfolgern besteht. Falls b die Knoten $x_{i+1},\ldots,x_j,y_i,\ldots,y_j$ enthält, ist $p(b):=W_{ij}$ die Wahrscheinlichkeit, daß der gesuchte Knoten in b liegt, und damit auch die Wahrscheinlichkeit, daß wir den Test t^k durchführen. Es sei X_k die Zufallsvariable, die den Wert 1 annimmt, wenn der Test t^k durchgeführt wird, und sonst den Wert 0 annimmt. Dann ist $E(X_k)=P(X_k=1)=p(b)$. Es sei $T(B)$ die Menge aller Teilbäume von B. Da $\sum\limits_{1\leq k\leq n} X_k$ die Anzahl der benötigten Tests zählt, gilt für einen optimalen Suchbaum B $C(p)=C(B)=E(\sum\limits_{1\leq k\leq n} X_k)=\sum\limits_{1\leq k\leq n} E(X_k)=\sum\limits_{b\in T(B)} p(b)$.

Mit $p_b(z)$ bezeichnen wir die Wahrscheinlichkeit des Objekts $z\in X$, wenn das gesuchte Objekt in b liegt. Falls z ein Knoten von b ist, so ist $p_b(z)=\dfrac{p(z)}{p(b)}$. Wenn wir während einer Suche im Suchbaum B die Wurzel x_k des Baumes b erreichen, ist $p_b(x_k)$ die Wahrscheinlichkeit, daß x_k das gesuchte Objekt ist, während die Wahrscheinlichkeit, daß das gesuchte Objekt im linken (rechten) Teilbaum $\ell(b)$ $(r(b))$ von b liegt, $\dfrac{p(\ell(b))}{p(b)}$ $\left(\dfrac{p(r(b))}{p(b)}\right)$ beträgt.

$H_b:=H\left(\dfrac{p(x_k)}{p(b)}, \dfrac{p(\ell(b))}{p(b)}, \dfrac{p(r(b))}{p(b)}\right)$ ist die Ungewißheit über den Ausgang des Tests t^k. Analog zu Lemma 3.7 beweisen wir das folgende Lemma:

<u>Lemma 6.4:</u> $H(p) = \sum\limits_{b\in T(B)} p(b)H_b$.

<u>Beweis:</u> Analog zu Lemma 3.6 rechnet man leicht nach, daß $H(p)=p(B)H_B+p(\ell(B))H(p_{\ell(B)})+p(r(B))H(p_{r(B)})$ ist. Wir beweisen nun dieses Lemma durch Induktion über n. Für n=1 ist $H(p)=H(p(x_1),p(y_0),p(y_1))=H_B=p(B)H_B=\sum\limits_{b\in T(B)} p(b)H_b$. Falls die Aussage für Bäume mit weniger inneren Punkten als B bewiesen ist, gilt sie für $\ell(B)$ und $r(B)$. Die Wahrscheinlichkeit, daß ein in $\ell(B)$ gesuchtes Objekt in $b\in T(\ell(B))$ liegt, beträgt $\dfrac{p(b)}{p(\ell(B))}$. Also ist

$$H(p_{\ell(B)})=\sum\limits_{b\in T(\ell(B))} \dfrac{p(b)}{p(\ell(B))}H_b \quad\text{und}\quad H(p_{r(B)})=\sum\limits_{b\in T(r(B))} \dfrac{p(b)}{p(r(B))}H_b.$$

Da $T(B)=\{B\}\,\dot{\cup}\,T(r(B))\,\dot{\cup}\,T(\ell(B))$ und $H(p)=p(B)H_B+p(\ell(B))H(p_{\ell(B)})+p(r(B))H(p_{r(B)})$ ist, folgt die Behauptung. $\hfill$ Q.E.D.

Wir haben nun bewiesen, daß $C(p)=\sum\limits_{b\in T(B)} p(b)$ und

$H(p) = \sum_{b \in T(B)} p(b)H_b$ ist. Da H_b die Entropie eines Wahrscheinlich-
keitsvektors der Länge 3 ist, ist $H_b \leq \log 3$. Daher folgt die Aussage von Satz 6.1 nun direkt: $H(p) \leq \log 3 \sum_{b \in T(B)} p(b) = C(p)\log 3$.

Indem wir H_b sorgfältiger abschätzen, können wir eine wesentlich
bessere untere Schranke für die Kosten optimaler Suchbäume herleiten. Dazu beweisen wir zunächst das folgende Lemma:

__Lemma 6.5:__ Für alle Wahrscheinlichkeitsvektoren $p=(p_1,p_2,p_3)$ und
alle reellen Zahlen a ist $H(p) \leq ap_1 + \log(2+2^{-a})$.

__Beweis:__ Aus der Konkavität der Entropiefunktion folgt
$F(p_1) := H(p_1, \frac{1}{2}(1-p_1), \frac{1}{2}(1-p_1)) \geq H(p_1,p_2,p_3)$. Da F konkav ist, liegt
jede Tangente an F oberhalb von F. Es ist $F'(p_1) = \log \frac{1-p_1}{p_1} - 1$ und
daher $F'((2^{a+1}+1)^{-1}) = a$. Da $F((2^{a+1}+1)^{-1}) = a(2^{a+1}+1)^{-1} + \log(2+2^{-a})$
ist, ist $G(p_1) := ap_1 + \log(2+2^{-a})$ die Tangente, die F im Punkt
$((2^{a+1}+1)^{-1}, F((2^{a+1}+1)^{-1}))$ berührt. Es folgt
$H(p_1,p_2,p_3) \leq F(p_1) \leq G(p_1) = ap_1 + \log(2+2^{-a})$. $\hspace{2cm}$ Q.E.D.

Hat der Baum $b \in T(B)$ die Wurzel x_k, so folgt aus Lemma 6.5
$H_b \leq a \frac{p(x_k)}{p(b)} + \log(2+2^{-a})$. Da für alle $k \in \{1,\ldots,n\}$ x_k Wurzel genau
eines Baumes $b \in T(B)$ ist, folgt
$$H(p) = \sum_{b \in T(B)} p(b)H_b \leq \sum_{1 \leq k \leq n} ap(x_k) + \sum_{b \in T(B)} p(b)\log(2+2^{-a})$$
$$= ap(x) + C(p)\log(2+2^{-a}).$$ Da diese Abschätzung für alle reellen
Zahlen a gültig ist, haben wir den folgenden Satz bewiesen.

__Satz 6.5:__ Für alle a-priori-Verteilungen p gilt
$C(p) \geq \sup\{(H(p)-ap(x))\log^{-1}(2+2^{-a}) \mid a \in \mathbb{R}\}$.

Diese untere Schranke für die Kosten optimaler Suchbäume ist
zu kompliziert. Eine genaue Untersuchung der Funktion
$f(a) := (H(p)-ap(x))\log^{-1}(2+2^{-a})$ ergibt, daß f in der Nähe des
Punktes $c := \log \frac{H(p)}{2p(x)}$ ein Maximum hat. Indem wir $f(c)$ berechnen,
können wir die folgende untere Schranke für $C(p)$ beweisen.

__Satz 6.6:__ Für alle a-priori-Verteilungen p, für die $H(p) \geq p(x)$ ist,
gilt $C(p) \geq H(p) - p(x)\log H(p) + p(x)(\log p(x) - \log e + 1)$.

__Beweis:__ Wir benutzen die Abkürzungen $H := H(p)$ und $p := p(x)$.
Nach Satz 6.5 ist
$C(p) \geq f(\log \frac{H}{2p}) = (H - p\log \frac{H}{2p})(\log(2+2^{-\log H/2p}))^{-1}$

$$= (H - p \log \frac{H}{p} + p)(1 + \log \frac{H+p}{H})^{-1}$$

$$= H - p \log \frac{H}{p} + (p - H \log \frac{H+p}{H} + p \log \frac{H}{p} \log \frac{H+p}{p})(1 + \log \frac{H+p}{H})^{-1}.$$

Aus $\log x \leq (x-1)\log e$ folgt $\log \frac{H+p}{H} \leq \frac{p}{H}\log e$. Nach Voraussetzung ist $H \geq p$ und damit $p \log \frac{H}{p} \log \frac{H+p}{p} \geq 0$. Also ist $C(p) \geq H - p \log H + p \log p + (p - p \log e)(1 + \log \frac{H+p}{H})^{-1}$. Da $p - p \log e < 0$ und $1 + \log \frac{H+p}{H} \geq 1$ ist, folgt die Behauptung: $C(p) \geq H - p \log H + p \log p + p - p \log e = H - p \log H + p(\log p - \log e + 1)$.

Q.E.D.

Sei nun B ein optimaler Suchbaum und B' ein mit dem Algorithmus von Mehlhorn konstruierter Suchbaum. Falls $H(p) < p(x)$ ist, gilt $0 \leq C(B) \leq C(B') \leq 2$. In § 5 und § 6 haben wir für a-priori-Verteilungen p, für die $H(p) \geq p(x)$ ist, bewiesen, daß

$$H(p) - p(x) \log H(p) + p(x)(\log p(x) - \log e + 1) \leq C(B) \leq C(B') \leq H(p) + 1 + p(y) \text{ ist}$$

$(p(x) = \sum_{1 \leq k \leq n} p(x_k), p(y) = \sum_{0 \leq m \leq n} p(y_m))$. Die Differenz der oberen und unteren Schranke beträgt also nur $p(x) \log H(p) - p(x)(\log p(x) - \log e + 1) + 1 + p(y)$. Mit wachsender Entropie der a-priori-Verteilung nähert sich der Quotient der oberen und unteren Schranke 1.

§ 7: Optimale binäre Suchbäume und optimale alphabetische Codes mit maximalen Kosten

In Kap. III § 7 haben wir gezeigt, daß die erwartete Codewortlänge optimaler Präfixcodes am größten ist, wenn die a-priori-Verteilung die Gleichverteilung ist. Wir wollen nun eine a-priori-Verteilung ermitteln, bei der die erwartete Codewortlänge eines optimalen alphabetischen Codes und die Kosten eines optimalen binären Suchbaumes maximal sind.

Wir zeigen zunächst, daß beide Probleme äquivalent sind. Um mit einem binären Suchbaum zu entscheiden, daß das eingegebene Wort W zwischen den Stichworten W_i und W_{i+1} liegt, muß man W sowohl mit W_i als auch mit W_{i+1} vergleichen. Wenn W alphabetisch hinter W_n liegt, muß man W mit W_n vergleichen. Also gilt für alle Suchbäume B und alle $k \in \{1, \ldots, n\}: L(x_k) \leq L(y_k)$. Zu jeder a-priori-Verteilung p sei q folgendermaßen definiert: $q(y_0) := p(y_0), q(y_k) := p(y_k) + p(x_k), q(x_k) := 0$ ($1 \leq k \leq n$). Dann gilt für jeden Suchbaum B:

$$C_B(p) = \sum_{1 \leq k \leq n} p(x_k)L(x_k) + \sum_{0 \leq m \leq n} p(y_m)L(y_m) \leq$$

$$\leq \sum_{1 \leq k \leq n} p(x_k)L(y_k) + \sum_{0 \leq m \leq n} p(y_m)L(y_m) = C_B(q)$$ und damit $C(p) \leq C(q)$. Da wir
eine a-priori-Verteilung p suchen, für die $C(p)$ maximal ist, können
wir uns auf Verteilungen beschränken, für die $p(x_k)=0$ ist ($1 \leq k \leq n$).
Wie wir schon in § 1 gesehen haben, sind für diese Verteilungen die
Probleme, optimale Suchbäume und optimale alphabetische Codes zu
konstruieren, äquivalent.

Wir haben für die erwartete Codewortlänge optimaler alphabe-
tischer Codes die folgenden Schranken bewiesen: $H(p) \leq A_{min}(p) \leq H(p)+2$.
Daher muß eine a-priori-Verteilung p_n^* mit
$A_{min}(p_n^*) = \max\{A_{min}(p) \mid p=(p(1),\ldots,p(n))\}$ eine Verteilung mit großer
Entropie sein. Im Beweis der Ungleichung von Kraft für alphabe-
tische Codes (Satz 3.4) haben wir gesehen, daß es bei vorgegebenen
Codewortlängen schwierig ist, einen alphabetischen Code zu konstruieren, wenn die Folge der Codewortlängen abwechselnd fällt und
wächst. Da für optimale Codes vermutlich die Codeworte mit hoher
a-priori-Wahrscheinlichkeit kürzer als andere Codeworte sind, wird
auch die Folge $p_n^*(1),\ldots,p_n^*(n)$ abwechselnd steigen und fallen. Damit müßte für die Gleichverteilung p_n $A_{min}(p_n) < A_{min}(p_n^*)$ sein.
Diese Vermutung werden wir für $n \geq 3$ und n ungerade beweisen, während
für gerades n $A_{min}(p_n) = A_{min}(p_n^*)$ ist.

Zunächst werden wir den Fall $n=3$ untersuchen. Offensichtlich
ist stets einer der beiden folgenden Codes optimal:
$c(1)=0$, $c(2)=10$, $c(3)=11$, $E(c)=2-p(1)$ oder $c'(1)=00$, $c'(2)=01$,
$c'(3)=1$, $E(c')=2-p(3)$. Für die Gleichverteilung p_3 ist $A_{min}(p_3) = \frac{5}{3}$,
während für die Verteilung p_3^*, für die $A_{min}(p)$ maximal ist, gilt:
$p_3^*(1)=0$, $p_3^*(2)=1$, $p_3^*(3)=0$ und $A_{min}(p_3^*)=2$.

<u>Definition 7.1</u>: p_n^* sei die folgende a-priori-Verteilung ($n \geq 2$):
$p_n^*(k):=0$, falls k ungerade ist, und $p_n^*(k):=\lfloor \frac{n}{2} \rfloor^{-1}$, falls k gerade
ist.

Die Entropie von p_n^* beträgt $\log \lfloor \frac{n}{2} \rfloor$ und ist damit sehr groß. Da
die Folge $p_n^*(1),\ldots,p_n^*(n)$ stets zwischen ihrem maximalen und minimalen Wert wechselt, erfüllt p_n^* beide Anforderungen an a-priori-
Verteilungen p, für die $A_{min}(p)$ groß ist. Wir werden im Verlaufe
dieses Paragraphen den folgenden Satz (Hu/Tan [67]) beweisen,
dessen zweiter Teil nach unseren Vorüberlegungen direkt aus dem
ersten Teil folgt.

<u>Satz 7.2:</u> i) Für alle a-priori-Verteilungen $p=(p(1),\ldots,p(n))$ ist $A_{min}(p) \leq A_{min}(p_n^*)$.

ii) Es sei $p^{**}(x_i):=0$ $(1 \leq i \leq n)$, $p^{**}(y_k):=0$ für gerades k und $p^{**}(y_k):=\lfloor\frac{n+1}{2}\rfloor^{-1}$ für ungerades k $(0 \leq k \leq n)$. Dann gilt für alle a-priori-Verteilungen p auf $X=\{x_1,\ldots,x_n\}\dot{\cup}\{y_0,\ldots,y_n\}$ $C(p) \leq C(p_n^{**})$.

<u>Definition 7.3:</u> Ein alphabetischer Code c heißt fast gleichmäßig, wenn sich die Längen von zwei Codewörtern um höchstens 1 unterscheiden.

Zunächst berechnen wir nun $A_{min}(p_n^*)$, indem wir die Existenz eines optimalen, fast gleichmäßigen Codes für die Verteilung p_n^* beweisen. Anschließend beweisen wir den Satz, indem wir für jede a-priori-Verteilung p die Existenz eines fast gleichmäßigen Codes beweisen, dessen erwartete Codewortlänge $A_{min}(p_n^*)$ nicht übertrifft.

Wie man direkt an einem Wurzelbaum der Länge $\lceil \log n \rceil$ abliest, gibt es alphabetische Codes c' und c", so daß die Codeworte des Codes c'(c") für die ersten (letzten) $m(n):=2^{\lceil \log n \rceil}-n$ Nachrichten die Länge $\lceil \log n \rceil-1$ und die anderen $2n-2^{\lceil \log n \rceil}$ Codewörter die Länge $\lceil \log n \rceil$ haben. c' und c" sind fast gleichmäßige Codes. Wir wollen beweisen, daß diese Codes für p_n^* optimal sind. Dazu untersuchen wir auch die a-priori-Verteilung p_n^+. Für gerades k sei $p_n^+(k):=0$ und für ungerades k sei $p_n^+(k):=\lceil\frac{n}{2}\rceil^{-1}$. Wie man leicht nachrechnet, gilt mit $m=m(n)$ $E(c',p_n^*)=E(c",p_n^*)=\lceil \log n \rceil-\lfloor\frac{m}{2}\rfloor \lfloor\frac{n}{2}\rfloor^{-1}$ und $E(c',p_n^+)=E(c",p_n^+)=\lceil \log n \rceil-\lceil\frac{m}{2}\rceil\lceil\frac{n}{2}\rceil^{-1}$. Für gerades n ist $m(n)$ gerade, und es folgt $E(c',p_n^*)=E(c',p_n^+)=A_{min}(p_n)$ $(p_n$ Gleichvertei-lung). Dagegen ist für ungerades n $m(n)$ ungerade und $E(c',p_n^+)<A_{min}(p_n)<E(c",p_n^*)$.

<u>Lemma 7.4:</u> Für die a-priori-Verteilungen p_n^* und p_n^+ sind c' und c" die besten fast gleichmäßigen alphabetischen Codes.

<u>Beweis:</u> Jeder alphabetische Code für n Nachrichten enthält Codeworte mit mindestens $\lceil \log n \rceil$ Buchstaben. Da c' und c" fast gleich-mäßige Codes sind, deren Codeworte die Längen $\lceil \log n \rceil$ oder $\lceil \log n \rceil-1$ haben, gibt es auch optimale fast gleichmäßige Codes, deren Codeworte die Länge $\lceil \log n \rceil$ oder $\lceil \log n \rceil-1$ haben. Wir brauchen nur die Codes zu untersuchen, bei denen für jedes $a\in\{0,1\}^{\lceil \log n \rceil-1}$ entweder a ein Codewort oder $(a,0)$ und $(a,1)$ Codeworte sind. Ansonsten könnte man den Code leicht verkürzen. Damit ist die Anzahl der Codeworte der Länge $\lceil \log n \rceil-1$ $m(n)$ und

die Anzahl der Codeworte der Länge $\lceil \log n \rceil$ $n-m(n)$. Außerdem ist die Anzahl der direkt aufeinanderfolgenden Codeworte der Länge $\lceil \log n \rceil$ gerade. Daher haben bei der Verteilung $p_n^*(p_n^+)$ $\lfloor \frac{m}{2} \rfloor$ ($\lceil \frac{m}{2} \rceil$) der Codeworte der Länge $\lceil \log n \rceil - 1$ die a-priori-Wahrscheinlichkeit $\lfloor \frac{n}{2} \rfloor^{-1}$ ($\lceil \frac{n}{2} \rceil^{-1}$). Da dies auch für c' und c" erfüllt ist, gibt es keine besseren fast gleichmäßigen Codes als c' und c". Q.E.D.

<u>Lemma 7.5:</u> Zu den a-priori-Verteilungen p_n^* und p_n^+ gibt es fast gleichmäßige Codes, die optimal sind.

<u>Beweis:</u> Induktion über n. Für n=1,2 ist die Behauptung richtig. Sei nun c ein optimaler Code zu p_n^* oder p_n^+, k die Anzahl der Codeworte mit erstem Buchstaben 0 (0<k<n) und d die Differenz der Codewortlängen des längsten und des kürzesten Codewortes.

<u>1. Fall:</u> $k \geq \frac{n}{2}$. Nach Induktionsvoraussetzung und Lemma 7.4 können wir annehmen, daß c folgendermaßen aufgebaut ist: Die ersten $m(k)=2^{\lceil \log k \rceil}-k$ Codewörter haben die Länge $\lceil \log k \rceil$, die Codewörter $m(k)+1,\ldots,k$ die Länge $\lceil \log k \rceil+1$, die Codewörter $k+1,\ldots,k+m(n-k)$ die Länge $\lceil \log(n-k) \rceil$, und die letzten $n-k-m(n-k)$ Codewörter haben die Länge $\lceil \log(n-k) \rceil+1$. Wir haben dabei für beide Teilcodes den Code c' gewählt. Wenn dieser Code fast gleichmäßig ist, haben wir das Lemma bewiesen. Ansonsten sei $r:=\min\{\frac{1}{2}(k-m(k)),m(n-k)\}$, falls $m(n-k)\neq 0$ ist, und $r:=\min\{\frac{1}{2}(k-m(k)),n-k\}$, falls $m(n-k)=0$ ist. Die Codewörter $c(k-2r+1),\ldots,c(k+r)$ werden folgendermaßen verändert: Aus $c(k+1),\ldots,c(k+r)$ machen wir 2r neue Codewörter, indem wir an jedes dieser Worte sowohl eine Null als auch eine Eins anhängen. Dies werden die Codewörter für die Nachrichten $k-r+1,\ldots,k+r$. Die Codewörter $c(k-2r+1),\ldots,c(k)$ bilden r Paare von Codewörtern, die sich nur an der letzten Stelle unterscheiden. Indem wir die letzten Buchstaben dieser Codewörter streichen, erhalten wir r neue Codewörter für die Nachrichten $k-2r+1,\ldots,k-r$.

Sei c* der neue Code. r nebeneinanderliegende Codewörter wurden um einen Buchstaben verlängert, r nebeneinanderliegende Codewörter wurden um $d-1 \geq 1$ Buchstaben verkürzt, und r weitere nebeneinanderliegende Codewörter wurden um einen Buchstaben verkürzt. Falls p_n^* die a-priori-Verteilung ist, ist
$E(c)-E(c^*) \geq (\lceil \frac{r}{2} \rceil + \lfloor \frac{r}{2} \rfloor(d-1) - \lceil \frac{r}{2} \rceil)\lfloor \frac{n}{2} \rfloor^{-1} \geq 0$. Für p_n^+ ist
$E(c)-E(c^*) \geq (\lceil \frac{r}{2} \rceil + \lfloor \frac{r}{2} \rfloor(d-1) - \lceil \frac{r}{2} \rceil)\lceil \frac{n}{2} \rceil^{-1} \geq 0$. Wäre r>1, so wäre c* besser als c im Widerspruch zur Definition von c. Also ist r=1. Wenn c*

fast gleichmäßig ist, so ist das Lemma bewiesen. Sonst ist
$d-1 \geq 2$. Falls $r=m(n-k)$ oder $m(n-k)=0$ und $r=n-k$ ist, dann können
wir die obige Codeumformung wiederholen. Ansonsten müssen wir den
rechten Teilcode erst wieder zu dem Code c' abändern, bevor wir
die Codeumformung wiederholen können. In jedem Fall erhalten wir
nach endlich vielen Umformungen einen optimalen, fast gleichmäßigen
Code.

<u>2. Fall:</u> $k<\frac{n}{2}$. Der Beweis verläuft analog zum 1. Fall, wenn wir für
beide Teilcodes c" wählen. Q.E.D.

Aus Lemma 7.4 und 7.5 folgt nun, daß
$$A_{min}(p_n^*)=E(c',p_n^*)=\lceil \log n \rceil-\lfloor \frac{m}{2} \rfloor\lfloor \frac{n}{2} \rfloor^{-1} \text{ ist.}$$

<u>Beweis von Satz 7.2:</u> Es genügt nun, für alle $p=(p(1),\ldots,p(n))$
die Existenz eines fast gleichmäßigen Codes c mit $E(c)\leq A_{min}(p_n^*)$ zu
beweisen. Dazu müssen Nachrichten mit hoher a-priori-Wahrscheinlichkeit die Codewortlänge $\lceil \log n \rceil-1$ erhalten. Da die Codewörter
mit Länge $\lceil \log n \rceil$ in guten fast gleichmäßigen Codes Paare bilden,
definieren wir für $k\in\{1,\ldots,\lfloor \frac{n}{2} \rfloor\}$ $q(k):=p(2k-1)+p(2k)$. Wir wählen
eine $\lfloor \frac{m}{2} \rfloor$-elementige Menge $A\subseteq\{1,\ldots,\lfloor \frac{n}{2} \rfloor\}$ so aus, daß für $k\in A$ und
$k'\notin A$ $q(k)\geq q(k')$ ist .

<u>1. Fall:</u> n gerade: Wir definieren c so, daß für $k\notin A$ ($k\in A$) die
Codewörter $c(2k-1)$ und $c(2k)$ die Länge $\lceil \log n \rceil$ ($\lceil \log n \rceil-1$) erhalten. Da m Codewörter die Länge $\lceil \log n \rceil-1$ bekommen und die Codewörter der Länge $\lceil \log n \rceil$ paarweise auftreten, können wir c auf die
angegebene Weise definieren. Es ist nach Definition von A
$$E(c)=\lceil \log n \rceil- \sum_{k\in A} q(k)\leq\lceil \log n \rceil-\frac{m}{2}(\frac{n}{2})^{-1}=A_{min}(p_n^*).$$

<u>2. Fall:</u> n ungerade: Wir definieren c so, daß für $k\notin A$ ($k\in A$) die
Codewörter $c(2k-1)$ und $c(2k)$ die Länge $\lceil \log n \rceil$ ($\lceil \log n \rceil-1$) erhalten und $c(n)$ $\lceil \log n \rceil-1$ Buchstaben enthält. Wieder haben m Codewörter die Länge $\lceil \log n \rceil-1$, und wieder treten Codewörter der Länge
$\lceil \log n \rceil$ paarweise auf. Nach Definition von A ist
$$\sum_{k\in A} q(k)\geq\frac{m-1}{n-1}(1-p(n)) \text{ und daher}$$
$$E(c)=\lceil \log n \rceil- \sum_{k\in A} q(k)-p(n)\leq\lceil \log n \rceil-\frac{m-1}{n-1}(1-p(n))-p(n)\leq\lceil \log n \rceil-\frac{m-1}{n-1}=$$
$$\lceil \log n \rceil-\lfloor \frac{m}{2} \rfloor \lfloor \frac{n}{2} \rfloor^{-1}=A_{min}(p_n^*).$$
Q.E.D.

Kapitel V: Sortierprobleme

§ 1: Einleitung

In diesem Kapitel wollen wir die wichtigsten Fragestellungen und Ergebnisse aus dem weiten Bereich der Sortierprobleme darstellen. Sortierprobleme haben viele praktische Anwendungen:

1.) In einem Computer sind die Kunden einer Firma unter ihrer Kundennummer gespeichert. Wenn eine alphabetische Namensliste benötigt wird, müssen die Namen dem Alphabet nach sortiert werden.

2.) Nach einer schriftlichen Prüfung sollen die Namen der Kandidaten nach der von ihnen in der Prüfung erreichten Punktzahl sortiert werden.

3.) Wenn zwei Gemeinden zu einer größeren Gemeinde zusammengeschlossen werden, müssen ihre Karteikartensysteme zu einer neuen Kartei zusammengestellt werden.

4.) 1883 beklagte sich Rev. Charles L. Dodgson (St. James Gazette, August 1, 1883, S. 5-6) darüber, daß bei Tennisturnieren nach dem k.o.-System der zweite Preis auf ungerechte Weise vergeben wird. (Dodgson war Mathematikprofessor in Oxford und schrieb unter dem Pseudonym Lewis Carroll Kinderbücher, z.B. "Alice im Wunderland".) Daraus ergibt sich folgendes Sortierproblem: Unter der Annahme, daß Spieler A den Spieler C schlagen wird, wenn er gegen Spieler B gewonnen hat und C gegen B verloren hat, möchten wir einen Turnierplan mit möglichst wenigen Spielen zur Ermittlung des besten und des zweitbesten Spielers aufstellen. Dodgson selber fand keinen optimalen Turnierplan. Schreier [124] bewies 1932, daß $n-2+\lceil \log n \rceil$ Spiele ausreichend sind. Daß diese Anzahl von Spielen auch notwendig ist, wurde erst 1964 von Kislitsyn [89] bewiesen.

An diesen Beispielen wird auch schon die Vielfalt der Sortierprobleme deutlich. Im ersten Problem sind die Namen der Firmenkunden bezüglich ihrer alphabetischen Ordnung zunächst "völlig ungeordnet". Das Ziel besteht darin, die Namen vollständig zu ordnen. Die Namen der Prüfungskandidaten sind zunächst ebenfalls völlig ungeordnet bezüglich der von den Kandidaten erreichten Punktzahl. Da mehrere Prüflinge dieselbe Punktzahl erreicht haben können, ist die Ordnung nicht eindeutig: Prüflinge mit gleicher Punktzahl können in der geordneten Liste in beliebiger Reihenfolge

erscheinen. Bei dem Problem der Zusammenführung von Karteikartensystemen beginnen wir nicht mit einer ungeordneten Menge, sondern
mit zwei vollständig geordneten disjunkten Mengen. Wir wollen die
Vereinigung dieser Mengen sortieren. Schließlich zeigt das Beispiel
aus dem Tennissport, daß wir die Menge nicht immer vollständig
ordnen wollen. Manchmal wollen wir nur bestimmte Eigenschaften der
Ordnung kennenlernen.

In allen Beispielen sind alle Vergleiche zwischen zwei Elementen zugelassen. Wir werden die einzelnen Probleme erst in den betreffenden Paragraphen formalisieren.

In § 2 wollen wir eine vollständig geordnete Menge, über deren
Ordnung wir zunächst keine Information haben, sortieren (Beispiel 1). Die Struktur des Problems legt es nahe, daß keine
a-priori-Verteilung auf der Menge aller vollständigen Ordnungen
bekannt ist. Daher beschäftigen wir uns nur mit dem Problem der
Minimierung der maximalen Suchdauer, d.h. der Suchdauer im ungünstigsten Fall. Wir erhalten sehr leicht eine optimale nichtsequentielle Strategie und eine sehr gute sequentielle Strategie. Anschließend untersuchen wir eine neue Strategienmenge, die Menge
der Sortiernetzwerke. Sortiernetzwerke haben den Vorteil der nichtsequentiellen Strategien, leicht programmierbar zu sein. Außerdem
gibt es fast so gute Sortiernetzwerke wie sequentielle Strategien.

In § 3 untersuchen wir, wieviel wir einsparen können, wenn in
der vorgegebenen Menge einige Elemente gleich sind (Beispiel 2).

In § 4 greifen wir das dritte Beispiel auf und sortieren die
Vereinigung zweier disjunkter Mengen, deren vollständige Ordnungen
bekannt sind. Wir geben zwei Algorithmen an, wobei der eine besonders gut ist, wenn beide Mengen ungefähr gleich groß sind, und
der andere dann gut ist, wenn eine Menge viel kleiner als die
andere ist. Ein verallgemeinerter Algorithmus ist in allen Situationen gut.

In § 5 und § 6 gehen wir wieder von einer vollständig geordneten Menge aus, über deren Ordnung wir nichts wissen. Wir wollen die
Menge der größten i Elemente bestimmen (die Menge in die "besten i"
und die "schlechtesten n-i" Elemente teilen) oder das in der Ordnung an i-ter Stelle stehende Element ermitteln. Diese Probleme
sind sehr ähnlich. In § 5 beschäftigen wir uns speziell mit dem

Medianproblem, d.h. der Bestimmung des an der $\frac{n+1}{2}$-ten Stelle
stehenden Elements einer vollständig geordneten Menge von n Ele-
menten (n ungerade). Erstaunlicherweise gibt es eine sequentielle
Strategie, deren maximale Suchdauer 3n+o(n) beträgt. Mit dieser
Strategie erhalten wir leicht auch für die allgemeineren Probleme
Strategien mit linearer Suchdauer. Ergebnisse für andere spezielle
Probleme werden nur zitiert.

In den letzten beiden Paragraphen werden wir Sortierprobleme
vom theoretischen Standpunkt aus untersuchen. In § 7 beschäftigen
wir uns mit der folgenden Frage: Ist es einfacher, in einer
n-elementigen Menge eine vorher nicht festgelegte m-elementige
Menge (m<n) teilweise zu ordnen als dieselbe Teilordnung auf einer
bestimmten m-elementigen Menge zu erhalten? Erstaunlicherweise gibt
es Teilordnungen, für die diese Frage bejaht werden kann. Yaos
Hypothese besagt, daß diese Frage für das Problem, das an i-ter
Stelle der Ordnung stehende Element zu bestimmen, verneint werden
muß. Wenn diese Hypothese richtig ist, gibt es für das Medianproblem eine sequentielle Strategie, deren maximale Suchdauer $\frac{5}{2}$n+o(n)
beträgt. Der Beweis dieser oberen Schranke ist dann sehr viel einfacher als der Beweis der 3n+o(n)-Schranke in § 5.

In § 8 stellen wir uns die Frage, ob es einfacher ist, eine
k·n-elementige Menge so zu ordnen, daß k disjunkte n-elementige
Mengen auf eine bestimmte Art teilweise geordnet sind, als dieselbe
Teilordnung auf den n-elementigen Mengen nacheinander zu erzeugen.
Nach den Ergebnissen aus § 7 ist es schon klar, daß auch diese
Frage für einige Teilordnungen bejaht werden muß. Massenproduktion
erweist sich als vorteilhaft.

§ 2: Das Sortieren einer Menge verschiedener Elemente

Es sei $A=\{a_1,\ldots,a_n\}$ eine Menge von n verschiedenen Elementen,
die vollständig geordnet ist. Durch paarweise Vergleiche ($a_i<a_j$
oder $a_i>a_j$?) wollen wir die Ordnung kennenlernen. Offensichtlich
gibt es genau eine Permutation π auf der Menge $\{1,\ldots,n\}$:
$a_i>a_j \Longleftrightarrow \pi(i) > \pi(j)$. Unsere Aufgabe besteht also darin, die zu der
Ordnung auf A gehörende Permutation π zu bestimmen. $X:=\Sigma_n$, die
Menge aller Permutationen auf der Menge $\{1,\ldots,n\}$, ist damit unser
Suchbereich. Der Vergleich der beiden Elemente a_i und a_j ($i\neq j$) ist
äquivalent zur Frage: Ist $\pi(i)>\pi(j)$? Diese Frage können wir durch

den binären Test t_{ij} formalisieren: Für $\sigma \in \Sigma_n$ ist $t_{ij}(\sigma)=1$ genau
dann, wenn $\sigma(i)>\sigma(j)$ ist. Wir wollen die vollständige Ordnung
auf A, d.h. die zugehörige Permutation π, so bestimmen, daß die
im ungünstigsten Fall benötigte Anzahl von paarweisen Vergleichen
möglichst klein ist.

Wir untersuchen zunächst die Menge der nichtsequentiellen
Strategien. Die nichtsequentielle Strategie s*, die alle $\binom{n}{2}$ Tests
$t_{ij}(1 \le i < j \le n)$ durchführt, vergleicht alle Paare von Elementen aus A
und ist daher erfolgreich. s* ist sogar optimal. Sei s eine Strategie, die weder den Test t_{ij} noch den Test t_{ji} $(i \ne j)$ durchführt.
Dazu seien π_1 und π_2 Permutationen, so daß $\pi_1(i)=\pi_2(j)=1$,
$\pi_1(j)=\pi_2(i)=2$ und $\pi_1(k)=\pi_2(k)$ für $k \notin \{i,j\}$ ist. Alle Tests
$t_{k\ell}$ $((i,j) \ne (k,\ell) \ne (j,i))$ ergeben bei der Permutation π_1 dasselbe
Ergebnis wie bei der Permutation π_2. s kann also nicht erfolgreich
sein, da die Ergebnisfolgen für die beiden Permutationen π_1 und π_2
übereinstimmen.

<u>Satz 2.1:</u> Eine optimale nichtsequentielle Strategie zum Sortieren
einer n-elementigen Menge enthält $\binom{n}{2}$ Tests. Die Strategie s*, die
alle Tests t_{ij} $(1 \le i < j \le n)$ durchführt, ist optimal.

Für die Menge der sequentiellen Strategien erhalten wir aus
Kap. III § 2 eine untere Schranke für die maximale Suchdauer einer
optimalen Strategie. In Kap. III § 2 enthielt der Suchbereich n
Elemente, und es waren alle binären Tests zugelassen. Optimale
sequentielle Strategien brauchten im ungünstigsten Fall $\lceil \log n \rceil$
Tests. Da hier der Suchbereich n! Elemente enthält und nur einige
binäre Tests zugelassen sind, benötigt jede sequentielle Strategie
mindestens $\lceil \log(n!) \rceil$ Tests. Es ist

$$\log(n!) = \sum_{1 \le i \le n} \log i \le n \log n \text{ und } \log(n!) \ge \sum_{\lceil \frac{n}{2} \rceil \le i \le n} \log i \ge \frac{n-1}{2} \log \frac{n}{2}.$$

Daher ist $\lceil \log(n!) \rceil = 0(n \log n)$: Eine genauere Abschätzung erhält
man leicht mit der Stirling-Formel.

Es ist auch einfach, eine erfolgreiche sequentielle Strategie
anzugeben, die nie mehr als 0(n log n) Tests benötigt.

<u>Algorithmus von Steinhaus [138] (Binäres Einsortieren):</u>

Wenn $a_1,\ldots,a_r$ bereits geordnet sind (dies ist für r=1 zu Beginn des Algorithmus sicher der Fall) und $b_1 > \ldots > b_r$ die Ordnung
dieser Elemente ist, vergleichen wir a_{r+1} zunächst mit $b_{\lceil r/2 \rceil}$.

Falls $b_{\lceil r/2 \rceil} > a_{r+1}$ ist, vergleichen wir a_{r+1} mit $b_{\lceil 3r/4 \rceil}$, andernfalls mit $b_{\lceil r/4 \rceil}$, usw..

Bis a_{r+1} einsortiert ist, benötigen wir offensichtlich nie mehr
als $\lceil \log(r+1) \rceil$ Vergleiche. (Es gibt r+1 mögliche Positionen für
a_{r+1}). Die Gesamtzahl der Vergleiche beträgt also maximal

$$\sum_{1 \leq r \leq n-1} \lceil \log(r+1) \rceil = \sum_{2 \leq i \leq n} \lceil \log i \rceil \leq \sum_{2 \leq i \leq n} \log i + n-2 = \log(n!) + n-2.$$

Die Ungleichung gilt, da $\lceil \log 2 \rceil = \log 2$ und $\lceil \log i \rceil \leq \log i + 1$ ist.
Diese Strategie benötigt also $O(n \log n)$ Vergleiche und höchstens
n-2 Vergleiche zuviel.

<u>Satz 2.2:</u> Jede sequentielle Strategie, die jede n-elementige Menge
sortiert, benötigt im ungünstigsten Fall mindestens $\lceil \log(n!) \rceil$ Vergleiche. Es gibt eine erfolgreiche, sequentielle Strategie, die
nie mehr als $\log(n!) + n-2$ Tests benötigt $(\log(n!) = O(n \log n))$.

Steinhaus hat vermutet, daß sein Algorithmus optimal ist.
Ford/Johnson [46] haben diese Vermutung widerlegt. Wir wollen
ihren Algorithmus nicht im Detail beschreiben, da wir uns mit der
Angabe der Größenordnung der maximalen Suchdauer zufriedengeben
wollen.

Für das binäre Einsortieren von a_{r+1} benötigen wir im Algo-
rithmus von Steinhaus $\lceil \log(r+1) \rceil$ Vergleiche. Wenn $r = 2^k - 1 (k \in \mathbb{N})$ ist,
so ist $\lceil \log(r+1) \rceil = \log(r+1)$, und wir benötigen relativ wenige Vergleiche. Auf diese Beobachtung aufbauend haben Ford/Johnson einen
Algorithmus angegeben, bei dem Elemente nur in $2^k - 1$-elementige
Mengen binär einsortiert werden. Ihr Algorithmus übertrifft den
Algorithmus von Steinhaus für $n \geq 5$ und ist erwiesenermaßen optimal,
wenn $n \leq 11$, n=20 oder n=21 ist.

Wir wollen nun Sortiernetzwerke untersuchen. Ein Sortiernetzwerk für n-elementige Mengen wird folgendermaßen dargestellt
(siehe Abb. 2.1). Zunächst steht a_i auf der i-ten von n horizon-
talen Linien. Senkrechte Verbindungen zweier Linien symbolisieren
die paarweisen Vergleiche. Wenn wir das auf der i-ten Linie
stehende Element b_i mit dem auf der j-ten Linie stehenden Element
$b_j (i < j)$ vergleichen, so bleiben die Größen auf ihren Linien, wenn
$b_i \leq b_j$ ist. Falls $b_i > b_j$ ist, vertauschen wir die beiden Größen. In
Abb. 2.1 vergleichen wir zunächst a_1 und a_2. Ist $a_1 \leq a_2$, vergleichen wir danach a_2 und a_3. Wenn $a_1 > a_2$ ist, steht zum Zeitpunkt des

zweiten Vergleichs a_1 auf der zweiten Linie, und wir vergleichen a_1 und a_3.

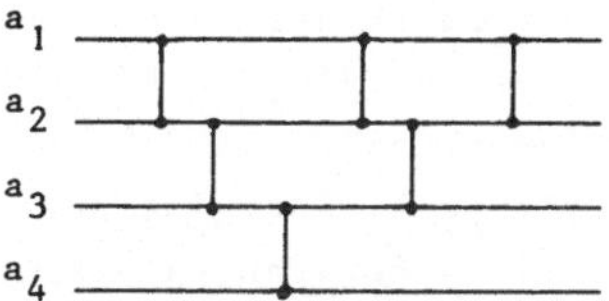

Fig. 2.1.

Das Sortiernetzwerk in Abb. 2.1 ist für alle Eingaben erfolgreich. Mit den ersten drei Vergleichen bringen wir den maximalen Wert auf die unterste Linie. Die folgenden zwei Vergleiche bringen das zweitgrößte Element auf die zweitunterste Linie, und der letzte Vergleich sortiert die beiden kleinsten Elemente der Eingabe.

Offensichtlich können wir jedes Sortiernetzwerk durch eine sequentielle Strategie simulieren. Also muß nach Satz 2.2 jedes Sortiernetzwerk $\lceil \log(n!) \rceil$ Vergleiche enthalten.

Um das beste bekannte Sortiernetzwerk (Batcher [9]) besser analysieren zu können, beweisen wir zunächst das folgende Lemma.

<u>Lemma 2.3:</u> <u>(0-1-Prinzip)</u> Folgende Aussagen sind äquivalent:

  i) Ein Sortiernetzwerk sortiert alle reellen Zahlenfolgen $(a_1, \ldots, a_n)$.

  ii) Ein Sortiernetzwerk sortiert alle Permutationen von $(1, \ldots, n)$.

 iii) Ein Sortiernetzwerk sortiert alle 0-1-Folgen $(b_1, \ldots, b_n)$.

<u>Beweis:</u> Offensichtlich gilt i) $\Longleftrightarrow$ ii) $\Rightarrow$ iii).
iii) $\Rightarrow$ ii): Annahme: Die Eingabe $(\pi(1), \ldots, \pi(n))$ $(\pi \in \Sigma_n)$ wird nicht sortiert. Dann gibt es ein Paar (i,j) $(i<j)$, so daß in der Ausgabe j oberhalb von i steht. Daraus folgt, daß es auch ein Paar $(k,k+1)$ gibt, so daß in der Ausgabe k+1 oberhalb von k steht. Sei nun $(b_1, \ldots, b_n)$ folgende 0-1-Folge: $b_\ell = 1 :\Longleftrightarrow \pi(\ell) \geq k+1$. In der Eingabe werden also die Zahlen $1, \ldots, k$ bzw. $k+1, \ldots, n$ durch Nullen bzw. Einsen ersetzt. Diese Eigenschaft bleibt bei jedem Vergleich erhalten. Also steht in der Ausgabe des Sortiernetzwerkes an Stelle von k eine Null unterhalb der Eins, die für k+1 steht. Im Widerspruch zur Voraussetzung wird die 0-1-Folge $(b_1, \ldots, b_n)$ nicht

sortiert. Q.E.D.

Wir beschreiben nun den Algorithmus von Batcher aus Gründen der einfacheren Darstellung nur für Eingaben der Länge $n=2^k$ ($k\in\mathbb{N}$). Wir können stets einige Werte ∞ zur Eingabe hinzufügen, um die Länge der Eingabe zu einer Zweierpotenz zu machen. Dadurch wird die Länge der Eingabe höchstens verdoppelt. Auch die Anzahl der Vergleiche wächst (Satz 2.4) nur um einen konstanten Faktor.

<u>Algorithmus von Batcher (odd-even-merge):</u>

0.) Eingabe $(x_1,\ldots,x_n)\in\mathbb{R}^n, n=2^k, k\in\mathbb{N}_o$.

1.) Folgen der Länge 1 sind sortiert.

2.) Wir sortieren mit diesem Algorithmus die kürzeren Folgen $x_1,\ldots,x_{n/2}$ und $x_{n/2+1},\ldots,x_n$ zu $y_1\leq\ldots\leq y_{n/2}$ und $y_{n/2+1}\leq\ldots\leq y_n$.

3.) Wir mischen die beiden geordneten Folgen $y_1,\ldots,y_{n/2}$ und $y_{n/2+1},\ldots,y_n$ zu $z_1\leq\ldots\leq z_n$.

  i) Zwei Folgen der Länge 1 werden durch einen Vergleich gemischt.

 ii) Wir mischen mit diesem Algorithmus zunächst die kürzeren Folgen $y_1\leq y_3\leq\ldots\leq y_{n/2-1}$ und $y_{n/2+1}\leq y_{n/2+3}\leq\ldots\leq y_{n-1}$ zu $v_1\leq\ldots\leq v_{n/2}$ und dann $y_2\leq y_4\leq\ldots\leq y_{n/2}$ und $y_{n/2+2}\leq y_{n/2+4}\leq\ldots\leq y_n$ zu $w_1\leq\ldots\leq w_{n/2}$.

iii) Wir setzen $z_1:=v_1$ und $z_n:=w_{n/2}$. Wir vergleichen v_{i+1} und w_i ($1\leq i\leq\frac{n}{2}-1$) und setzen $z_{2i}:=\min(v_{i+1},w_i)$ und $z_{2i+1}:=\max(v_{i+1},w_i)$.

$$
\begin{array}{cccccccccc}
v_1 & v_2 & v_3 & v_4 & \cdots & & v_{n/2-1} & & v_{n/2} & \\
& w_1 & w_2 & w_3 & \cdots & & w_{n/2-2} & & w_{n/2-1} & w_{n/2} \\
\hline
z_1 & z_2 & z_3 & z_4 & z_5 & z_6 & z_7 & \cdots & z_{n-4} & z_{n-3} \quad z_{n-2} \quad z_{n-1} \quad z_n\ .
\end{array}
$$

<u>Behauptung:</u> $z_1,\ldots,z_n$ ist die geordnete Folge der Eingabe $(x_1,\ldots,x_n)$.

<u>Beweis:</u> Nach Lemma 2.3 genügt es zu zeigen, daß dieses Sortiernetzwerk alle 0-1-Folgen $(x_1,\ldots,x_n)$ sortiert. Dabei ist nur zu zeigen, daß die geordneten Folgen $y_1,\ldots,y_{n/2}$ und $y_{n/2+1},\ldots,y_n$ tatsächlich gemischt werden. Es sei k bzw. ℓ die Anzahl der Nullen in der Folge $y_1,\ldots,y_{n/2}$ bzw. $y_{n/2+1},\ldots,y_n$. Dann enthält $v_1,\ldots,v_{n/2}$ $p:=\lceil\frac{k}{2}\rceil+\lceil\frac{\ell}{2}\rceil$ und $w_1,\ldots,w_{n/2}$ $q:=\lfloor\frac{k}{2}\rfloor+\lfloor\frac{\ell}{2}\rfloor$ Nullen. Offensichtlich ist $0\leq p-q\leq 2$.

1. Fall: $q=p$. $(v_1,\ldots,v_p)$ und $(w_1,\ldots,w_{p-1})$ und damit $z_1,\ldots,z_{2p-1}$ sind Nullen. $(v_{p+2},\ldots,v_{n/2})$ und $(w_{p+1},\ldots,w_{n/2})$ und damit $z_{2p+2},\ldots,z_n$ sind Einsen. Da $(v_{p+1},w_p)=(1,0)$, ist $z_{2p}=0$ und $z_{2p+1}=1$. Damit ist $z_1\leq\ldots\leq z_n$.

2. Fall: $q=p-1$. $(v_1,\ldots,v_p)$ und $(w_1,\ldots,w_{p-1})$ und damit $z_1,\ldots,z_{2p-1}$ sind Nullen. $(v_{p+1},\ldots,v_{n/2})$ und $(w_p,\ldots,w_{n/2})$ und damit $z_{2p},\ldots,z_n$ sind Einsen. Also ist $z_1\leq\ldots\leq z_n$.

3. Fall: $q=p-2$. $(v_1,\ldots,v_{p-1})$ und $(w_1,\ldots,w_{p-2})$ und damit $z_1,\ldots,z_{2p-3}$ sind Nullen. $(v_{p+1},\ldots,v_{n/2})$ und $(w_p,\ldots,w_{n/2})$ und damit $z_{2p},\ldots,z_n$ sind Einsen. Da $(v_p,w_{p-1})=(0,1)$, ist $z_{2p-2}=0$ und $z_{2p-1}=1$. Also ist $z_1\leq\ldots\leq z_n$.

Wir haben nun bewiesen, daß das Sortiernetzwerk von Batcher erfolgreich ist.

Wir berechnen nun die Anzahl der im Sortiernetzwerk von Batcher benötigten Vergleiche. $M(\frac{n}{2},\frac{n}{2})$ sei die Anzahl der benötigten Vergleiche zum Mischen der Ordnungen $y_1,\ldots,y_{n/2}$ und $y_{n/2+1},\ldots,y_n$. Offensichtlich ist $M(1,1)=1$ und $M(\frac{n}{2},\frac{n}{2})=2M(\frac{n}{4},\frac{n}{4})+\frac{n}{2}-1$ und damit $M(\frac{n}{2},\frac{n}{2})\leq n \log n$, denn $M(1,1)\leq 2 \log 2$ und $M(\frac{n}{2},\frac{n}{2})\leq 2\frac{n}{2}\log\frac{n}{2}+\frac{n}{2}-1=n \log n -n+\frac{n}{2}-1\leq n \log n$. $\mathrm{Ord}(n)$ sei die Anzahl der insgesamt benötigten Vergleiche, um mit dem Algorithmus von Batcher alle n-elementigen Mengen zu sortieren. Offensichtlich ist $\mathrm{Ord}(1)=0$ und $\mathrm{Ord}(n)=2\mathrm{Ord}(\frac{n}{2})+M(\frac{n}{2},\frac{n}{2})$. Damit folgt $\mathrm{Ord}(n)\leq n \log^2 n$, denn $\mathrm{Ord}(1)\leq 1 \log^2 1$ und $\mathrm{Ord}(n)\leq 2\frac{n}{2}\log^2\frac{n}{2}+n \log n = n(\log n-1)^2+n \log n\leq n \log^2 n$. Also gilt

Satz 2.4: Das Sortiernetzwerk von Batcher sortiert mit $O(n \log^2 n)$ Vergleichen alle Eingaben der Länge n.

Bisher ist kein besseres Sortiernetzwerk bekannt. Die Anzahl der benötigten Vergleiche ist nur um den Faktor $\log n$ größer als bei einer optimalen sequentiellen Strategie.

§ 3: Das Sortieren einer Menge nicht notwendig verschiedener Elemente

Wir greifen nun das Beispiel 2 aus § 1 wieder auf (Munro/Spira [105]). Wieviele Vergleiche können wir in sequentiellen Strategien einsparen, wenn nicht alle zu sortierenden Elemente verschieden sind? Wir stellen $A=\{a_1,\ldots,a_n\}$ durch den Vektor $a=(a_1,\ldots,a_n)$ dar. Ein Vergleich zwischen a_i und a_j hat nun drei mögliche Ergebnisse:

$a_i < a_j$, $a_i = a_j$ oder $a_i > a_j$. Wir haben a sortiert, wenn wir $x_1, \ldots, x_k$ und $m_1, \ldots, m_k$ bestimmt haben, so daß $x_1 < \ldots < x_k$, $\{x_1, \ldots, x_k\} = A$ und $m_i := |\{j \mid a_j = x_i\}|$ $(1 \leq i \leq k)$ ist. $(x_1, \ldots, x_k)$ ist die geordnete Liste der Elemente aus A, und m_i gibt an, wie oft x_i in a vorkommt.

Jede sequentielle Strategie, die jede Menge mit n verschiedenen Elementen sortiert, ordnet natürlich auch jede Menge mit n nicht notwendig verschiedenen Elementen. Wir können sogar Vergleiche einsparen. Dazu untersuchen wir die m_i Elemente von a, die alle gleich x_i sind. Wenn kein überflüssiger Test durchgeführt wird, werden genau $m_i - 1$ Vergleiche zwischen diesen Elementen durchgeführt. Wir ersetzen nun die m_i Elemente x_i durch m_i Elemente, die verschieden aber alle kleiner als x_{i+1} und größer als x_{i-1} sind. Vergleiche zwischen diesen m_i Werten und anderen Werten ergeben keine Information über die relative Lage dieser m_i Elemente zueinander. Daher können wir aus Satz 2.2 folgern, daß eine erfolgreiche Strategie mindestens $\lceil \log(m_i!) \rceil$ Vergleiche zwischen diesen Werten durchführt. Wir sparen also mindestens $\sum_{1 \leq i \leq k} (\lceil \log(m_i!) \rceil - (m_i - 1))$ Vergleiche ein, wenn wir a sortieren müssen.

Verallgemeinerter Algorithmus von Steinhaus:

<u>1.)</u> Im ersten Schritt schreiben wir a_1 in die oberste Zeile einer Tabelle.

<u>2.)</u> Im j-ten Schritt ordnen wir a_j binär nach dem Algorithmus von Steinhaus in die geordnete Liste ein, die aus jeder Zeile der Tabelle ein Element enthält. Wenn diese Liste die Länge r hat, benötigen wir maximal $\lceil \log(r+1) \rceil$ Vergleiche. Falls a_j von allen Elementen der Liste verschieden ist, wächst die Tabelle um eine Zeile. Wenn a_j mit dem in der i-ten Zeile der Liste stehenden Wert übereinstimmt, ist a_j nach dem Vergleich mit dem i-ten Element der Liste eingeordnet. Wir schreiben dann a_j ebenfalls in die i-te Zeile der Tabelle.

<u>3.)</u> Nach dem n-ten Schritt setzen wir x_j $(1 \leq j \leq k)$ gleich dem in der j-ten Zeile der Tabelle stehenden Wert. m_j soll angeben, wie oft dieser Wert in dieser Zeile vorkommt.

Offensichtlich sortiert dieser Algorithmus alle Vektoren $a = (a_1, \ldots, a_n)$.

Gegenüber den maximal $\log(n!) + n - 2$ Vergleichen des Algorithmus

von Steinhaus sparen wir nach unseren Vorbetrachtungen mindestens
$\sum\limits_{1 \leq i \leq k} (\lceil \log(m_i!) \rceil - (m_i-1))$ Vergleiche ein. Also gilt

<u>Satz 3.1:</u> Wenn $a=(a_1,\ldots,a_n)$ k verschiedene Werte mit den Häufig-
keiten $m_1,\ldots,m_k$ enthält, sortiert der verallgemeinerte Algorithmus von Steinhaus a mit maximal
$$\log(n!)+n-2- \sum\limits_{1 \leq i \leq k} (\lceil \log(m_i!) \rceil - (m_i-1))=n \log n - \sum\limits_{1 \leq i \leq k} m_i \log m_i + O(n)$$

Vergleichen.

Die folgende untere Schranke für die maximale Anzahl von Vergleichen einer optimalen Strategie zeigt, daß der verallgemeinerte
Algorithmus von Steinhaus sehr gut ist.

<u>Satz 3.2:</u> Jede sequentielle Strategie, die alle Mengen von n
nicht notwendig verschiedenen Elementen sortiert, benötigt zum
Sortieren der Vektoren $a=(a_1,\ldots,a_n)$ mit k verschiedenen Elementen
und den Häufigkeiten $m_1,\ldots,m_k$ im ungünstigsten Fall mindestens
$n \log n - \sum\limits_{1 \leq i \leq k} m_i \log m_i - (n-k) \log \log k - O(n)$ Vergleiche.

<u>Beweis:</u> Es gibt $(m_1 \cdot \overset{n}{\ldots} \cdot m_k)=\dfrac{n!}{m_1! \ldots m_k!}$ Möglichkeiten, $a_1,\ldots,a_n$ in k
Klassen der Größe $m_1,\ldots,m_k$ einzuteilen. Für alle Möglichkeiten
müssen die Ergebnisfolgen einer erfolgreichen Strategie verschieden sein. Sei nun s eine erfolgreiche Strategie ohne überflüssige
Vergleiche und T die maximale Suchdauer von s für Eingabevek-
toren a, deren k verschiedene Elemente die Häufigkeiten $m_1,\ldots,m_k$
haben. Sei s so gewählt, daß T minimal ist. Da keine überflüssigen
Tests durchgeführt werden, gibt es $\sum\limits_{1 \leq i \leq k} (m_i-1)=n-k=:N$ Vergleiche
zwischen gleichen Werten. Es gibt $\binom{T}{N}$ Möglichkeiten, diese N Vergleiche auf die T Stellen der Ergebnisfolge zu verteilen. Jeder
der restlichen T-N Vergleiche ist ein Vergleich zwischen verschiedenen Werten und hat daher zwei mögliche Ergebnisse. Es gibt also
höchstens $\binom{T}{N}2^{T-N}$ verschiedene Ergebnisfolgen. (Diese Zahl wird
nicht größer, wenn wir beachten, daß nicht alle Ergebnisfolgen die
Länge T haben, da die Ergebnisfolgen einen Präfixcode bilden.)

Aus den obigen Überlegungen folgt $\binom{T}{N}2^{T-N} \geq \dfrac{n!}{m_1! \ldots m_k!}$. Da

$\binom{T}{N} = \dfrac{T!}{N!(T-N)!} \leq \dfrac{T^N}{N!}$ ist, folgt mit der Stirling-Formel

$$\frac{T^N}{N!} 2^{T-N} \geq \frac{n!}{m_1! \ldots m_k!} \geq \sqrt{2\pi}^{-k} n^{n+\frac{1}{2}} m_1^{-(m_1+\frac{1}{2})} \ldots m_k^{-(m_k+\frac{1}{2})} - 0(n),$$

$$(T-N)+N \log T - N \log N \geq (n+\tfrac{1}{2}) \log n - \sum_{1 \leq i \leq k} (m_i+\tfrac{1}{2}) \log m_i - 0(n)$$

$$\geq n \log n - \sum_{1 \leq i \leq k} m_i \log m_i - 0(n) \text{ und}$$

$$T \geq -N \log T + N \log N + n \log n - \sum_{1 \leq i \leq k} m_i \log m_i - 0(n).$$

Aus Satz 3.1 und der Konvexität der Funktion x log x folgt für ein $c \in \mathbb{R}^+$ $T \leq n \log n - \sum_{1 \leq i \leq k} m_i \log m_i + 0(n) \leq n \log n - \sum_{1 \leq i \leq k} \frac{n}{k} \log \frac{n}{k} + 0(n)$

$= n \log n - n \log \frac{n}{k} + 0(n) = n \log k + 0(n) \leq n(\log k+c)$ und damit $\log T \leq \log n + \log(\log k+c) \leq \log n + \log \log k+0(1)$. Es folgt $T \geq - N \log n - N \log \log k + N \log N + n \log n - \sum_{1 \leq i \leq k} m_i \log m_i - 0(n)$

$= n \log n - \sum_{1 \leq i \leq k} m_i \log m_i - (n-k)\log \log k - N \log \frac{n}{N} - 0(n).$

Da stets $N \log \frac{n}{N} \leq \frac{n}{e} \log e = 0(n)$ ist, folgt die Behauptung. Q.E.D.

Wir wenden uns nun noch zwei Teilproblemen zu. Können wir weitere Vergleiche einsparen, wenn wir nur das Spektrum $M := (m_1, \ldots, m_k)$ und nicht die geordnete Liste $(x_1, \ldots, x_k)$ bestimmen wollen?

<u>Bemerkung 3.3:</u> Um mit paarweisen Vergleichen das Spektrum M eines Vektors a zu ermitteln, muß a sortiert werden.

<u>Beweis:</u> Um zu zeigen, daß m_i der i-te Term des Spektrums ist, müssen wir zunächst von m_i Werten des Vektors a zeigen, daß sie gleich sind. Indem wir auch noch zeigen, daß die verschiedenen Klassen mit $m_1, \ldots, m_k$ Werten verschiedene Elemente enthalten, sortieren wir a.   Q.E.D.

Wenn wir nur wissen wollen, wie groß die größte Gruppe gleicher Elemente ist (welches ist die am häufigsten erreichte Punktzahl (Beispiel 2) und wieviele Prüflinge haben diese Punktzahl erreicht?), sind wir an dem Modalwert m, dem größten Wert des Spektrums M, interessiert: $m := \max\{m_1, \ldots, m_k\}$. Munro/Spira haben sich auch mit diesem Problem befaßt und folgenden Satz, den wir abschließend zitieren, bewiesen.

<u>Satz 3.4:</u> Um den Modalwert m eines Vektors a zu bestimmen, werden im ungünstigsten Fall mindestens $n \log \frac{n}{m} - 0((n-k)\log \log k + n)$ Vergleiche benötigt, während $3n\log \frac{n}{m} + o(n)$ Vergleiche stets aus-

reichen.

§ 4: Das Sortieren der disjunkten Vereinigung zweier geordneter Mengen

In den Karteikartensystemen zweier Gemeinden seien die Namen
der Bürger alphabetisch geordnet. Durch eine Gebietsreform werden
nun die beiden Gemeinden vereinigt. Das neue Karteikartensystem
entsteht durch eine Mischung der beiden ursprünglichen Systeme.
Uns sind also zwei vollständig geordnete disjunkte Mengen
$A = \{a_1, \ldots, a_m\}$ $(a_1 < \ldots < a_m)$ und $B = \{b_1, \ldots, b_n\}$ $(b_1 < \ldots < b_n)$ (o.B.d.A:
$m \leq n$) gegeben. Sei $C = \{c_1, \ldots, c_{m+n}\}$ $(1 \leq i \leq m : c_i := a_i$, $1 \leq j \leq n : c_{m+j} := b_j)$.
Wir wollen die Permutation $\pi \in \Sigma_{m+n}$ bestimmen, so daß es genau
$\pi(i) - 1$ Elemente in C gibt, die kleiner als c_i sind. Dafür kommen
nur die Permutationen in Frage, für die $\pi(1) < \ldots < \pi(m)$ und
$\pi(m+1) < \ldots < \pi(m+n)$ ist. Damit ist
$X := \{\pi \in \Sigma_{m+n} \mid \pi(1) < \ldots < \pi(m), \pi(m+1) < \ldots < \pi(m+n)\}$ unser Suchbereich.

Wie in § 2 können wir zeigen, daß jede nichtsequentielle, erfolgreiche Strategie alle sinnvollen Vergleiche (Vergleiche zwischen Elementen in A und Elementen in B) durchführen muß. Die beste
nichtsequentielle Strategie benötigt also $m \cdot n$ Vergleiche. Schon in
§ 2 haben wir mit dem Algorithmus von Batcher ein Sortiernetzwerk
angegeben, das zwei geordnete, n-elementige Mengen A und B mit
$O(n \log n)$ Vergleichen mischt. Yao/Yao [165] haben bewiesen, daß
$O(n \log n)$ Vergleiche in Sortiernetzwerken auch notwendig sind.

Für die Menge der sequentiellen Strategien erhalten wir wieder
leicht eine untere Schranke für $\lambda(m,n)$, die maximale Anzahl von
Vergleichen einer optimalen Strategie. Es gibt $\binom{m+n}{m}$ Möglichkeiten,
die m Positionen von $a_1, \ldots, a_m$ in der Ordnung auf C auszuwählen.
Also ist $|X| = \binom{m+n}{m}$. Da nur binäre Tests zugelassen sind, folgt

Satz 4.1: $\lambda(m,n) \geq \lceil \log\binom{m+n}{m} \rceil$.

Wir werden zunächst zwei einfache Algorithmen zur Mischung
zweier Ordnungen kennenlernen.

Wir können zunächst die beiden kleinsten Elemente der Ordnungen, a_1 und b_1, vergleichen. Der kleinere Wert ist das Minimum
in C. Wenn $a_1 > b_1$ $(a_1 < b_1)$ ist, müssen anschließend noch die geordneten Mengen A und $B - \{b_1\}$ $(A - \{a_1\}$ und B) gemischt werden. Wir
fahren analog fort, bis eine der beiden Mengen leer ist. Dieser

Algorithmus verkleinert mit jedem Vergleich eine der beiden Mengen um ein Element. Nach spätestens $m+n-1$ Vergleichen ist eine der beiden Mengen leer und C geordnet. Also gilt

<u>Satz 4.2:</u> $\lambda(m,n) \leq n+m-1$.

Hwang/Lin [73] kündigen folgendes Resultat an. Falls $|n-m| \leq 3$ und $n,m > 3$ sind, ist $\lambda(m,n) = n+m-1$. Der obige Algorithmus ist also gut, wenn A und B ungefähr gleich viele Elemente enthalten. Dagegen ist der folgende Algorithmus dann besonders gut, wenn m viel kleiner als n ist.

Zunächst sortieren wir a_1 binär in die vollständige Ordnung $b_1 < \ldots < b_n$ ein. Nachdem $a_1, \ldots, a_{j-1}$ einsortiert sind, wird a_j binär in die vollständige Ordnung der Elemente aus B eingeordnet, die größer als a_{j-1} sind. Da $a_j > a_{j-1}$ ist, erhält a_j damit die richtige Position in der Ordnung auf C zugewiesen. Jedes Element von A wird in eine Teilmenge von B binär eingeordnet. Da $a_m < b_1$ sein kann, muß im ungünstigsten Fall jedes a_j in die Menge $\{b_1, \ldots, b_n\}$ einsortiert werden. Damit folgt

<u>Satz 4.3:</u> $\lambda(m,n) \leq m \lceil \log(n+1) \rceil$.

Für $m=1$ folgt aus Satz 4.1 und Satz 4.3 $\lambda(1,n) = \lceil \log(n+1) \rceil$. Das binäre Einsortieren eines Elementes b ist also optimal. Hwang/Lin [72] haben den Spezialfall $m=2$ untersucht. Mit einer komplizierten Fallunterscheidung haben sie folgende Aussage bewiesen: Für $k \in \mathbb{N}$ sei $T_{2k-1} := \lfloor \frac{12}{7} 2^{k-1} \rfloor - 1$ und $T_{2k} := \lfloor \frac{17}{7} 2^{k-1} \rfloor - 1$, dann ist für $n \in \{T_{i-1}+1, \ldots, T_i\}$ $\lambda(2,n) = i$.

Wir wollen nun den Algorithmus, der nie mehr als $m \lceil \log(n+1) \rceil$ Vergleiche benötigt, verbessern. Am günstigsten ist es, wenn $a_1 > b_n$ ist. Dann folgt bereits nach dem binären Einordnen von a_1, daß $b_1 < \ldots < b_n < a_1 < \ldots < a_m$ ist. Falls jedoch $a_1 < b_1$ ist, kann a_2 noch alle möglichen $n+1$ Positionen in der Ordnung auf B einnehmen. Wir würden es gerne in Kauf nehmen, wenn wir mehr als $\lceil \log(n+1) \rceil$ Vergleiche bis zu dem Ergebnis $a_1 > b_n$ benötigen, dafür aber das Ergebnis $a_1 < b_1$ mit weniger Vergleichen erhalten. Der vergrößerte Arbeitsaufwand im ersten Fall wird dadurch ausgeglichen, daß wir die Werte $a_2, \ldots, a_m$ nicht mehr einsortieren müssen. Es scheint also günstig zu sein, a_1 nicht zuerst mit $b_{\lceil n/2 \rceil}$, sondern mit $b_j (j < \lceil n/2 \rceil)$ zu vergleichen. Mit dieser Idee haben Hwang/Lin [73] folgenden Algorithmus entwickelt.

<u>Algorithmus von Hwang/Lin:</u>

Es soll $C=\{a_1,\ldots,a_m,b_1,\ldots,b_n\}$ mit $a_1<\ldots<a_m$, $b_1<\ldots<b_n$ und $m\leq n$ sortiert werden.

1.) $y:=\lfloor\log\frac{n}{m}\rfloor$ und $x:=n-2^y+1$.

2.) Wir vergleichen a_m und b_x.

3.) Falls $a_m<b_x$, so sind $b_n>\ldots>b_x$ die $n-x+1$ größten Elemente in C. $A':=\{a_1,\ldots,a_m\}$ und $B':=\{b_1,\ldots,b_{x-1}\}$ werden mit diesem Algorithmus gemischt.

4.) Falls $a_m>b_x$, wird a_m binär in die Menge $\{b_{x+1},\ldots,b_n\}$ einsortiert. Da $n-x=2^y-1$, genügen dafür y Vergleiche. Anschließend werden $A':=\{a_1,\ldots,a_{m-1}\}$ und $B':=\{b_j\mid b_j<a_m\}$ mit diesem Algorithmus gemischt. Im ungünstigsten Fall $(a_m>b_n)$ ist $B'=B$.

Es sei $L(m,n)$ die maximale Zahl der Vergleiche der durch diesen Algorithmus gegebenen sequentiellen Strategie. Falls $a_m<b_x$ ist, benötigt diese Strategie nach dem ersten Vergleich im ungünstigsten Fall $L(m,n-2^y)$ Vergleiche. Falls $a_m>b_x$ ist, benötigen wir nach dem ersten Vergleich y Vergleiche, um a_m einzusortieren, und danach maximal $L(m-1,n)$ Vergleiche. Also ist $L(m,n)=1+\max\{L(m,n-2^y),y+L(m-1,n)\}$. Der folgende Satz gibt die Lösung dieser Rekursionsgleichung an. Der Beweis dieses Satzes ist eine einfache Rechnung (Induktion über $m+n$), die aber einige Fallunterscheidungen erfordert. Daher wollen wir auf den Beweis verzichten.

<u>Satz 4.4:</u> Es sei $m\leq n$ und $y:=\lfloor\log\frac{n}{m}\rfloor$, p und q seien die eindeutigen natürlichen Zahlen, für die $0\leq p<m$, $0\leq q<2^y$ und $n=2^ym+2^yp+q$ ist. Dann ist $\lambda(m,n)\leq L(m,n)=(2+y)m+p-1$.

Wir wollen nun $L(m,n)-\lambda(m,n)$ nach oben abschätzen. Es ist
$\lceil\log\binom{m+n}{m}\rceil\leq\lambda(m,n)\leq L(m,n)=(2+y)m+p-1$.
$\binom{m+n}{m}\geq\frac{(n+1)^m}{m!}=\frac{1}{m!}(2^ym+2^yp+q+1)^m>\frac{1}{m!}2^{ym}m^m(1+\frac{p}{m})^m$. Wie man leicht nachrechnet, ist $m!\leq m^m2^{1-m}$ und $(1+\frac{p}{m})^m\geq 2^p$. Also ist $\binom{m+n}{m}>2^{ym+p-(1-m)}$, $\log\binom{m+n}{m}>(1+y)m+p-1$ und $\lceil\log\binom{m+n}{m}\rceil\geq(1+y)m+p$. Damit haben wir bewiesen, daß $L(m,n)-\lambda(m,n)\leq m-1$ und $\lambda(m,n)\geq m$ ist. Der Algorithmus von Hwang/Lin ergibt also in jedem Fall eine gute sequentielle Strategie.

§ 5: Das Medianproblem

Wir wollen uns nun zum ersten Mal mit einem Sortierproblem beschäftigen, in dem das Ziel nicht darin besteht, die vollständige
Ordnung auf der gegebenen Menge kennenzulernen. Statt dessen sind
wir nur an einigen Eigenschaften der Ordnung interessiert. In
diesem Abschnitt werden wir das Problem der Bestimmung des Medians
einer $n=2k+1$-elementigen Menge $A=\{a_1,\ldots,a_n\}$ untersuchen. Der
Median ist das eindeutige Element a_i, das größer als genau k andere
und kleiner als genau k andere Elemente ist. Die Lösung des Medianproblems ist grundlegend für eine Reihe anderer Sortierprobleme
(§ 6).

Wir beginnen mit einigen Betrachtungen allgemeiner Art. Teilordnungen auf einer Menge stellen wir durch ein Hasse-Diagramm dar.
Das Diagramm in Abb. 5.1 i) sagt aus, daß b>c>e>f und b>d>e ist,
während a mit keinem anderen Element vergleichbar ist.

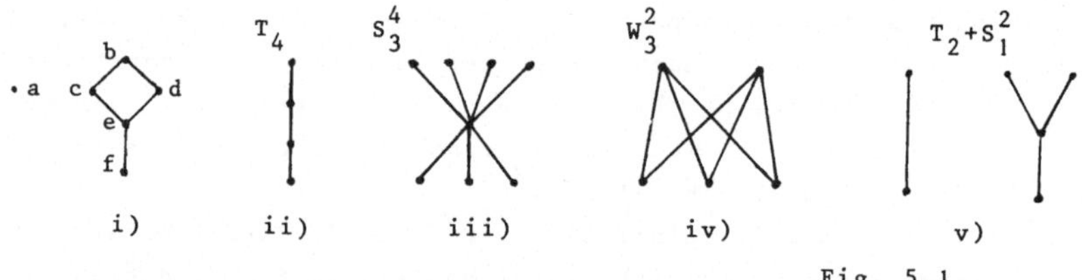

Fig. 5.1.

Definition 5.1: i) T_n ist die vollständige Ordnung auf einer
n-elementigen Menge (Abb. 5.1 ii)).

ii) S_j^i bezeichnet die Teilordnung auf einer
$n=i+j+1$-elementigen Menge, in der das Element, das kleiner als i
und größer als j Elemente ist, mit allen anderen Elementen vergleichbar ist (Abb. 5.1 iii)). S_k^k ist die Teilordnung auf einer
$n=2k+1$-elementigen Menge, in der der Median bestimmt worden ist.

iii) W_j^i ist die Teilordnung auf einer $n=i+j$-elemen-
tigen Menge, in der die größeren i Elemente von den kleineren j
Elementen getrennt sind (Abb. 5.1 iv)).

iv) Falls 0_1 und 0_2 Teilordnungen auf einer n_1-
und einer n_2-elementigen Menge sind, soll 0_1+0_2 die folgende Teilordnung auf einer $n=n_1+n_2$-elementigen Menge $A=\{a_1,\ldots,a_n\}$ sein.
Auf $A_1:=\{a_1,\ldots,a_{n_1}\}$ bzw. $A_2:=\{a_{n_1+1},\ldots,a_n\}$ ist die Teilordnung

O_1 bzw. O_2 gegeben, während kein Element aus A_1 mit einem der Elemente aus A_2 verglichen werden kann (Abb.5.1 v)). $nT_1 := T_1 + \ldots + T_1$ (n Summanden) ist damit die Teilordnung auf einer n-elementigen Menge, in der kein Paar von Elementen verglichen ist.

v) Eine Teilordnung O_1 auf $A = \{a_1, \ldots, a_n\}$ enthält eine Teilordnung O_2 auf $B = \{b_1, \ldots, b_n\}$, falls es eine bijektive, ordnungserhaltende Abbildung $f: (B, O_2) \to (A, O_1)$ gibt, d.h. $b_i < b_j$ bezüglich $O_2 \Rightarrow f(b_i) < f(b_j)$ bezüglich O_1.

Jede sequentielle Strategie s können wir wieder durch einen binären Wurzelbaum $B(s)$ darstellen. Zu jedem Knoten P in $B(s)$ soll $O(P)$ die zu diesem Zeitpunkt der Suche produzierte Teilordnung sein. Es seien P_1 und P_2 die direkten Nachfolger von P, und es werde der Vergleich zwischen a_i und a_j, die in $O(P)$ unvergleichbar sind, durchgeführt. Dann entsteht $O(P_1)$ bzw. $O(P_2)$ aus $O(P)$ durch das Hinzufügen der Beziehung $a_i < a_j$ bzw. $a_j < a_i$. In Abb. 5.2 ist die sequentielle Strategie dargestellt, die mit der Ordnung $3 T_1$ auf $A = \{a_1, a_2, a_3\}$ beginnt, a_1 und a_3 und schließlich $\min\{a_1, a_3\}$ und a_2 vergleicht.

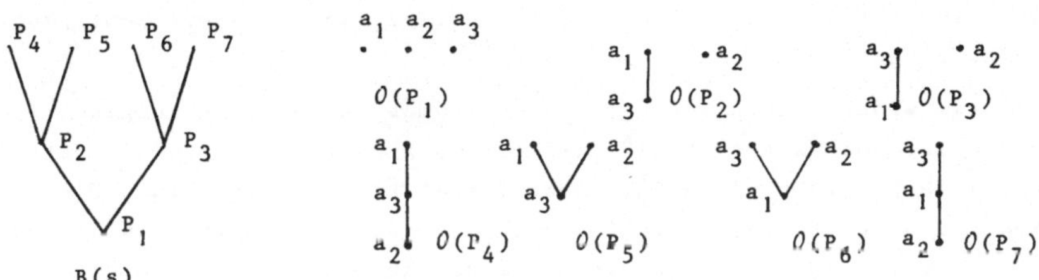

Fig. 5.2.

Die Strategie s "produziert" die Ordnung S_o^2, da sich S_o^2 in die Teilordnungen $O(P_4)$, $O(P_5)$, $O(P_6)$ und $O(P_7)$, die zu den Endpunkten von $B(s)$ gehören, ordnungserhaltend einbetten läßt. s produziert nicht die vollständige Ordnung T_3, da sich T_3 weder in $O(P_5)$ noch in $O(P_6)$ einbetten läßt. Wir sagen allgemein, daß eine sequentielle Strategie s eine Teilordnung O auf einer n-elementigen Menge produziert, falls wir O in jede Teilordnung, die zu einem Endpunkt von $B(s)$ gehört, ordnungserhaltend einbetten können. Mit $\lambda(O)$ bezeichnen wir die maximale Zahl von Vergleichen, die eine optimale sequentielle Strategie benötigt, um O aus der ungeordneten Menge nT_1 zu produzieren.

Wir wollen $\lambda(S_k^k)$ (n=2k+1) untersuchen. Das Hasse-Diagramm der gegebenen Ordnung nT_1 hat n Zusammenhangskomponenten, während das Hasse-Diagramm von S_k^k zusammenhängend ist. Jeder Test vergleicht zwei Elemente aus einer oder aus zwei Zusammenhangskomponenten. Im ersten Fall bleibt die Zahl der Zusammenhangskomponenten gleich, während sie im zweiten Fall um 1 fällt. Also benötigen wir mindestens n-1 Vergleiche, um eine Teilordnung zu produzieren, deren Hasse-Diagramm zusammenhängend ist. Daher ist $\lambda(S_k^k) \geq n-1$. Es wurde viel Arbeit darauf verwendet, diese einfache Schranke zu verbessern. Das zur Zeit beste Resultat stammt von Yap [167]:

<u>Satz 5.2:</u> Für n=2k+1 ist $\lambda(S_k^k) \geq \frac{11}{6} n - O(1)$.

Satz 5.2 verbessert die oben bewiesene untere Schranke n-1 nur um den Faktor $\frac{11}{6}$. Da der Beweis des Satzes von Yap sehr umfangreich ist, wollen wir auf ihn verzichten.

Im folgenden stellen wir den bisher besten Algorithmus zur Lösung des Medianproblems dar (Schönhage/Paterson/Pippenger [123]). Damit beweisen wir, daß $\lambda(S_k^k) \leq 3n+o(n)$ ist. Dieser Algorithmus ist also nach Satz 5.2 sehr gut. Wir können ihn verwenden (§ 6), um auch für $\lambda(S_j^i)$ (n=i+j+1) und $\lambda(W_j^i)$ (n=i+j) lineare obere Schranken zu beweisen.

Die wesentlichen Ideen des Algorithmus lassen sich folgendermaßen zusammenfassen: Um S_k^k (n=2k+1) zu produzieren, produzieren wir zunächst sehr viele S_ℓ^ℓ, wobei ℓ viel kleiner als k ist. Die Mediane aller S_ℓ^ℓ werden vollständig geordnet (Abb. 5.3). Wenn genügend viele S_ℓ^ℓ produziert worden sind, können wir von den $\ell+1$ größten Elementen des S_ℓ^ℓ mit dem größten Median $(b_1,\ldots,b_{\ell+1})$ bzw. von den $\ell+1$ kleinsten Elementen des S_ℓ^ℓ mit dem kleinsten Median $(c_1,\ldots,c_{\ell+1})$ sagen, daß sie größer bzw. kleiner als der Median der Gesamtmenge sind. Anstatt den Median von $A=\{a_1,\ldots,a_n\}$ zu berechnen, müssen wir "nur" noch den Median von $A-\{b_1,\ldots,b_{\ell+1},c_1,\ldots,c_{\ell+1}\}$ ermitteln, usw.. Das Problem besteht also darin, möglichst effizient viele S_ℓ^ℓ zu produzieren. Daher werden wir in den folgenden Betrachtungen Teilordnungen untersuchen, die sich leicht produzieren lassen und ein S_ℓ^ℓ enthalten. Später werden wir diese Teilordnungen noch weiter aufbereiten, bevor wir ein S_ℓ^ℓ "heraustrennen". Damit erreichen wir, daß die Restmenge ohne das S_ℓ^ℓ noch möglichst viel Struktur hat. Diese Restmenge benutzen wir nämlich, um das nächste S_ℓ^ℓ zu produzieren.

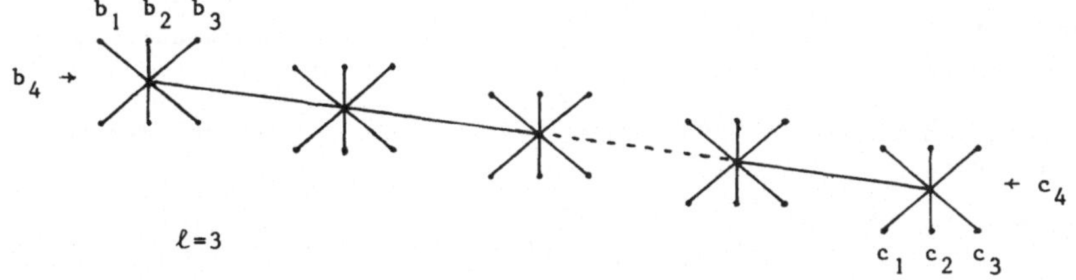

Fig. 5.3.

Der Algorithmus wird natürlich stets nur zwei Elemente a_i und
a_j vergleichen, von denen wir noch nicht wissen, ob $a_i>a_j$ oder
$a_i<a_j$ ist. Daher ergibt jeder Vergleich eine neue Kante im Hasse-
Diagramm. Manche Kanten werden nach weiteren Vergleichen überflüssig. Wenn z.B. die Ordnung O_1 (Abb. 5.4) vorliegt und wir a
und c mit dem Ergebnis a>c vergleichen, können wir die entstehende
Ordnung O_2 sowohl durch das Hasse-Diagramm H-D$_1$ als auch durch das
Hasse-Diagramm H-D$_2$ darstellen. H-D$_2$ ist übersichtlicher. Wir
können die Kante, die anzeigt, daß b>c ist, weglassen, da diese
Beziehung bereits aus b>a und a>c folgt. Also ist die Anzahl der
Vergleiche eines Algorithmus die Summe aus der Anzahl der Kanten
im Hasse-Diagramm der produzierten Ordnung und der Anzahl der
zwischenzeitlich fortgelassenen Kanten. Diese Art, die Vergleiche
eines Algorithmus zu zählen, wird sich als vorteilhaft erweisen.

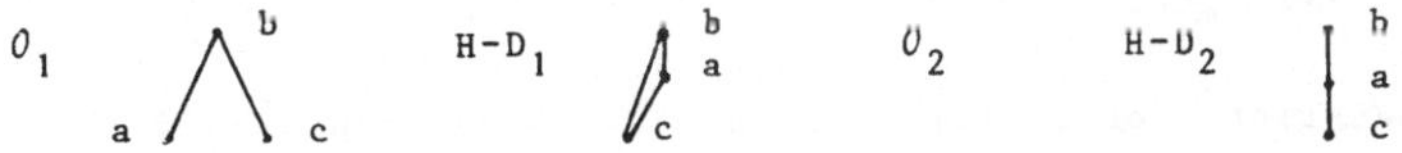

O_1 H-D$_1$ O_2 H-D$_2$

Fig. 5.4.

Das Hasse-Diagramm der Teilordnungen P_w, die wir nun untersuchen wollen, ist zusammenhängend. Falls P_w n Elemente enthält,
kann P_w mit der kleinstmöglichen Zahl von Vergleichen, nämlich n-1,
produziert werden. Für geeignete w wird P_w ein S_ℓ^ℓ enthalten. Nur
aus Gründen der einfacheren Darstellung zeichnen wir in P_w ein
Element als Zentrum aus.

Definition 5.3: Für die leere Folge Λ sei $P_\Lambda=T_1$. Das einzige Element von P_Λ ist auch das Zentrum von P_Λ. Falls für eine 0-1-Folge
w P_w bereits definiert ist, sollen P_{w0} und P_{w1} durch den Vergleich

der Zentren zweier P_w entstehen. Das kleinere (größere) der Zentren der beiden P_w wird Zentrum von $P_{wo}(P_{w1})$. Die Teilordnungen P_w mit ihren Zentren heißen Hyperpaare.

<u>Beispiele 5.4:</u> Die eingekreisten Knoten sind die Zentren der Hyperpaare.

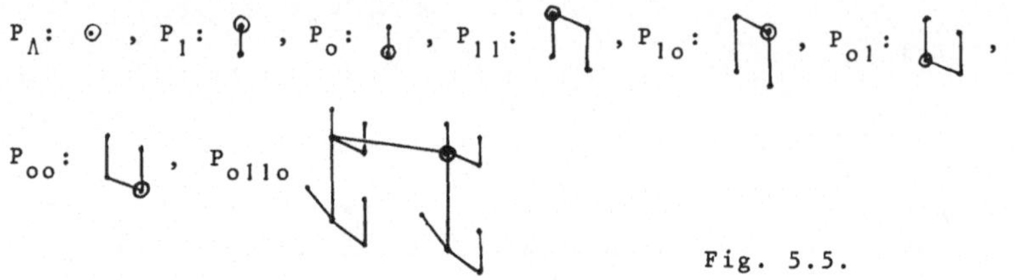

P_Λ: ⊙ , P_1: , P_o: , P_{11}: , P_{1o}: , P_{o1}: ,

P_{oo}: , P_{o11o}

Fig. 5.5.

<u>Lemma 5.5:</u> Sei w eine 0-1-Folge mit h Nullen und m-h Einsen und z das Zentrum des Hyperpaares P_w.

  i) P_w enthält 2^m Elemente, und es ist $\lambda(P_w)=2^m-1$.

  ii) $2^h(2^{m-h})$ Elemente von P_w sind größer (kleiner) als z oder gleich z.

  iii) Es sei $0^h(1^{m-h})$ eine Folge aus h Nullen (m-h Einsen). Die Menge der $2^h(2^{m-h})$ Elemente, die größer (kleiner) als z oder gleich z sind, bildet ein P_{o^h} $(P_{1^{m-h}})$ und läßt sich disjunkt zerlegen in die Teilordnungen $P_\Lambda,P_o,\ldots,P_{o^{h-1}}$ $(P_\Lambda,P_1,\ldots,P_{1^{m-h-1}})$ und das Zentrum z.

<u>Beweis:</u> Induktion über m. Für m=0 sind alle Behauptungen offensichtlich richtig.

  i) Verlängern wir die 0-1-Folge w um ein Folgenglied zu einer m-elementigen 0-1-Folge w', wird $P_{w'}$ aus zwei disjunkten P_w erzeugt und enthält daher $2\cdot2^{m-1}=2^m$ Elemente. Da das Hasse-Diagramm von $P_{w'}$ zusammenhängend ist, gilt $\lambda(P_{w'})\geq2^m-1$. Aus der Definition von $P_{w'}$ folgt $\lambda(P_{w'})\leq2\lambda(P_w)+1=2(2^{m-1}-1)+1=2^m-1$.

  ii) Es sei h(h') die Anzahl der Nullen in w(w'). Ist h'=h, so ist das Zentrum von $P_{w'}$ das größere der Zentren der beiden P_w. Nur die Elemente, die in dem P_w mit dem größeren Zentrum größer als das Zentrum oder gleich dem Zentrum sind, sind in $P_{w'}$ größer als z' oder gleich z'. Ihre Anzahl beträgt nach Induktions-

voraussetzung $2^h = 2^{h'}$. Ist $h' = h+1$, so ist das Zentrum von P_w,
das kleinere der Zentren der beiden P_w. Genau die Elemente,
die in einem der beiden P_w größer als das Zentrum oder gleich
dem Zentrum sind, sind in $P_{w'}$ größer als z' oder gleich z'.
Ihre Anzahl beträgt nach Induktionsvoraussetzung $2 \cdot 2^h = 2^{h'}$.

iii) Falls $h' = h$, so haben (siehe ii)) die Elemente, die größer als
z' oder gleich z' sind, die gleiche Struktur wie die Elemente,
die in einem P_w größer als das Zentrum z oder gleich z sind.
Die Behauptungen folgen also aus der Induktionsvoraussetzung.
Falls $h' = h+1$, so entstehen nach Induktionsvoraussetzung die
Elemente, die größer als z' oder gleich z' sind, durch den
Vergleich der Zentren zweier P_{o^h} und bilden, da das kleinere
Zentrum z' ist, ein $P_{o^{h+1}} = P_{o^{h'}}$. In dem P_w mit dem kleineren
Zentrum lassen sich die Elemente, die größer als z=z' oder
gleich z' sind, nach Induktionsvoraussetzung in die disjunkten
Teilordnungen $P_\Lambda, P_o, \ldots, P_{o^{h-1}} = P_{o^{h'-2}}$ und das Zentrum z' zer-
legen. Hinzu kommt noch die Teilordnung $P_{o^h} = P_{o^{h'-1}}$, die aus
den Elementen gebildet wird, die in den P_w mit dem größeren
Zentrum größer als z' sind.

Die übrigen Aussagen folgen analog. $\hfill$ Q.E.D.

Wenn nun w eine 0-1-Folge aus h Nullen und h Einsen und $\ell \leq 2^h - 1$
ist, dann enthält P_w die Teilordnung S_ℓ^ℓ: Es sei $(m_o, \ldots, m_{h-1}) \in \{0,1\}^h$
die Binärdarstellung von ℓ, d.h. $\ell = \sum\limits_{0 \leq i \leq h-1} m_i 2^i$. Das Zentrum von P_w
wird der Median von S_ℓ^ℓ. Nach Lemma 5.5 gibt es in P_w disjunkte
Teilordnungen P_{o^i} (bzw. P_{1^i}) $(0 \leq i \leq h-1)$, die nur aus Elementen bestehen, die größer (kleiner) als das Zentrum von P_w sind. Die
Teilordnung, die aus dem Zentrum von P_w und den Teilordnungen P_{o^i}
und P_{1^i} $(0 \leq i \leq h-1, m_i = 1)$ besteht, enthält S_ℓ^ℓ.

Um Teilordnungen S_ℓ^ℓ zu produzieren, genügt es also, große
Hyperpaare zu konstruieren. Ein weiteres Ziel besteht darin,
Hyperpaare zu ermitteln, in denen wir nur wenige Kanten streichen
müssen, um S_ℓ^ℓ herauszutrennen.

<u>Definition 5.6:</u> Für $r \in \mathbb{N}_o$ sei H_r das Hyperpaar $P_{w(r)}$, wobei
$w(0) := \Lambda$, $w(1) := 0$ und für $t \geq 1$ $w(2t) := 01(10)^{t-1}$ und $w(2t+1) := w(2t)1$
ist. Mit $T_o(r)$ $(T_1(r))$ bezeichnen wir die minimale Anzahl von

Kanten, die wir im Hasse-Diagramm von H_r streichen müssen, um das Zentrum und alle Elemente, die kleiner (größer) als das Zentrum sind, von der Restfigur zu trennen. (Die Irregularität am Beginn der Folgen w(r) erleichtert die Berechnung von $T_o(r)$ und $T_1(r)$.)

<u>Lemma 5.7:</u> Für alle t∈N ist $T_o(2t)=T_1(2t+1)=\frac{3}{2}2^t-1$.

<u>Beweis:</u> Induktion über t.

$t=1: H_2=P_{o1}$ (Abb. 5.6 i), b ist das Zentrum von H_2 und b>c. Es müssen die beiden Kanten (a,b) und (c,d) gestrichen werden. $H_3=P_{o11}$ (Abb. 5.6 ii). f ist das Zentrum von H_3 und f<e. Es müssen die Kanten (b,f) und (f,g) gestrichen werden.

$t \to t+1$: H_{2t+2} ist in Abb. 5.6 iii) dargestellt. Das Zentrum von H_{2t}^3 ist das Zentrum von H_{2t+2}, da w(2t+2)=w(2t)10 ist. In H_{2t}^1 und H_{2t}^2 gibt es keine Elemente, die kleiner als z sind, also muß nur die Kante zwischen H_{2t}^3 und H_{2t}^2 entfernt werden. In H_{2t}^3 und in H_{2t}^4 sind genau die Elemente kleiner als z, die kleiner als das jeweilige Zentrum sind. Es müssen also weitere $2T_o(2t)$ Kanten entfernt werden. Es folgt $T_o(2t+2)=2T_o(2t)+1=2(\frac{3}{2}2^t-1)+1=\frac{3}{2}2^{t+1}-1$. Analog folgt $T_1(2t+3)=\frac{3}{2}2^{t+1}-1$.   Q.E.D.

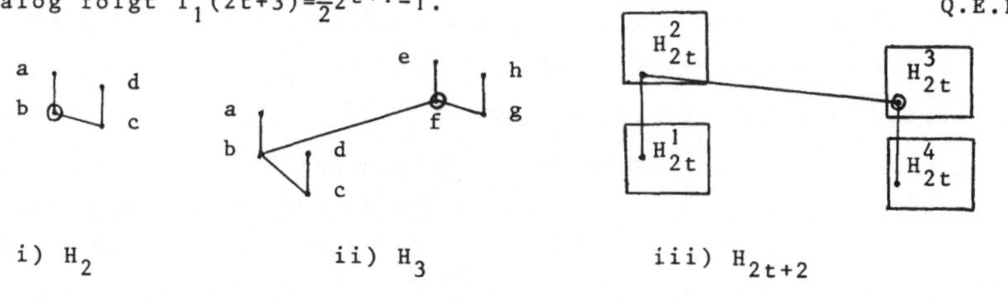

i) H_2 ii) H_3 iii) H_{2t+2}

Fig. 5.6.

Wir haben gesehen, daß H_r für genügend große r ein S_ℓ^ℓ enthält. Dieses S_ℓ^ℓ ist aus Teilordnungen P_{o^i} und P_{1^i} und dem Zentrum von H_r zusammengesetzt. Nach Lemma 5.5 ist P_{o^i} die Teilordnung eines H_{2i} oder H_{2i+1}, die aus den Elementen besteht, die größer als das Zentrum dieses Hyperpaares oder gleich diesem Zentrum sind. Lemma 5.7 zeigt, wie schnell wir P_{o^i} aus H_{2i} oder H_{2i+1} heraustrennen können. Wir zeigen nun, daß H_r (r genügend groß) so in Teilordnungen H_j (j<r) zerlegt werden kann, daß wir S_ℓ^ℓ aus H_r heraus-

trennen können, indem wir P_{o}^{i} und P_{1}^{i} aus H_{2i} und H_{2i+1} heraustrennen.

__Lemma 5.8:__ i) Wenn wir in dem Hasse-Diagramm von H_r eine Kante entfernen, dann ist die Zusammenhangskomponente, die nicht das Zentrum von H_r enthält, ein Hyperpaar H_j.

ii) Wir können in H_{2t} 2t Kanten so entfernen, daß H_{2t} in 2t+1 Zusammenhangskomponenten zerlegt wird, wobei eine Komponente das Zentrum z von H_{2t} ist und die anderen Komponenten Hyperpaare $H_o, H_1, \ldots, H_{2t-1}$ sind, wobei die Zentren von $H_o, H_3, H_5, H_7, \ldots, H_{2t-1}$ größer als z und die Zentren von $H_1, H_2, H_4, H_6, \ldots, H_{2t-2}$ kleiner als z sind.

__Beweis:__ i) Die Behauptung ist für r=0 richtig. Für größere r ist H_r aus zwei H_{r-1} entstanden. Wenn die Kante zwischen den beiden H_{r-1} entfernt wird, ist jede der beiden Zusammenhangskomponenten ein H_{r-1}. Wird eine Kante in einem der beiden H_{r-1} entfernt, so ist die Komponente, die in diesem H_{r-1} das Zentrum nicht enthält, auch in H_r die Komponente, die das Zentrum nicht enthält. Nach Induktionsvoraussetzung folgt die Behauptung.

ii) Die Behauptung ist für t=0 richtig. H_{2t+2} ist in Abb. 5.6 iii) dargestellt worden. H_{2t}^2 und H_{2t}^1 mit dem Zentrum von H_{2t}^2 als Gesamtzentrum bilden ein H_{2t+1}, dessen Zentrum größer als z, das Zentrum von H_{2t+2}, ist. Es genügt, eine Kante zu streichen, um dieses H_{2t+1} von der Restfigur zu trennen. H_{2t}^4 ist ein H_{2t}, dessen Zentrum kleiner als z ist. Auch H_{2t}^4 kann durch Streichung einer Kante von der Gesamtfigur getrennt werden. H_{2t}^3 selber kann nach Induktionsvoraussetzung durch Streichung von 2t Kanten in die übrigen Hyperpaare zerlegt werden. Q.E.D.

Wir können nun unsere Ergebnisse zusammenfassen und folgenden Satz beweisen:

__Satz 5.9:__ Es seien $\ell_1, \ell_2 \leq \ell \leq 2^t - 1$. Das Hasse-Diagramm von H_{2t} kann durch die Streichung von höchstens $\frac{3}{2}\ell_1 + \frac{3}{2}\ell_2 + 2t + \frac{1}{2}$ Kanten so zerlegt werden, daß eine Komponente mit $\ell_1 + \ell_2 + 1$ Elementen $S_{\ell_2}^{\ell_1}$ enthält und jede andere Komponente ein Hyperpaar H_j ist.

__Beweis:__ Wie in Lemma 5.8 beschrieben, zerlegen wir H_{2t} in die Teilordnungen $H_o, \ldots, H_{2t-1}$ und das Zentrum z, ohne zunächst die zugehörigen Kanten zu streichen. z soll der Median von $S_{\ell_2}^{\ell_1}$ werden.

$(m_o^1, \ldots, m_{t-1}^1) \in \{0,1\}^t$ sei die Binärdarstellung von $\ell_1 : \ell_1 = \sum_{0 \leq i < t} m_i^1 2^i$, entsprechend $(m_o^2, \ldots, m_{t-1}^2)$ für $\ell_2 : \ell_2 = \sum_{0 \leq i < t} m_i^2 2^i$.

Ist $m_o^1 = 1$, so ist das einzelne Element, das das H_o bildet, größer als z und nur mit z verbunden. Ist $m_o^2 = 1$, so ist das Zentrum von H_1 kleiner als z. Es genügt, eine Kante zu streichen, um es vom anderen Element in H_1 zu trennen. Es ist $1 = \frac{3}{2} 2^o - 1 + \frac{1}{2}$.

Ist $m_i^1 = 1$ ($m_i^2 = 1$) für ein i>0, dann untersuchen wir H_{2i+1} (H_{2i}), dessen Zemtrum größer (kleiner) als z ist. $w(2i+1)$ enthält i Nullen. Daher gibt es in H_{2i+1} nach Lemma 5.5 2^i Elemente, die größer als das Zentrum von H_{2i+1} oder gleich diesem Zentrum sind. Diese Elemente sind größer als z und können durch Streichung von $\frac{3}{2} 2^i - 1$ Kanten (Lemma 5.7) von den restlichen Elementen in H_{2i+1} getrennt werden. Da $w(2i)$ i Einsen enthält, gibt es in H_{2i} nach Lemma 5.5 2^i Elemente, die kleiner als z sind. Auch diese 2^i Elemente können nach Lemma 5.7 durch Streichung von $\frac{3}{2} 2^i - 1$ Kanten aus H_{2i} herausgetrennt werden.

Wir streichen nun noch höchstens 2t weitere Kanten (Lemma 5.8), um die H_{2i} bzw. H_{2i+1} vom Zentrum zu trennen, für die $m_i^2 = 0$ bzw. $m_i^1 = 0$ ist. (Für i=0, $m_o^1 = 0$ bzw. $m_o^2 = 0$.) Nach Lemma 5.8 sind alle Komponenten, die nicht z enthalten, Hyperpaare. Die Komponente, die z enthält, besteht noch aus weiteren $\sum_{0 \leq i < t} m_i^1 2^i = \ell_1$ Elementen, die größer, und $\sum_{0 \leq i < t} m_i^2 2^i = \ell_2$ Elementen, die kleiner als z sind. Diese Komponente enthält also die Teilordnung $S_{\ell_2}^{\ell_1}$. Die Anzahl der gestrichenen Kanten beträgt höchstens

$$2t + \sum_{0 \leq i < t} m_i^1 \left(\frac{3}{2} 2^i - 1\right) + \sum_{0 \leq i < t} m_i^2 \left(\frac{3}{2} 2^i - 1\right) + \frac{1}{2} \leq 2t + \frac{3}{2}\ell_1 + \frac{3}{2}\ell_2 + \frac{1}{2}. \qquad \text{Q.E.D.}$$

Wir haben nun die Hilfsmittel bereitgestellt, um den Algorithmus von Schönhage/Paterson/Pippenger darstellen zu können. Im Algorithmus werden die S_ℓ^ℓ nicht direkt aus einem H_{2t} herausgetrennt. Indem wir H_{2t} zuvor noch aufbereiten, erreichen wir, daß beim Heraustrennen eines S_ℓ^ℓ nur $\frac{3}{2}\ell + 2t + 5$ Kanten gestrichen werden müssen.

<u>Algorithmus von Schönhage/Paterson/Pippenger:</u>

<u>Stufe 0:</u> Die Teilordnung nT_1 liegt vor, es ist n=2k+1, und es soll S_k^k produziert werden. Es sei $\ell := \lfloor (n \log n)^{1/4} \rfloor$, und h$\in \mathbb{N}$ sei so

gewählt, daß $2^{h-1} \leq \ell < 2^h$ ist.   → $\boxed{1}$

<u>Stufe 1:</u> Aus den vorliegenden T_1 werden so viele $H_1 = T_2$ wie möglich produziert.   → $\boxed{2}$

<u>Stufe 2:</u>

1. <u>Fall:</u> Es liegt bereits ein H_{2h} vor. (Dieses H_{2h} hat dann Stufe 3 bereits einmal durchlaufen.)   → $\boxed{3}$

2. <u>Fall:</u> Es liegt kein H_{2h} vor. Dann produzieren wir aus allen vorliegenden H_r $(0 \leq r < 2h)$ so schnell wie möglich ein H_{2h}. (So schnell wie möglich heißt, daß wir - falls vorhanden - die großen Restkomponenten des H_{2h}, aus dem zuletzt ein S_ℓ^ℓ herausgetrennt wurde, verwenden.) Falls wir ein H_{2h} erhalten. → $\boxed{3}$ Falls die Elemente nicht ausreichen, um ein H_{2h} zu produzieren.   → $\boxed{6}$

<u>Stufe 3:</u> Es sei z das Zentrum des vorliegenden H_{2h}. Falls H_{2h} gerade auf Stufe 2 produziert worden ist, setzen wir $p_1 = p_0 = s = 0$. Falls H_{2h} jedoch Stufe 3 bereits einmal durchlaufen hat, setzen wir p_1, p_0 und s auf die Werte, die diese Variablen zuletzt hatten. p_1 (p_0) soll jeweils die Anzahl der Paare T_2 angeben, deren Elemente nicht zu H_{2h} gehören und deren kleineres (größeres) Element größer (kleiner) als z ist. s gibt die Anzahl der Paare an, deren Elemente nicht zu H_{2h} gehören und deren größeres bzw. kleineres Element sich als größer bzw. kleiner als z erwiesen hat. Das Hasse-Diagramm einer typischen Teilordnung ist in Abb. 5.7 dargestellt.

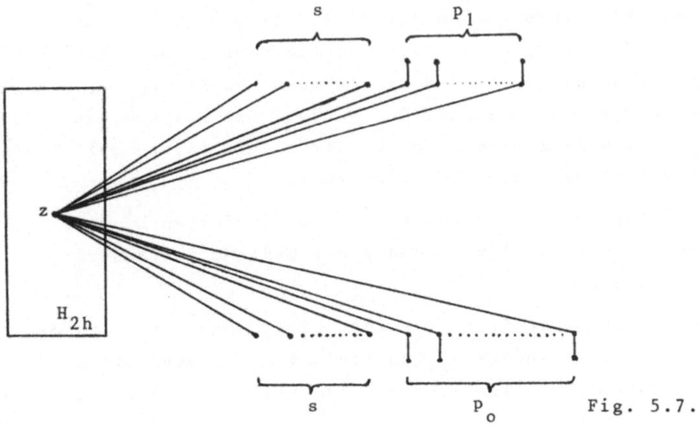

Fig. 5.7.

Solange $s+2\max\{p_1,p_0\}\le\ell-2$ ist (höchstens $\ell-2$ Elemente außerhalb von H_{2h} sind größer oder kleiner als z) und solange ein freies T_2, d.h. ein $T_2 = \Big|_a^b$, in dem a und b mit keinem anderen Element verbunden sind, existiert, werden folgende Vergleiche durchgeführt:

<u>1. Fall:</u> $p_1\ge p_0$. Vergleiche z und a. $z<a$ → Ergebnis 1 (Abb. 5.8). Falls $z>a$ ist, vergleiche z und b. $z<b$ → Ergebnis 2. $z>b$ → Ergebnis 3.

<u>2. Fall:</u> $p_1<p_0$. Vergleiche z und b. $z>b$ → Ergebnis 3. $z<b$ → vergleiche z und a. $z>a$ → Ergebnis 2. $z<a$ → Ergebnis 1. Die Parameter p_1, p_0 und s verändern sich wie in Abb. 5.8 beschrieben.

Ergebnis 1   Ergebnis 2   Ergebnis 3

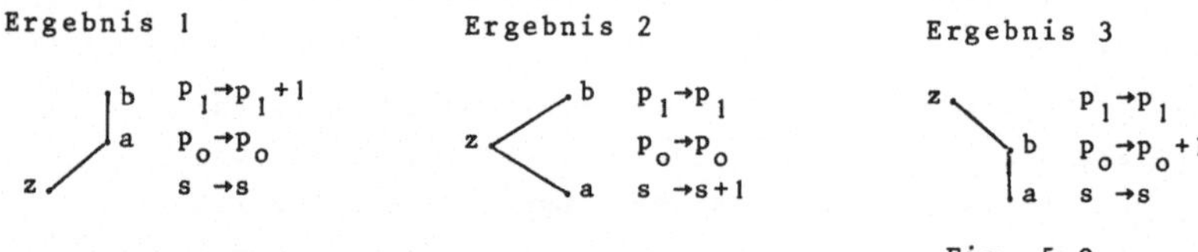

Fig. 5.8.

Dieser Prozeß kann aus zwei Gründen enden:

1.) $s+2\max\{p_1,p_0\}\in\{\ell-1,\ell\}$.   → $\boxed{4}$

2.) Es liegt kein freies T_2 mehr vor.   → $\boxed{6}$

<u>Stufe 4:</u> Aus dem H_{2h}, das gerade den Prozeß auf Stufe 3 durchlaufen hat, und den angefügten Extraelementen, trennen wir auf folgende Weise ein S_ℓ^ℓ heraus. Das Zentrum z von H_{2h} wird Median des S_ℓ^ℓ. Hinzu kommen die $s+2p_1$ $(s+2p_0)$ Extraelemente, die größer (kleiner) als z sind. Schließlich trennen wir, wie in Satz 5.9 beschrieben, $\ell-s-2p_1$ größere und $\ell-s-2p_0$ kleinere Elemente als z und z aus dem H_{2h} heraus. Die Restkomponenten des H_{2h} sind wieder Hyperpaare H_r $(r<2h)$ und stehen auf Stufe 2 des Algorithmus wieder zur Verfügung.   → $\boxed{5}$

<u>Stufe 5:</u> Der Median des auf Stufe 4 produzierten S_ℓ^ℓ wird binär in die vollständige Ordnung der Mediane der anderen S_ℓ^ℓ eingeordnet.   → $\boxed{1}$

<u>Stufe 6:</u> Wenn diese Stufe erreicht wird, können wir aus den Elementen, die zu keinem S_ℓ^ℓ gehören, kein H_{2h} mehr produzieren, das die Stufe 3 des Algorithmus so durchläuft, daß wir danach

zu Stufe 4 wechseln. Mit Ausnahme der Elemente, die in vollständigen S_ℓ^ℓ liegen, können höchstens ein H_{2h} und $2\ell-3$ weitere Elemente vorliegen. Da H_{2h} 2^{2h} Elemente enthält (Lemma 5.5), gibt es maximal $2^{2h}+2\ell-3\leq4\ell^2+2\ell-3$ Elemente, die zu keinem S_ℓ^ℓ gehören. Es sei t die Anzahl der vorliegenden S_ℓ^ℓ.

$$t-3\leq4\ell^2+2\ell-3 \qquad\qquad \rightarrow \boxed{7}$$

$t-3>4\ell^2+2\ell-3$: Dann sind, wie wir in Satz 5.1o beweisen werden, die $\ell+1$ größten (kleinsten) Elemente des S_ℓ^ℓ mit dem größten (kleinsten) Median größer (kleiner) als der Median der Gesamtmenge. Diese $2\ell+2$ Elemente werden im weiteren nicht mehr betrachtet. Indem wir den Median der Restmenge bestimmen, ermitteln wir den Median der Gesamtmenge. Wir streichen die Kanten, die die ℓ kleineren (größeren) Elemente des S_ℓ^ℓ mit dem größten (kleinsten) Median mit diesem Median verbinden und weitere Kanten, so daß die übrigbleibenden Komponenten Einzelelemente und Paare sind, die auf Stufe 1 und 2 wieder zur Verfügung stehen.

$$\rightarrow \boxed{1}$$

Stufe 7: Wenn diese Stufe erreicht wird, gibt es höchstens $4\ell^2+2\ell$ Teilordnungen S_ℓ^ℓ mit $(4\ell^2+2\ell)(2\ell+1)$ Elementen und höchstens $4\ell^2+2\ell-3$ weitere Elemente (siehe Stufe 6). Diese Elemente werden mit dem Algorithmus von Steinhaus vollständig geordnet. Der Median dieser Menge ist der Median der Gesamtmenge.

$$\boxed{\text{STOP}}$$

Wir zeigen nun zunächst, daß dieser Algorithmus tatsächlich S_k^k produziert, und analysieren danach die Anzahl der benötigten Vergleiche.

Satz 5.1o: Der Algorithmus von Schönhage/Paterson/Pippenger ermittelt den Median der gegebenen, vollständig geordneten Menge.

Beweis: Es ist nach Definition des Algorithmus nur zu zeigen, daß wir auf Stufe 6 tatsächlich stets $2(\ell+1)$ Elemente von der weiteren Betrachtung ausschließen, von denen $\ell+1$ größer und $\ell+1$ kleiner als der Median der Gesamtmenge sind. Dann ist es nämlich ausreichend, den Median der Restmenge zu bestimmen. Dieser Median wird schließlich auf Stufe 7 ermittelt. Wir zeigen, daß die $\ell+1$ größten Elemente des S_ℓ^ℓ mit dem größten Median größer als der Median der Gesamtmenge sind. (Die andere Behauptung folgt analog.) Dazu betrachten wir wieder Abb. 5.3. $b_1,\ldots,b_{\ell+1}$ sind größer als die Mediane der anderen $t-1$ S_ℓ^ℓ und größer als die ℓ kleinsten Elemente aller t S_ℓ^ℓ. Damit sind sie größer als $t\ell+t-1$ Elemente. In den t S_ℓ^ℓ gibt es $t(2\ell+1)$ Elemente, und es gibt höchstens $4\ell^2+2\ell-3<t-3$ andere Elemente. Also gibt es insgesamt weniger als $2t\ell+t+t-3=2(t\ell+t-1)-1$ Elemente . Da $b_1,\ldots,b_{\ell+1}$ größer als $t\ell+t-1$ andere Elemente sind, sind sie größer als der Median.   Q.E.D.

<u>Satz 5.11</u>: Der Algorithmus von Schönhage/Paterson/Pippenger benötigt maximal $3n+o(n)$ Vergleiche, d.h. $\lambda(S_k^k)\leq 3n+o(n)$ $(n=2k+1)$.

<u>Beweis</u>: Wir werden die auf Stufe 5 und 7 des Algorithmus benötigten Vergleiche direkt abschätzen. Für die Vergleiche, die auf den anderen Stufen des Algorithmus durchgeführt werden, schätzen wir die Anzahl der zugehörigen Kanten ab, die im Laufe des Algorithmus wieder gestrichen werden. Die produzierte Ordnung S_k^k selber enthält schließlich noch $n-1$ Kanten.

<u>Stufe 5</u>: Es können nie mehr als $\frac{n}{2\ell+1}$ S_ℓ^ℓ gleichzeitig vorliegen. Also genügen stets $\lceil \log \frac{n}{2\ell+1}\rceil \leq \log \frac{n}{\ell}$ Vergleiche für das binäre Einsortieren des Medians eines S_ℓ^ℓ in die vollständige Ordnung der Mediane der anderen S_ℓ^ℓ. Von jedem S_ℓ^ℓ werden $\ell+1$ Elemente auf Stufe 6 von der weiteren Betrachtung ausgeschlossen, bevor die anderen ℓ Elemente die Chance haben, Elemente eines neuen S_ℓ^ℓ zu werden. Daher werden insgesamt höchstens $2\frac{n}{2\ell+1} \leq \frac{n}{\ell}$ verschiedene S_ℓ^ℓ produziert. Also werden auf Stufe 5 des Algorithmus nach Definition von $\ell:=\lfloor (n \log n)^{1/4}\rfloor$ höchstens $\frac{n}{\ell} \log \frac{n}{\ell} = o(n)$ Vergleiche durchgeführt.

<u>Stufe 7</u>: Die Anzahl der Elemente, die mit dem Algorithmus von Steinhaus geordnet werden, beträgt $O(\ell^3)$. Daher genügen $O(\ell^3 \log \ell^3)=o(n)$ Vergleiche.

Auf den <u>Stufen 0,1,2 und 5</u> werden keine Kanten gestrichen, die nicht auf Stufe 5 oder 7 produziert worden sind, während auf <u>Stufe 7</u> alle Kanten, die auf der Restmenge noch vorliegen, gestrichen werden. Da die Restmenge nur $O(\ell^3)$ Elemente enthält und nur Ordnungen S_ℓ^ℓ, Verbindungen zwischen deren Medianen und Hyperpaare H_r vorliegen, beträgt die Anzahl der Kanten höchstens $O(\ell^3)=o(n)$.

<u>Stufe 3</u>: Wie wir in Abb. 5.8 sehen, enthält das Hasse-Diagramm nach jedem Einordnen eines T_2 eine Kante mehr als zuvor. Um T_2 einzuordnen, werden ein oder zwei Vergleiche durchgeführt. Wir streichen also genau dann eine Kante, wenn zwei Vergleiche benötigt werden. Dies ist bei Ergebnis 2 stets der Fall, also insgesamt s-mal. Bei Ergebnis 1 (bzw. 3) ist dies der Fall, wenn $p_1<p_0$ (bzw.

$p_o \leq p_1$) ist. Da sich bei Ergebnis 1 p_1 um 1 erhöht, kann es nur $\min\{p_1, p_o\}$-mal vorkommen, daß $p_1 < p_o$ ist und sich Ergebnis 1 ergibt. Bei Ergebnis 3 erhöht sich p_o um 1. Daher kann dieses Ergebnis nur $\min\{p_o, p_1\}+1$-mal in Situationen auftreten, in denen $p_o \leq p_1$ ist. Also werden auf Stufe 3 für das Aufbereiten jedes H_{2h}, aus dem ein S_ℓ^ℓ herausgetrennt wird, höchstens $s+2\min\{p_o, p_1\}+1$ Kanten gestrichen.

<u>Stufe 4</u>: Es werden Kanten gestrichen, um $\ell-s-2p_1$ Elemente, die größer als das Zentrum z sind, $\ell-s-2p_o$ Elemente, die kleiner als z sind, und z selber aus H_{2h} herauszulösen. Nach Satz 5.9 müssen höchstens $2h+\frac{3}{2}(\ell-s-2p_1)+\frac{3}{2}(\ell-s-2p_o)+\frac{1}{2}=2h+3(\ell-s-p_1-p_o)+\frac{1}{2}$ Kanten gestrichen werden.

<u>Stufe 6</u>: Wir nehmen an, daß sich die $\ell+1$ größeren Elemente des S_ℓ^ℓ als größer als der Median der Gesamtmenge erwiesen haben und die ℓ kleineren Elemente vom Median des S_ℓ^ℓ getrennt werden müssen. (Der andere Fall verläuft analog.) Es gibt s Einzelelemente (Abb. 5.7), für die s Kanten gestrichen werden. Die anderen Elemente bilden p_o Paare oder sind nach Konstruktion Hyperpaare P_{1i}, von denen höchstens eines ein Einzelelement ist (Satz 5.9, $m_o^2=1$). Die anderen Hyperpaare können ebenfalls in Paare zerlegt werden. Es gibt also maximal $s+1$ Einzelelemente und $\frac{1}{2}(\ell-(s+1))$ Paare, für die jeweils eine Kante gestrichen wird. Also werden auf Stufe 6 für jedes S_ℓ^ℓ maximal $s+1+\frac{1}{2}(\ell-(s+1))=\frac{1}{2}(\ell+s+1)$ Kanten gestrichen.

Für jedes S_ℓ^ℓ werden also von der Produktion bis zur Auflösung maximal $s+2\min\{p_o, p_1\}+1+3(\ell-s-p_1-p_o)+2h+\frac{1}{2}+\frac{1}{2}(\ell+s+1)$ Kanten gestrichen. Es ist $2\min\{p_o, p_1\}+3\max\{p_o, p_1\} \leq 3p_1+3p_o$ und damit $2\min\{p_o, p_1\}-3p_1-3p_o \leq -3\max\{p_o, p_1\}$. Außerdem ist nach Konstruktion (Stufe 3) $s+2\max\{p_o, p_1\} \geq \ell-1$ und nach Definition $h-1 \leq \log \ell$. Also gilt $s+2\min\{p_o, p_1\}+1+3(\ell-s-p_1-p_o)+2h+\frac{1}{2}+\frac{1}{2}(\ell+s+1)$

$\leq -3\max\{p_o, p_1\}-\frac{3}{2}s+\frac{7}{2}\ell+2h+2=-\frac{3}{2}(s+2\max\{p_o, p_1\})+\frac{7}{2}\ell+2h+2$

$\leq -\frac{3}{2}(\ell-1)+\frac{7}{2}\ell+2h+2=2\ell+2h+\frac{7}{2} \leq 2\ell+2 \log \ell + \frac{11}{2}$.

<u>Bemerkung</u>: Für spätere Zwecke (§ 8) wollen wir auch die Anzahl der Kanten abschätzen, die für die Produktion eines S_ℓ^ℓ gestrichen werden. Dann wird Stufe 6 nicht mehr durchlaufen, und es werden $\frac{1}{2}(\ell+s+1) \geq \frac{1}{2}\ell+\frac{1}{2}$ Kanten weniger gestrichen. Daher beträgt für jedes S_ℓ^ℓ die Anzahl der gestrichenen Kanten höchstens $\frac{3}{2}\ell+2 \log \ell +5$.

Wir haben bereits gezeigt, daß maximal $\frac{n}{\ell} S_\ell^\ell$ konstruiert werden. Daher beträgt die Anzahl der auf den Stufen 3,4 und 6 gestrichenen Kanten maximal $\frac{n}{\ell}(2\ell+2 \log \ell + \frac{11}{2}) \leq 2n+2\frac{n \log \ell}{\ell}+\frac{11}{2}\frac{n}{\ell}=2n+o(n)$.

Wir fassen nun unsere Ergebnisse zusammen. Auf den Stufen 5 und 7 des Algorithmus werden o(n) Vergleiche durchgeführt. Die auf den anderen Stufen durchgeführten Vergleiche setzen sich zusammen aus den 2n+o(n) gestrichenen Kanten und den n-1 Kanten im Hasse-Diagramm der produzierten Teilordnung S_k^k. Also benötigt der Algorithmus nie mehr als 3n+o(n) Vergleiche. Q.E.D.

§ 6: Das Auswahlproblem und das Teilungsproblem

Wenn wir daran interessiert sind, das in der vollständigen Ordnung auf $A=\{a_1,\ldots,a_n\}$ an i-ter Stelle stehende Element zu bestimmen, müssen wir (siehe Definition 5.1) S_{n-i}^{i-1} produzieren. Dieses Problem ist als Auswahlproblem bekannt. Wenn wir dagegen die Menge der i größten Elemente ermitteln wollen, müssen wir W_{n-i}^i produzieren. Da in W_{n-i}^i A in die Menge der i größten und die Menge der n-i kleinsten Elemente geteilt ist, heißt dieses Problem Teilungsproblem.

Wir werden im folgenden sehen, daß wir mit Hilfe des Algorithmus von Schönhage/Paterson/Pippenger leicht eine lineare obere Schranke für $\lambda(S_{n-i}^{i-1})$ und $\lambda(W_{n-i}^i)$ erhalten. Zuvor sollen noch eine einfache Beziehung zwischen diesen beiden Größen und eine lineare untere Schranke bewiesen werden. Wir haben damit die Größenordnung von $\lambda(S_{n-i}^{i-1})$ und $\lambda(W_{n-i}^i)$ bestimmt. Bessere (obere und untere) Schranken, die ja nur um konstante Faktoren besser sein können, werden wir ebenso nur zitieren wie Ergebnisse über die minimale erwartete Anzahl von Vergleichen unter der Annahme, daß alle Ordnungen auf A die gleiche a-priori-Wahrscheinlichkeit haben.

Satz 6.1: Für alle $i\in\{1,\ldots,n\}$ ist $n-1\leq\lambda(W_{n-i}^i)\leq\lambda(S_{n-i}^{i-1})$, $\lambda(W_{n-i}^i)=\lambda(W_i^{n-i})$ und $\lambda(S_{n-i}^{i-1})=\lambda(S_{i-1}^{n-i})$.

Beweis: Da das Hasse-Diagramm von W_{n-i}^i zusammenhängend ist, ist $\lambda(W_{n-i}^i)\geq n-1$. Offensichtlich können wir W_{n-i}^i ordnungserhaltend in S_{n-i}^{i-1} einbetten. Daher produziert jede Strategie, die S_{n-i}^{i-1} produziert, auch W_{n-i}^i. Insbesondere ist $\lambda(W_{n-i}^i)\leq\lambda(S_{n-i}^{i-1})$. Aufgrund der Kleiner-Größer-Symmetrie der paarweisen Vergleiche folgen die weiteren Behauptungen. Q.E.D.

<u>Satz 6.2:</u> Für alle $i \in \{1,\ldots,n\}$ ist $\lambda(W_{n-i}^{i}) \leq \lambda(S_{n-i}^{i-1}) \leq 12n + o(n)$.

<u>Bemerkung:</u> Mit etwas mehr Mühe kann der Faktor 12 durch eine kleinere Zahl ersetzt werden. Wir wollen jedoch mit diesem und dem vorhergehenden Satz nur zeigen, daß $\lambda(W_{n-i}^{i})$ und $\lambda(S_{n-i}^{i-1})$ linear sind.

<u>Beweis von Satz 6.2:</u> Es sei $h \in \mathbb{N}$ so gewählt, daß $2^{h-1} \leq n \leq m := 2^{h}-1$ ist. Wir ergänzen die Menge A um m-n weitere Elemente, die vollständig geordnet sind und alle kleiner als alle Elemente in A sind. Um das an der i-ten Stelle der Ordnung auf A stehende Element zu ermitteln, genügt es, das in der größeren Menge an der i-ten Stelle der Ordnung stehende Element zu bestimmen. Wir bestimmen mit dem Algorithmus von Schönhage/Paterson/Pippenger den Median der m-elementigen Menge. Falls $i = \frac{1}{2}(m+1)$ ist, sind wir fertig. Falls $i < \frac{1}{2}(m+1)$ $(i > \frac{1}{2}(m+1))$ ist, untersuchen wir die Menge der Elemente, die größer (kleiner) als der Median sind. Diese Menge enthält $\frac{1}{2}(m-1) = 2^{h-1}-1$ Elemente. Wir ermitteln wieder den Median, usw., bis wir das an i-ter Stelle stehende Element bestimmt haben. Die Anzahl der benötigten Vergleiche ist, da wir die Anzahl der betrachteten Elemente stets mindestens halbieren, nach Satz 5.11 kleiner als

$$\sum_{0 \leq i \leq \lceil \log n \rceil} (3 \cdot \frac{m}{2^{i}} + o(\frac{m}{2^{i}})) \leq 6m + o(m).$$ Da $m \leq 2n$, folgt die Behauptung.

Q.E.D.

Im weiteren werden wir uns häufig nur mit dem Fall $i \leq \lceil \frac{n}{2} \rceil$ beschäftigen. Nach Satz 6.1 ist dies jedoch keine Einschränkung.

Nur die folgenden Werte sind exakt bekannt:
$$\lambda(S_{n-1}^{0}) = \lambda(W_{n-1}^{1}) = n-1, \lambda(W_{n-2}^{2}) = n-2 + \lceil \log(n-1) \rceil, \lambda(S_{n-2}^{1}) = n-2 + \lfloor \log n \rfloor.$$
$\lambda(S_{n-3}^{2})$ ist für einige Werte von n bekannt.

Wir wollen zunächst einige obere Schranken für $\lambda(W_{n-i}^{i})$ und $\lambda(S_{n-i}^{i-1})$ darstellen, die besonders für kleine i gut sind. Kislitsyn [89] hat bewiesen, daß $\lambda(W_{n-i}^{i}) \leq \lambda(S_{n-i}^{i-1}) \leq n-1 + \sum_{0 \leq k \leq i-2} \lceil \log(n-k) \rceil$ ist.

Hadrian/Sobel [56] geben einen Algorithmus an, aus dem folgt, daß $\lambda(W_{n-i}^{i}) \leq \lambda(S_{n-i}^{i-1}) \leq n-i + (i-1) \lceil \log(n-i+1) \rceil$ ist. Dieser Algorithmus wurde zunächst von Kirkpatrick [87] und später von Yap [166] etwas verbessert.

Folgende untere Schranken sind für $\lambda(S_{n-i}^{i-1})$ bekannt:

Schönhage (unveröffentlicht): $i \leq \lceil \frac{n}{2} \rceil \Rightarrow \lambda(S_{n-i}^{i-1}) \geq n+i + \min\{i, \lfloor \frac{n-i+1}{2} \rfloor\} - 3$.

Yap [167]: $\exists k \in \mathbb{N} \ \forall i \in \{\lceil 3n/7 \rceil, \ldots, \lceil n/2 \rceil\} : \lambda(S_{n-i}^{i-1}) \geq n + \frac{5}{3}i - k$. Aus dem

Ergebnis von Yap folgt insbesondere die $\frac{11}{6}$n-O(1)-Schranke für das Medianproblem.

Mit $\Lambda(S_{n-i}^{i-1})$ wollen wir nun die minimale erwartete Anzahl von Vergleichen bezeichnen, die notwendig ist, um S_{n-i}^{i-1} zu produzieren, wenn alle vollständigen Ordnungen auf der gegebenen Menge die gleiche a-priori-Wahrscheinlichkeit haben. Da das Hasse-Diagramm von S_{n-i}^{i-1} zusammenhängend ist, folgt $\Lambda(S_{n-i}^{i-1}) \geq n-1$. Andererseits haben Floyd/Rivest [45] bewiesen, daß $\Lambda(S_{n-i}^{i-1}) \leq n+\min\{i,n-i\}+O(n^{1/2})$ ist. Diese obere Schranke zeigt, daß für das Medianproblem im Durchschnitt $\frac{3}{2}n+O(n^{1/2})$ Vergleiche ausreichend sind, während im ungünstigsten Fall mindestens $\frac{11}{6}n-O(1)$ Vergleiche durchgeführt werden müssen und der beste bekannte Algorithmus im ungünstigsten Fall sogar $3n+o(n)$ Vergleiche benötigt.

§_7: Yaos_Hypothese

Wie schon in der Einleitung beschrieben, wollen wir uns nun mit der folgenden Frage beschäftigen: Ist es unter Umständen einfacher, eine Teilordnung Q auf einer beliebigen n-elementigen Teilmenge einer (m+n)-elementigen Menge als auf einer vorgegebenen n-elementigen Menge zu produzieren? Wenn diese Frage für alle S_{n-i}^{i-1} verneint werden kann, gibt es einen Algorithmus, der mit $\frac{5}{2}n+o(n)$ Vergleichen das Medianproblem löst. $\lambda(Q)$ ist die minimale Zahl von Vergleichen, um Q zu produzieren, während $\lambda(mT_1+Q)$ die minimale Zahl von Vergleichen ist, um Q auf einer beliebigen Teilmenge einer (m+n)-elementigen Menge zu produzieren. Die m übrigen Elemente können unsortiert bleiben.

<u>Definition 7.1:</u> Für $m \in \mathbb{N}_0$ ist $\lambda_m(Q) := \lambda(mT_1+Q)$.

Damit ist $\lambda(Q) = \lambda_0(Q)$. Da wir die "Extraelemente" nicht beachten müssen, folgt für $m \in \mathbb{N}_0 : \lambda_m(Q) \geq \lambda_{m+1}(Q)$. Außerdem ist $\lambda_m(Q) \in \mathbb{N}_0$. Daher ist folgende Definition sinnvoll.

<u>Definition 7.2:</u> $\lambda_\infty(Q) := \min\{\lambda_m(Q) \mid m \in \mathbb{N}_0\} = \lim_{m \to \infty} \lambda_m(Q)$.

Es ist naheliegend zu vermuten, daß die Extraelemente nichts nützen und für alle Teilordnungen Q $\lambda_0(Q) = \lambda_\infty(Q)$ ist. Diese Vermutung ist von Paterson widerlegt worden. Sei Q* die in Abb. 7.1 i) dargestellte Ordnung. Indem wir (mit viel Aufwand an Zeit und Papier) alle Strategien, deren maximale Suchdauer 7 ist, unter-

suchen, können wir beweisen, daß $\lambda_o(Q^*)>7$ ist. (Es ist $\lambda_o(Q^*)=8$.)
Dagegen ist $\lambda_1(Q^*)\leq 7$. In Abb. 7.1 ii) haben wir das Hyperpaar P_{111}
dargestellt (Definition 5.3). Nach Lemma 5.5 ist $\lambda(P_{111})=2^3-1=7$.
Wir können T_1+Q^* ordnungserhaltend in P_{111} einbetten, indem wir
das Einzelelement T_1 auf a abbilden und Q^* dann kanonisch einbetten. Daher ist $\lambda_1(Q^*)\leq\lambda(P_{111})=7$.

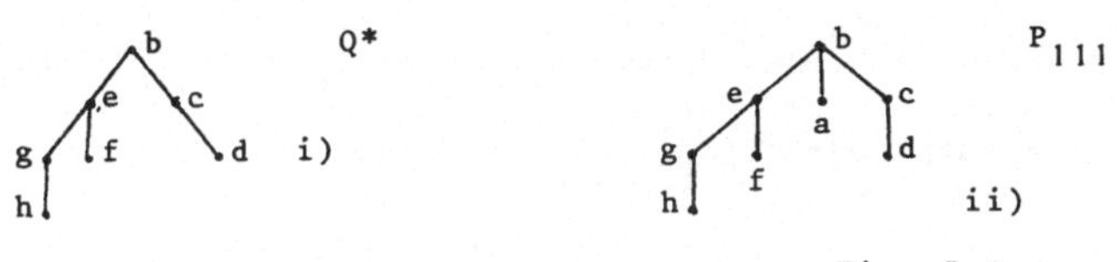

Fig. 7.1.

<u>Satz 7.3:</u> Es gibt Teilordnungen Q, für die $\lambda_\infty(Q)\leq\lambda_1(Q)<\lambda_o(Q)$ ist.

Andererseits ist $\lambda_\infty(S_{n-1}^o)=\lambda_o(S_{n-1}^o)=n-1$, da das Hasse-Diagramm
von S_{n-1}^o zusammenhängend ist. Schönhage [122] hat sogar bewiesen,
daß $\lambda_\infty(S_{n-2}^1)=\lambda_o(S_{n-2}^1)=n-2+\lceil\log n\rceil$ ist. Über das Verhalten von λ_m
und λ_∞ ist ansonsten wenig bekannt. Es ist noch unklar, ob es für
jedes $t\in\mathbb{N}_o$ eine Teilordnung Q gibt, so daß $\lambda_t(Q)>\lambda_{t+1}(Q)$ ist.
Ebenso ist die Frage, ob $\lambda_o-\lambda_\infty$ beschränkt ist, unbeantwortet.
Zentral ist jedoch die Frage, ob Yaos Hypothese richtig ist.

<u>Yaos Hypothese:</u> Für alle $n\in\mathbb{N}$ und $i\in\{1,\ldots,n\}$ ist $\lambda_o(S_{n-i}^{i-1})=\lambda_\infty(S_{n-i}^{i-1})$.

(Wie wir gesehen haben, gilt Yaos Hypothese, wenn i=1 oder i=2
ist.)

Im folgenden werden wir zunächst zeigen, wie leicht wir eine
verbesserte obere Schranke für das Medianproblem beweisen können,
wenn Yaos Hypothese richtig ist. Anschließend werden wir eine
untere Schranke für $\lambda_\infty(Q)$ herleiten.

<u>Satz 7.4:</u> Wenn Yaos Hypothese gilt, ist mit n=2k+1 $\lambda(S_k^k)\leq\frac{5}{2}n+o(n)$.

<u>Beweis:</u> Wenn eine 4k+2-elementige Menge gegeben ist $((4k+2)T_1)$,
können wir mit 2k+1 Vergleichen $(2k+1)T_2$ produzieren. Auf die 2k+1
kleineren Elemente wenden wir einen optimalen Algorithmus zur Produktion von S_k^k an und erhalten die in Abb. 7.2 i) dargestellte
Teilordnung, die offensichtlich S_k^{2k+1} enthält. 2k+1 Elemente sind
größer und k Elemente sind kleiner als a. Mit Yaos Hypothese folgt
$\lambda(S_k^{2k+1})=\lambda_k(S_k^{2k+1})\leq 2k+1+\lambda(S_k^k)$.

Wenn eine 6k+4-elementige Menge gegeben ist $((6k+4)T_1)$, können wir mit 3k+2 Vergleichen $(3k+2)T_2$ produzieren. Auf die 3k+2 größeren Elemente wenden wir einen optimalen Algorithmus zur Produktion von S_k^{2k+1} an und erhalten die in Abb. 7.2 ii) dargestellte Teilordnung, die offensichtlich S_{2k+1}^{2k+1} enthält. 2k+1 Elemente sind größer und 2k+1 Elemente sind kleiner als b. Mit Yaos Hypothese folgt $\lambda(S_{2k+1}^{2k+1})=\lambda_{2k+1}(S_{2k+1}^{2k+1})\leq 3k+2+\lambda(S_k^{2k+1})\leq 5k+3+\lambda(S_k^k)$.

Wiederum nach Yaos Hypothese ist $\lambda(S_{2k}^{2k})=\lambda_2(S_{2k}^{2k})\leq\lambda(S_{2k}^{2k+1})$ und damit $\lambda(S_k^k)\leq 5\lfloor k/2\rfloor+3+\lambda(S_{\lfloor k/2\rfloor}^{\lfloor k/2\rfloor})$. Es folgt

$$\lambda(S_k^k)\leq \sum_{1\leq i\leq\lceil\log k\rceil+1}(5k2^{-i}+3)\leq 5k+3(\lceil\log k\rceil+1)=5k+0(\log k)=\frac{5}{2}n+o(n).$$

Q.E.D.

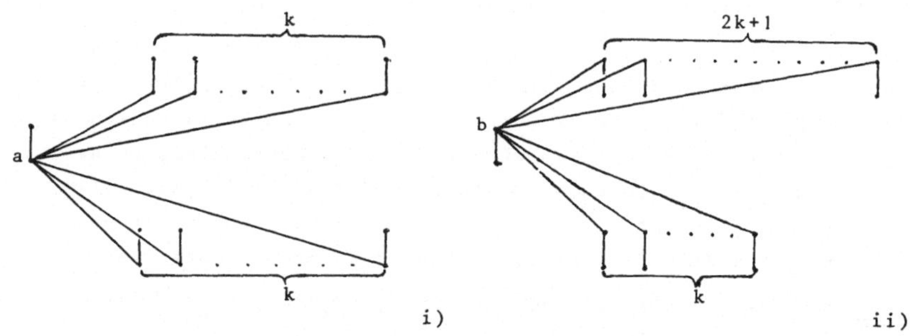

Fig. 7.2.

Die folgende untere Schranke (Schönhage [122]) für $\lambda_\infty(Q)$ ist die beste allgemeine untere Schranke, obwohl sie vermutlich für viele Teilordnungen nicht sehr gut ist.

<u>Definition 7.5:</u> Für eine Teilordnung Q auf einer n-elementigen Menge sei E(Q) die Menge der ordnungserhaltenden Einbettungen von Q in T_n und e(Q) die Mächtigkeit von E(Q).

Wir betrachten nun o.B.d.A. nur sequentielle Strategien, die stets zwei Elemente a_i und a_j vergleichen, von denen wir noch nicht wissen, ob $a_i>a_j$ oder $a_j>a_i$ ist. Wenn $\overline{Q}$ die Teilordnung ist, die vor dem Vergleich von a_i und a_j bekannt ist, und Q' und Q" die Teilordnungen nach diesem Vergleich sind (Q', falls $a_i>a_j$, Q" sonst), dann bilden E(Q') und E(Q") eine disjunkte Zerlegung von $E(\overline{Q})$. Also ist $e(Q')\geq\frac{1}{2}e(\overline{Q})$ oder $e(Q")\geq\frac{1}{2}e(\overline{Q})$. Dies gilt für jeden inneren Punkt des Baumes, der eine optimale Strategie s zur Produktion von Q darstellt. Also gibt es einen Pfad von der Wurzel dieses Baumes zu einem Endpunkt, so daß für die zugehörigen Teilordnungen $nT_1 = Q_o, \ldots, Q_t$ $e(Q_j) \geq \frac{1}{2} e(Q_{j-1})$ $(1 \leq j \leq t)$ ist. Also ist $e(Q_t) \geq (\frac{1}{2})^t e(Q_o) = (\frac{1}{2})^t e(nT_1) = (\frac{1}{2})^t n!$. Da s optimal ist, gilt $t \leq \lambda(Q)$. Schließlich ist $e(Q) \geq e(Q_t)$, da Q sich ordnungserhaltend in Q_t einbetten läßt. Zusammengefaßt ist $e(Q) \geq e(Q_t) \geq (\frac{1}{2})^t n! \geq (\frac{1}{2})^{\lambda(Q)} n!$ und damit $\lambda(Q) \geq \lceil \log(n! e(Q)^{-1}) \rceil$.

Lemma 7.6: Für alle Teilordnungen Q auf einer n-elementigen Menge ist $\lambda(Q) \geq \lceil \log(n! e(Q)^{-1}) \rceil$.

Wir wollen nun dieses Lemma anwenden, um $\lambda_m(Q)$ nach unten abzuschätzen. Dazu berechnen wir zunächst für beliebige Teilordnungen Q' (auf einer m'-elementigen Menge) und Q'' (auf einer m''-elementigen Menge) $(m'+m'')! e(Q'+Q'')^{-1}$. Es gibt $\binom{m'+m''}{m'}$ Möglichkeiten, die m' Elemente auszuwählen, in die Q' eingebettet werden soll. Dann kann jede der $e(Q')$ ordnungserhaltenden Einbettungen von Q' in diese Menge mit jeder der $e(Q'')$ Einbettungen von Q'' in die Restmenge kombiniert werden. Also ist

$$(m'+m'')! e(Q'+Q'')^{-1} = (m'+m'')! \left(\binom{m'+m''}{m'} e(Q') e(Q'') \right)^{-1}$$

$$= m'! e(Q')^{-1} m''! e(Q'')^{-1}. \text{ Insbesondere ist}$$

$$\lambda_m(Q) \geq \lceil \log((n+m)! e(mT_1 + Q)^{-1}) \rceil = \lceil \log(n! e(Q)^{-1}) \rceil. \text{ Da diese Schranke}$$

von m unabhängig ist, gilt

Satz 7.7: Für alle Teilordnungen Q auf einer n-elementigen Menge und für alle $m \in \mathbb{N}_o$ ist $\lambda_m(Q) \geq \lambda_\infty(Q) \geq \lceil \log(n! e(Q)^{-1}) \rceil$.

Offensichtlich ist $e(T_n) = 1$. Es gilt also $\lambda_\infty(T_n) \geq \lceil \log(n!) \rceil$. In § 2 haben wir nur bewiesen, daß $\lambda_o(T_n) \geq \lceil \log(n!) \rceil$ ist.

Wir wollen nun noch einmal die Teilordnung Q^* aus Abb. 7.1 i) untersuchen, für die $\lambda_o(Q^*) = 8$ und $\lambda_1(Q^*) \leq 7$ ist.

Bemerkung 7.8: $\lambda_\infty(Q^*) = 7$.

Beweis: Es ist $\lambda_\infty(Q^*) \leq \lambda_1(Q^*) \leq 7$. Wir wenden Satz 7.7 an, um zu beweisen, daß $\lambda_\infty(Q^*) \geq 7$ ist. Um Q^* ordnungserhaltend in T_7 einzubetten, müssen wir b auf das größte Element von T_7 abbilden. Es gibt $\binom{6}{2}$ Möglichkeiten, die beiden Elemente auszuwählen, auf die wir c und d abbilden. e muß dann auf das größte der 4 übrigen Elemente abgebildet werden. Danach können wir f auf ein beliebiges der 3 freien Elemente abbilden. Da g>h ist, gibt es schließlich nur

noch eine Möglichkeit, diese beiden Elemente ordnungserhaltend einzubetten. Also ist $e(Q^*)=\binom{6}{2}\cdot 3=45$. Aus Satz 7.7 folgt
$\lambda_\infty(Q^*)\geq\lceil\log(7!/45)\rceil=\lceil\log 112\rceil= 7$.   Q.E.D.

§ 8: Die Massenproduktion von Teilordnungen

Wie wir gesehen haben, spielt das Medianproblem eine zentrale Rolle in den Auswahl- und Teilungsproblemen (§ 6). Falls "Extraelemente" für das Auswahlproblem keinen Vorteil ergeben, können wir die in § 5 bewiesene obere Schranke $3n+o(n)$ sogar leicht um $\frac{1}{2}n$ verbessern (§ 7). Wir wollen hier das Phänomen untersuchen, das den Algorithmus von Schönhage/Paterson/Pippenger möglich macht. Der Algorithmus "produziert die Teilordnung S_ℓ^ℓ in Massen", um schließlich ein S_k^k zu produzieren. Dabei wird jedes S_ℓ^ℓ aus einem aufbereiteten H_{2h} herausgetrennt. Die Reststruktur wird verwendet, um das nächste S_ℓ^ℓ zu produzieren. Die Produktion der weiteren S_ℓ^ℓ ist also billiger als die Produktion des ersten S_ℓ^ℓ, da bereits ein Teil der Ordnungsstruktur vorliegt. Wir werden in diesem Paragraphen den Stückpreis für eine Teilordnung Q, d.h. die Durchschnittskosten für die Produktion eines Q bei der Produktion vieler Q, definieren. Ähnlich zu der unteren Schranke für $\lambda_\infty(Q)$ in § 7 können wir eine untere Schranke für den Stückpreis von Q herleiten. Abschließend untersuchen wir den Stückpreis für das Medianproblem und geben die Teilordnungen an, für die der Stückpreis exakt bekannt ist.

<u>Definition 8.1:</u> Der Stückpreis für die Produktion einer Teilordnung Q wird mit $\overline{\lambda}(Q)$ bezeichnet und durch $\overline{\lambda}(Q):=\inf\{\frac{1}{k}\lambda_\infty(kQ)\mid k\in\mathbb{N}\}$ definiert.

Zu dieser Definition stellt sich die Frage, warum wir λ_∞ und nicht λ_0 gewählt haben. Satz 8.2 wird zeigen, daß eine analoge Definition mit λ_0 an Stelle von λ_∞ zu gleichen Stückpreisen führt.

Man könnte vermuten, daß die Folge $\frac{1}{k}\lambda_\infty(kQ)$ monoton fällt: Je mehr wir produzieren, desto billiger müßte jedes Einzelstück werden. Diese Vermutung ist falsch, wie wir später an einem Beispiel sehen werden. Die Folge $\frac{1}{k}\lambda_\infty(kQ)$ ist aber "im wesentlichen monoton fallend". Wir werden nämlich ebenfalls in Satz 8.2 zeigen, daß
$\inf\{\frac{1}{k}\lambda_\infty(kQ)\mid k\in\mathbb{N}\}=\lim_{k\to\infty}\frac{1}{k}\lambda_\infty(kQ)$ ist.

__Satz 8.2:__ Für alle Teilordnungen Q ist

$$\overline{\lambda}(Q)=\inf\{\tfrac{1}{k}\lambda_o(kQ)\mid k\in\mathbb{N}\}=\lim_{k\to\infty}\tfrac{1}{k}\lambda_\infty(kQ)=\lim_{k\to\infty}\tfrac{1}{k}\lambda_o(kQ).$$

__Beweis:__ Offensichtlich ist $\overline{\lambda}(Q)=\inf\{\tfrac{1}{k}\lambda_\infty(kQ)\mid k\in\mathbb{N}\}\leq\inf\{\tfrac{1}{k}\lambda_o(kQ)\mid k\in\mathbb{N}\}$, da $\lambda_\infty(kQ)\leq\lambda_o(kQ)$ ist.

Sei n die Mächtigkeit der Menge, auf der Q definiert ist. Für jedes $\varepsilon>0$ gibt es nach Definition von $\overline{\lambda}(Q)$ ein $k\in\mathbb{N}$, so daß $\tfrac{1}{k}\lambda_\infty(kQ)\leq\overline{\lambda}(Q)+\varepsilon$ ist. Da $\lambda_m(kQ)$ für $m\in\mathbb{N}$ eine monoton fallende, gegen $\lambda_\infty(kQ)$ konvergierende Folge natürlicher Zahlen ist, gilt für ein $t\in\mathbb{N}:\lambda_\infty(kQ)=\lambda_{tkn}(kQ)$. Es sei nun $m\geq tk$ und $q:=\lfloor\tfrac{m}{k}\rfloor$. Dann ist

$$\tfrac{1}{m}\lambda_\infty(mQ)\leq\tfrac{1}{m}\lambda_o(mQ)\leq\tfrac{1}{qk}\lambda_o((q+1)kQ)\leq\tfrac{1}{qk}\sum_{0\leq j\leq q}\lambda_{jkn}(kQ).$$ Die letzte Unglei-

chung kann auf folgende Art bewiesen werden. Die gegebene Menge enthält (q+1)kn Elemente. Bei der Produktion der ersten der q+1 Teilordnungen kQ können wir neben den benötigten kn Elementen alle weiteren qkn Elemente benutzen. Bei der Produktion des zweiten kQ stehen uns noch (q-1)kn Extraelemente zur Verfügung, da wir nur die kn Elemente, die zum ersten kQ gehören, nicht mehr verwenden dürfen. Indem wir diese Überlegungen iterieren, beweisen wir die Ungleichung.

Für $j\geq t$ ist $\lambda_{jkn}(kQ)\leq\lambda_{tkn}(kQ)=\lambda_\infty(kQ)$, während für $j<t$ $\lambda_{jkn}(kQ)\leq\lambda_o(kQ)$ ist. Zusammengenommen folgt

$$\tfrac{1}{m}\lambda_\infty(mQ)\leq\tfrac{1}{m}\lambda_o(mQ)\leq\tfrac{q+1-t}{qk}\lambda_\infty(kQ)+\tfrac{t}{qk}\lambda_o(kQ)\leq\tfrac{1}{k}\lambda_\infty(kQ)+\tfrac{t}{qk}\lambda_o(kQ).$$ Nach Defi-

nition von q gilt: $m\to\infty\Rightarrow q\to\infty$. Damit ist

$$\overline{\lim_{m\to\infty}}\,\tfrac{1}{m}\lambda_\infty(mQ)\leq\overline{\lim_{m\to\infty}}\,\tfrac{1}{m}\lambda_o(mQ)\leq\tfrac{1}{k}\lambda_\infty(kQ)\leq\overline{\lambda}(Q)+\varepsilon.$$ Da diese Aussage für alle $\varepsilon>0$ gilt, ist $\overline{\lim_{m\to\infty}}\,\tfrac{1}{m}\lambda_\infty(mQ)\leq\overline{\lambda}(Q)$ und

$\inf\{\tfrac{1}{m}\lambda_o(mQ)\mid m\in\mathbb{N}\}\leq\overline{\lim_{m\to\infty}}\,\tfrac{1}{m}\lambda_o(mQ)\leq\overline{\lambda}(Q)$. Mit unserer ersten Bemerkung folgt die erste Gleichung.

Da $\overline{\lambda}(Q)=\inf\{\tfrac{1}{m}\lambda_\infty(mQ)\mid m\in\mathbb{N}\}\leq\underline{\lim_{m\to\infty}}\,\tfrac{1}{m}\lambda_\infty(mQ)\leq\overline{\lim_{m\to\infty}}\,\tfrac{1}{m}\lambda_\infty(mQ)\leq\overline{\lambda}(Q)$ und

$\overline{\lambda}(Q)=\inf\{\tfrac{1}{m}\lambda_o(mQ)\mid m\in\mathbb{N}\}\leq\underline{\lim_{m\to\infty}}\,\tfrac{1}{m}\lambda_o(mQ)\leq\overline{\lim_{m\to\infty}}\,\tfrac{1}{m}\lambda_o(mQ)\leq\overline{\lambda}(Q)$ ist, gilt in

beiden Ungleichungsketten stets die Gleichheit, und es folgt

$$\overline{\lambda}(Q)=\lim_{m\to\infty}\tfrac{1}{m}\lambda_\infty(mQ)\quad\text{und}\quad\overline{\lambda}(Q)=\lim_{m\to\infty}\tfrac{1}{m}\lambda_o(mQ).\qquad\text{Q.E.D.}$$

Dieser Satz zeigt, daß $\overline{\lambda}(Q)$ tatsächlich das mißt, was wir uns unter dem Stückpreis einer Teilordnung Q vorstellen.

<u>Satz 8.3:</u> Für alle Teilordnungen Q auf einer n-elementigen Menge gilt $\overline{\lambda}(Q) \geq \log(n! e(Q)^{-1})$.

<u>Beweis:</u> Schon im Beweis von Satz 7.7 haben wir gezeigt, daß $(kn)! e(kQ)^{-1} = (n! e(Q)^{-1})^k$ ist. Aus Satz 7.7 folgt nun

$$\overline{\lambda}(Q) = \lim_{k \to \infty} \frac{1}{k} \lambda_\infty(kQ) \geq \lim_{k \to \infty} \frac{1}{k} \log((kn)! e(kQ)^{-1}) = \lim_{k \to \infty} \frac{1}{k} \log((n! e(Q)^{-1})^k)$$

$$= \log(n! e(Q^{-1})).$$
Q.E.D.

Wir wollen nun den Stückpreis für das Medianproblem untersuchen. Dazu betrachten wir den Algorithmus von Schönhage/Paterson/Pippenger, wobei wir nach jeder Produktion eines S_ℓ^ℓ sofort wieder zur Stufe 1 des Algorithmus zurückkehren. Auf Stufe 1 produzieren wir nur soviele T_2, wie für das nächste S_ℓ^ℓ benötigt werden. Wieviele Vergleiche benötigen wir zur Produktion von mS_ℓ^ℓ, wenn beliebig viele Extraelemente benutzt werden dürfen? Wie schon in § 5 bemerkt, streichen wir für jedes produzierte S_ℓ^ℓ $\frac{3}{2}\ell + O(\log \ell)$ Kanten. Jedes S_ℓ^ℓ enthält 2ℓ Kanten. Die Restkonfiguration besteht aus höchstens einem H_{2h} und ℓ weiteren T_2. Die Anzahl der darin enthaltenen Kanten kann durch eine nur von ℓ abhängige Konstante $c(\ell)$ abgeschätzt werden. Zur Produktion von mS_ℓ^ℓ benötigen wir also maximal $m(\frac{3}{2}\ell + O(\log \ell) + 2\ell) + c(\ell)$ Vergleiche. Also ist

$$\overline{\lambda}(S_\ell^\ell) = \lim_{m \to \infty} \frac{1}{m} \lambda_\infty(mS_\ell^\ell) \leq \frac{7}{2}\ell + O(\log \ell) + \lim_{m \to \infty} \frac{c(\ell)}{m} = \frac{7}{2}\ell + O(\log \ell).$$ Mit $n = 2\ell + 1$ ist

$\overline{\lambda}(S_\ell^\ell) \leq \frac{7}{4}n + O(\log n)$. Nach Satz 5.2 ist $\lambda(S_\ell^\ell) \geq \frac{11}{6}n - O(1)$. Also ist für große ℓ der Stückpreis von S_ℓ^ℓ kleiner als die minimale Zahl von Vergleichen zur Produktion eines S_ℓ^ℓ. Die Teilordnungen S_ℓ^ℓ (ℓ groß genug) sind bisher die einzigen Teilordnungen auf großen Mengen, für die bewiesen wurde, daß der Stückpreis kleiner als der Einzelpreis ist.

Nur für wenige Teilordnungen ist der Stückpreis exakt bekannt. So folgt wieder aus der Anzahl der Zusammenhangskomponenten im Hasse-Diagramm von mS_{n-1}^o, daß $\overline{\lambda}(S_{n-1}^o) = n-1$ ist. Ähnliches gilt auch für alle Hyperpaare. Mit $\overline{Q}$ bezeichnen wir nun die in Abb. 8.1 i) dargestellte Teilordnung. Schönhage [122] hat den folgenden Satz bewiesen, in dem die bisher einzigen bekannten nichttrivialen Stückpreise von Teilordnungen angegeben werden.

<u>Satz 8.4:</u> $\overline{\lambda}(S_1^1)=3$, $\overline{\lambda}(S_2^1)=4$, $\overline{\lambda}(S_2^2)=6$, $\overline{\lambda}(S_3^1)=\overline{\lambda}(\overline{Q})=\frac{11}{2}$.

Der Beweis dieses Satzes ist sehr umfangreich. Da der Satz nur sehr spezielle kleine Teilordnungen behandelt, wollen wir auf ihn verzichten.

Für S_1^1, S_2^1 und S_2^2 ist der Stückpreis gleich dem Einzelpreis, während für S_3^1 und $\overline{Q}$ der Stückpreis kleiner als der Einzelpreis ist: $\lambda(S_3^1)=\lambda(\overline{Q})=6$.

Wir werden nun zeigen, daß schon $\frac{1}{2}\lambda(2S_3^1)=\frac{1}{2}\lambda(2\overline{Q})=\frac{11}{2}$ ist. Aus Satz 8.4 folgt $\frac{1}{2}\lambda(2S_3^1)\geq\frac{11}{2}$ und $\frac{1}{2}\lambda(2\overline{Q})\geq\frac{11}{2}$. Da wir S_3^1 ordnungserhaltend in $\overline{Q}$ einbetten können, genügt es zu beweisen, daß $\lambda(2\overline{Q})\leq 11$ ist. Wir betrachten Abb. 8.1. Analog zu Lemma 5.5 können wir mit 7 Vergleichen $2T_1+\widetilde{Q}$ produzieren und mit dem achten Vergleich $T_2+\widetilde{Q}$, die Ordnung, die in Abb. 8.1 ii) dargestellt ist. Wir streichen die Kante zwischen j und z und erhalten die Teilordnung Q_1+Q_2 (Abb. 8.1 iii)). Es genügt zu zeigen, daß wir mit einem Vergleich aus Q_1 und mit zwei Vergleichen aus Q_2 je ein $\overline{Q}$ produzieren können. Indem wir w und y vergleichen, produzieren wir aus Q_1 $\overline{Q}$. Indem wir in Q_2 h und j vergleichen, erhalten wir Q_2' oder Q_2'' (Abb. 8.1 iv)). In Q_2' genügt es, i und j zu vergleichen, während in Q_2'' mit einem Vergleich zwischen h und k $\overline{Q}$ produziert wird.

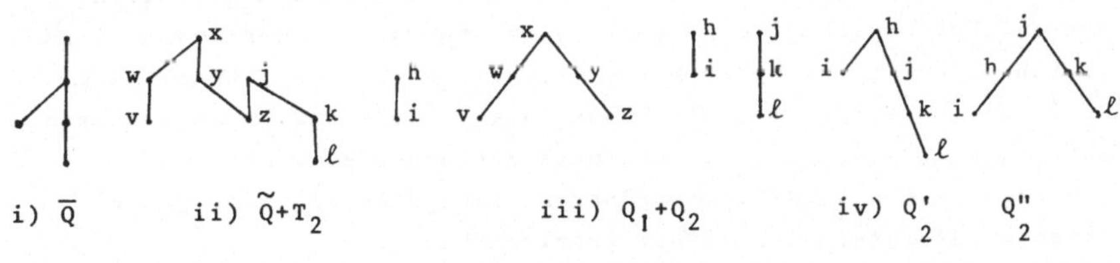

i) $\overline{Q}$ ii) $\widetilde{Q}+T_2$ iii) Q_1+Q_2 iv) Q_2' Q_2''

Fig. 8.1.

Dieses Beispiel zeigt auch, daß $\frac{1}{m}\lambda_\infty(mQ)$ nicht für alle Teilordnungen Q monoton fällt. Es ist (siehe oben) $\frac{1}{2}\lambda_\infty(2\overline{Q})=\frac{11}{2}$. Da $\frac{1}{3}\lambda_\infty(3\overline{Q})\geq\lambda(\overline{Q})=\frac{11}{2}=\frac{16,5}{3}$ und $\lambda_\infty(3\overline{Q})\in\mathbb{N}$ ist, folgt $\frac{1}{3}\lambda_\infty(3\overline{Q})\geq\frac{17}{3}>\frac{1}{2}\lambda_\infty(2\overline{Q})$. Wie man leicht sieht, ist $\frac{1}{3}\lambda_\infty(3\overline{Q})=\frac{17}{3}$, da wir $2\overline{Q}$ mit 11 Vergleichen (siehe oben) und das dritte $\overline{Q}$ mit 6 Vergleichen ($\lambda(\overline{Q})=6$) produzieren können.

Kapitel VI: Wägeprobleme und geometrische Probleme

§ 1:   Einleitung

Es gibt viele Denksportaufgaben, die als Wägeprobleme formuliert werden: Unter n Münzen - n-1 echten und einer gefälschten -
soll mit möglichst wenigen Wägungen die gefälschte Münze, die sich
nur im Gewicht von den anderen Münzen unterscheidet, gefunden
werden. Diese Fragestellung werden wir in § 2, § 3 und § 4 untersuchen.

In § 2 steht eine Balkenwaage zur Verfügung, während in den
späteren Abschnitten Analysenwaagen, mit denen das Gewicht der ge-
wogenen Münzen exakt bestimmt werden kann, benutzt werden. Wir
nehmen in § 3 und § 4 an, daß die Gewichte der echten Münzen nicht
genau gleich sind. Dann gibt es ein $k \in \mathbb{N}$, so daß genau die binären
Tests t_A mit $|A| \leq k$ irrtumsfreien Wägungen entsprechen. In § 3
geben wir eine sequentielle Strategie an, die die maximale Suchdauer minimiert. Die Untersuchung der nichtsequentiellen Strategien erweist sich als schwieriger (§ 4). Eine optimale Strategie
zu bestimmen, ist äquivalent zu dem Problem, ein minimales trennendes System (Kap. III § 2) zu konstruieren, das aus Mengen mit
höchstens k Elementen besteht.

In § 5 gehen wir davon aus, daß eine unbekannte Anzahl der n
Münzen gefälscht ist und wir alle gefälschten Münzen ermitteln
wollen. Das Gewicht einer echten Münze beträgt G, während $G' \neq G$ das
Gewicht einer gefälschten Münze ist. Wir werden zwar keine gute
Strategie konstruieren, wir können aber, indem wir eine zufällige
Strategie untersuchen, die maximale Suchdauer einer optimalen
Strategie gut abschätzen. Darüber hinaus geben wir eine geome-
trische Interpretation dieses Problems an.

§ 2:   Die Bestimmung einer gefälschten Münze mit einer Balkenwaage

Es seien n äußerlich völlig gleiche Münzen gegeben, von denen
n-1 exakt das gleiche Gewicht haben und eine, die gefälschte Münze,
leichter ist. Wir numerieren die Münzen und erhalten als Suchbereich $X := \{1, \ldots, n\}$. Zur Ermittlung der gefälschten Münze dürfen wir
eine Balkenwaage benutzen. Wenn wir auf die linke Waagschale k und
auf die rechte Waagschale $\ell > k$ Münzen legen, wird sich in jedem Fall
die Waage nach rechts senken. Derartige Wägungen geben uns also

keine Information und werden im folgenden nicht mehr betrachtet.
Wenn wir dagegen auf beide Waagschalen gleich viele Münzen legen,
liegt die gefälschte Münze auf der Waagschale, die sich hebt. Falls
die Waage im Gleichgewicht bleibt, befindet sich die gefälschte
Münze unter den Münzen, die nicht gewogen werden. Diese Wägung ist
also ein irrtumsfreier, ternärer Test (ternär: drei mögliche Re-
sultate). Falls A und B disjunkte Teilmengen von X mit $|A|=|B|$
sind, soll t_{AB} der Test oder die Wägung sein, bei der auf der
einen Waagschale die Münzen aus A und auf der anderen Waagschale
die Münzen aus B liegen. Es ist $t_{AB}(x):=0,1$ oder 2, je nachdem, ob
$x\in A, x\in B$ oder $x\in X-(A\cup B)$ ist.

Da A und B gleichmächtig sein müssen, sind nicht alle ternären
Tests zugelassen. Wenn wir jedoch weitere garantiert echte Münzen
verwenden dürften, könnten wir jeden ternären Test durchführen.
Wir können dann nämlich zu der kleineren Menge (A oder B) so viele
echte Münzen hinzufügen, daß beide Mengen gleichmächtig werden. In
diesem Fall können wir alle Ergebnisse aus Kap. III direkt übertragen, und wir hätten das Wägeproblem gelöst.

Wir zeigen nun zunächst, daß es trotz der Einschränkung an die
Menge der ternären Tests eine sequentielle Strategie gibt, die nie
mehr als $\lceil \log_3 n \rceil$ Tests benötigt.

<u>Satz 2.1:</u> Eine sequentielle Strategie, die die maximale Suchdauer
minimiert, benötigt im ungünstigsten Fall $\lceil \log_3 n \rceil$ Wägungen.

<u>Beweis:</u> Da der Suchbereich n-elementig ist und nur ternäre Tests
zugelassen sind, muß jede Strategie im ungünstigsten Fall mindestens $\lceil \log_3 n \rceil$ Wägungen durchführen (Kap. III § 2).

Es bleibt zu zeigen, daß wir stets mit $\lceil \log_3 n \rceil$ Wägungen auskommen. Sei j so gewählt, daß $3^{j-1} < n \leq 3^j$ ist. Wir führen den Beweis
durch Induktion über j.

j=1: Für n=2 oder n=3 genügt offensichtlich eine Wägung.

j-1→j: Wir führen für zwei beliebige, disjunkte, $\lceil n/3 \rceil$-elementige
Mengen $A, B \subseteq X$ den Test t_{AB} durch. Nach dieser Wägung wissen wir, ob
die gefälschte Münze in A, B oder $X-(A\cup B)$ ist. Da
$|X-(A\cup B)| \leq |A| = |B| = \lceil n/3 \rceil \leq 3^{j-1}$ ist, folgt die Behauptung nach Induktionsvoraussetzung.   Q.E.D.

Wir wollen nun die erwartete Suchdauer untersuchen. Da alle
Münzen äußerlich gleich sind, nehmen wir auf X die Gleichvertei-

lung an. Mit E_n bezeichnen wir die erwartete Suchdauer einer optimalen sequentiellen Strategie. Aus Satz 2.1 folgt $E_n \leq \lceil \log_3 n \rceil$. Wenn wir annehmen, daß alle ternären Tests zugelassen sind, können wir E_n', die erwartete Suchdauer einer optimalen Strategie, analog zu Satz 7.2, Kap. III berechnen. Es gilt $E_n \geq E_n' > \lceil \log_3 n \rceil - 1$.

Cairns [27] hat für dieses Problem eine optimale Strategie angegeben. Da seine Lösung keine neuen Methoden enthält, wollen wir seine Ergebnisse nicht darstellen. Abschließend zeigen wir noch, daß E_n keine monoton wachsende Folge ist, wie man leicht vermuten könnte.

Bemerkung 2.2: $\quad E_6 = 2 > 13/7 = E_7$.

Beweis: Nach der ersten Wägung wissen wir, ob und in welcher der zwei k-elementigen Mengen, die gewogen wurden, die gefälschte Münze ist. Wir können $k \in \{1, \ldots, \lfloor n/2 \rfloor\}$ wählen. Daher ist (Optimalitätsgleichung von Bellman):

$$E_n = 1 + n^{-1} \min\{2kE_k + (n-2k)E_{n-2k} \mid 1 \leq k \leq \lfloor n/2 \rfloor\}.$$ Es folgt

$$E_1 = 0, E_2 = E_3 = 1, E_4 = 1 + 1/4 \min\{2 \cdot 0 + 2 \cdot 1, 4 \cdot 1\} = 3/2,$$

$$E_5 = 1 + 1/5 \min\{2 \cdot 0 + 3 \cdot 1, 4 \cdot 1 + 1 \cdot 0\} = 8/5,$$

$$E_6 = 1 + 1/6 \min\{2 \cdot 0 + 4 \cdot 3/2, 4 \cdot 1 + 2 \cdot 1, 6 \cdot 1\} = 2 \text{ und}$$

$$E_7 = 1 + 1/7 \min\{2 \cdot 0 + 5 \cdot 8/5, 4 \cdot 1 + 3 \cdot 1, 6 \cdot 1 + 1 \cdot 0\} = 13/7. \qquad \text{Q.E.D.}$$

Wenn wir zu den sechs gegebenen Münzen eine echte Münze hinzufügen dürfen, können wir zunächst auf die eine Waagschale drei unbekannte und auf die andere Waagschale zwei unbekannte und die echte Münze legen. Mit Wahrscheinlichkeit 1/6 ist die nicht gewogene Münze die gefälschte, und wir benötigen nur diese eine Wägung. Ansonsten genügt auf jeden Fall eine weitere Wägung. Wir benötigen also im Durchschnitt nur $1/6 \cdot 1 + 5/6 \cdot 2 = 11/6 < 13/7$ Wägungen.

§ 3: Die Bestimmung einer gefälschten Münze mit einer Analysenwaage

Wir nehmen nun an, daß uns an Stelle einer Balkenwaage eine Analysenwaage zur Verfügung steht. Mit ihr kann das Gewicht jeder Teilmenge der n Münzen ($X = \{1, \ldots, n\}$) exakt bestimmt werden. Wenn wir alle Münzen aus $A \subseteq X$ wiegen, erfahren wir, ob die gefälschte Münze in A oder in $X - A$ liegt. Es sind also alle binären Tests zugelassen. Dieses Suchproblem wurde bereits in Kap. III untersucht.

Im allgemeinen werden jedoch die echten Münzen nicht alle exakt das gleiche Gewicht haben. Wir nehmen nun an, daß das Gewicht einer echten Münze im Intervall $[1,1+\delta]$ ($\delta>0$) liegt, während das Gewicht der gefälschten Münze höchstens $1-\varepsilon$ ($\varepsilon>0$) beträgt. Für welche $A\subseteq X$ bleibt die Wägung aller Münzen in A ein irrtumsfreier, binärer Test? Es sei $m:=|A|$. Falls die gefälschte Münze zu A gehört, beträgt das Gesamtgewicht maximal $1-\varepsilon+(m-1)(1+\delta)=m+(m-1)\delta-\varepsilon$. Wenn jedoch die gefälschte Münze nicht zu A sondern zu $X-A$ gehört, beträgt das Gesamtgewicht der Münzen in A mindestens m. Wir können genau dann aus dem Gesamtgewicht der Münzen in A schließen, ob die gefälschte Münze in A liegt oder nicht, wenn $m+(m-1)\delta-\varepsilon<m$ ist. Es gilt $m+(m-1)\delta-\varepsilon<m \Longleftrightarrow m\delta<\varepsilon+\delta \Longleftrightarrow m<\delta^{-1}(\varepsilon+\delta)$.

$m<\delta^{-1}(\varepsilon+\delta)$: Die gefälschte Münze gehört genau dann zu A, wenn das Gesamtgewicht der Münzen in A kleiner als m ist.

$m\geq\delta^{-1}(\varepsilon+\delta)$ ($\Rightarrow\varepsilon(m-1)^{-1}\leq\delta$): Das Gesamtgewicht der Münzen in A kann m betragen, wenn alle Münzen echt sind. Es beträgt aber auch dann m, wenn die gefälschte Münze zu A gehört, ihr Gewicht $1-\varepsilon$ beträgt und die $m-1$ echten Münzen jeweils das Gewicht $1+\varepsilon(m-1)^{-1}\leq1+\delta$ haben.

Diese nicht eindeutigen Tests wollen wir nicht mehr betrachten.

Es gibt also ein $k\in\mathbb{N}$ ($k:=\lceil\delta^{-1}(\varepsilon+\delta)\rceil-1$), so daß genau die binären Tests t_A mit $|A|\leq k$ zugelassen sind. Wir wollen eine sequentielle Strategie konstruieren, deren maximale Suchdauer minimal ist.

<u>Definition 3.1:</u> Es sei $M(n,k)$ die maximale Suchdauer einer optimalen sequentiellen Strategie zur Bestimmung eines Objektes aus einem n-elementigen Suchbereich, wenn alle binären Tests t_A mit $|A|\leq k$ zugelassen sind.

Wenn wir nach einigen Wägungen wissen, daß die gefälschte Münze in $B\subseteq X$ liegt und $|B|\leq 2k$ ist, sind nach den Ergebnissen aus Kap. III § 2 im ungünstigsten Fall weitere $\lceil\log|B|\rceil$ Wägungen notwendig und hinreichend. Es ist nämlich für jedes $B'\subseteq B$ entweder der Test $t_{B'}$ oder der äquivalente Test $t_{B-B'}$ zugelassen. Damit ist für $n\leq 2k$ $M(n,k)=\lceil\log n\rceil$.

Wir nehmen nun an, daß $m:=|B|>2k$ ist. Offensichtlich ist es optimal, nur noch Münzen aus B zu wiegen. Es sei t_A mit $|A|=m'\leq k$ und $A\subseteq B$ ein optimaler Test für die gegebene Situation. Nach diesem Test brauchen wir im ungünstigsten Fall $\max\{M(m',k),M(m-m',k)\}$ weitere Tests. Es ist $m>2k$, $m'\leq k$ und damit $m'\leq m-m'$. Nach Definition der zugelassenen Tests ist $M(\cdot,k)$ monoton wachsend und daher

$M(m',k) \leq M(m-m',k)$.

Bei der Wahl von t_A können wir $m' \in \{1,\ldots,k\}$ wählen. Da $m > 2k$ ist und $M(\cdot,k)$ monoton wachsend ist, ist

$M(m,k) = 1 + \min\{M(m-m',k) \mid 1 \leq m' \leq k\} = 1 + M(m-k,k)$.

Es sei $\ell := \lceil n/k \rceil - 2$. Dann ist $k < n-k\ell \leq 2k$. Wir wenden nun die oben bewiesene Identität ℓ-mal an: $M(n,k) = \ell + M(n-k\ell,k)$. Da $n-k\ell \leq 2k$ ist, folgt $M(n-k\ell,k) = \lceil \log(n-k\ell) \rceil$. Also gilt (Katona [82])

Satz 3.2: Für $n \leq 2k$ ist $M(n,k) = \lceil \log n \rceil$ und für $n > 2k$ ist mit $\ell := \lceil n/k \rceil - 2$ $M(n,k) = \ell + \lceil \log(n-k\ell) \rceil$.

Gleichzeitig haben wir auch eine optimale Strategie konstruiert. Wenn wir wissen, daß die gefälschte Münze zu einer m-elementigen Menge $A \subseteq X$ gehört, gilt:

1. Fall: $m=1$: Die gefälschte Münze ist gefunden.

2. Fall: $2 \leq m \leq 2k$: Es ist optimal, $\lceil m/2 \rceil$ Münzen aus A zu wiegen.

3. Fall: $2k < m$: Es ist optimal, k Münzen aus A zu wiegen.

Daß dieses Vorgehen optimal ist, erstaunt uns nicht. Wenn immer möglich, möchten wir (Kap. III § 2) die Menge der in Frage kommenden Münzen halbieren. Sofern dies nicht möglich ist, versuchen wir, diesem Ziel so nahe wie möglich zu kommen, indem wir möglichst viele - nämlich k - der in Frage kommenden Münzen wiegen.

§ 4: Trennende Systeme aus Mengen mit höchstens k Elementen

Wir wollen nun für das Suchproblem aus § 3 die Menge der nichtsequentiellen Strategien untersuchen.

Definition 4.1: Es sei $m(n,k)$ die maximale Suchdauer einer optimalen nichtsequentiellen Strategie zur Bestimmung eines Objektes aus einem n-elementigen Suchbereich, wenn alle binären Tests t_A mit $|A| \leq k$ zugelassen sind.

Eine nichtsequentielle Strategie $s = t_{A_1}, \ldots, t_{A_m}$ ist genau dann erfolgreich, wenn die Mengen $A_1, \ldots, A_m$ ein trennendes System bilden (Kap. III § 2). Daher ist $m(n,k)$ auch die Anzahl der Mengen, die ein minimales trennendes System auf $X = \{1,\ldots,n\}$ enthält, das aus Mengen mit höchstens k Elementen besteht.

Für $n \leq 2k$ folgt aus Kap. III § 2 $m(n,k) = \lceil \log n \rceil$. Im folgenden

nehmen wir n>2k an. Katona [81] hat folgende untere Schranke für
m(n,k) bewiesen.

Satz 4.2: Für n>2k ist $m(n,k) \geq \dfrac{\log n}{\log en/k} \dfrac{n}{k}$.

Für den Beweis benötigen wir ein elementares Lemma aus der
Informationstheorie.

Lemma 4.3: Für die Entropie von m Zufallsvariablen $Y_1,\ldots,Y_m$, die
nur endlich viele Werte annehmen, gilt: $H(Y_1,\ldots,Y_m) \leq \sum\limits_{1 \leq i \leq m} H(Y_i)$

mit Gleichheit genau dann, wenn $Y_1,\ldots Y_m$ unabhängig sind.

Beweis: Es genügt offensichtlich, die Behauptung für zwei Zufallsvariablen Y und Z zu zeigen, Y nehme Werte in $\mathcal{Y}$ und Z Werte in $\mathcal{Z}$ an.
Dann gilt $H(Y,Z) = - \sum\limits_{y \in \mathcal{Y}} \sum\limits_{z \in \mathcal{Z}} Pr(Y=y,Z=z) \log Pr(Y=y,Z=z)$ und

$H(Y)+H(Z) = - \sum\limits_{y \in \mathcal{Y}} Pr(Y=y) \log Pr(Y=y) - \sum\limits_{z \in \mathcal{Z}} Pr(Z=z) \log Pr(Z=z)$

$= - \sum\limits_{y \in \mathcal{Y}} \sum\limits_{z \in \mathcal{Z}} Pr(Y=y,Z=z) \log Pr(Y=y) - \sum\limits_{y \in \mathcal{Y}} \sum\limits_{z \in \mathcal{Z}} Pr(Y=y,Z=z) \log Pr(Z=z)$

$= - \sum\limits_{y \in \mathcal{Y}} \sum\limits_{z \in \mathcal{Z}} Pr(Y=y,Z=z) \log(Pr(Y=y)Pr(Z=z))$. Die Behauptung folgt nun

aus Lemma 5.3, Kap. III.   Q.E.D.

Beweis von Satz 4.2: Es sei $A_1,\ldots,A_m$, m=m(n,k), ein minimales
trennendes System auf $X=\{1,\ldots,n\}$ aus Mengen mit höchstens k Elementen. Auf X sei die Gleichverteilung gegeben und 1_{A_i} sei die In-

dikatorvariable von A_i, d.h. 1_{A_i} nimmt den Wert 1 oder 0 an, je

nachdem, ob das gesuchte Objekt in A_i ist oder nicht. Es ist
$Pr(1_{A_i}=1)=|A_i|/n \leq k/n$. Die Entropiefunktion

$h(q):=-q \log q - (1-q)\log(1-q)$ ist im Bereich [0,1/2] nonoton wach-
send. Für n>2k ist deshalb $H(1_{A_i})=h(|A_i|/n) \leq h(k/n)$.

Der zufällige Vektor $(1_{A_1},\ldots,1_{A_m})$ nimmt, da $A_1,\ldots,A_m$ ein

trennendes System ist, für verschiedene $x \in X$ verschiedene Werte an.
Daher ist die Verteilung von $(1_{A_1},\ldots,1_{A_m})$ die Gleichverteilung

auf n Werten und $H(1_{A_1},\ldots,1_{A_m})=\log n$.

Aus Lemma 4.3 folgt
$\log n \leq m\, h(k/n) = m\ [k/n \log n/k + (n-k)/n \log(n/(n-k))] =$

mk/n[log n/k+(n-k)/k log(n/(n-k))] und damit
m(n,k)=m$\geq$n/k log n[log n/k+(n-k)/k log(n/(n-k))]$^{-1}$. Da
log (1+x)$\leq$x log e ist, gilt log(n/(n-k))=log(1+k/(n-k))$\leq$k/(n-k)log e
und log n/k+(n-k)/k log(n/(n-k))$\leq$log n/k+log e = log e n/k. Also ist
m(n,k)$\geq$$\frac{n}{k}$ $\frac{\log n}{\log e\, n/k}$.   Q.E.D.

Dieser Beweis zeigt, daß sich gewisse kombinatorische Aussagen
mit stochastischen Hilfsmitteln elegant beweisen lassen.

Katona [81] hat auch bewiesen, daß für n>2k m(n,k)$\leq\lceil\frac{\log n+1}{\log n/k}\rceil\frac{n}{k}$
ist. Sein Beweis ist kompliziert. Wir werden einen einfacheren Be-
weis für eine geringfügig bessere obere Schranke darstellen
(Wegener [158]).

<u>Satz 4.4:</u> Für n>2k ist m(n,k)$\leq\lceil\frac{\log n}{\log n/k}\rceil(\lceil n/k\rceil-1)$.

Bevor wir diese obere Schranke beweisen, wollen wir die Schranken aus Satz 4.2 und Satz 4.4 vergleichen. Es ist

$$Q:=\frac{\lceil\frac{\log n}{\log n/k}\rceil\,(\lceil n/k\rceil-1)}{\frac{\log n}{\log e\, n/k}\,\frac{n}{k}} \leq \frac{1}{\log n}\,(\frac{\log n}{\log n/k}+1)\,\log e\, n/k.$$

Da n>2k ist, folgt log n/k>1 und
log e n/k=log n/k+log e $\leq$ log n/k (1+ log e). Außerdem ist
$\frac{\log n}{\log n/k}$+1=(log n/k)$^{-1}$(log n+log n/k)$\leq$(log(n/k)$^{-1}$2 log n. Also ist
Q$\leq$2(1+log e)<5. Damit haben wir auch gezeigt, daß die beiden
Schranken aus Satz 4.2 und Satz 4.4 gut sind.

<u>Beweis von Satz 4.4:</u> Nach einigen Tests einer nichtsequentiellen
Strategie wissen wir, in welcher Menge einer disjunkten Zerlegung
$X_1,\ldots,X_\ell$ von X sich das gesuchte Objekt befindet. O.B.d.A.:
$|X_1|\geq\ldots\geq|X_\ell|$. Wir stellen diese Zerlegung durch eine $\ell\times|X_1|$-
Matrix M dar. In den ersten $|X_i|$ Positionen der i-ten Zeile von M
stehen in beliebiger Reihenfolge die Elemente von X_i, und die
restlichen Positionen dieser Zeile bleiben leer. Wir werden diese
Darstellung nur benutzen, wenn sich die Kardinalzahlen von
$X_1,\ldots,X_\ell$ um höchstens 1 unterscheiden ($|X_1|-|X_\ell|\leq 1$). Dann gibt es
nur in den letzten Positionen der letzten Spalte Leerstellen.

Zu Beginn der Suche besteht die Zerlegung von X nur aus der
Menge X selber, und die zugehörige Matrix ist die 1×n-Matrix
(1...n). Genau dann, wenn wir X in einelementige Mengen zerlegt

haben, d.h. die zugehörige Matrix nur eine Spalte hat, ist das gesuchte Objekt mit Sicherheit gefunden.

Wir nehmen nun an, daß wir noch keine erfolgreiche Strategie konstruiert haben. Die folgenden Überlegungen dienen dazu, die nächsten $\lceil n/k \rceil - 1$ Tests unserer Strategie zu definieren. Die sich nach diesen Tests ergebende Zerlegung von X wird wieder die Eigenschaft haben, daß sich die Kardinalzahlen zweier Mengen um höchstens 1 unterscheiden. Wir können dann mit dem gleichen Verfahren weitere $\lceil n/k \rceil - 1$ Tests definieren, usw., bis die Strategie erfolgreich ist. Die nächsten $\lceil n/k \rceil - 1$ Tests sollen jede der Mengen $X_1, \ldots, X_\ell$ möglichst stark zerlegen.

Wir definieren zunächst eine vollständige Ordnung auf der Menge der Matrixelemente von M: m_{ij} steht genau dann vor $m_{i'j'}$, wenn m_{ij} in einer Spalte mit kleinerem Index oder in der gleichen Spalte wie $m_{i'j'}$ oberhalb von $m_{i'j'}$ steht ($j<j'$ oder $j=j'$ und $i<i'$). Diese Ordnung durchläuft also nacheinander die Spalten der Matrix von oben nach unten. Wir zerlegen nun X in $\lceil n/k \rceil$ disjunkte Mengen $B_1, \ldots, B_{\lceil n/k \rceil}$, von denen die ersten $r_1 := n - (\overline{k}-1)\lceil n/k \rceil$ Mengen $\overline{k}$ Elemente und die anderen $r_2 := \overline{k}\lceil n/k \rceil - n$ Mengen $\overline{k}-1$ Elemente enthalten. Dabei ist $\overline{k} := \lceil n/\lceil n/k \rceil \rceil \leq k$. Mit diesen Definitionen folgt offensichtlich: $r_1 + r_2 = \lceil n/k \rceil$, $r_1\overline{k} + r_2(\overline{k}-1) = n$ und $0 \leq r_1, r_2 \leq \lceil n/k \rceil$, denn $(\overline{k}-1)\lceil n/k \rceil \leq n \leq \overline{k}\lceil n/k \rceil$. B_i ($1 \leq i \leq r_1$) soll die Elemente, die in der Ordnung der Matrixelemente an den Stellen $(i-1)\overline{k}+1, \ldots, i\overline{k}$ stehen, enthalten, und B_{r_1+j} ($1 \leq j \leq r_2$) soll die in dieser Ordnung an den Stellen $r_1\overline{k}+(j-1)(\overline{k}-1)+1, \ldots, r_1\overline{k}+j(\overline{k}-1)$ stehenden Elemente enthalten. Um zu erfahren, in welcher dieser Mengen das gesuchte Objekt ist, führen wir die $\lceil n/k \rceil - 1$ Tests $t_{B_1}, \ldots, t_{B_{\lceil n/k \rceil - 1}}$ durch.

Nach diesen Tests wissen wir, in welcher der Mengen $X_i \cap B_j$ ($1 \leq i \leq \ell, 1 \leq j \leq \lceil n/k \rceil$) das gesuchte Objekt liegt. Jede der Mengen $B_1, \ldots, B_{r_1}$ enthält nach Definition aus jeder Zeile von M, d.h. aus jedem X_i, $\lceil \overline{k}/\ell \rceil$ oder $\lceil \overline{k}/\ell \rceil - 1$ Elemente, während die Mengen $B_{r_1+1}, \ldots, B_{\lceil n/k \rceil}$ aus jedem X_i $\lceil (\overline{k}-1)/\ell \rceil$ oder $\lceil (\overline{k}-1)/\ell \rceil - 1$ Elemente enthalten. Es ist entweder $\lceil \overline{k}/\ell \rceil = \lceil (\overline{k}-1)/\ell \rceil$, oder es ist $\lceil \overline{k}/\ell \rceil - \lceil (\overline{k}-1)/\ell \rceil = 1$. Im zweiten Fall ist $\overline{k}-1$ ein ganzzahliges Vielfaches von ℓ. Dann enthält jede der Mengen $B_{r_1+1}, \ldots, B_{\lceil n/k \rceil}$ genau

$\lceil(\overline{k}-1)/\ell\rceil=\lceil\overline{k}/\ell\rceil-1$ Elemente aus jedem X_i. Wir haben damit gezeigt, daß für alle i und j $|X_i\cap B_j|\in\{\lceil\overline{k}/\ell\rceil,\lceil\overline{k}/\ell\rceil-1\}$ ist. Die neue Zerlegung $X_i\cap B_j$ $(1\le i\le\ell, 1\le j\le\lceil\frac{n}{k}\rceil)$ hat also wieder die Eigenschaft, daß sich die Kardinalzahlen zweier Mengen um höchstens 1 unterscheiden.

Falls $\lceil\overline{k}/\ell\rceil=1$ ist, haben wir eine erfolgreiche Strategie konstruiert. Falls $\lceil\overline{k}/\ell\rceil>1$ ist, fahren wir mit diesem Verfahren fort und definieren die nächsten $\lceil n/k\rceil-1$ Tests. Da $\lceil\overline{k}/\ell\rceil>1$ ist, sind alle $X_i\cap B_j$ nicht leer. Damit enthält die neue Zerlegung $\lceil n/k\rceil$-mal soviele Mengen wie die vorherige Zerlegung. Weil wir mit einer Menge, nämlich X, beginnen, haben wir nach t Rekursionsschritten genau dann eine erfolgreiche Strategie definiert, wenn $\lceil n/k\rceil^t\ge n$ ist. Dafür ist es hinreichend, daß $(n/k)^t\ge n$ ist. Es gilt: $(n/k)^t\ge n\Longleftrightarrow t\log n/k\ge\log n\Longleftrightarrow t\ge\dfrac{\log n}{\log n/k}$. Also sind $\lceil\dfrac{\log n}{\log n/k}\rceil$ Rekursionsschritte ausreichend, um eine erfolgreiche nichtsequentielle Strategie zu konstruieren. Da in jedem Rekursionsschritt $\lceil n/k\rceil-1$ Tests definiert werden, haben wir den Satz bewiesen. Q.E.D.

Abschließend wollen wir noch bemerken, daß der Beweis von Satz 4.4 ein schnelles Konstruktionsverfahren für eine gute nichtsequentielle, erfolgreiche Strategie enthält.

§ 5: Die Trennung von verschieden schweren Münzen

Unter den n Münzen soll nun nicht genau eine gefälschte Münze sondern eine unbekannte Anzahl von gefälschten Münzen sein. Das Gewicht einer echten Münze beträgt G, während das Gewicht einer gefälschten Münze G' beträgt. G'<G. Mit einer Analysenwaage soll die Menge der gefälschten Münzen bestimmt werden. Wir numerieren die Münzen und bezeichnen die Menge aller Münzen mit $X:=\{1,\ldots,n\}$. Da jede Teilmenge von X die Menge der gefälschten Münzen sein kann, ist $P(X)$, die Potenzmenge von X, der Suchbereich.

Wenn alle Münzen aus $A\subseteq X$ gewogen werden, $m=|A|$ und k die Anzahl der gefälschten Münzen in A ist, beträgt das Gesamtgewicht dieser Münzen $kG'+(m-k)G$ $(0\le k\le m)$. Aus dem Gewicht der Münzen in A können wir also schließen, wieviele dieser Münzen gefälscht sind. Dieser Wägung entspricht der Test t_A: Für $B\in P(X)$ ist $t_A(B):=|A\cap B|$ die Anzahl der gefälschten Münzen in A. t_A kann also $|A|+1\le n+1$ verschiedene Ergebnisse haben. Wir wollen die maximale Suchdauer, die zur Identifizierung der gefälschten Münzen erforderlich ist, minimieren.

<u>Definition 5.1:</u> Es sei $P(\{1,\ldots,n\})$ der Suchbereich. Für alle $A\in P(\{1,\ldots,n\})$ sei der Test t_A, der durch $t_A(B):=|A\cap B|$ definiert ist, zugelassen. Dann sei $\ell(n)$ $(L(n))$ die maximale Suchdauer einer optimalen nichtsequentiellen (sequentiellen) Strategie für dieses Suchproblem.

Erdös/Rényi [40] geben eine geometrische Interpretation dieses Problems an. Jede Menge $A\subseteq X$ wird als 0-1-Vektor a und damit als Ecke des n-dimensionalen Einheitswürfels E^n aufgefaßt. Da $|A\cap B|$ und das Skalarprodukt von a und b übereinstimmen, ist die Strategie $t_{A_1},\ldots,t_{A_m}$ genau dann erfolgreich, wenn jede Ecke von E^n durch ihre Projektionen auf $a_1,\ldots,a_m$, d.h. durch die Skalarprodukte $a\cdot a_1,\ldots,a\cdot a_m$, eindeutig bestimmt ist. Auch für das folgende geometrische Problem können mit den Methoden, die wir in diesem Paragraphen benutzen, gute Ergebnisse erzielt werden. Wir wollen möglichst wenige Ecken $a_1,\ldots,a_m$ von E^n angeben, so daß jede Ecke a von E^n durch ihre Abstände von $a_1,\ldots,a_m$ eindeutig bestimmt ist.

Jeder Test hat höchstens n+1 verschiedene Resultate. Der Suchbereich enthält 2^n Elemente. Daher benötigt jede Strategie im ungünstigsten Fall mindestens $\lceil \log_{n+1} 2^n \rceil = \lceil n \log_{n+1} 2 \rceil = \lceil n \log^{-1}(n+1) \rceil$ Wägungen.

<u>Satz 5.2:</u> Es ist $\ell(n) \geq L(n) \geq \lceil n \log^{-1}(n+1) \rceil$.

Diese so einfach gewonnene untere Schranke ist fast optimal. Lindström ([94], [95], [96]) hat nämlich bewiesen, daß $\lim\limits_{n\to\infty} \ell(n) n^{-1} \log n = 2$ ist. Wir wollen uns mit einem etwas schwächeren Ergebnis begnügen. Der folgende Satz von Erdös/Rényi [40] sagt aber ebenfalls aus, daß die Größenordnung von $\ell(n)$ und $L(n)$ $n \log^{-1} n$ ist. Ähnliche Ergebnisse wurden auch von Moser/Abbot, Berlekamp u.a. bewiesen.

<u>Satz 5.3:</u> Es ist $\overline{\lim\limits_{n\to\infty}} L(n) n^{-1} \log n \leq \overline{\lim\limits_{n\to\infty}} \ell(n) n^{-1} \log n \leq \log 9 (\approx 3,17)$.

Wir werden diesen Satz beweisen, indem wir folgende Aussage beweisen: $\forall \delta > 0 \ \exists N(\delta) \in \mathbb{N} \forall n \geq N(\delta): \ell(n) \leq (1+\delta)(\log 9) n \log^{-1} n$. Der Beweis wird nicht konstruktiv sein. Wir werden wie in Kap. III § 3 eine zufällige nichtsequentielle Strategie untersuchen. Wenn die Wahrscheinlichkeit, daß diese Strategie nach m Tests erfolgreich ist, positiv ist, muß es eine erfolgreiche nichtsequentielle Strategie mit maximaler Suchdauer m geben. Also muß $\ell(n) \leq m$ sein.

<u>Beweis von Satz 5.3:</u> Seien U_{ij} ($1 \leq i < \infty$, $1 \leq j \leq n$) unabhängige, identisch verteilte Zufallsvariablen mit $P(U_{ij}=1)=P(U_{ij}=0)=\frac{1}{2}$. Mit U_i bezeichnen wir die zufällige Menge aller $x \in X$, für die $U_{ix}=1$ ist. Für alle $m \in \mathbb{N}$ ist $t_{U_1}, \ldots, t_{U_m}$ eine zufällige nichtsequentielle Strategie, deren Erfolgswahrscheinlichkeit wir mit $p(m,n)$ bezeichnen. Wir werden $p(m,n)$ untersuchen und den Satz beweisen, indem wir die Beziehung $p(m,n) > 0 \Rightarrow \ell(n) \leq m$ benutzen.

Damit $t_{U_1}, \ldots, t_{U_m}$ erfolgreich ist, müssen die Vektoren

$(|U_1 \cap B|, \ldots, |U_m \cap B|)$ $(B \in P(X))$ verschieden sein. Es sei $E(A,B)$ das Ereignis, daß $(|U_1 \cap A|, \ldots, |U_m \cap A|)=(|U_1 \cap B|, \ldots, |U_m \cap B|)$ ist. Es sei E das Ereignis, daß $t_{U_1}, \ldots, t_{U_m}$ erfolgreich ist, und E^c das Komplement von E. Dann ist $E^c = \bigcup\limits_{A,B \in P(X), A \neq B} E(A,B)$.

Zu den Mengen A und B betrachten wir die disjunkten Mengen $A':=A-(A \cap B)$ und $B':=B-(A \cap B)$. Falls $|U_i \cap A|=|U_i \cap B|$ ist, so ist auch $|U_i \cap A'|=|U_i \cap A|-|U_i \cap A \cap B|=|U_i \cap B|-|U_i \cap A \cap B|=|U_i \cap B'|$. Daher ist $E(A,B) \subseteq E(A',B')$ und $E^c = \bigcup\limits_{A,B \in P(X), A \neq B, A \cap B = \emptyset} E(A,B)$. Also ist

$$(5.1) \quad 1-p(m,n)=P(E^c) \leq \sum\limits_{A,B \in P(X), A \neq B, A \cap B = \emptyset} P(E(A,B)).$$ Im folgenden werden wir die rechte Seite dieser Ungleichung berechnen.

Da die Zufallsvariablen identisch verteilt und unabhängig sind, ist $P(E(A,B))=P(\bigcap\limits_{1 \leq j \leq m} (|U_j \cap A|=|U_j \cap B|))= \prod\limits_{1 \leq j \leq m} P(|U_j \cap A|=|U_j \cap B|)$ $=(P(|U_1 \cap A|=|U_1 \cap B|))^m$. Ob $|U_1 \cap A|=|U_1 \cap B|$ ist, hängt nur von den Zufallsvariablen U_{1i} ab, für die entweder $i \in A$ oder $i \in B$ ist. Wenn wir $k_1:=|A|$, $k_2:=|B|$ und $\ell:=|U_1 \cap A|$ setzen, ist

$$(5.2) \quad P(E(A,B))=(\sum\limits_{0 \leq \ell \leq \min(k_1,k_2)} P(|U_1 \cap A|=|U_1 \cap B|=\ell))^m.$$ Da A und B disjunkt sind, gibt es k_1+k_2 Indizes $i \in \{1, \ldots, n\}$, so daß $i \in A$ oder $i \in B$ ist. Die Zufallsvariablen U_{1i} ($1 \leq i \leq n$, $i \in A$ oder $i \in B$) können $2^{k_1+k_2}$ Wertekonfigurationen annehmen. Damit $|U_1 \cap A|=\ell$ ist, müssen von den k_1 Indizes $i \in A$ ℓ ausgewählt werden, so daß $U_{1i}=1$ ist. Dafür gibt es $\binom{k_1}{\ell}$ Möglichkeiten. Ebenso gibt es $\binom{k_2}{\ell}$ Möglichkeiten, aus den k_2 Indizes $j \in B$ ℓ auszuwählen, so daß $U_{1j}=1$ ist. Daher ist

$$(5.3) \quad P(|U_1 \cap A|=|U_1=B|=\ell) = \binom{k_1}{\ell}\binom{k_2}{\ell} 2^{-(k_1+k_2)}.$$

Da die Mengen A und B verschieden und disjunkt sind, muß $1 \leq k_1 + k_2 \leq n$ sein. Schließlich gibt es $\dfrac{n!}{k_1! k_2! (n-k_1-k_2)!}$ Möglichkeiten, A und B so auszuwählen, daß $k_1 = |A|$, $k_2 = |B|$ und A und B disjunkt sind. Unsere Ergebnisse zusammenfassend erhalten wir aus (5.1)-(5.3) folgende Abschätzung:

$$(5.4) \quad 1-p(m,n) \leq \sum_{A,B \in P(X), A \neq B, A \cap B = \emptyset} P(E(A,B))$$

$$= \sum_{1 \leq k_1 + k_2 \leq n} \frac{n!}{k_1! k_2! (n-k_1-k_2)!} \left(\sum_{0 \leq \ell \leq \min(k_1,k_2)}{}' \binom{k_1}{\ell}\binom{k_2}{\ell} 2^{-(k_1+k_2)} \right)^m .$$

Der weitere Beweis besteht in der Untersuchung der rechten Seite von (5.4). Zunächst einmal ist mit $k'=\min(k_1,k_2)$

$$\sum_{0 \leq \ell \leq k'} \binom{k_1}{\ell}\binom{k_2}{\ell}' = \sum_{0 \leq \ell \leq k'} \binom{k_2}{\ell}\binom{k_1}{k_1-\ell} = \binom{k_1+k_2}{k_1}.$$

Im folgenden setzen wir $k:=k_1$ und $r:=k_1+k_2$. Dann ist nach (5.4)

$$1-p(m,n) \leq \sum_{1 \leq k_1 + k_2 \leq n} \frac{n!}{k_1! k_2! (n-k_1-k_2)!} \left(\binom{k_1+k_2}{k_1} 2^{-(k_1+k_2)} \right)^m$$

$$= \sum_{1 \leq k_1 + k_2 \leq n} 2^{-m(k_1+k_2)} \binom{n}{k_1+k_2} \binom{k_1+k_2}{k_1}^{m+1}$$

$$= \sum_{1 \leq r \leq n} 2^{-mr} \binom{n}{r} \sum_{0 \leq k \leq r} \binom{r}{k}^{m+1} .$$

Es ist $\binom{r}{k} \leq \binom{r}{\lceil r/2 \rceil} \leq 2^r (r+1)^{-1/2}$. Die erste Ungleichung folgt unmittelbar, während die zweite Ungleichung nach der Fallunterscheidung - r gerade oder r ungerade - mit zwei Induktionsbeweisen gezeigt werden kann. Also ist

$$(5.5) \quad 1-p(m,n) \leq \sum_{1 \leq r \leq n} 2^{-mr} \binom{n}{r} (r+1) \left(2^r (r+1)^{-1/2} \right)^{m+1}$$

$$= \sum_{1 \leq r \leq n} \binom{n}{r} 2^r (r+1)^{-1/2(m-1)} .$$

Um unseren Satz zu beweisen, setzen wir nun für ein $\alpha \in \mathbb{R}^+$

$(5.6) \quad m(n) := \lfloor \alpha \, n \, \log^{-1} n \rfloor$. Außerdem benutzen wir die Schreibweise $Z(x) := 2^x$. Wir zeigen zunächst, daß

$$\sum_{1 \leq r \leq n \, \log^{-2} n} \binom{n}{r} 2^r (r+1)^{-1/2(m-1)} = o(1) \text{ ist. Für große } n \text{ ist}$$

$$(5.7) \quad \sum_{1 \leq r \leq n \, \log^{-2} n} \binom{n}{r} 2^r (r+1)^{-1/2(m-1)} \leq Z\left(-\tfrac{1}{2}(m-1)\right) \sum_{1 \leq r \leq n \, \log^{-2} n} \binom{n}{r} Z(r)$$

$$\leq Z\left(-\tfrac{1}{2}(m-1)\right)n\ \log^{-2}n\ \binom{n}{\lfloor n\ \log^{-2}n\rfloor}\ Z(n\ \log^{-2}n).$$ Im letzten Schritt

haben wir die Summe durch das Produkt aus der Anzahl der Summanden und dem größten Summanden abgeschätzt. Es ist

(5.8) $n\ \log^{-2}n = Z(\log n - 2\ \log\ \log n)$ und nach der Stirling-Formel $\binom{n}{k} = O(n^{n+1/2}k^{-k-1/2}(n-k)^{-n+k-1/2})$. Da $n-n\ \log^{-2}n = n\ \log^{-2}n(\log^2 n - 1)$ ist, folgt für ein $c \in \mathbb{R}^+$

$$\binom{n}{\lfloor n\ \log^{-2}n\rfloor} = O(n^{n+1/2}(n\ \log^{-2}n)^{-n\ \log^{-2}n-1/2}\ .$$
$$(n-n\ \log^{-2}n)^{-n+n\ \log^{-2}n-1/2})$$
$$= O(n^{n+1/2-n\ \log^{-2}n-1/2-n+n\ \log^{-2}n-1/2}(\log^2 n-1)^{-n+n\ \log^{-2}n-1/2}\ .$$
$$(\log^2 n)^{n\ \log^{-2}n+1/2+n-n\ \log^{-2}n+1/2})$$
$$= O(n^{-1/2}(\log^2 n)^{n+1}(\log^2 n-1)^{-n+n\ \log^{-2}n-1/2})$$
$$= O(Z(-1/2\log n + (n+1)\log(\log^2 n) - n\log(\log^2 n-1) +$$
$$(n\log^{-2}n-1/2)\log(\log^2 n-1)))$$
$$\leq O(Z(n(\log(\log^2 n)-\log(\log^2 n-1)) + cn\log\log n\ \log^{-2}n)).$$

Wir zeigen nun, daß für hinreichend große n
$\log(\log^2 n) - \log(\log^2 n-1) \leq c\ \log\log n\ \log^{-2}n$ ist. Es ist
$\log(\log^2 n) - \log(\log^2 n-1)$ ein rechtsseitiger Differenzenquotient für die log-Funktion an der Stelle $\log^2 n-1$. Da die log-Funktion konkav ist, folgt:
$$\log(\log^2 n)-\log(\log^2 n-1) \leq \log'(\log^2 n-1) = (\log^2 n-1)^{-1}\log e$$
$$\leq c\ \log\log n\ \log^{-2}n$$ für hinreichend große n. Damit ist mit $c':=2c$

(5.9) $\binom{n}{\lfloor n\ \log^{-2}n\rfloor} \leq O(Z(c'n\ \log\log n\ \log^{-2}n)).$

Indem wir unsere Ergebnisse zusammenfassen, folgt aus (5.6)-(5.9) für ein $c'' \in \mathbb{R}^+$ und alle $\alpha \in \mathbb{R}^+$:

(5.1o) $\displaystyle\sum_{1\leq r\leq n\ \log^{-2}n} \binom{n}{r}\ 2^r\ (r+1)^{-1/2(m(n)-1)}$

$$\leq O(Z(-1/2(m(n)-1) + \log n - 2\log\log n + c'n\log\log n\log^{-2}n + n\log^{-2}n))$$
$$\leq O(Z(-1/2\alpha n\log^{-1}n + c''n\log\log n\ \log^{-2}n)) = o(1).$$

Damit ist nach (5.5) und (5.1o)
$$1-p(m(n),n) \leq \sum_{n\ \log^{-2}n < r\leq n} \binom{n}{r}\ 2^r\ (r+1)^{-1/2(m(n)-1)} + o(1)$$

$$\leq (n\log^{-2}n)^{-1/2(m(n)-1)} \sum_{n\,\log^{-2}n < r \leq n} \binom{n}{r} 2^r + o(1).$$

Nach dem Bino-

mischen Lehrsatz ist $\sum_{0 \leq r \leq n} \binom{n}{r} 2^r = 3^n$. Also ist nach (5.6)

$$1-p(m(n),n) \leq (n\,\log^{-2}n)^{-1/2(\lfloor \alpha n\,\log^{-1}n\rfloor - 1)}\, 3^n + o(1)$$

$$\leq O(Z(n\,\log 3 - 1/2\alpha n\,\log^{-1}n\,\log n + 1/2\alpha n\,\log^{-1}n\,2\log\log n + \log n))$$
$$+ o(1)$$

$$= O(Z(n(\log 3 - \alpha/2) + o(n))) + o(1).$$

Falls $\alpha/2 > \log 3$ ist, so ist $1-p(m(n),n) = o(1)$ und für genügend große n: $p(m(n),n) > 0$, d.h. $\ell(n) \leq m(n) \leq \alpha n\,\log^{-1}n$. Da
$\alpha/2 > \log 3$ äquivalent zur Bedingung $\alpha > 2\log 3 = \log 9$ ist, gilt
für $\delta > 0$ und genügend große n: $\ell(n) \leq (1+\delta)(\log 9)\,n\log^{-1}n$.   Q.E.D.

Dieser Beweis zeigt, wie nützlich die Untersuchung zufälliger
Strategien sein kann. Es gibt nämlich keine naheliegende Idee, wie
man eine gute nichtsequentielle Strategie konstruieren und ihre
maximale Suchdauer gut nach oben abschätzen kann.

Kapitel VII: Spezielle Suchprobleme mit irrtumsfreien Tests

§ 1: Einleitung

In den Kapiteln III-VI haben wir verschiedene Klassen von Suchproblemen mit irrtumsfreien Tests untersucht. Zahlreiche anwen-
dungsorientierte Suchprobleme sind jedoch von so spezieller Art,
daß sie in keine der behandelten Klassen fallen. Bei der Bestimmung
der chemischen Elemente in Gesteinsproben, die vom Mond stammen,
sind zum Beispiel alle chemischen Experimente zugelassen. Jedem
chemischen Experiment, das fehlerfrei durchgeführt wird, entspricht
ein irrtumsfreier Test. Die Menge der so definierten Tests hat
sicherlich keine so einfache Struktur wie die Testmengen, die wir
bisher untersucht haben. Darüber hinaus sind wir nicht daran interessiert, für alle denkbaren a-priori-Verteilungen die erwarteten
Suchkosten zu minimieren. Uns interessiert nur die Problemlösung
für die a-priori-Verteilung, die für Gesteinsproben vom Mond geschätzt wurde. Die Theorie der Fragebogen, deren Grundzüge wir in
§ 3 darstellen, hat sich unter anderem als Ziel gesetzt, allgemeine
Lösungsansätze für spezielle Suchprobleme zu erarbeiten. Darüber
hinaus wird der Begriff "Test" durch den allgemeineren Begriff
"Frage" ersetzt.

Zuvor soll in § 2 ein spezielles anwendungsorientiertes Suchproblem dargestellt werden. Wir haben dazu ein Problem aus der
Medizin gewählt, das schon im Zweiten Weltkrieg mathematisch behandelt wurde. Schließlich zeigen wir in § 4, daß in allen behandelten Suchproblemen die Anzahl der erfolgreichen Strategien ohne
überflüssige Tests sehr groß ist.

§ 2: Ein medizinisches Suchproblem

Im Zweiten Weltkrieg wurden in den USA alle zur Armee einberufenen Bürger vom United States Public Health Service und vom
Selective Service System medizinisch untersucht. Dabei sollten mit
der Wassermannschen Reaktion alle Syphiliskranken ermittelt werden.
Diese Reaktion wurde 1906 von August von Wassermann entdeckt und
dient der Früherkennung von Syphilis. Es handelt sich dabei um eine
Serumreaktion, die im Blut des Syphiliskranken Antikörper nach-
weist.

Zunächst muß jeder Testperson Blut abgenommen werden. Diese

Arbeit ist notwendig und wird von uns im weiteren nicht berücksichtigt. Anschließend wurde bei dem gängigen Verfahren jede Blutprobe einzeln der Wassermannschen Reaktion unterzogen. Pro Testperson wurde also ein Test durchgeführt. Man fand bald heraus, daß
sich auf folgende Weise Tests einsparen lassen: Man kann zunächst
Teile der Blutproben von mehreren Personen mischen und diese Mischung der Wassermannschen Reaktion unterziehen. Ist die Reaktion
negativ, wissen wir, daß alle Personen, deren Blut in der Mischung
enthalten ist, keine Syphilis haben, während wir bei positiver Reaktion nur wissen, daß mindestens eine dieser Personen an Syphilis
erkrankt ist.

Wir werden nun dieses medizinische Problem mathematisch er-
fassen. Die zu untersuchenden Personen werden durchnumeriert
$(X:=\{1,\ldots,n\})$. Da jede Teilmenge der Personen die Menge der Syphiliskranken sein kann, ist $P(X)$, die Potenzmenge von X, der Suchbereich. Es ist uns nichts über die persönlichen Beziehungen zwischen
den Personen bekannt. Daher nehmen wir an, daß die Ereignisse
"Person i hat Syphilis" und "Person j hat Syphilis" $(i\neq j)$ unabhängig sind. Für jede einzelne Person betrage die a-priori-Wahrscheinlichkeit, an Syphilis erkrankt zu sein, $p\in(0,1)$. Daher ist
die a-priori-Wahrscheinlichkeit, daß $A\subseteq X$ die Menge der Syphilis-
kranken ist, $P(A):=p^{|A|}(1-p)^{n-|A|}$. (p wird statistisch ermittelt.)

Für jede Teilmenge der Testpersonen $(B\subseteq X)$ können wir das Blut
dieser Personen mischen und der Wassermannschen Reaktion unterziehen. Daher ist für jedes $B\subseteq X$ der binäre, irrtumsfreie Test t_B
zugelassen, der feststellt, ob mindestens eine Person in B an
Syphilis erkrankt ist oder nicht. Für $A\in P(X)$ ist $t_B(A)$ genau
dann 1, wenn $A\cap B$ nicht leer ist.

Mit $L(n,p)$ bezeichnen wir die erwartete Anzahl von Tests bei
Anwendung einer optimalen sequentiellen Strategie.

Wir wollen noch bemerken, daß das Problem, die maximale Suchdauer zu minimieren, eine sehr einfache Lösung hat. Da nur binäre
Tests zugelassen sind und der Suchbereich 2^n Elemente enthält, benötigen wir im ungünstigsten Fall mindestens $\lceil \log 2^n \rceil = n$ Tests. Da
wir das Blut der Personen einzeln testen können, genügen auch n
Tests. Daher gilt

Bemerkung 2.1: $L(n,p) \leq n$.

Dorfman [37] hat eine Teilmenge aller sequentiellen Strategien untersucht. Für ein k∈N wird zunächst das Blut von k Personen gemeinsam untersucht. Ist die Reaktion negativ, dann sind alle k Personen gesund. Ansonsten wird das Blut jeder der k Personen einzeln untersucht, usw.. In Abhängigkeit von p hat Dorfman das optimale k bestimmt.

Sterrett [139] hat dieses Verfahren verfeinert. Bei positiver Reaktion werden nur so lange Einzeltests durchgeführt, bis der erste Syphiliskranke ermittelt ist. Unter den k Personen, die diese Testgruppe bildeten, werden nun die ausgewählt, deren Gesundheitszustand wir noch nicht kennen. Diese Personen werden wieder gemeinsam untersucht, usw..

Sobel/Groll [135] und Sobel [132], [134] haben noch bessere Strategien angegeben. Es liegen jedoch keine Abschätzungen vor, die die erwartete Suchdauer dieser Strategien mit $L(n,p)$ vergleichen. Daher werden wir diese Arbeiten nicht darstellen.

Wir leiten nun zunächst eine einfache untere Schranke für $L(n,p)$ her. Da nur binäre Tests zugelassen sind, folgt aus dem noiseless-coding-theorem: $L(n,p) \geq H(P)$. Es sei Y_i die Zufallsvariable, die angibt, ob die i-te Person syphiliskrank ist. Der Vektor $(Y_1,\ldots,Y_n)$ gibt dann an, welche Personen syphiliskrank sind. Da nach Definition die Zufallsvariablen $Y_1,\ldots,Y_n$ unabhängig sind, ist nach Lemma 4.3, Kap. VI

$$H(P)=H(Y_1,\ldots,Y_n)= \sum_{1 \leq i \leq n} H(Y_i)=n(-p \log p - (1-p)\log(1-p)).$$

<u>Satz 2.2:</u> $L(n,p) \geq n(-p \log p - (1-p)\log(1-p))$.

Aus Bemerkung 2.1 und Satz 2.2 folgt $L(n,1/2)=n$. Wir könnten leicht nachweisen, daß $L(n,\cdot)$ monoton wachsend und damit für $p\in[1/2,1)$ $L(n,p)=n$ ist. Wir werden statt dessen allgemein untersuchen, wann es optimal ist, alle Blutproben einzeln zu untersuchen, d.h. wann $L(n,p)=n$ ist. Die Lösung dieses Problems stammt von Ungar [146].

Offensichtlich ist $L(1,p)=1$. Daher nehmen wir an, daß $n\geq2$ ist. Zunächst wollen wir das Problem für $n=2$ lösen. Es gibt nur eine vernünftige Strategie, die nicht nur Einzeltests verwendet. Diese Strategie schreibt vor, das Blut der beiden Personen zu mischen und gemeinsam der Wassermannschen Reaktion zu unterziehen. Mit Wahrscheinlichkeit $(1-p)^2$ ist die Reaktion negativ, und wir haben mit einem Test erkannt, daß beide Personen gesund sind. Im anderen Fall müssen wir das Blut einer einzelnen Person testen, wenn wir nicht den ersten Test wiederholen wollen. O.B.d.A. testen wir das Blut der ersten Person. Wenn diese Person gesund ist, muß, da der erste Test positiv verlief, die zweite Person an Syphilis erkrankt sein. Mit Wahrscheinlichkeit $p(1-p)$ genügt also der zweite Test. Wenn die erste Person Syphilis hat, muß das Blut der zweiten Person noch untersucht werden. Mit Wahrscheinlichkeit $p(1-p)+p^2=p$ benötigen wir also drei Tests. Diese Strategie benötigt im Durchschnitt $1 \cdot (1-p)^2+2p(1-p)+3p = -p^2+3p+1$ Tests. Es ist also $L(2,p) = 2$ genau dann, wenn $-p^2+3p+1 \geq 2$, d.h. $-p^2+3p-1 \geq 0$, ist. Aus dieser quadratischen Ungleichung folgt, daß genau dann $L(2,p) = 2$ gilt, wenn $p \geq 3/2 - 1/2\sqrt{5}$ ($\approx 0,38$) ist.

Für $n>2$ können wir die Menge der n Personen in eine k-elementige und eine (n-k)-elementige Menge zerlegen und diese beiden Personenmengen getrennt untersuchen. Daher ist $L(n,p) \leq L(k,p) + L(n-k,p)$. Stets ist $L(n,p) \leq n$ und für $p < 3/2 - 1/2\sqrt{5}$ ist $L(2,p) < 2$. Daher erhalten wir für $p < 3/2 - 1/2\sqrt{5}$:
$L(n,p) \leq L(n-2,p)+L(2,p) \leq n-2+L(2,p) < n$.

Für $p < 3/2 - 1/2\sqrt{5}$ und $n \geq 2$ ist es also nicht optimal, das Blut der Personen einzeln zu testen. Dagegen ist dieses für $p \geq 3/2 - 1/2\sqrt{5}$ und n=2 optimal. Wenn wir schon das Blut von zwei Personen nicht mischen sollten, wird es wohl auch nicht optimal sein, das Blut von einigen Personen zu mischen, wenn n>2 ist. Diese Vermutung werden wir nun beweisen.

<u>Satz 2.3:</u> Für $n \geq 2$ ist es genau dann optimal, nur Einzeltests durchzuführen, wenn $p \geq 3/2 - 1/2\sqrt{5}$ ist.

<u>Beweis:</u> Nach unseren Vorüberlegungen genügt es zu zeigen, daß die Strategie, die alle Blutproben einzeln testet, für $p \geq 3/2 - 1/2\sqrt{5}$ optimal ist. Wir beweisen den Satz, indem wir aus einer beliebigen Strategie in mehreren Schritten eine Strategie konstruieren, die nur Einzeltests vorschreibt und deren erwartete Suchdauer nicht größer als die erwartete Suchdauer der gegebenen Strategie ist.

Als abkürzende Schreibweise nennen wir $A \subseteq X$ gesund (krank), wenn alle Personen aus A gesund sind (mindestens eine Person aus A krank ist). Wir betrachten o.B.d.A. nur Strategien, die zu keinem Zeitpunkt einen Test vorschreiben, dessen Ergebnis vorhersagbar

ist. Darüber hinaus können wir, ohne die erwartete Suchdauer zu erhöhen, jede Strategie so ändern, daß das Blut von Personen, die bereits als gesund erkannt wurden, nicht mehr getestet wird.

Sei nun s eine Strategie mit den oben beschriebenen Eigenschaften, die nicht nur Einzeltests vorschreibt. Dann gibt es eine
Situation, in der s einen Test t_B mit $|B| \geq 2$ vorschreibt, während
danach nur Einzeltests folgen. Anstelle von t_B führen wir für ein
$a \in B$ den Test $t_{B-\{a\}}$ durch. Erweist sich $B-\{a\}$ als krank, so ist
auch B krank. Wir führen dann die Einzeltests durch, die auch s
vorschreibt. Dabei sparen wir die Tests, die nun überflüssig sind,
ein. Ist dagegen $B-\{a\}$ gesund, dann testen wir das Blut von Person a. Ist a krank, so ist auch B krank. Wir führen wieder die
Einzeltests durch, die s vorschreibt, wenn B krank ist. Die Tests,
die überflüssig sind, lassen wir aus. Ist auch a gesund, so ist B
gesund, und wir führen die Einzeltests durch, die s vorschreibt,
wenn B gesund ist. Nach Definition ist die neue Strategie s' erfolgreich und benutzt nach dem Test $t_{B-\{a\}}$ nur Einzeltests.

Mit E(s) bzw. E(s') bezeichnen wir die erwartete Suchdauer
von s bzw. s'. Wenn $E(s') \leq E(s)$ ist, erhalten wir nach mehreren
ähnlichen Schritten eine Strategie s* mit $E(s*) \leq E(s)$, die nur Einzeltests vorschreibt.

Wir stellen zunächst fest, daß s' nach Definition höchstens
einen Test (nämlich $t_{\{a\}}$) mehr durchführt als s. Der Test $t_{\{a\}}$ wird
nur durchgeführt, wenn $B-\{a\}$ gesund ist. Ist $B-\{a\}$ gesund und a
krank, hat s' mit diesem weiteren Test alle Personen aus B klassifiziert. Die alte Strategie s hätte mit einem Test weniger festgestellt, daß B krank ist. Nach unseren Forderungen an die Strategien wissen wir zu diesem Zeitpunkt weder, daß a krank ist (dann
wäre t_B überflüssig), noch, daß eines der anderen Elemente in B
gesund ist (gesunde Personen werden nicht mehr getestet). Um mit
den folgenden Einzeltests alle Personen aus B zu klassifizieren,
müssen zumindest alle Personen aus $B-\{a\}$ einzeln getestet werden.
Daher benötigt in diesem Fall s mindestens $|B|-1 \geq 1$ weitere Tests
und damit nicht weniger Tests als s'. Damit haben wir folgende
Aussagen bewiesen: s' benötigt höchstens einen Test mehr als s,
und genau dann, wenn wir den Test t_B erreichen und B gesund ist,
benötigt s' einen Test mehr als s.

Mit $\ell(A)$ $(\ell'(A))$ bezeichnen wir die Suchdauer von s (s'), wenn

A die Menge der kranken Personen ist. Es sei $X^* := \{A \subseteq X \mid \ell(A) < \ell'(A)\}$,
dann ist $X^* = \{A \subseteq X \mid \ell'(A) - \ell(A) = 1\}$. Wenn statt $A \in X^*$ für eine Menge
$B' \subseteq B$ $A \cup B'$ die Menge der Syphiliskranken ist, werden bis zum Test
t_B sowohl von s als auch von s' die gleichen Tests durchgeführt
wie zuvor: Eine Personenmenge, die falls A die Menge der Kranken
ist, krank ist, bleibt natürlich krank, wenn $A \cup B'$ die Menge der
Kranken ist. Würde ein Test t_D vorher das Ergebnis gesund und nun
das Ergebnis krank haben, müßte $D \cap B' \neq \emptyset$ sein. Dies ist aber ein
Widerspruch zu unseren Annahmen über die Strategie s: Wenn A die
Menge der Kranken ist, würde s nämlich den Test t_B durchführen,
obwohl nach dem Test t_D bekannt ist, daß $D \cap B'$ gesund ist.

<u>1. Fall:</u> $|B| = 2$, $B = \{a, b\}$.

Wir haben schon gezeigt, daß für $A \in X^*$ $A \cap B = \emptyset$ ist. Falls $A \cup \{a, b\}$
die Menge der kranken Personen ist, benötigt s neben dem Test t_B
zwei weitere Tests, um a und b zu klassifizieren. s' testet gleich
$B - \{a\} = \{b\}$ und spart einen Test ein.

Es sei $c(A) \in B$ so definiert, daß bei der Suche nach $A \cup \{a, b\}$ erst
$c(A)$ und dann das andere Element aus B getestet wird. Falls
$A \cup \{c(A)\}$ die Menge der kranken Personen ist, muß s, nachdem B und
$c(A)$ getestet wurden, noch das andere Element aus B testen. Wieder
spart s' einen Test ein.

Falls A und A' verschiedene Elemente aus X^* sind, sind auch
$A \cup \{a, b\}$, $A' \cup \{a, b\}$, $A \cup \{c(A)\}$ und $A' \cup \{c(A')\}$ verschieden. Es folgt

$$E(s) - E(s') = \sum_{D \in P(X)} P(D)(\ell(D) \ell'(D))$$

$$\geq \sum_{A \in X^*} (P(A) \cdot (-1) + P(A \cup \{a, b\}) \cdot 1 + P(A \cup \{c(A)\}) \cdot 1)$$

$$= \sum_{A \in X^*} (-p^{|A|}(1-p)^{n-|A|} + p^{|A|+2}(1-p)^{n-|A|-2} + p^{|A|+1}(1-p)^{n-|A|-1})$$

$$= (-(1-p)^2 + p^2 + p(1-p)) \sum_{A \in X^*} p^{|A|}(1-p)^{n-|A|-2}$$

$$= (-p^2 + 3p - 1) \sum_{A \in X^*} p^{|A|}(1-p)^{n-|A|-2}.$$

Wie wir in der Untersuchung des Falles $n = 2$ gesehen haben,
folgt, da $p \geq 3/2 - 1/2\sqrt{5}$ ist, $E(s) - E(s') \geq 0$. Also ist die neue Strategie nicht schlechter als die gegebene.

<u>2. Fall:</u> $|B| \geq 3$, $a \in B$.

Falls $A \in X^*$ ist, ist wieder $A \cap B = \emptyset$. Falls $A \cup \{a\}$ die Menge der

kranken Personen ist, benötigt s, um die Personen aus B zu klassi-
fizieren, nach dem Test t_B noch mindestens $|B|-1$ Einzeltests. s'
erkennt im Test $t_{B-\{a\}}$, daß B-{a} gesund ist und muß danach nur
noch a testen. s' spart also $|B|-2 \geq 1$ Tests ein.

Es sei nun b(A) das Element in B-{a}, das von s, wenn A∪{a}
die Menge der kranken Personen ist, zuletzt getestet wird. Dann
ist b(A) bei Anwendung von s auch das Element in B-{a}, das zuletzt
getestet wird, wenn A∪{a,b(A)} die Menge der kranken Personen ist,
da sich zuvor kein Testergebnis ändert. Bei Anwendung von s' stellen wir fest, daß B-{a} krank, alle anderen Personen als b(A) in
B-{a} aber gesund sind. Der Test von b(A) kann also eingespart
werden.

Es folgt für $p \geq 3/2 - 1/2\sqrt{5}$ analog zu Fall 1
$$E(s)-E(s') \geq \sum_{A \in X*} (P(A) \cdot (-1) + P(A\cup\{a,b(A)\}) \cdot 1 + P(A\cup\{a\}) \cdot 1)$$
$$= (-p^2+3p-1) \sum_{A \in X*} p^{|A|}(1-p)^{n-|A|-2} \geq 0.$$

Also ist s' nicht schlechter als s. Indem wir dieses Verfahren
iterieren, zeigen wir, daß es zu jeder Strategie eine nicht
schlechtere Strategie gibt, die nur Einzeltests vorschreibt. Daher
gibt es auch eine optimale Strategie, die nur Einzeltests verwendet.   Q.E.D.

Kumar [93] hat die Ergebnisse von Sobel und Ungar verallgemeinert. Er betrachtet ein Klassifizierungsproblem, in dem jede
Person unabhängig von den anderen mit Wahrscheinlichkeit p krank,
mit Wahrscheinlichkeit p' infiziert und mit Wahrscheinlichkeit
(1-p-p') gesund ist. Falls die Personen aus A zusammen getestet
werden, erfahren wir, ob alle Personen gesund, mindestens eine
Person infiziert aber keine krank oder mindestens eine Person erkrankt ist. Kumar gibt gute Strategien an. Analog zu Satz 2.3 gibt
er den Bereich aller (p,p') an, für den es optimal ist, nur Einzeltests durchzuführen. Dieser Bereich ist für $n \geq 2$ ebenfalls von n
unabhängig.

§_3: Die_Theorie_der_Fragebogen

Die Theorie der Fragebogen (Picard [109], Césari [28] u.a.)
versucht, anwendungsorientierten Suchproblemen besser gerecht zu
werden als die von uns dargestellte Theorie der Suchprobleme. Ein

Ziel besteht in der Erarbeitung von allgemeinen Lösungsansätzen
für Suchprobleme, in denen die Menge der zugelassenen Tests keine
einfache Struktur hat (realisierbare Fragebogen). In dieser Richtung gibt es aber bisher auch in der Theorie der Fragebogen keine
wesentlichen Ergebnisse. Darüber hinaus werden Tests durch allgemeinere "Fragen" ersetzt. Insbesondere Fragen in Fragebogen aber
auch naturwissenschaftliche Experimente werden durch diesen neuen
Begriff besser modelliert.

Bevor wir eine "Frage" definieren, betrachten wir zunächst ein
Beispiel. Eine Firma hat mehrere gleichwertige Stellen zu vergeben
und möchte die Bewerber mit einer schriftlichen Prüfung (einem
Fragebogen) in die drei Eignungsgruppen E_1 (hervorragend geeignet),
E_2 (geeignet) und E_3 (ungeeignet) einstufen. Es gibt eine große
Menge von möglichen Prüfungsfragen mit endlich vielen Antwortvor-
gaben. Diese Fragen können im allgemeinen nicht durch Tests beschrieben werden. So kann es eine Testfrage geben, die von allen
hervorragend geeigneten Bewerbern richtig und von allen ungeeigne-
ten Bewerbern falsch beantwortet wird. Einige geeignete Bewerber
beantworten diese Frage richtig, andere dagegen nicht. So führt
also das Elementarereignis E_2 aus dem Suchbereich $X:=\{E_1,E_2,E_3\}$
nicht zwangsläufig zu einer bestimmten Antwort. Dagegen ergibt ein
Test t bei einem Elementarereignis $x \in X$ stets das Testergebnis $t(x)$.

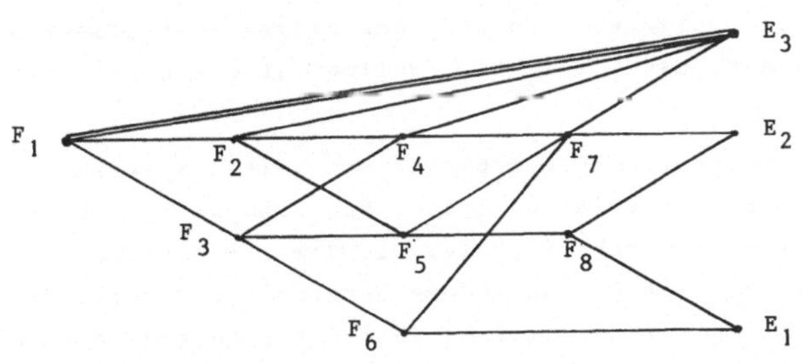

Fig. 3.1.

In Abb. 3.1 ist ein Fragebogen zu dem obigen Beispiel dargestellt worden. Er läßt sich folgendermaßen lesen: Alle Kandidaten
beginnen mit der ersten Frage (F_1). Wer eine der beiden ersten
Antworten ankreuzt, ist ungeeignet. Bei der dritten bzw. vierten
Antwort folgt Frage 2 bzw. Frage 3. Bei F_2 und F_3 kann es sich
durchaus um die gleiche Frage handeln. Die verschiedenen Knoten im

Graphen symbolisieren dann, daß die Kandidaten zuvor verschiedene Antworten gegeben haben. Die drei möglichen Antworten auf die Frage F_2 führen zur Klassifizierung "ungeeignet", zu F_4 oder zu F_5. F_5 kann auch durch die zweite Antwort auf F_3 erreicht werden. Die beiden Pfade von F_1 zu F_5 gelten damit als gleichwertig. Kandidaten, die die Frage F_8 erreicht haben, sind mindestens geeignet. F_8 entscheidet, ob der Kandidat sogar hervorragend geeignet ist.

Verschiedene ungeeignete Kandidaten müssen verschieden viele Fragen beantworten: 1,2,3 oder 4 Fragen. Um die durchschnittliche Fragenzahl berechnen zu können, müssen wir außer der a-priori-Verteilung auf $X=\{E_1,E_2,E_3\}$ für jede Frage auch wissen, mit welcher Wahrscheinlichkeit ein Kandidat der Eignungsstufe $E_i \in X$ eine bestimmte Antwort ankreuzt.

Daher ist eine Frage in der Theorie der Fragebogen definiert durch k, die Anzahl der möglichen Antworten und durch die Wahrscheinlichkeiten $p_x(j)$ $(1 \leq j \leq k, x \in X)$, mit der beim Elementarereignis $x \in X$ die j-te Antwort erfolgt. Die Antworten auf verschiedene Fragen werden als unabhängig angenommen. Auf ein und dieselbe Frage antwortet jedoch jeder Kandidat stets gleich. Unter allen erfolgreichen Fragebogen, d.h. Fragebogen, die mit Sicherheit alle Personen klassifizieren, suchen wir einen Fragebogen, bei dem die erwartete Fragenzahl, die ein Kandidat beantworten muß, minimal ist. Falls wir noch die verschiedenen "Kosten" der Fragen (Experimentaufbau, Bearbeitungsdauer, usw.) beachten, wollen wir die erwarteten Kosten minimieren.

Die Theorie der Fragebogen bietet ein weites Spektrum an Forschungsaufgaben. Die Lösung dieser Probleme wäre, wie schon unser Beispiel zeigt, sehr wichtig. Mit dem allgemeineren Begriff "Frage" erweitert sich der Anwendungsbereich der Theorie der Suchprobleme erheblich. Bisher gibt es aber nur Lösungen, wenn die Voraussetzungen so gewählt sind, daß optimale Fragebogen offensichtlich Bäume sind. In diesem Fall lassen sich die Fragen auch als irrtumsfreie Tests auffassen, und man erhält ein normales Suchproblem. Die Methoden zur Konstruktion optimaler Fragebogen sind nicht neu, es handelt sich um Verallgemeinerungen des Huffman-Algorithmus (Kap. III § 6). Abschließend wollen wir die Annahmen diskutieren, unter denen (Huffman-) Algorithmen zur Konstruktion optimaler Fragebogen bekannt sind.

1.) Im Fragebogen darf es für $k \in \mathbb{N}$ höchstens q_k Fragen mit k Antwortmöglichkeiten geben. Dabei sind alle denkbaren Fragen zugelassen . Dies entspricht nicht der Realität. Wenn eine Frage prinzipiell zugelassen ist, kann sie unabhängig davon, welche anderen Fragen gestellt werden, selber gestellt werden. Auch sind im allgemeinen zwar manche Fragen mit k Antworten möglich, andere aber nicht (Kap. IV-VI).

2.) Zusätzlich zu Bedingung 1 ist für endlich viele Werte $c_i \in \mathbb{R}^+$ ($1 \leq i \leq \ell$) $m_i \in \mathbb{N}$ die Maximalzahl von Fragen, die Kosten c_i haben. Dabei können die Kosten den Fragen beliebig zugeordnet werden.

3.) Zusätzlich zu Bedingung 1 kostet eine Frage mit k Antwortmöglichkeiten log k.

4.) Zusätzlich zu Bedingung 1 betragen die Kosten einer Folge von d Fragen a^{td} ($a \in \mathbb{N}, t \in \mathbb{R}^+$).

5.) Im Fragebogen darf es für $k \in \mathbb{N}$ und $c \in \mathbb{R}^+$ genau $q(k,c) \in \mathbb{N}_0$ Fragen mit k Antwortmöglichkeiten und Kosten c geben. $q(k,c)$ ist nur für endlich viele (k,c) positiv. Dabei sind alle denkbaren Fragen mit beliebigen Kosten zugelassen.

6.) Zusätzlich zu Bedingung 5 kostet eine Folge von d Fragen mit den Einzelkosten $c_1,\ldots,c_d$ nicht $c_1+\ldots+c_d$ sondern $\left(\prod_{1 \leq i \leq d} c_i \right)^t$ ($t \in \mathbb{R}^+$).

§ 4: Die Anzahl der zur Verfügung stehenden Strategien

In allen von uns behandelten Suchproblemen ist die Anzahl der erfolgreichen Strategien ohne überflüssige Tests offensichtlich endlich. Theoretisch könnten wir also eine optimale Strategie ermitteln, indem wir für alle diese Strategien die (erwartete, maximale) Suchdauer berechnen und dann eine Strategie mit minimaler Suchdauer auswählen. In der Praxis ist dieses Verfahren, falls n nicht sehr klein ist, undurchführbar, da die Anzahl der Strategien zu groß ist. So haben wir zum Beispiel in Kap. III schon für den ersten Test $2^{n-1}-1$ verschiedene Möglichkeiten ($t_\emptyset$ und t_X sind überflüssig, t_A und t_{X-A} sind äquivalent). Auch für die in Kap. V-VII behandelten Suchprobleme folgt unmittelbar, daß die Anzahl der erfolgreichen Strategien ohne überflüssige Tests mindestens exponentiell wächst. In diesem Paragraphen berechnen wir die Anzahl der binären Suchbäume mit n Endpunkten (Kap. IV). Dieses Ergebnis stammt von Prüfer und wurde von Rényi [115] dargestellt.

<u>Satz 4.1:</u> Es gibt $\binom{2n-1}{n}(2n-1)^{-1}$ binäre Suchbäume mit n Endpunkten.

<u>Beweis:</u> In jedem binären Suchbaum sind die inneren Punkte von links nach rechts mit $1,\ldots,n-1$ (Kap. IV: $x_1,\ldots,x_{n-1}$) und die Endpunkte von links nach rechts mit $n,\ldots,2n-1$ (Kap. IV: $y_o,\ldots,y_{n-1}$) durchnumeriert. Dagegen sind in binären, numerierten Bäumen die inneren Punkte (Endpunkte) auf irgendeine Weise mit $1,\ldots,n-1$ $(n,\ldots,2n-1)$ numeriert. Es existieren $n!(n-1)!2^{-(n-1)}$-mal so viele binäre, numerierte Bäume wie binäre Suchbäume. Es gibt nämlich $n!$ Möglichkeiten, die Numerierung der Endpunkte, und $(n-1)!$ Möglichkeiten, die Numerierung der inneren Punkte zu permutieren. Außerdem erhalten wir aufgrund der Links-Rechts-Symmetrie an jedem inneren Punkt der binären Bäume 2^{n-1} Versionen jedes binären numerierten Baumes. Dies haben wir für n=4 in Abb. 4.1 an einem Beispiel dargestellt.

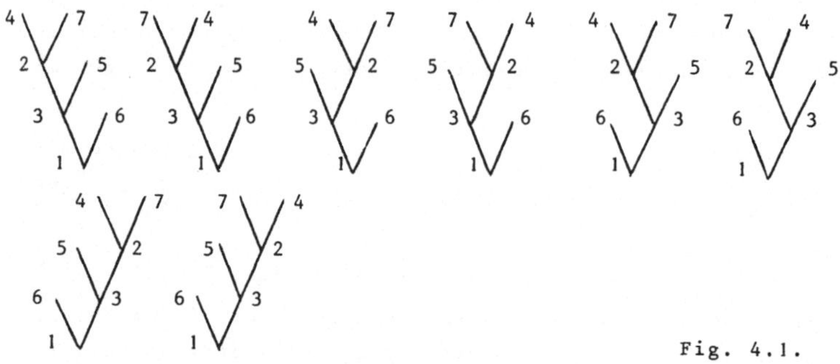

Fig. 4.1.

Unsere Aufgabe besteht nun in der Berechnung der Anzahl der binären, numerierten Bäume mit n Endpunkten. Dazu definieren wir den Prüfercode. Jeder binäre, numerierte Baum erhält auf folgende Weise ein Codewort der Länge 2n-3 zugeordnet. Solange der Baum noch mindestens drei Punkte enthält, entfernen wir den Endpunkt mit der kleinsten Nummer und fügen die Nummer des Vorgängers von dem entfernten Endpunkt als nächsten Buchstaben zum Codewort hinzu. Für den Baum aus Abb. 4.1 erhalten wir das Codewort (2,3,1,2,3). Jeder innere Punkt außer der Wurzel kommt im zugehörigen Codewort für jeden Nachfolger, also insgesamt zweimal, vor, während die Wurzel nur einmal im Codewort vorkommt, da wir die Konstruktion des Codewortes beenden, wenn der Baum noch zwei

Punkte enthält. Offensichtlich erhalten verschiedene binäre, numerierte Bäume verschiedene Codewörter.

Wir können aus jeder Folge der Länge 2n-3, in der einer der Werte 1,...,n-1 einmal und alle anderen Werte zweimal vorkommen, den zugehörigen binären, numerierten Baum konstruieren. Für die Folge (2,3,1,2,3) muß die Wurzel die Bezeichnung 1 haben. Der kleinste Endpunkt (4) muß Nachfolger von 2 sein, dann 5 von 3, 6 von 1 und 7 von 2. In der Restfolge, die nur aus 3 besteht, kommt der innere Punkt 2, der von der Wurzel verschieden ist, nicht mehr vor. Seine Nachfolger sind bekannt. Daher wird 2 nun als Endpunkt behandelt. Der kleinste Endpunkt (2) muß Nachfolger von 3 sein. Jeder Baum mit diesen Eigenschaften ist in Abb. 4.1 dargestellt.

Wieviele Folgen der Länge 2n-3, in denen ein Wert aus $\{1,...,n-1\}$ einmal und alle anderen Werte zweimal vorkommen, gibt es? Wir haben n-1 Möglichkeiten, die Wurzel auszuwählen. O.B.d.A. sei 1 die Wurzel. Dann ist jedes Codewort eine der (2n-3)! Permutationen der Folge (1,2,2,3,3,...,n-1,n-1). Von diesen Permutationen stimmen jeweils 2^{n-2} überein. Daher gibt es

$$\frac{(2n-3)!(n-1)}{2^{n-2}} = \frac{(2n-2)!}{2^{n-1}}$$

binäre, numerierte Bäume. Nach unseren Vorüberlegungen gibt es also

$$\frac{(2n-2)!}{2^{n-1}} \frac{2^{n-1}}{n!(n-1)!} = \binom{2n-1}{n} \frac{1}{2n-1}$$

binäre Suchbäume. $\hspace{2em}$ Q.E.D.

Aus der Stirling-Formel folgt

$$\binom{2n-1}{n}\frac{1}{2n-1} = \frac{(2n)!}{n!n!} \frac{1}{2(2n-1)} = O(n^{-1}(2n)^{2n+1/2}n^{-n-1/2}n^{-n-1/2})$$

$= O(4^n n^{-3/2})$. Falls n nicht sehr klein ist, ist es also nicht möglich, in einer vertretbaren Zeit die Kosten aller binären Suchbäume zu berechnen und zu vergleichen.

Mit diesem Ergebnis über binäre Suchbäume können wir auch sehr leicht angeben, wieviele Interpretationen ("verschiedene Klammerungen") der Ausdruck $A_1 o...o A_n$ für eine nichtassoziative Operation "o" zuläßt. Jedem binären Suchbaum mit n Endpunkten entspricht genau eine Interpretation von $A_1 o...o A_n$ und umgekehrt: Für n=2 gibt es sowohl nur einen Suchbaum als auch nur eine Interpretation von $A_1 o A_2$. Für größere n berechnen wir zunächst die Ausdrücke, die durch die beiden Teilbäume des binären Suchbaumes gegeben sind, und verknüpfen anschließend die Ergebnisse. Also gibt es genau $\binom{2n-1}{n}(2n-1)^{-1}$ Interpretationen von $A_1 o \ldots o A_n$.

Eine Klammerung von $A_1 o \ldots o A_n$ ist schon dann eindeutig gegeben, wenn nur die Klammerenden ")" gegeben sind. Indem wir jedes A_i durch eine 1 und jedes Klammerende durch eine -1 ersetzen, erhalten wir eine Folge von n Einsen und n-2 Werten -1. Diese Folgen (mit 0 anstelle von -1) heißen Cayleyfolgen. Man kann nun leicht zeigen, daß eine Folge aus n Einsen und n-2 Werten -1 genau dann eine Cayleyfolge ist, wenn die Summe der ersten k Elemente ($1 \leq k \leq 2n-2$) positiv ist. Nach dieser Schlußfolgerung läßt sich die Anzahl der Cayleyfolgen und damit auch die Anzahl der binären Suchbäume auch mit dem Spiegelungsprinzip und dem ballot-theorem aus der Wahrscheinlichkeitstheorie (Feller [44]) berechnen.

T E I L   3 :   Suchprobleme mit zufallsgestörten Tests

Kapitel VIII: Stochastische Approximation

§ 1:   Einleitung

Wir stellen hier eine Theorie vor, die der modernen Statistik
zuzurechnen ist, deren einfachste Anfänge aber schon bei Newton zu
finden sind und deren klassischer Bestand üblicherweise in Numerik-
lehrbüchern dargestellt wird. Es handelt sich um das Auffinden von
Nullstellen und Extremwerten reellwertiger Funktionen einer reellen
Variablen. Klassische Verfahren werden wir in § 2 und § 3 nur insoweit behandeln als dieses für das Verständnis der neueren Entwicklung erforderlich ist. Eingeleitet wurde diese durch die bahnbrechende Arbeit von Robbins/Monro [116], in der angenommen wird,
daß die Funktionswerte durch Messungen zu bestimmen sind, die zufälligen Irrtümern unterliegen. Sie konstruieren einen Prozeß,
welcher unter gewissen Regularitätsannahmen stochastisch (und auch
in der L^2-Norm) gegen die gesuchte Nullstelle konvergiert. Dieser
Prozeß stellt eine stochastische Version des Iterationsverfahrens
von v. Mises/Pollaczek-Geiringer [1o3] dar. Wolfowitz [160] hat die
Annahmen abgeschwächt und einen relativ einfachen Beweis für die
stochastische Konvergenz gegeben. In § 4 geben wir gleich diese
verallgemeinerte Fassung mit Beweis wieder. Darüber hinaus diskutieren wir dort einen Spezialfall, der für Reizmessungen in Biologie und Psychologie wichtig ist.

Unter wiederum noch schwächeren Annahmen hat Blum [22] sogar
Fast-überall-Konvergenz des RM-Prozesses bewiesen (§ 5).

In Anlehnung an die Ideen von Robbins/Monro haben Kiefer/
Wolfowitz ein Verfahren zur Extremwertbestimmung angegeben. Dieses
wird in § 6 dargestellt. Den Konvergenzbeweis führen wir aber erst
in § 7 durch Anwendung eines sehr allgemeinen Approximationssatzes
von Dvoretzky [38]. Dieser Satz stellt einen Höhepunkt in der
durch Robbins/Monro begründeten Theorie der stochastischen Approximation dar. Allgemein hat es diese Theorie mit der Angabe von Pro-
zessen (oder der Entwicklung von Verfahren) zu tun, die gegen
einen gesuchten Wert konvergieren, für den Fall, wo aufgrund der
stochastischen Natur des Problems die Beobachtungen mit Irrtümern
verbunden sind. Die interessanten Verfahren sind solche, welche

irrtumkorrigierend sind, d.h. solche, bei denen Fehler durch
iterierte Beobachtungen schließlich ausgebügelt werden. Die entscheidende Idee des Dvoretzky'schen Approximationsverfahrens besteht darin, das stochastische Element als Störung aufzufassen, die
auf ein konvergentes, deterministisches Verfahren "aufgepflanzt"
ist. Bereits im Beweis von Blum [22] findet man diese Idee in Ansätzen, aber noch nicht in voller Erkenntnis ihrer Tragweite.

Da man natürlich den gesuchten Wert schnell finden oder wenigstens näherungsweise kennen möchte, werden wir in § 8 auch Aussagen
über Konvergenzgeschwindigkeiten behandeln.

In § 9 stellen wir Kiefers [84] Verfahren zur näherungsweisen
Bestimmung des Maximums einer Funktion $f:[0,1]\to\mathbb{R}$ dar, wobei über
die Funktion lediglich bekannt ist, daß sie unimodal ist. Dieses
Verfahren gibt eine Minimax-Lösung für die Klasse aller solcher
Funktionen. Es handelt sich hier um ein rein deterministisches
Modell. Eine übergreifende Theorie, die Kiefers Ergebnis und die
Ergebnisse zur stochastischen Approximation umfaßt, liegt zur Zeit
nicht einmal in Ansätzen vor.

Abschließend weisen wir darauf hin, daß in Kap. IX Beziehungen
zwischen der Theorie der stochastischen Approximation und der Informationstheorie aufgezeigt werden.

§ 2: Angenäherte Auflösung von Gleichungen nach der Newton-Raphson'schen Regel

Es sei von einer reellwertigen Funktion f, die in einem Intervall J zweimal stetig differenzierbar ist, bekannt, daß sie eine
in J liegende Nullstelle θ besitzt. Ist dann x_1 ein in J liegender,
angenäherter Wert von θ, so kann man oft nach einer von Newton angegebenen und von Raphson präzisierten Methode diese Näherung verbessern.

Zunächst beschreiben wir dieses Verfahren einmal geometrisch.
Zeichnet man den Graphen von f in einer Umgebung der Stelle θ, so
ist die Gleichung der Tangente T an diese Kurve durch den Punkt
$(x_1, f(x_1))$:

$$(2.1) \qquad \frac{T(x)-f(x_1)}{x-x_1} = f'(x_1).$$

T schneidet die x-Achse im Punkt $(x_2, 0)$, wobei $x_2 = x_1 - \dfrac{f(x_1)}{f'(x_1)}$.

Fährt man in gleicher Weise fort, so erhält man eine Zahlenfolge
$x_1, x_2, \ldots$.

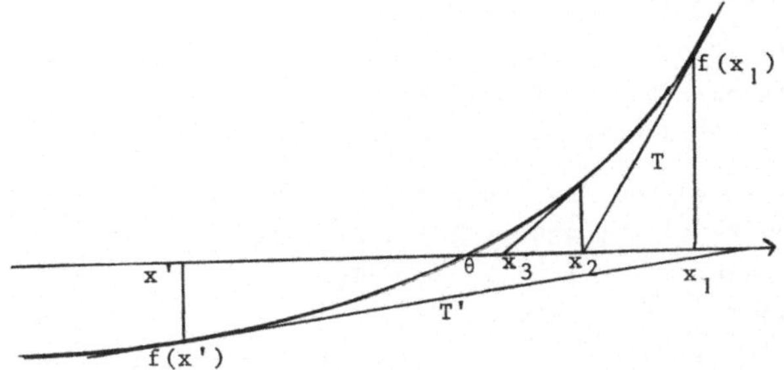

Fig. 2.1.

Ein Blick auf Abb. 2.1 zeigt, daß unter den unserer Zeichnung
zugrunde gelegten geometrischen Verhältnissen diese Zahlenfolge
von rechts her immer näher an θ heranrückt. Sie konvergiert also
sicher gegen einen Wert $x^* \in [\theta, x_1]$, und aus der Gleichung

$$(2.2) \qquad x_{n+1} - x_n = - \frac{f(x_n)}{f'(x_n)}$$

folgt $\lim\limits_{n \to \infty} \dfrac{f(x_n)}{f'(x_n)} = 0$, d.h. $f(x^*) = 0$.

x^* ist also eine Nullstelle von f und muß daher Abb. 2.1 zufolge
mit θ identisch sein.

Unsere Betrachtung führt hier deshalb zum Ziel, weil x_1 auf
der "richtigen" Seite von θ angenommen wurde. Würde man z.B. in
Abb. 2.1 die Tangentenkonstruktion von der Näherung x' aus versuchen, so würde, wie Abb. 2.1 zeigt, unter Umständen der Schnitt-
punkt der Tangente T' durch den Punkt (x',f(x')) mit der x-Achse
wesentlich weiter von θ entfernt liegen als x' und obendrein auf
der anderen Seite von θ.

Welche Eigenschaften von f werden nun bei unserem Beweis
für die Konvergenz der Folge $\{x_n\}$ gegen θ benutzt? Offenbar ist
nur zu sichern, daß allgemein:

(a) x_{n+1} zwischen x_n und θ liegt

(b) zwischen θ und x_1 keine weitere Nullstelle von f existiert.

In Abb. 2.1 ist (a) deshalb erfüllt, weil x_1 rechts von θ
liegt und weil der Kurvenbogen zwischen θ und x_1 konvex ist. Die

richtige Seite von θ ist im Falle von Abb. 2.1 durch sign $f(x_1)=+1$ charakterisiert.

Unter Hinzuziehung eines Spiegelungsargumentes erhalten wir die folgenden hinreichenden Bedingungen für die monotone Konvergenz der Newton-Raphson'schen Folge $\{x_n\}$ gegen θ.

Satz 2.2: Es sei f differenzierbar im abgeschlossenen Intervall J zwischen θ und x_1, und es gelte $f(\theta)=0$, $f(x)\neq0$ für $x\in J-\{\theta\}$.
Ist f konvex in J und $f(x_1)>0$ oder
ist f konkav in J und $f(x_1)<0$,
so ist die Newton-Raphson'sche Folge $\{x_n\}$ monoton konvergent gegen θ.

Durch eine Spezialisierung der im Satz 2.2 angegebenen Bedingungen erhält man die sogenannten Fourier-Bedingungen für die Konvergenz des Newton-Raphson'schen Verfahrens:

Korollar 2.3: Es sei f im abgeschlossenen Intervall J zwischen a und x_1 zweimal differenzierbar. Es gelte $f'(x)\neq0$, $f''(x)\neq0$ für alle $x\in J$ und f'' habe stets dasselbe Vorzeichen. Gilt ferner
sign $f(x_1)$ = sign $f''(x_1)$ = -sign $f(a)$, so besitzt f eine einzige Nullstelle in J, gegen die die von x_1 aus gebildete strikt monotone Newton-Raphson'sche Folge konvergiert.

Bemerkungen:

1.) Bei der praktischen Anwendung des Verfahrens unter den Fourier-Bedingungen kann es dem Rechner leicht passieren, daß er beim Weglassen der überschüssigen Dezimalen, falls er dabei aufzurunden hat, über die Stelle θ hinwegkommt und in ein Gebiet gelangt, in dem die Fourier-Bedingungen nicht mehr gelten. Daher sollte man sich in diesem Falle zur Regel machen, bei jedem Schritt den absoluten Betrag der erhaltenen Korrektur nicht auf- sondern abzurunden.

2.) Zur angenäherten Auflösung von Gleichungen wird oft von einer anderen Regel Gebrauch gemacht, der sogenannten regula falsi. Geometrisch formuliert unterscheidet sich diese Regel von der Newton'schen Methode darin, daß man den Kurvenbogen nicht durch die Tangente, sondern durch seine Sehne ersetzt. Wir werden von einer näheren Diskussion dieses Verfahrens absehen und gleich zu einem allgemeineren Verfahren übergehen.

§ 3: Das Iterationsverfahren von v. Mises und Pollaczek-Geiringer

Sei f eine reellwertige stetige Funktion im Intervall J. Ausgehend von x_1 möchte man die nächste rechts (bzw. links) von x_1 gelegene Nullstelle von f suchen.

Folgendes Vorgehen führt zum Ziel. Sei c eine reelle Zahl, so daß

$$(3.1) \qquad |c| < \inf\{|\frac{x_2 - x_1}{f(x_2) - f(x_1)}| \ |x_1, x_2 \in J\}.$$

Bildet man nun die Zahlenfolge

$$(3.2) \qquad x_n = x_{n-1} + cf(x_{n-1}), \ (n \geq 2),$$

so gilt

<u>Satz 3.1:</u> f sei eine im abgeschlossenen Intervall J stetige reellwertige Funktion. Sei $x_1 \in J$, und es existiere eine Nullstelle rechts (links) von x_1. Dann gilt für die in (3.2) definierte Zahlenfolge $\{x_n\}$: Ist c so gewählt, daß $cf(x_1)$ positiv (negativ) ist, so ist $\{x_n\}_{n=1}^{\infty}$ monoton wachsend (fallend). Für $x_0 = \lim\limits_{n \to \infty} x_n$ gilt $f(x_0) = 0$, und x_0 ist die erste rechts (links) von x_1 gelegene Nullstelle.

<u>Bemerkung:</u> Bei einer differenzierbaren Funktion kann man (3.1) durch $|c| < \inf\limits_{x \in J} |\frac{1}{f'(x)}|$ ersetzen.

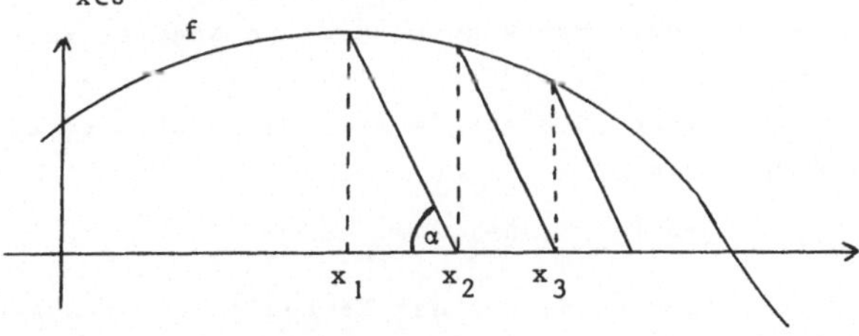

Fig. 3.1.

Geometrisch bedeutet (3.2), daß man ausgehend von dem Kurvenpunkt $(x_1, f(x_1))$ eine Gerade unter dem Winkel α zieht, wobei $c = ctg \ \alpha$ ist, eine Gerade also, die wegen (3.1) steiler nach rechts abwärts geht als die stärkste Sehnenneigung der Kurve im betrachteten Intervall zwischen x_1 und der Nullstelle. Aus der Abbildung - die für positives f gezeichnet ist - geht schon hervor, daß man auf diese Weise von links immer näher an die Wurzel herankommt, ohne über sie hinauszugelangen, und eben darin besteht die Behauptung.

Beweis des Satzes: Ist θ eine Wurzel von f, so gilt

$$|c| < |\frac{x_n-\theta}{f(x_n)-f(\theta)}| = |\frac{x_n-\theta}{f(x_n)}| \quad \text{und daher nach (3.2)}$$

$$(3.3) \qquad |x_{n+1}-x_n| = |cf(x_n)| < |x_n-\theta|; \quad n=1,2,\ldots .$$

Ist $c \cdot f(x_1)>0$ und bezeichnet θ die nächste rechts von x_1 gelegene Nullstelle, so folgt aus (3.2), daß $x_2>x_1$, und aus (3.3), da $\theta>x_1$, daß $x_2-x_1 < \theta-x_1$. Das heißt x_2 liegt zwischen x_1 und θ.

Demnach muß, da θ die nächste rechts von x_1 gelegene Nullstelle war, auch $f(x_2)>0$ gelten, und man schließt wieder aus (3.2) und (3.3), daß x_3 zwischen x_2 und θ liegen muß, usw.. $\{x_n\}$ ist also eine beschränkte, monoton wachsende Folge und besitzt daher einen Grenzwert x^*. Wegen $|cf(x_n)| = |x_{n+1}-x_n|$ gilt deshalb auch $\lim\limits_{n\to\infty} f(x_n)=0$, und aus der Stetigkeit von f folgt: $\lim\limits_{n\to\infty} f(x_n)=f(x^*)=0$.
Da außerdem für alle n $x_n \leq \theta$, erhalten wir nach der Annahme über $\theta: x^*=\theta$.

Falls $c \cdot f(x_1)<0$, so verfährt man analog. $\hspace{3em}$ Q.E.D.

Bemerkungen:

1.) Die Konvergenz wird um so schneller, je größer man $|c|$ unter Beachtung von (3.1) wählt, da ja x_{n+1} aus x_n durch Hinzufügung von $cf(x_n)$ hervorgeht. Man kann auch c von Schritt zu Schritt geeignet verändern, also größere $|c|$ wählen, wenn man in einen Bereich mit geringerer Steigung kommt. Man erhält so eine Zahlenfolge der Form

$$(3.4) \qquad x_{n+1} = x_n+a_n f(x_n); \quad n=1,2,\ldots .$$

Es sei darauf hingewiesen, daß das Newton'sche Verfahren als ein Spezialfall dieses allgemeinen Verfahrens aufgefaßt werden kann. Man setze $a_n = -\frac{1}{f'(x_n)}$.

Die Wahl $a_n = -\frac{x_n-x_{n-1}}{f(x_n)-f(x_{n-1})}$ liefert die regula falsi.

Es sei hervorgehoben, daß bei diesen Verfahren die Konvergenz nur sichergestellt ist, wenn man weitere Annahmen macht wie etwa in Satz 2.2.

2.) Obiges Verfahren wird man natürlich nur dann benutzen, wenn
die Funktion in einer Weise definiert ist, aus der die Wurzeln
nicht sofort erkenntlich sind. Dieses ist insbesondere für
viele transzendente Funktionen der Fall.

3.) Germansky [52] hat obiges Verfahren für die Lösung von Extremalaufgaben mittels Iteration verwendet.

§ 4: Robbins/Monros Verfahren der stochastischen Approximation

Falls man sich bei einer reellwertigen Funktion M für Lösungen
der Gleichung

(4.1) $M(x) = \alpha, \alpha \in \mathbb{R}$ ist vorgegeben,

interessiert, so kann man sich auf das Studium der Nullstellen der
Funktion

(4.2) $f(x) = \alpha - M(x)$

beschränken und das in (3.4) beschriebene Iterationsverfahren mit
geeigneten Konstanten a_n ansetzen.

Nun kommt es in vielen Gebieten - wie etwa der Biologie, der
Metallurgie und der Psychologie - vor, daß die Funktion M nur
empirisch gegeben ist, d.h.: für jedes x unterliegt die Messung
von M(x) zufälligen Fehlern.

Wir nehmen nun an, daß für jedes x die Messung durch eine Zufallsvariable (ZV) Y_x mit Erwartungswert $EY_x = M(x)$ beschrieben
werden kann, so daß M als "Regressionslinie" betrachtet werden
kann. Das Problem ist wiederum, eine Lösung von (4.1) zu finden.
Bezeichnet man die Verteilungsfunktion von Y_x mit $F(y|x)$,
$F(y|x) = P(Y_x < y)$, so gilt offensichtlich

(4.3) $M(x) = \int_{\mathbb{R}} y dF(y|x), x \in \mathbb{R}.$

Ob wir nun das durch $F(\cdot|x)$ beschriebene Fehlergesetz kennen oder
nicht, das in (3.4) beschriebene Verfahren funktioniert nicht, da
wir M(x) nicht genau messen können. Wir erhalten nur für jedes $x \in \mathbb{R}$
eine Realisierung der ZV Y_x. Unter diesen Umständen kann man nun
versuchen, anstatt der in (3.4) angegebenen Folge reeller Zahlen
eine Folge von ZV zu definieren, welche z.B. stochastisch oder mit
Wahrscheinlichkeit 1 - d.h. fast überall - gegen eine Lösung von
(4.1) konvergiert.

Dieses wurde von Robbins/Monro [116] getan, indem sie die soge-
nannte "Methode der stochastischen Approximation" entwickelten,
welche (3.4) für ZV modifiziert. Die hierbei erforderlichen Regularitätsannahmen auf ein Minimum zu reduzieren, hat mehrere Forscher
bis auf den heutigen Tag beschäftigt. Wir werden in diesem Kapitel
nur einige Schritte dieser Entwicklung aufzeigen.

Wir wenden uns jetzt dem Verfahren von Robbins/Monro zu, welches wir kurz als RM-Verfahren oder auch als RM-Prozeß bezeichnen.
Alle vorkommenden ZV sind auf einem fest gewählten Wahrscheinlich-
keitsraum (Ω, A, P) definiert. So sind die ZV $Y_x (x \in \mathbb{R})$ A-meßbare Ab-
bildungen $Y_x : \Omega \rightarrow \mathbb{R} (\omega \rightarrow Y_x(\omega))$.

Man definiere nun eine nichtstationäre Markoffkette $\{X_n\}$ wie
folgt: α sei eine reelle Zahl und $\{a_n\}$ sei eine Folge positiver reeller Zahlen. Ist X_1 eine beliebige Zahl, so definiere man rekursiv
für alle $n \geq 1$ und jedes $\omega \in \Omega$

(4.4) $X_{n+1}(\omega) = X_n(\omega) + a_n(\alpha - Y_n(\omega))$, wobei Y_n eine ZV ist, deren
bedingte Verteilung bei gegebenem $X_1 = x_1, \ldots, X_n = x_n$ gleich
$F(\cdot | x_n)$, der Verteilung von Y_{x_n}, ist.

Es folgt, daß $E(Y_n | x_n) = M(x_n)$. Die folgenden Bedingungen werden be-
nötigt und teils alternativ verwendet:

(A) $|M(x)| \leq C < \infty, \quad \int_{\mathbb{R}} (y - M(x))^2 dF(y | x) \leq \sigma^2 < \infty (x \in \mathbb{R})$.

(B) Für ein $\delta > 0$ ist $M(x) \leq \alpha - \delta$ für $x < \theta$ und $M(x) \geq \alpha + \delta$ für $x > \theta$.

(C) 1. $M(x) < \alpha$ für $x < \theta, M(\theta) = \alpha, M(x) > \alpha$ für $x > \theta$.
2. Für ein $\delta > 0$ wächst M strikt monoton in $\{x \| |x - \theta| < \delta\}$.
3. Für ein $\delta > 0$ ist $\inf\{|M(x) - \alpha| \| |x - \theta| \geq \delta\} > 0$.

(D) $M : \mathbb{R} \rightarrow \mathbb{R}$ ist Lebesgue-meßbar.

(E) Für die Folge $\{a_n\}$ positiver Zahlen gelte:

1. $\sum_{1 \leq n < \infty} a_n = \infty$ 2. $\sum_{1 \leq n < \infty} a_n^2 < \infty$.

Wir werden nun nicht die ursprünglichen Ergebnisse von Robbins/
Monro darstellen, sondern gleich eine verallgemeinerte Fassung, die
von Wolfowitz [160] stammt, angeben und beweisen.

<u>Satz 4.1:</u> Für die in (4.4) definierte Folge von ZV gilt $\lim_{n \to \infty} X_n = \theta$
(stochastisch), falls

(a):(A), (B), (D), (E) gelten <u>oder</u> falls (b):(A), (C), (D), (E)
gelten.

<u>Beweis:</u> Sei $b_n = E(X_n-\theta)^2$, $d_n = E((X_n-\theta)(M(X_n)-\alpha))$ (existiert wegen
(A),(D)), $e_n = E(\int_{\mathbb{R}} (y-\alpha)^2 dF(y|X_n))$. Aus (A) folgt

(4.5) $0 \leq e_n \leq h$ für $h = \sigma^2 + (C+|\alpha|)^2$.

(B) (oder (C)) impliziert: $M(x) \leq \alpha$ für $x < \theta$ und $M(x) \geq \alpha$ für $x > \theta$
und deshalb auch

(4.6) $d_n \geq 0$.

Nun ist $b_{n+1} = E(X_{n+1}-\theta)^2 = E(E((X_{n+1}-\theta)^2|X_n))$

$$= E(\int_{\mathbb{R}} ((X_n-\theta)-a_n(y-\alpha))^2 dF(y|X_n))$$

$$= b_n + a_n^2 E(\int_{\mathbb{R}} (y-\alpha)^2 dF(y|X_n)) - 2a_n E((X_n-\theta)(M(X_n)-\alpha)).$$

Nach Definition von d_n und e_n erhalten wir also $b_{n+1}-b_n = a_n^2 e_n - 2a_n d_n$,
und deshalb gilt auch

(4.7) $b_{n+1} = b_1 + \sum_{1 \leq j \leq n} a_j^2 e_j - 2 \sum_{1 \leq j \leq n} a_j d_j$.

Aus (E) und (4.5) folgt

(4.8) $0 \leq \sum_{1 \leq j \leq n} a_j^2 e_j \leq \sum_{1 \leq j < \infty} a_j^2 e_j < \infty$,

und, da $b_{n+1} \geq 0$, folgt auch $\sum_{1 \leq j \leq n} a_j d_j \leq \frac{1}{2} (b_1 + \sum_{1 \leq j < \infty} a_j^2 e_j) < \infty$.

Da $d_j \geq 0$, $a_j \geq 0$ für $j \geq 1$, gilt deshalb auch

(4.9) $\sum_{1 \leq j < \infty} a_j d_j < \infty$.

Aus (4.7), (4.8) und (4.9) ergibt sich die Konvergenz der Folge
$\{b_n\}$ gegen einen Grenzwert b:

(4.10) $b = \lim_{n \to \infty} b_n = b_1 + \sum_{1 \leq j < \infty} a_j^2 e_j - 2 \sum_{1 \leq j < \infty} a_j d_j$.

Aus (E) 1. und (4.9) folgt nun

(4.11) $\underline{\lim_{n \to \infty}} d_n = 0$

und deshalb für eine geeignete Teilfolge

(4.12) $\lim_{j \to \infty} d_{n_j} = 0$.

Wir behaupten zunächst, daß $\{X_{n_j}\}$ stochastisch gegen θ konvergiert.

Angenommen, dieses wäre falsch, dann würden eine Teilfolge $\{t_i\}$ von $\{n_j\}$ und positive Zahlen ε, η existieren, so daß für alle $i \geq 1$

$$(4.13) \quad P(\{\omega \,|\, |X_{t_i}(\omega) - \theta| > \eta\}) > \varepsilon.$$

Mit (B) oder (C) folgt hieraus für alle t_i

$$(4.14) \quad d_{t_i} = E((X_{t_i} - \theta)(M(X_{t_i}) - \alpha)) = E(|X_{t_i} - \theta| |M(X_{t_i}) - \alpha|)$$

$$\geq \varepsilon \eta \, \inf\{|M(x) - \alpha| \,|\, |x - \theta| \geq \eta\}.$$

η kann kleiner als das δ in (B) oder (C) angenommen werden, und wir erhalten deshalb einen Widerspruch zwischen (4.12) und (4.14).

Seien nun ε und η beliebige positive Zahlen. Der Satz ist bewiesen, falls wir zeigen können, daß ein $n(\eta, \varepsilon)$ existiert, so daß für $n \geq n(\eta, \varepsilon)$

$$(4.15) \quad P(|X_n - \theta| > \eta) \leq \varepsilon.$$

Sei $s > 0$ so gewählt, daß

$$(4.16) \quad \eta^{-2}(s^2 + s) < \varepsilon/2.$$

Da X_{n_j} stochastisch gegen θ konvergiert, gibt es eine Zahl N_o mit den Eigenschaften

$$(4.17) \quad P(|X_{N_o} - \theta| \geq s) < \varepsilon/2, \quad \sum_{N_o \leq n < \infty} a_n^2 < s/h.$$

Sei nun $X_{N_o} = x$. Indem wir das Verfahren als mit $X_{N_o} = x$ anfangend ansehen, erhalten wir für $n \geq N_o$ die zu b_n, e_n, d_n analogen Größen $b_n'(x)$, $e_n'(x)$, $d_n'(x)$, wobei also insbesondere $b_n'(x) = E((X_n - \theta)^2 | X_{N_o} = x)$. Aus (4.7) folgt nun unter Berücksichtigung von $d_j'(x) \geq 0$

$$(4.18) \quad b_n'(x) \leq b_{N_o}'(x) + \sum_{N_o \leq j < n} a_j^2 e_j'(x)$$

und wegen (4.5) und (4.17)

$$(4.19) \quad b_n'(x) \leq (x - \theta)^2 + h \sum_{N_o \leq j < \infty} a_j^2 \leq (x - \theta)^2 + s.$$

Nun ist wegen (4.17)

$$(4.20) \quad P(|X_n - \theta| > \eta) = P(|X_n - \theta| > \eta \,\|\, |X_{N_o} - \theta| \geq s)\, P(|X_{N_o} - \theta| \geq s)$$

$$+ P(|X_n - \theta| > \eta \,\|\, |X_{N_o} - \theta| < s)\, P(|X_{N_o} - \theta| < s)$$

$$\leq \frac{\varepsilon}{2} + P(|X_n - \theta| > \eta \,\|\, |X_{N_o} - \theta| < s).$$

Aus Tschebyscheffs Ungleichung erhält man mit (4.19) und (4.16)

$$(4.21) \quad P(|X_n - \theta| > \eta \,\|\, |X_{N_o} - \theta| < s) < \eta^{-2}(s^2 + s) < {}^{\varepsilon}/_2 .$$

Die Ungleichungen (4.20) und (4.21) liefern nun (4.15) mit
$n(\eta,\varepsilon) = N_o$.   Q.E.D.

<u>Bemerkungen</u>: In [116], [160] wurde unter stärkeren Annahmen auch
L_2-Konvergenz bewiesen.

Ideen zur stochastischen Approximation wurden schon 1941 von
Hotelling [65] diskutiert.

<u>Beispiel 4.2</u>: Sei M die Reaktionskurve einer (z.B. biologischen)
Population, d.h. hier einfach einer Gruppe von Individuen, für
einen durch eine reelle Zahl meßbaren Reiz. Eine solche Kurve hat
die folgende Bedeutung: Auf einen Reiz der Intensität x reagiert
der Anteil M(x) der Population und der Rest nicht. Es ist häufig
so, daß mit größer werdender Intensität des Reizes auch der Anteil
der reagierenden Individuen größer wird. Es ist also natürlich
anzunehmen, daß M(x)=0 für $x \leq 0$, M monoton wächst für $x \geq 0$ und
$\lim_{x \to \infty} M(x) = 1$. M ist also eine Verteilungsfunktion. Häufig interessiert man sich für den Median $\theta : M(\theta) = \frac{1}{2}$, oder allgemeiner für ein
Quantil θ mit $M(\theta) = \alpha$. Nun ist M in den meisten Fällen nicht bekannt, aber für jedes x kann man gemäß der Gleichverteilung auf
der Population ein Individuum auswählen und es dem Reiz mit Intensität x aussetzen. Die ZV Y_x bezeichne den Ausgang dieses zu-
fälligen Experimentes, und zwar sei $Y_x = \begin{cases} 1 & \text{bei Reaktion} \\ 0 & \text{sonst} \end{cases}$.

Nach unseren Voraussetzungen gilt $P(Y_x=1)=M(x)$, $P(Y_x=0)=1-M(x)$ und
$EY_x = M(x)$. Wendet man nun das RM-Verfahren mit $\{a_n\} = \{\frac{1}{n}\}$ an, so
sind die Bedingungen (A), (D) und (E) erfüllt. Da in unserem Falle
M eine Treppenfunktion ist, ist (B) (oder (C)) nicht erfüllt. Bei
sehr großen Populationen können wir aber praktisch annehmen, daß
M strikt monoton ist und deshalb (C) gilt. Die Konvergenzgeschwin-
digkeit des Verfahrens hängt von der Wahl des Anfangspunktes $X_1 = x_1$

und von der Natur von M ab. Für ein festes M gibt es sicherlich
schnellere Verfahren (in der Sprache der Statistik "effizientere
Schätzer von θ"), aber das RM-Verfahren hat den Vorteil, daß es
- bis auf die in Satz 4.1 formulierten Bedingungen - nicht von M
und Y_x ($x \in \mathbb{R}$) abhängt.

<u>Beispiel 4.3:</u> Eine andere Anwendung des RM-Verfahrens ergibt sich
bei der Behandlung von Abrundungsfehlern wie sie etwa bei Rechen-
maschinen auftreten, wenn man Gleichungen durch klassische Iterationsverfahren löst. Wir erwähnen hier nur ein einfaches Problem
dieser Art. Eine reelle Zahl x sei bei den Rechnungen durch eine
ganze Zahl zu ersetzen. Wir können x zu $\lfloor x \rfloor$ abrunden oder zu $\lceil x \rceil$
aufrunden. Geschieht dieses mehrfach in einem iterativen Verfahren,
so kann dieses zu großen Fehlern führen. Man wählt deshalb eine
stochastische Regel: Jedem $x \in \mathbb{R}$ wird eine ZV Y_x zugeordnet mit
$P(Y_x = \lfloor x \rfloor) = 1 - (x - \lfloor x \rfloor)$, $P(Y_x = \lceil x \rceil) = x - \lfloor x \rfloor$, und diese ZV bestimmt,
durch welche ganze Zahl x ersetzt wird. Es gilt $EY_x = x$. Verwendet
man nun ein iteratives Verfahren zur Auflösung einer linearen Gleichung und modifiziert man dieses mit der stochastischen Rundungs-
regel, so läßt sich zeigen, daß das modifizierte Verfahren mit
Wahrscheinlichkeit 1 gegen die Lösung der gegebenen Gleichung konvergiert. Fabian [41] ist auf andere Weise zu einem ähnlichen Ergebnis gekommen.

§ 5: Fast-überall-Konvergenz des RM-Verfahrens

Das Ergebnis aus Satz 4.1 wurde von Blum [22] dahingehend verbessert, daß er sogar Fast-überall-Konvergenz bewies. Darüber hinaus
sind seine Voraussetzungen schwächer als die in Satz 4.1 gemachten.
Wir bringen hier das Ergebnis aber vor allen Dingen deshalb, weil
es einen wichtigen Zwischenschritt in der Entwicklung vom RM-Verfahren zu Dvoretzkys Verfahren, welches wir in § 7 behandeln, darstellt. Für praktische Zwecke ist natürlich stochastische Konvergenz ebenso nützlich wie Fast-überall-Konvergenz.

Wir benötigen die folgenden Bedingungen:

(A*)
1. $|M(x)| \leq c + d|x|$ für geeignete $c, d \geq 0$.

2. $\int_{\mathbb{R}} (y - M(x))^2 \, dF(y|x) \leq \sigma^2 < \infty$.

(B*) $M(x) < \alpha$ für $x < \theta$, $M(x) > \alpha$ für $x > \theta$.

(C*) $\inf\limits_{\delta_1 \leq |x-\theta| \leq \delta_2} |M(x)-\alpha| > 0$ für jedes Paar (δ_1,δ_2) mit $0<\delta_1<\delta_2<\infty$.

(D) $M : \mathbb{R} \to \mathbb{R}$ ist Lebesgue-meßbar.

(E)   Für die Folge $\{a_n\}$ positiver Zahlen gelte:

   1. $\sum\limits_{1 \leq n < \infty} a_n = \infty$ 2. $\sum\limits_{1 \leq n < \infty} a_n^2 < \infty$.

Natürlich ist (A*) schwächer als (A), und man sieht ebenfalls leicht, daß sowohl (B) als auch (C) (B*) und (C*) implizieren.

<u>Satz 5.1:</u>   Falls (A*), (B*), (C*), (D), (E) gelten, dann konvergiert der RM-Prozeß $\{X_n\}_{n=1}^{\infty}$ fast überall gegen θ.

   Für den Beweis werden 3 Lemmas benötigt:

<u>Lemma 5.2:</u>   Sei $\{V_n\}$ eine Folge von ZV mit $\sum\limits_{1 \leq n < \infty} E(V_n^2) < \infty$, dann konvergiert $\{ \sum\limits_{1 \leq j \leq n} [V_j - E(V_j|V_1,\ldots,V_{j-1})]\}_{n=1}^{\infty}$ fast überall gegen eine ZV.

Dieses ist ein Spezialfall von Lemma 5.2 in [97]. Da es inzwischen zum klassischen Bestand der Wahrscheinlichkeitstheorie gehört, ersparen wir uns den Beweis.

<u>Lemma 5.3:</u>   Falls $\int\limits_{\mathbb{R}} (y-M(x))^2 dF(y|x) \leq \sigma^2 < \infty$ und $\sum\limits_{1 \leq n < \infty} a_n^2 < \infty$, dann konvergiert die Folge $\{X_{n+1} - \sum\limits_{1 \leq j \leq n} a_j[\alpha-M(X_j)]\}_{n=1}^{\infty}$ fast überall gegen eine ZV.

<u>Beweis:</u>   Da $X_{n+1} = X_1 + \sum\limits_{1 \leq j \leq n} a_j(\alpha-Y_j)$ im RM-Prozeß, ist

$X_{n+1} - \sum\limits_{1 \leq j \leq n} a_j(\alpha-M(X_j))$ gleich $X_1 - \sum\limits_{1 \leq j \leq n} a_j(Y_j-M(X_j))$, und es genügt die Konvergenz der Folge $\{ \sum\limits_{1 \leq j \leq n} V_j \}_{n=1}^{\infty}$, wobei $V_j = a_j(Y_j-M(X_j))$, zu zeigen.

   Da $E(V_j^2) = a_j^2 E(Y_j-M(X_j))^2 \leq a_j^2\sigma^2$, erhalten wir nach den Voraussetzungen

(5.1) $\sum\limits_{1 \leq n < \infty} E(V_n^2) \leq \sum\limits_{1 \leq n < \infty} a_n^2\sigma^2 < \infty$.

Es gilt ferner, wie unten dargelegt wird, daß

(5.2) $E(V_j|V_1,\ldots,V_{j-1}) = 0$,

und die behauptete Konvergenz folgt nun aus (5.1), (5.2) und

Lemma 5.2. Um (5.2) einzusehen, genügt es, sich zu vergewissern, daß $E(Y_n - M(X_n) | Y_1 - M(X_1), \ldots, Y_{n-1} - M(X_{n-1})) = 0$. Nun ist aber mit gegebener Konstante $X_1 = x_1$ auch $M(X_1)$ gegeben, und mit gegebenem $Y_1 - M(X_1)$ ist deshalb auch X_2 gegeben, usw.. Da aber $E(Y_n - M(X_n) | X_n) = 0$, folgt (5.2).

Q.E.D.

<u>Lemma 5.4:</u> Falls (A*), (B*) und (E2) gelten, dann konvergiert $\{X_n\}_{n=1}^{\infty}$ fast überall.

<u>Beweis:</u> Wir zeigen zunächst

$$(5.3) \quad P\{\omega | \lim_{n \to \infty} X_n(\omega) = +\infty\} + P\{\omega | \lim_{n \to \infty} X_n(\omega) = -\infty\} = 0.$$

Sei nämlich etwa $\lim_{n \to \infty} X_n(\omega) = +\infty$ für ein $\omega \in \Omega$, dann gilt $X_n(\omega) \leq \theta$ für nur endlich viele n und wegen (B*) $a_n(\alpha - M(X_n(\omega))) < 0$ für alle hinreichend großen n. Aber dann gilt

$$\lim_{n \to \infty} [X_{n+1}(\omega) - \sum_{1 \leq j \leq n} a_j(\alpha - M(X_j(\omega)))] = +\infty.$$

Nach Lemma 5.3 kann dieses nur mit Wahrscheinlichkeit 0 vorkommen, und deshalb ist (5.3) bewiesen.

Wir nehmen nun an, daß Lemma 5.4 nicht gilt, und führen dieses zum Widerspruch. Nach dieser Annahme, nach (5.3) und Lemma 5.3 gibt es eine Menge $A \subset \Omega$, $A \in \mathcal{A}$, $P(A) > 0$, so daß für alle $\omega \in A$:

$$(5.4) \quad \text{(a)} \quad \underline{\lim_{n \to \infty}} X_n(\omega) < \overline{\lim_{n \to \infty}} X_n(\omega)$$

$$\text{(b)} \quad X_{n+1}(\omega) - \sum_{1 \leq j \leq n} a_j(\alpha - M(X_j(\omega))) \text{ konvergiert gegen eine}$$

endliche Zahl.

Sei $\omega \in A$ und es gelte $\overline{\lim_{n \to \infty}} X_n(\omega) > \theta$. (Der Fall $\overline{\lim_{n \to \infty}} X_n(\omega) \leq \theta$ kann mit einem zu dem folgenden ähnlichen Argument erledigt werden).

Wir können $a, b \in \mathbb{R}$ so wählen, daß

$$(5.5) \quad a > \theta \text{ und } \underline{\lim_{n \to \infty}} X_n(\omega) < a < b < \overline{\lim_{n \to \infty}} X_n(\omega).$$

Aus $\sum_{1 \leq n < \infty} a_n^2 < \infty$ folgt $\lim_{n \to \infty} a_n = 0$. Dieses und (5.4) ermöglichen es, N so groß zu wählen, daß aus $N \leq n < m$ folgt

$$(5.6) \quad \text{(a)} \quad a_n \leq \min\{\frac{1}{3d}, \frac{b-a}{3(|\alpha| + c + d|\theta|)}\}$$

$$\text{(b)} \quad |X_m(\omega) - X_n(\omega) - \sum_{n \leq j < m} a_j(\alpha - M(X_j))| \leq \frac{b-a}{3}.$$

Wegen (5.5) können wir m,n so festlegen, daß

$$\text{(a)} \quad N \leq n < m$$
$$(5.7) \quad \text{(b)} \quad X_n(\omega) < a, X_m(\omega) > b$$
$$\text{(c)} \quad a \leq X_j(\omega) \leq b \quad \text{für } n < j < m.$$

Aus (B*) und (5.7)(c) folgt für $n < j < m$ $a_j(\alpha - M(X_j(\omega))) < 0$ und deshalb mit (5.6)(b)

$$(5.8) \quad X_m(\omega) - X_n(\omega) \leq \frac{b-a}{3} + a_n(\alpha - M(X_n(\omega))).$$

Falls nun auch $X_n(\omega) > \theta$, dann folgt

$$(5.9) \quad X_m(\omega) - X_n(\omega) \leq \frac{b-a}{3} ,$$

im Widerspruch zu (5.7)(b). Es bleibt der Fall $X_n(\omega) \leq \theta$ zu betrachten.

Nun erhalten wir aus (A*)1. die Abschätzung

$$(5.10) \quad |M(X_n(\omega))| \leq c + d|X_n(\omega)| \leq c + d|\theta| + d|\theta - X_n(\omega)|$$
$$\leq c + d|\theta| + d(X_m(\omega) - X_n(\omega))$$

und mit (5.8) und (5.6)(a) folglich

$$(5.11) \quad X_m(\omega) - X_n(\omega) \leq \frac{b-a}{3} + a_n[|\alpha| + c + d|\theta|] + a_n d(X_m(\omega) - X_n(\omega))$$
$$\leq \frac{2(b-a)}{3} + \frac{X_m(\omega) - X_n(\omega)}{3} .$$

Hieraus folgt $X_m(\omega) - X_n(\omega) \leq b - a$, und dieses steht im Widerspruch zu (5.7)(b).   Q.E.D.

<u>Beweis von Satz 5.1:</u>   Nach Lemma 5.4 wissen wir, daß für eine geeignete ZV X die Menge $B = \{\omega | \lim_{n \to \infty} X_n(\omega) = X(\omega)\}$ $P(B) = 1$ erfüllt.

Außerdem schließen wir aus den Lemmas 5.3 und 5.4 (oder auch direkt wie im Beweis von Lemma 5.3), daß

$$(5.12) \quad \{ \sum_{1 \leq j \leq n} a_j(\alpha - M(X_j)) \} \text{ fast überall konvergiert.}$$

Wir führen den Beweis des Satzes, indem wir zeigen, daß die Annahme $P(X \neq \theta) > 0$ im Widerspruch zu (5.12) steht. Falls $P(X \neq \theta) > 0$, dann können wir $\varepsilon_1, \varepsilon_2$ mit $\theta < \varepsilon_1 < \varepsilon_2 < \infty$ (oder mit $-\infty < \varepsilon_1 < \varepsilon_2 < \theta$) wählen, so daß für $B' = \{\omega | \varepsilon_1 < X(\omega) < \varepsilon_2\}$ gilt

$$(5.13) \quad P(B \cap B') > 0.$$

Für $\omega \in B \cap B'$ gibt es ein j_ω, so daß für $j \geq j_\omega$ $\varepsilon_1 \leq X_j(\omega) \leq \varepsilon_2$.

Wählt man nun $\delta_1 = |\varepsilon_1 - \theta|, \delta_2 = |\varepsilon_2 - \theta|$, so folgt aus (C*)

(5.14) $r(\varepsilon_1, \varepsilon_2) := \inf_{|\varepsilon_1 - \theta| \leq |x - \theta| \leq |\varepsilon_2 - \theta|} |M(x) - \alpha| > 0.$

Wegen (B*) gilt also

(5.15) $M(X_j(\omega)) - \alpha \geq r(\varepsilon_1, \varepsilon_2)$ für $\omega \in B \cap B'$ und $j \geq j_\omega$,

und da $\sum_{1 \leq j < \infty} a_j = \infty, a_j \geq 0$, divergiert also $\{ \sum_{1 \leq j \leq n} a_j (\alpha - M(X_j(\omega))) \}$ für

$\omega \in B \cap B'$. Dieses steht im Widerspruch zu (5.12) und (5.13).   Q.E.D.

<u>Bemerkung:</u> Schmetterer [121] hat gezeigt, daß man statt (A*)1.
nur zu verlangen braucht, daß M lokal beschränkt ist und für alle
$x \in \mathbb{R}$ entweder $M(x) \leq c_1 + d_1 |x|$ <u>oder</u> $M(x) \geq c_2 + d_2 |x|$ erfüllt.

§ 6: <u>Approximation des Maximums einer Regressionsfunktion</u>

Unter Bemerkung 3.) in § 3 wurde erwähnt, wie Germansky [52]
im deterministischen Falle Extremalwerte bestimmt. Angeregt durch
das RM-Verfahren haben Kiefer-Wolfowitz [86] ein Verfahren, kurz
KW-Verfahren genannt, für den stochastischen Fall angegeben und
unter nachstehenden Regularitätsannahmen stochastische Konvergenz
bewiesen. Grob gesprochen liefert ein Konvergenzsatz für das RM-
Verfahren einen Konvergenzsatz für das KW-Verfahren, wenn man Bedingungen an die Regressionsfunktion M durch ähnliche Bedingungen
an M' ersetzt.

Sind $\{a_n\}$, $\{c_n\}$ zwei Folgen positiver Zahlen, so ist das KW-
Verfahren rekursiv für $n \in \mathbb{N}$ wie folgt definiert:

(6.1) $X_{n+1} = X_n + a_n c_n^{-1} (Y_{2n} - Y_{2n-1}),$

   X_1 ist eine beliebige Zahl, und Y_{2n}, Y_{2n-1} sind unab-

   hängige ZV, die gemäß $F(y|X_n + c_n)$ bzw. $F(y|X_n - c_n)$ verteilt

   sind.

Das Verfahren sieht also im n-ten Schritt zwei Messungen, und zwar
an den Stellen $X_n + c_n$ und $X_n - c_n$, vor.

Während im RM-Verfahren die Abweichung des Meßwertes von dem
gesuchten Wert $\alpha - Y_n$ den weiteren Verlauf bestimmt, übernimmt im
KW-Verfahren $c_n^{-1}(Y_{2n} - Y_{2n-1})$, welches ein Maß für die Steigung ist,
diese Rolle. In [86] werden folgende Annahmen über die Regressionsfunktion M gemacht:

(A*)2. $\int_{\mathbb{R}} (y - M(x))^2 dF(y|x) \leq \sigma^2 < \infty, x \in \mathbb{R}.$

(F) M wächst (fällt) strikt monoton für $x<\theta (x>\theta)$.

(G) Es existieren $\rho, R \in \mathbb{R}^{+}: |x'-x''|<\rho \Rightarrow |M(x')-M(x'')|<R$.

(G') Es existieren $\beta, B \in \mathbb{R}^{+}: |x'-\theta|+|x''-\theta|<\beta \Rightarrow |M(x')-M(x'')|<B|x'-x''|$.

(H) Für jedes $\delta>0$ gibt es ein $\eta(\delta) \in \mathbb{R}^{+}: |x-\theta|>\delta \Rightarrow$
$$\inf_{\delta/2>\varepsilon>0} (\varepsilon^{-1}|M(x+\varepsilon)-M(x-\varepsilon)|)>\eta(\delta).$$

Für die Folgen $\{a_n\}, \{c_n\}$ wird postuliert:

(I) (i) $\lim\limits_{n\to\infty} c_n=0$, (ii) $\sum\limits_{1\leq n<\infty} a_n=\infty$, (iii) $\sum\limits_{1\leq n<\infty} (c_n^{-1}a_n)^2<\infty$.

(I') $\sum\limits_{1\leq n<\infty} a_n c_n<\infty$.

Blum [22] hat gezeigt, daß die Bedingungen (G') und (I') überflüssig sind und daß sogar Fast-überall-Konvergenz gilt. Wir geben hier sein Resultat an:

Satz 6.1: Unter den Bedingungen $(A^*)2.,(F),(G),(H)$ und (I) gilt $\lim\limits_{n\to\infty} X_n=\theta$ fast überall.

Bedingung (G) sichert, daß M nicht zu stark schwankt. Andernfalls könnten wir in der Nähe von $x=\theta$ eine "Bewegung" x_n erhalten, die uns wieder weit von θ entfernt. Bedingung (H) sorgt dafür, daß $M(x)$ für $|x-\theta|>\delta$ nicht zu flach wird. Sonst wäre die Bewegung in Richtung θ zu langsam.

Den Beweis von Satz 6.1 kann man nach dem Muster des Beweises von Satz 5.1 führen. Wir werden ihn hier in § 7 aus Satz 7.3 herleiten.

Dabei benutzen wir, daß die Bedingungen (F), (G) und (H) mit folgenden Bedingungen äquivalent sind:

(J*) $|M(x+1)-M(x)|<B<\infty$ für alle $x \in \mathbb{R}$.

(K*) $\sup\limits_{1/k<x-\theta<\infty} \overline{D}M(x)<0', \quad \inf\limits_{1/k<\theta-x<\infty} \underline{D}M(x)>0$ für alle $k \in \mathbb{N}$, wobei

$$\overline{D}M(x)=\varlimsup_{0\neq h\to 0} h^{-1}(M(x+h)-M(x)) \text{ und } \underline{D}M(x)=\varliminf_{0\neq h\to 0} h^{-1}(M(x+h)-M(x)).$$

Nun hat Dvoretzky [38] diese Bedingungen nochmals wesentlich abgeschwächt, so daß auch etwa die Funktionen $M(x)=-x^2, M(x)=\exp(-x^2)$ mit erfaßt werden. Dieser Satz folgt aus Satz 7.7, dem erweiterten Approximationssatz von Dvoretzky.

Satz 6.2: Für die Folgen $\{a_n\}$ $\{c_n\}$ geite (I). M erfülle $(A^*)2.$ und

(J) $|M(x+1)-M(x)|<A|x|+B < \infty$ für alle $x\in\mathbb{R}$

(K) $\sup\limits_{1/k<x-\theta<k} \overline{D}M(x)<0, \qquad \inf\limits_{1/k<\theta-x<k} \underline{D}M(x)>0$ für alle $k\in\mathbb{N}$.

Dann gilt $\lim\limits_{n\to\infty} X_n=\theta$ fast überall.

Bemerkung 6.3:   In praktischen Situationen weiß man in der Regel, daß θ in einem endlichen Intervall $[C_1,C_2]$ und $M(x)$ für alle $x\in[C_1,C_2]$ in einem endlichen Intervall $[C_3,C_4]$ liegt. Falls nun $x_n\pm c_n$ außerhalb von $[C_1,C_2]$ fällt, so kann man - je nach Situation - x_n so zu x_n^* abändern, daß $x_n^*+c_n=C_2$ bzw. $x_n^*-c_n=C_1$. Man setzt nun das KW-Verfahren mit x_n^* statt x_n fort. Es genügt jetzt, daß alle Bedingungen in $[C_1,C_2]$ gelten. (J) ist automatisch erfüllt.

Bemerkung 6.4:   Das KW-Verfahren lokalisiert das Maximum der Funktion M. Da M dem Experimentator nicht bekannt ist, kennt er damit noch nicht den Wert des Maximums. Burkholder [23] hat gezeigt, daß $\lim\limits_{n\to\infty} \sum\limits_{1\le j\le n} Y_j=M(\theta)$ fast überall, falls man neben den Bedingungen von Satz 6.2 noch die Stetigkeit von M im Punkte θ verlangt.

§_7:   Dvoretzkys_Approximationsmethode

In [38] hat Dvoretzky ein stochastisches Approximationsverfahren eingeführt, das alle bisher behandelten Fälle umfaßt und wesentlich allgemeiner ist als diese.

Die entscheidende Idee besteht darin, das stochastische Element als Störung aufzufassen, die auf ein konvergentes (kontrahierendes), deterministisches Verfahren "aufgepflanzt" ist. Um dieses zu verdeutlichen, betrachten wir zunächst einen einfachen Spezialfall.

Lemma 7.1:   Für $n\in\mathbb{N}$ sei $T_n:\mathbb{R}^n\to\mathbb{R}$ eine Lebesgue-meßbare Abbildung, so daß für ein $\theta\in\mathbb{R}$ und $C_n\in\mathbb{R}^+ (n\in\mathbb{N})$

(1) $|T_n(x_1,\ldots,x_n)-\theta| \le C_n|x_n-\theta|$ für alle $(x_1,\ldots,x_n)\in\mathbb{R}^n$.

(2) $\prod\limits_{1\le n<\infty} C_n=0$.

Ist nun X_1 eine ZV, $E(X_1^2) < \infty$ und $X_{n+1}=T_n(X_1,\ldots,X_n)+Z_n$, wobei

(3) $\{Z_n\}$ sind ZV mit $E(Z_n|X_1,\ldots,X_n)=0$ und $\sum\limits_{1\le n<\infty} E(Z_n^2) < \infty$,

dann gilt $\lim\limits_{n\to\infty} E(X_n-\theta)^2 = 0$.

Beweis: Setzt man $V_n^2 = E(X_n-\theta)^2$ und $\sigma_n^2 = E(Z_n^2)$, so gilt

$$V_{n+1}^2 = E(T_n + Z_n - \theta)^2 = E(T_n - \theta)^2 + E(Z_n^2) + 2E((T_n - \theta)Z_n),$$ und wegen (1) und (3) folgt

$$(7.1) \quad V_{n+1}^2 \leq c_n^2 V_n^2 + \sigma_n^2.$$

Durch Iteration erhält man $V_{n+1}^2 \leq \sum\limits_{1 \leq i \leq n} \sigma_i^2 \prod\limits_{i < j \leq n} c_j^2 + V_1^2 \prod\limits_{1 \leq j \leq n} c_j^2$

und deshalb auch für $1 \leq m \leq n-1$

$$(7.2) \quad V_{n+1}^2 \leq \sum\limits_{m \leq i \leq n} [\sigma_i^2 \max\limits_{m \leq k \leq n} \prod\limits_{k < i \leq n} c_i^2] + [(V_1^2 + \sum\limits_{1 \leq i < m} \sigma_i^2) \cdot \max\limits_{1 \leq k < m} \prod\limits_{k \leq i \leq n} c_i^2].$$

Nach (2) sind alle Produkte $\prod\limits_{r \leq i \leq s} c_i^2$ $(r, s \in \mathbb{N}, r \leq s)$ gleichmäßig durch

eine Zahl A beschränkt. Für ein $\varepsilon > 0$ wähle m so groß, daß
$A \sum\limits_{m \leq i < \infty} \sigma_i^2 < \frac{\varepsilon}{2}$. Dann folgt aus (7.2) für $n > m$

$$(7.3) \quad V_{n+1}^2 \leq \frac{\varepsilon}{2} + (V_1^2 + \sum\limits_{1 \leq i < \infty} \sigma_i^2) \cdot \max\limits_{1 \leq k < m} \prod\limits_{k \leq i \leq n} c_i^2.$$

Nun ist aber nach (2) für festes m $\lim\limits_{n \to \infty} \max\limits_{1 \leq k < m} \prod\limits_{k \leq i \leq n} c_i^2 = 0$ und des-

halb $V_{n+1}^2 = E(X_{n+1} - \theta)^2 \leq \varepsilon$ für alle hinreichend großen n. \hfill Q.E.D.

<u>Bemerkung 7.2:</u> Im RM-Verfahren gilt $X_{n+1} = X_n + a_n(\alpha - Y_n(X_n))$. Setzt
man nun $T_n(X_1, \ldots, X_n) = X_n + a_n(\alpha - M(X_n))$ und $Z_n = a_n(M(X_n) - Y_n(X_n))$, so
gilt $T_n(X_1, \ldots, X_n) + Z_n = X_{n+1}$, d.h. das RM-Verfahren fällt unter
diesen Ansatz. Allerdings sind hier die Bedingungen (1), (2) und
(3) noch sehr speziell.

Um nun etwa die Sätze 4.1, 5.1 und 6.1 mit dem vorangehenden
Ansatz zu erhalten, müssen die Bedingungen (1), (2) und (3) geeignet abgeschwächt werden. Natürlich hat sich hier die Entwicklung
bei Dvoretzky schrittweise vollzogen, und viel Arbeit im Detail
war nötig, bevor er seinen Approximationssatz in der jetzt vorliegenden Form aufstellen und beweisen konnte. Der erste Beweis
war entsprechend lang und kompliziert. Dieses ist geradezu typisch
für die ersten Beweise neuer Sätze und wird nur von denjenigen
häufig kritisiert, die nie einen wirklich neuen Satz bewiesen
haben. Aber anschließend sollte man sich um einfachere Beweise
bemühen, damit das Wesentliche an ihnen deutlicher hervortritt.
Dvoretzkys Beweis wurde von Wolfowitz [161] und dann noch einmal
von Derman/Sacks[34] vereinfacht. Wir bringen hier deren Beweis.

<u>Satz 7.3:</u> Seien $\{\alpha_n\}$, $\{\beta_n\}$, $\{\gamma_n\}$ Folgen positiver Zahlen, so daß

(1) $\lim\limits_{n\to\infty} \alpha_n = 0, \quad \sum\limits_{1\leq n<\infty} \beta_n < \infty, \quad \sum\limits_{1\leq n<\infty} \gamma_n = \infty.$

Für die Folgen von ZV $\{X_n\}$, wobei X_1 eine beliebige Konstante ist, $\{T_n(X_1,\ldots,X_n)\}$ und $\{Z_n\}$ gelte

(2) $X_{n+1} = T_n(X_1,\ldots,X_n) + Z_n$

(3) $E(Z_n|X_1,\ldots,X_n) = 0$ fast überall

(4) $\sum\limits_{1\leq n<\infty} EZ_n^2 < \infty$

(5) $|T_n(X_1,\ldots,X_n)| \leq \max(\alpha_n, (1+\beta_n)|X_n|-\gamma_n),$

dann folgt $\lim\limits_{n\to\infty} X_n = 0$ fast überall.

Zunächst gilt es, die Kontraktionsbedingung (5) zu verstehen. Hierfür braucht man keine Folgen von ZV, sondern nur Folgen reeller Zahlen zu betrachten.

<u>Lemma 7.4:</u> Seien $\{a_n\}$, $\{b_n\}$, $\{c_n\}$, $\{\xi_n\}$ und $\{\zeta_n\}$ Folgen reeller Zahlen mit den Eigenschaften

  (i) a_n, b_n, c_n und ξ_n ($n\in\mathbb{N}$) sind nicht-negativ

 (ii) $\lim\limits_{n\to\infty} a_n = 0, \quad \sum\limits_{1\leq n<\infty} b_n < \infty, \quad \sum\limits_{1\leq n<\infty} c_n = \infty, \quad \sum\limits_{1\leq n<\infty} \zeta_n$ konvergiert

(iii) $\xi_{n+1} \leq \max(a_n, (1+b_n)\xi_n + \zeta_n - c_n)$ für alle $n \geq N_o$.

Dann gilt $\lim\limits_{n\to\infty} \xi_n = 0$.

<u>Beweis:</u> Für $N > N_o$ wähle $n > N$ und iteriere (iii) $n-N$ mal. Dann ergibt sich durch Induktion, daß mit $B_n = \prod\limits_{1\leq i\leq n}(1+b_i)$ gilt

(7.4) $\xi_{n+1} \leq \max(\max\limits_{N\leq k\leq n} [\frac{B_n}{B_k} a_k + B_n \sum\limits_{k<j\leq n} \frac{\zeta_j-c_j}{B_j}],$

$$\frac{B_n}{B_{N-1}} \xi_N + B_n \sum\limits_{N\leq j\leq n} \frac{\zeta_j-c_j}{B_j}).$$

Nach den Annahmen über $\{b_n\}$ ist $\{B_n\}$ monoton wachsend und konvergiert gegen eine endliche Zahl B. Deshalb gilt auch wegen (ii)

$\sum\limits_{1\leq j<\infty} \frac{\zeta_j}{B_j} < \infty$ und $\sum\limits_{1\leq j<\infty} \frac{c_j}{B_j} = \infty$. Hieraus folgt nun, da $B_n \geq \frac{B_n}{B_{N-1}} \geq 1$ ist,

daß der Term $\frac{B_n}{B_{N-1}}\xi_N + B_n \sum\limits_{N\leq j\leq n} \frac{\zeta_j-c_j}{B_j}$ für hinreichend große n negativ ist und deshalb dann weggelassen werden kann. Wir haben deshalb für n hinreichend groß

$$(7.5) \quad \xi_{n+1} \le \max_{N \le k \le n} \left(\frac{B_n}{B_k} a_k + B_n \sum_{k < j \le n} \frac{\zeta_j - c_j}{B_j} \right)$$

$$\le \max_{N \le k \le n} \left(\frac{B_n}{B_k} a_k + \max_{N \le k \le n} B_n \left| \sum_{k < j \le n} \frac{\zeta_j}{B_j} \right| \right),$$

und da $1 \le B_k \le B_n \le B$ auch

$$(7.6) \quad \xi_{n+1} \le B \left(\max_{k \ge N} a_k + \max_{N \le k \le n} \left| \sum_{k < j \le n} \frac{\zeta_j}{B_j} \right| \right).$$

Da nun $\sum\limits_{1 \le j < \infty} \frac{\zeta_j}{B_j}$ konvergiert und $\lim\limits_{k \to \infty} a_k = 0$, kann die rechte Seite in (7.6) beliebig klein gemacht werden, indem man N groß genug wählt. Q.E.D.

Wir benötigen noch zwei weitere Lemmas, wobei das erste trivial ist.

<u>Lemma 7.5:</u> Für $a, b, c \in \mathbb{R}, |b| \ge |c|$, folgt aus $a = b + c$ die Gleichung $|a| = |b| + c \cdot \text{sign } b$.

<u>Lemma 7.6:</u> Sei $\{Z_n\}$ eine Folge von ZV und $\{\alpha_n\}$ eine Folge reeller Zahlen, so daß $\sum\limits_{1 \le n < \infty} \frac{E Z_n^2}{\alpha_n^2} < \infty$. Dann gilt für fast alle $\omega \in \Omega$

$|Z_n(\omega)| \le \alpha_n$ für $n \ge n_\omega$.

<u>Beweis:</u> Sei $E_n = \{\omega | \, |Z_n(\omega)| > \alpha_n\}$, dann folgt aus der Tschebyscheff-Ungleichung $P(E_n) = P(\{\omega | \, |Z_n(\omega)|^2 > \alpha_n^2\}) \le \frac{E Z_n^2}{\alpha_n^2}$ und deshalb nach der

Voraussetzung $\sum\limits_{1 \le n < \infty} P(E_n) < \infty$. Aus dem Borel/Cantelli'schen Lemma folgt also $P(\limsup\limits_{n \to \infty} E_n) = 0$ und damit die Behauptung. Q.E.D.

<u>Beweis von Satz 7.3:</u> Zunächst einmal können wir annehmen, daß für $\{\alpha_n\}$

$$(7.7) \quad \sum_{1 \le n < \infty} \frac{E Z_n^2}{\alpha_n^2} < \infty,$$

denn andernfalls können wir wegen (4) eine Folge $\{\alpha_n^*\}$ wählen, für die (1) und (7.7) gelten. Indem wir dann $A_n = \max(\alpha_n, \alpha_n^*)$ setzen und $\{\alpha_n\}$ durch $\{A_n\}$ ersetzen, so gelten dann (1), (5) und (7.7).

Wir definieren nun $Z_n^* = Z_n \operatorname{sign} T_n$ und zeigen zunächst mit Hilfe von Lemma 5.2, daß

$$(7.8) \quad \sum_{1 \leq n < \infty} Z_n^* \quad \text{fast überall konvergiert.}$$

Da $\operatorname{sign} T_n$ bei gegebenem $X_1, \ldots, X_n$ konstant ist, folgt aus (3) $E(Z_n^* | X_1, \ldots, X_n) = 0$ fast überall. Aus (2) und der Definition von Z_n^* folgt nun, daß die Werte der ZV $X_1, \ldots, X_n$ die Werte der ZV $Z_1^*, \ldots, Z_{n-1}^*$ festlegen und umgekehrt. Deshalb folgt auch $E(Z_n^* | Z_1^*, \ldots, Z_{n-1}^*) = 0$ fast überall. Da natürlich wegen (4) auch

$$\sum_{1 \leq n < \infty} EZ_n^{*2} = \sum_{1 \leq n < \infty} EZ_n^2 < \infty \quad \text{gilt, liefert Lemma 5.2 die Behauptung}$$

(7.8). Wegen (7.7) gilt aber auch

$$(7.9) \quad \sum_{1 \leq n < \infty} \frac{EZ_n^{*2}}{\alpha_n^2} < \infty,$$

und Lemma 7.6 impliziert für fast alle $\omega \in \Omega$

$$(7.10) \quad |Z_n^*(\omega)| \leq \alpha_n \quad \text{für} \quad n \geq n_\omega.$$

Hieraus, aus (2) und aus Lemma 7.5 folgern wir für fast alle $\omega \in \Omega$ und $n \geq n_\omega$

$$(7.11) \quad \begin{array}{ll} |X_{n+1}(\omega)| \leq 2\alpha_n & \text{falls} \quad |T_n(\omega)| \leq \alpha_n \\[2mm] |X_{n+1}(\omega)| = |T_n(\omega)| + Z_n^*(\omega) & \text{falls} \quad |T_n(\omega)| > \alpha_n. \end{array}$$

Deshalb gilt wegen (5) für fast alle ω und $n \geq n_\omega$

$$(7.12) \quad |X_{n+1}(\omega)| \leq \max(2\alpha_n, |T_n(\omega)| + Z_n^*(\omega))$$
$$\leq \max(2\alpha_n, (1+\beta_n)|X_n(\omega)| + Z_n^*(\omega) - \gamma_n).$$

Nun wende man für fast alle ω Lemma 7.4 an mit $a_n = 2\alpha_n, b_n = \beta_n, c_n = \gamma_n, \xi_n = |X_n(\omega)|$ und $\zeta_n = Z_n^*(\omega)$ für $n \geq n_\omega$. Die Zahlenfolgen erfüllen (i), da $\alpha_n, \beta_n, \gamma_n > 0$ nach Voraussetzung und natürlich $\xi_n = |X_n(\omega)| \geq 0$, sie erfüllen (ii) wegen Voraussetzung (1) und wegen (7.8), und sie erfüllen (iii) wegen (7.12). Es gilt also $\lim_{n \to \infty} X_n = 0$ fast überall. Q.E.D.

Erweiterter Fall: Dvoretzky [38] hat verschiedene Verallgemeinerungen von Satz 7.3 angegeben ("Erweiterte Fälle"). Um Satz 6.1 zu

- 163 -

beweisen, benötigen wir die im nächsten Satz formulierte Verallgemeinerung.

Zunächst beobachtet man, daß man Lemma 7.4 verallgemeinern
kann. Ersetzt man in (ii) die Bedingung $\lim\limits_{n\to\infty} a_n = 0$ durch $\overline{\lim}\limits_{n\to\infty} a_n = a < \infty$,
so gilt

(7.13) $\overline{\lim}\limits_{n\to\infty} \xi_n \leq a$.

Um dieses einzusehen, beachte man, daß $\lim\limits_{N\to\infty} \max\limits_{N\leq k\leq n<\infty} B_k^{-1} B_n = 1$. Man kann

deshalb aus (7.5) für jedes $N\in\mathbb{N}$ folgern

$\overline{\lim}\limits_{n\to\infty} \xi_{n+1} \leq a + \overline{\lim}\limits_{n\to\infty} \max\limits_{N\leq k\leq n} B_n |\sum\limits_{k<j\leq n} \frac{\zeta_j}{B_j}|$. Der zweite Summand wird mit

wachsendem N beliebig klein, und deshalb gilt (7.13). Hieraus folgt
nun bei wörtlicher Übertragung des Beweises von Satz 7.3:

Satz 7.3*: Gelten (2), (3), (4), (5) aus Satz 7.3 und

(1*) $\overline{\lim}\limits_{n\to\infty} \alpha_n = \alpha < \infty$, $\sum\limits_{1\leq n<\infty} \beta_n < \infty$, $\sum\limits_{1\leq n<\infty} \gamma_n = \infty$,

so ist $\overline{\lim}\limits_{n\to\infty} |X_n| \leq \alpha$ fast überall.

Eine weitere Analyse des Beweises zeigt, daß man die Konstanten
$\alpha_n, \beta_n, \gamma_n$ durch ZV mit gewissen Gleichmäßigkeitsbedingungen ersetzen
kann. Zusammenfassend erhält man so:

Satz 7.7: (Erweiterter Fall [38])

Seien $\alpha_n : \mathbb{R}^n \to \mathbb{R}^+, \beta_n : \mathbb{R}^n \to \mathbb{R}^+, \gamma^n : \mathbb{R}^n \to \mathbb{R}^+$, so daß (1') und (5')
gelten:

(1') (a) $\overline{\lim}\limits_{n\to\infty} \alpha_n(r_1,\ldots,r_n) \leq \alpha < \infty$ gleichmäßig für alle Folgen

      $r_1,\ldots,r_n,\ldots$, und die Funktionen $\alpha_n (n\in\mathbb{N})$ sind gleich-
      mäßig beschränkt.

    (b) Die Funktionen $\beta_n(r_1,\ldots,r_n)$ sind meßbar und

      $\sum\limits_{1\leq n<\infty} \beta_n(r_1,\ldots,r_n)$ ist gleichmäßig beschränkt und gleich-

      mäßig konvergent für alle Folgen $r_1,r_2,\ldots,r_n,\ldots$.

    (c) $\sum\limits_{1\leq n<\infty} \gamma_n(r_1,\ldots,r_n) = \infty$, und für jedes $L > 0$ ist die Diver-

      genz gleichmäßig für alle Folgen $r_1,\ldots,r_n,\ldots$ mit

      $\sup\limits_{n\in\mathbb{N}} |r_n| < L$.

(5') $|T_n(r_1,\ldots,r_n)-\theta|$

$\qquad \leq \max(\alpha_n(r_1,\ldots,r_n),(1+\beta_n(r_1,\ldots,r_n))|r_n-\theta|-\gamma_n(r_1,\ldots,r_n))$

$\qquad$ für alle n und $(r_1,\ldots,r_n)\in\mathbb{R}^n$.

Gelten wiederum auch (2), (3) und (4), so ist $\overline{\lim}_{n\to\infty}|X_n-\theta|\leq\alpha$ fast überall.

<u>Bemerkung 7.8:</u> Die Beweisidee führt auch für zufällige Vektoren $\{X_n\}$, $\{T_n(X_1,\ldots,X_n)\}$, $\{Z_n\}$ zum Ziel, wobei die Rolle des Absolutbetrages hier von der Länge übernommen wird.

Dvoretzky [38] beweist unter den Voraussetzungen von Satz 7.7 auch $\overline{\lim}_{n\to\infty} E(X_n-\theta)^2\leq\alpha^2$. Einen Spezialfall davon haben wir in Lemma 7.1 kennengelernt.

Wir zeigen jetzt zunächst:

<u>Satz 7.3* $\Rightarrow$ Satz 6.1:</u> In Wahrheit zeigen wir etwas mehr, indem wir statt (J*) lediglich (J) benutzen.

Im KW-Verfahren ist $X_{n+1} = X_n + c_n^{-1}a_n(Y_{2n}-Y_{2n-1})$, dabei wähle man $X_1 = x_1$ beliebig und setze

(7.14) $Z_n = c_n^{-1}a_n[Y_{2n}-M(X_n+c_n)-Y_{2n-1}+M(X_n-c_n)]$. Dann gilt

(7.15) $X_{n+1}=X_n+c_n^{-1}a_n[M(X_n+c_n)-M(X_n-c_n)]+Z_n$.

Definiert man nun $T_n(r_1,\ldots,r_n) = r_n+c_n^{-1}a_n[M(r_n+c_n)-M(r_n-c_n)]$, so ist $X_{n+1} = T_n(X_1,\ldots,X_n)+Z_n$. Damit gilt (2) in Satz 7.3.

Aus $M(x) = E(Y_x)(x\in\mathbb{R})$ und (7.14) folgt $E(Z_n|x_1,\ldots,x_n)=0$ $((x_1,\ldots,x_n)\in\mathbb{R}^n)$. Damit gilt auch Voraussetzung (3).

Da nach (A*)2. $E(Y_x)^2\leq\sigma^2<\infty(x\in\mathbb{R})$, folgt aus (7.14) $EZ_n^2\leq 2\sigma^2 c_n^{-2}a_n^2$. Wegen (I) ist also $\sum_{1\leq n<\infty} EZ_n^2<\infty$, und deshalb gilt (4).

Es sind noch $\{\alpha_n\}$, $\{\beta_n\}$ und $\{\gamma_n\}$ so zu wählen, daß (1*) und (5) gelten.

Der einfacheren Notation wegen nehmen wir an, daß $\theta=0$. Der Fall $\theta\neq 0$ läßt sich genauso behandeln.

Aus (K) folgt: $M(x)$ fällt (wächst) monoton für $x>0(x<0)$. Dieses, (J) und $c_n\to 0(n\to\infty)$ implizieren

(7.16) $|M(x+c_n)-M(x-c_n)|\leq A|x|+A+B$ für $n>n_o$ (n_o geeignet).

Da $c_n \to 0 (n \to \infty)$, ist für $n > n_\rho$: $c_n < \rho$. Es folgt aus (K*), daß

(7.17) $|M(x+c_n)-M(x-c_n)| > 2\gamma_\rho c_n$, für ein geeignetes $\gamma_\rho > 0$.

Wir unterscheiden 2 Fälle.

Fall $|r_n| \geq \rho (>c_n)$: Hier haben r_n und $M(r_n+c_n)-M(r_n-c_n)$ verschiedene Vorzeichen. Da nach (I) $c_n^{-1}a_n \to 0 (n \to \infty)$, so gilt wegen (7.16) auch $|c_n^{-1}a_n[M(r_n+c_n)-M(r_n-c_n)]| \leq c_n^{-1}a_n(A|r_n|+A+B) < \frac{1}{2}|r_n|$ für $n > n_1$ (n_1 geeignet). Deshalb ist für $n > n_1$

(7.18) $|T_n(r_n)| = |r_n + c_n^{-1}a_n[M(r_n+c_n)-M(r_n-c_n)]|$

$\qquad \leq |r_n| - c_n^{-1}a_n|M(r_n+c_n) - M(r_n-c_n)|$.

Fall $|r_n| < \rho$: Aus (7.16) folgt

(7.19) $|T_n(r_n)| < \rho + c_n^{-1}a_n(A\rho+A+B)$.

Aus (7.18) und (7.19) folgt für <u>alle</u> r_n

(7.20) $|T_n(r_n)| \leq \max(\rho+c_n^{-1}a_n(A\rho+A+B),|r_n|-c_n^{-1}a_n|M(r_n+c_n)-M(r_n-c_n)|)$

$\qquad$ für $n > \max(n_1,n_\rho)$.

Aus (7.17) und (7.20) folgt für alle r_n

(7.21) $|T_n(r_n)| \leq \max(\rho+c_n^{-1}a_n(A\rho+A+B),|r_n|-2\gamma_\rho a_n)$,

$\qquad$ falls $n > \max(n_1,n_\rho)$.

Wählt man nun $\alpha_n=2\rho, \beta_n=0$ und $\gamma_n=\gamma_\rho a_n$, dann ist (1*) erfüllt und $T_n(r_n) \leq \max(2\rho,|r_n|-\gamma_n)$ für $n > \max(n_1,n_\rho,n_0)$, wobei n_0 die folgende Bedingung erfüllt: $c_n^{-1}a_n(A\rho+A+B) < \rho$ für $n > n_0$. Also gilt (5). Da $\rho > 0$ beliebig war, folgt Satz 6.1 aus Satz 7.3*. Q.E.D.

<u>Satz 7.7 $\Rightarrow$ Satz 6.2</u>: Um Satz 6.2 zu beweisen, verfahre man folgendermaßen. Aus (K) folgt für $0 < \rho < |x| < L$ und $n > n_{\rho L}$

(7.22) $|M(x+c_n) - M(x-c_n)| > 2\gamma_{\rho L} c_n$, wobei

$$\gamma_{\rho L} = \min[- \sup_{\rho/2 < x < L+1} \overline{D}M(x), \quad \inf_{\rho/2 < -x < L+1} \underline{D}M(x)] > 0.$$

$\gamma_{\rho L}$ ist monoton fallend in L. Für ein beliebiges $L > \rho$ folgt aus (7.20) und (7.22) für $|r_n| < L$

(7.23) $\quad |T_n(r_n)| \leq \max(\rho + c_n^{-1} a_n(A\rho + A + B), |r_n| - 2\gamma_{\rho L} a_n)$,

$\qquad$ falls $n > \max(n_1, n_\rho, n_{\rho L})$.

Wählt man nun $\alpha_n = 2\rho, \beta_n = 0$ und $\gamma_n(r_1, \ldots, r_n) = \gamma_{\rho|r_n|} a_n$, dann ist $T_n(r_n) \leq \max(2\rho, |r_n| - \gamma_n)$ für $n > \max(n_1, n_\rho, n_{\rho L}, n_o)$. Also gilt (5'). (a) und (b) in (1') sind trivialerweise erfüllt. (c) gilt, da $\gamma_{\rho|r_n|} \geq \gamma_{\rho L}$ für $|r_n| < L$ und $\sum\limits_{1 \leq n < \infty} a_n = \infty$ nach Voraussetzung (I).

Da $\rho > 0$ beliebig war, folgt Satz 6.2 aus Satz 7.7. $\qquad\qquad$ Q.E.D.

§ 8: Abschätzungen über die Konvergenzgeschwindigkeit des RM-Verfahrens

$\qquad$ Dvoretzky [38] hat für eine Klasse von Regressionsfunktionen folgende Geschwindigkeitsabschätzungen in der L^2-Konvergenz für das RM-Verfahren zur Suche von Nullstellen ($\alpha = 0$) angegeben.

<u>Satz 8.1:</u> Die Regressionsfunktion M sei meßbar und erfülle:

(a) $0 < A \leq \dfrac{M(x)}{x - \theta} \leq B \leq \infty, x \in \mathbb{R}, x \neq \theta, M(\theta) = 0$.

(b) $\int\limits_{\mathbb{R}} y^2 dF(y|x) \leq \sigma^2$ für alle $x \in \mathbb{R}$.

Falls nun im RM-Verfahren der Anfangspunkt x_1 und $\{a_n\}$ so gewählt sind, daß

(c) $|x_1 - \theta| \leq C \leq (\dfrac{2\sigma^2}{A(B-A)})^{1/2}$ und (d) $a_n = \dfrac{AC^2}{\sigma^2 + nA^2C^2}$, dann gilt auch

(8.1) $\quad E(X_n - \theta)^2 \leq \dfrac{\sigma^2 C^2}{\sigma^2 + (n-1)A^2C^2}$ für $n \geq 1$.

Ferner gibt es für jede andere Folge $\{a_n\}$ ZV $Y_x (x \in \mathbb{R})$ und ein x_1, die (a), (b), (c) erfüllen und für welche (8.1) nicht gilt.

<u>Beweis:</u> Wir betrachten zunächst den Spezialfall A=B, da hier der Sachverhalt besonders einfach ist, aber doch schon deutlich wird, wie man zu den Bedingungen kommt. In diesem Falle gibt es nur eine Regressionsfunktion, die (a) erfüllt, nämlich die lineare Funktion

(8.2) $\quad M(x) = A(x - \theta), x \in \mathbb{R}$.

Um Vorstellungen zu entwickeln, betrachten wir zunächst das RM-Verfahren mit Anfangswert x_1 nach der ersten Beobachtung. Es gilt

(8.3) $\quad X_2 = x_1 - a_1 Y_1 = (x_1 - a_1 M(x_1)) - a_1 U_1$, wobei $U_1 = Y_1 - M(x_1)$ der durch die zufällige Störung bedingte Anteil ist.

Da wir $\{a_n\}$ besonders günstig wählen möchten, betrachten wir den Wert von a_1, für den $V_2^2 = E(X_2-\theta)^2$ minimal ist. Aus (8.2) und (8.3) folgt

(8.4) $X_2-\theta = (x_1-\theta)(1-a_1A)-a_1U_1$.

Da $EU_1 = 0$ und da $E(c-a_1U_1)^2$ minimal ist für $c = Ea_1U_1 = 0$, ergibt sich als optimale Wahl $a_1 = \frac{1}{A}$. Es ist $EX_2 = \theta$ und $V_2^2 = a_1^2EU_1^2$. Nun könnte man auf die Idee kommen, dieses Vorgehen einfach zu iterieren, indem man $a_n = \frac{1}{A}(n\geq 1)$ wählt. Man erhielte so für $n\geq 1$ $EX_n = \theta$ (Erwartungstreue), aber $E(X_n-\theta)^2$ würde nicht gegen Null gehen, und damit wäre das Verfahren sicher nicht effizient.

Nun kann man aber in diesem Spezialfall $V_{n+1}^2 = E(X_{n+1}-\theta)^2$ einfach berechnen. Da $X_{n+1} = X_n-a_nY_n = (X_n-a_nM(X_n))-a_nU_n$, folgt mit (8.2)

(8.5) $X_{n+1}-\theta = (X_n-\theta)(1-a_nA)-a_nU_n$,

und deshalb gilt

$V_{n+1}^2 = (1-a_nA)^2V_n^2+a_n^2EU_n^2-2a_n(1-a_nA)E((X_n-\theta)U_n)$. Da $E(U_n|X_n) = 0$, vereinfacht sich dieses zu $V_{n+1}^2 = (1-a_nA)^2V_n^2 + a_n^2EU_n^2$. Wegen $U_n = Y_n-M(X_n) = Y_n-EY_n$ und (b) gilt also

(8.6) $V_{n+1}^2 \leq (1-a_nA)^2V_n^2+a_n^2\sigma^2$.

Hier gilt das Gleichheitszeichen, falls es in (b) für alle $x\in\mathbb{R}$ gilt. Die rechte Seite wird minimal für

(8.7) $a_n = \dfrac{AV_n^2}{\sigma^2+A^2V_n^2}$,

und mit dieser Wahl von a_n ist

(8.8) $V_{n+1}^2 \leq \dfrac{\sigma^2V_n^2}{\sigma^2+A^2V_n^2}$.

Das Gleichheitszeichen gilt, falls es in (8.6) gilt. Wir zeigen nun induktiv, daß aus (8.8) folgt

(8.9) $V_n^2 \leq \dfrac{\sigma^2V_1^2}{\sigma^2+(n-1)A^2V_1^2} = \dfrac{\sigma^2(x_1-\theta)^2}{\sigma^2+(n-1)A^2(x_1-\theta)^2}$.

Hierbei beachte man, daß $\dfrac{\sigma^2V_n^2}{\sigma^2+AV_n^2}$ eine monoton wachsende Funktion in

V_n^2 ist. Wir können also nach Induktionsannahme in (8.8) V_n^2 durch

$$\frac{\sigma^2 V_1^2}{\sigma^2 + (n-1)A^2 V_1^2}$$ ersetzen und erhalten nach elementaren Umformungen

$$V_{n+1}^2 \leq \frac{\sigma^2 V_1^2}{\sigma^2 + nA^2 V_1^2} .$$ Genauso folgt aus (8.7)

$$(8.10) \qquad a_n = \frac{AV_1^2}{\sigma^2 + nA^2 V_1^2} .$$

Wählt man nun $|x_1 - \theta| = C$, so ist $V_1^2 = C^2$ und a_n wie in (d) gefordert. Gilt in (b) das Gleichheitszeichen, so gilt es für den vorliegenden Spezialfall auch in (8.1). Da die a_n optimal gewählt wurden und die Optima eindeutig sind, folgt hieraus schon die letzte Behauptung des Satzes.

Wir betrachten jetzt den allgemeinen Fall $A \leq B$, der natürlich von größerem praktischen Interesse ist, da er nicht die genaue Kenntnis der Regressionsfunktion voraussetzt und auch nicht-lineare Regressionsfunktionen zuläßt.

Statt der Identität (8.5) folgern wir jetzt für $T_n(X_1, \ldots, X_n) = X_n - a_n M(X_n)$ aus (a) die Ungleichung

$$(8.11) \qquad |T_n(X_1, \ldots, X_n) - \theta| \leq |X_n - \theta| \max(1 - Aa_n, Ba_n - 1) .$$

Nun wurden (c) und (d) gerade so gewählt, daß für $A \neq B$

$$a_1 = \frac{AC^2}{\sigma^2 + A^2 C^2} \leq \frac{A2\sigma^2}{A(B-A)(\sigma^2 + A^2 2\sigma^2 A^{-1}(B-A)^{-1})} = \frac{A2\sigma^2}{A(B-A)\sigma^2 + A^2 2\sigma^2} = \frac{2}{A+B} \text{ und}$$

auch $a_n \leq a_1 \leq \frac{2}{A+B}$ für $n \geq 2$. Im Falle $A = B$ ist dieses für jedes $C \geq |x_1 - \theta|$ richtig. Es ist also stets $(A+B)a_n \leq 2$ und wegen $A \leq B$ auch $Aa_n \leq 1$. Deshalb gilt $Ba_n - 1 \leq 2 - Aa_n - 1 = 1 - Aa_n$, und wir erhalten aus (8.11)

$$(8.12) \qquad |T_n(X_1, \ldots, X_n) - \theta| \leq (1 - Aa_n)|X_n - \theta| .$$

Wir können jetzt (7.1) anwenden und erhalten
$$V_{n+1}^2 \leq (1 - Aa_n)^2 V_n^2 + E(a_n U_n)^2 .$$
Da $E(a_n U_n)^2 = a_n^2 E(Y_n - M(X_n))^2 = a_n^2 E(Y_n - EY_n)^2 \leq a_n^2 EY_n^2$, folgt mit (b)

$$(8.13) \qquad V_{n+1}^2 \leq (1 - Aa_n)^2 V_n^2 + a_n^2 \sigma^2 .$$

Wir benutzen jetzt (8.13), um (8.1) induktiv zu beweisen. Die Behauptung ist für n=1 wegen (c) richtig. Benutzen wir (d) und die Induktionsannahme für n, so folgt aus (8.13)

$$V_{n+1}^2 \leq \left(\frac{\sigma^2+(n-1)A^2C^2}{\sigma^2+nA^2C^2}\right)^2 \frac{\sigma^2C^2}{\sigma^2+(n-1)A^2C^2} + \left(\frac{AC^2}{\sigma^2+nA^2C^2}\right)^2 \sigma^2$$

$$= \frac{([\sigma^2+(n-1)A^2C^2]+A^2C^2)\sigma^2C^2}{(\sigma^2+nA^2C^2)^2} = \frac{\sigma^2C^2}{\sigma^2+nA^2C^2} \ . \qquad \text{Q.E.D.}$$

Bemerkung 8.2: Dvoretzkys Wahl der Koeffizienten $\{a_n\}$ ist für die betrachtete Klasse von Regressionsfunktionen optimal im Minimax-Sinn. Für einzelne Regressionsfunktionen gibt es bessere Koeffizienten. Ferner bezieht sich die Optimalität (Effizienz) auf jeden Schritt n. Chung [32] und Hodges/Lehmann [62] haben gezeigt, daß es asymptotisch besser ist, $a_n = \frac{1}{nM'(\theta)}$ zu wählen (falls diese Ableitung bekannt ist).

Es sei noch vermerkt, daß die ersten Geschwindigkeitsabschätzungen für $E(X_n-\theta)^2$ von Kallianpur [78] stammen. Danach hat Chung [32] unter anderem Abschätzungen für höhere Momente hergeleitet und das zentrale Grenzwertproblem für den RM-Prozeß behandelt. Mehr Einzelheiten findet man in dem Überblicksartikel [121] von Schmetterer und dem Buch [154] von Wasan.

Wir geben jetzt noch die Geschwindigkeitsabschätzungen von Komlós/Révész [92] für die stochastische Konvergenz des RM-Prozesses an. Einfachheitshalber wählen wir $a_n=1/n$. Neben den üblichen Variablen, die diesen Prozeß beschreiben, verwenden wir wieder die Variablen $U_x (x \in \mathbb{R})$, die den Irrtum der Messung im Punkte x beschreiben

(8.14) $U_x = Y_x - M(x) = Y_x - EY_x$.

Statt U_{x_n} schreiben wir U_n. Unser Interesse gilt dem asymptotischen Verhalten der Folge $\{P(X_n \geq \varepsilon)\}_{n=1}^{\infty}$ für $\varepsilon>0$. Für die Folge $\{P(X_n \leq -\varepsilon)\}_{n=1}^{\infty}$ kann man die analogen Aussagen herleiten, und man weiß deshalb auch über $\{P(|X_n| \geq \varepsilon)\}_{n=1}^{\infty}$ Bescheid.

Wir benötigen die folgenden Bedingungen:

(I)   M ist strikt monoton wachsend.

(II) Für geeignete Konstante $c_1, c_2, d_1, d_2 > 0$ gilt $M(x)<c_1 x+d_1$ für $x>0, M(x)>c_2 x-d_2$ für $x<0$.

(III) Für eine Konstante L gilt $P(|U_x| \le L) = 1$ für alle $x \in \mathbb{R}$.

(IV) $\lim\limits_{x \to \infty} M(x) = M(\infty) > L$.

(IV') $\lim\limits_{x \to \infty} M(x) = M(\infty) < L$.

Natürlich kann man durch Vergrößerung von L immer erreichen, daß (IV') gilt, falls $M(\infty) = L$.

Die Konvergenz ist im Falle (IV) exponentiell schnell, aber sie ist viel langsamer im Falle (IV').

<u>Satz 8.3:</u> Gelten für einen RM-Prozeß mit $\alpha = \theta = 0$ und $a_n = \frac{1}{n}$ die Bedingungen (I), (II), (III) und (IV), dann gibt es zu jedem $\varepsilon > 0$ ein $\gamma = \gamma(\varepsilon) > 0$, so daß

(8.15) $P(X_n > \varepsilon) \le \exp(-\gamma n)$ für $n \ge 1$.

<u>Satz 8.4:</u> Gelten für einen RM-Prozeß mit $\alpha = \theta = 0$ und $a_n = \frac{1}{n}$ die Bedingungen (I), (II), (III) und (IV'), dann gibt es zu $\varepsilon, \delta > 0$ ein $n_0(\varepsilon, \delta)$, so daß

(8.16) $P(X_n > \varepsilon) \le \exp(-n^{\frac{M(\infty)}{L} - \delta})$ für $n \ge n_0(\varepsilon, \delta)$.

Darüber hinaus ist diese Abschätzung im folgenden Sinne bestmöglich: Falls für ein $\delta_1 > 0$ und für $p = p(\delta_1)$ gilt

(V) $P(U_n < -L + \delta_1 | X_n) \ge p > 0$ fast überall, dann gibt es ein $\delta > 0$ und $n > n_0(\delta)$, so daß

(8.17) $P(X_n > \varepsilon) \ge \exp(-n^{\frac{M(\infty)}{L} + \delta})$.

(Die Bedingung (V) ist z.B. erfüllt, falls die Irrtümer U_x identisch verteilt sind und ein wesentliches Infimum $-L$ haben.)

Die Beweise können wir aus Platzgründen hier nicht wiedergeben. Sie benutzen die exponentielle Form der Tschebyscheff-Ungleichung und andere einfache wahrscheinlichkeitstheoretische Beziehungen. Die Hilfsmittel sind also elementar, aber die Beweise sind nicht ohne technische Finesse.

§_9:   <u>Sequentielle Minimax-Suche des Maximums einer unimodalen Funktion</u>

Wir haben in § 1 bis § 3 die Anfangsgründe der klassischen Theorie der Nullstellen- und Extremwertbestimmung kennengelernt, und in § 4 bis § 8 wurde diese Theorie auf den stochastischen

Fall, in dem die Messung oder Berechnung der Funktionswerte zufallsgestört ist, erweitert.

Die bisherigen Verfahren hatten alle die exakte Bestimmung des
gesuchten Wertes zum Ziel. Für viele praktische Aufgaben ist es
aber ausreichend, ein hinreichend kleines Intervall zu kennen, in
dem der gesuchte Wert liegt. Es liegt nahe, die Länge des kleinsten Intervalles, von dem man nach der Suche weiß, daß es den gesuchten Wert enthält, als Maß für die "Güte" einer Strategie anzu-
setzen. Dieser Wert hängt aber von der untersuchten Funktion ab,
und Kiefer hat sich in [84] mit dem Problem beschäftigt, Strategien anzugeben, die für eine Klasse von Funktionen im ungünstigsten Falle die größte "Güte" haben (Minimax-Lösung, Worst-case
Verhalten).

Wir werden hier das grundlegende Ergebnis von Kiefer mit Beweis darstellen. Dabei werden die Fibonacci-Zahlen eine wichtige
Rolle spielen. Eine eingehende Diskussion der zahlreichen Anwendungen dieses Ergebnisses sowie seiner Verfeinerungen und Verallgemeinerungen findet man in [159]. Eine übergreifende Theorie, die
dieses Ergebnis und die Ergebnisse zur stochastischen Approximation umfaßt, liegt zur Zeit nicht einmal in Ansätzen vor. Eine
solche Theorie aufzubauen, sei interessierten Forschern ausdrück-
lich empfohlen. Dabei dürften auch codierungstheoretische Aspekte
wichtig sein (vgl. Kap. IX, § 7 und § 10).

Eine Funktion $f:I \to \mathbb{R}$, $I=[0,1]$, heißt <u>unimodal</u>, falls es ein
$x^{(f)} \in I$ gibt, so daß f für $x \leq x^{(f)}$ (bzw. $x < x^{(f)}$) strikt monoton
steigt und für $x > x^{(f)}$ (bzw. $x \geq x^{(f)}$) strikt monoton fällt.

F sei die Klasse aller unimodalen Funktionen $f:I \to \mathbb{R}$. Man beachte, daß keine Regularitäten wie Stetigkeit, Differenzierbarkeit,
Konvexität, etc. gefordert werden.

$D=\{D \mid D$ ist abgeschlossenes Teilintervall von $I\}$ sei die Menge
der terminalen Entscheidungen. Wir betrachten jetzt sequentielle
Suchstrategien mit konstanter Länge $m, m \geq 2$. Eine solche Strategie S
ist ein (m+2)-Tupel $(x_1, g_2, \ldots, g_m, s, t)$, wobei

(a) $x_1 \in I$,

(b) $g_k : I^{k-2} \times \mathbb{R}^{k-1} \to I$, $2 \leq k \leq m$

(c) $s : I^{m-1} \times \mathbb{R}^m \to I$, $t : I^{m-1} \times \mathbb{R}^m \to I$, $s \leq t$.

Eine Strategie S wird wie folgt benutzt:

Man beobachtet oder berechnet nacheinander $f(x_1), f(x_2), \ldots, f(x_m)$ mit $x_2 = g_2[f(x_1)]$, $x_k = g_k[x_2, \ldots, x_{k-1}, f(x_1), \ldots, f(x_{k-1})]$ für $3 \leq k \leq m$ und wählt dann das abgeschlossene Intervall

$$D(f,S) = [s(x_2, \ldots, x_m, f(x_1), \ldots, f(x_m)), t(x_2, \ldots, x_m, f(x_1), \ldots f(x_m))]$$

als terminale Entscheidung.

Mit S_m bezeichnen wir die Klasse aller Strategien S mit m Beobachtungen, die erfolgreich sind, d.h. für die $x^{(f)} \in D(f,S)$ für alle $f \in F$.

Wir sind daran interessiert, für jedes m und jedes $\varepsilon > 0$ eine ε-Minimax-Strategie anzugeben, d.h. wir möchten ein $S_m^* \in S_m$ finden, so daß

$$(9.1) \quad \sup_{f \in F} L(D(f,S_m^*)) \leq \inf_{S \in S_m} \sup_{f \in F} L(D(f,S)) + \varepsilon, \text{ wobei } L(D) \text{ die}$$

Länge des Intervalles D mißt.

Wir werden jetzt die Fibonacci-Strategie $F_m = F_m^\varepsilon$ beschreiben und zeigen, daß $F_m \in S_m$. Anschließend beweisen wir, daß für $S_m^* = F_m$ (9.1) gilt. Die Fibonacci-Zahlen sind rekursiv gegeben durch

$$(9.2) \quad U_0 = 0, \ U_1 = 1, \ U_n = U_{n-1} + U_{n-2} \text{ für } n \geq 2.$$

F_2 sei wie folgt definiert: $x_1 = \frac{1}{2}$, $x_2 = \frac{1}{2} + \varepsilon$ und

$$\text{und } [s,t] = \begin{cases} [0, x_2] & \text{falls} \quad f(x_1) \geq f(x_2) \\ [x_1, 1] & \text{falls} \quad f(x_1) < f(x_2). \end{cases}$$

Angenommen, F_{m-1} sei bereits definiert ($m \geq 3$) und $F_{m-1} \in S_{m-1}$, wir definieren dann F_m wie folgt:

Sei $x_1 = U_{m-1}/U_{m+1}$, $x_2 = 1 - x_1 = U_m/U_{m+1}$ und

$$(9.3) \quad h(x) = \begin{cases} x U_{m+1}/U_m & \text{falls} \quad \text{(a)} \ f(x_1) \geq f(x_2) \\ (-U_{m-1} + x U_{m+1})/U_m & \text{falls} \quad \text{(b)} \ f(x_1) < f(x_2). \end{cases}$$

In jedem Falle ist $y = h(x)$ eine monoton wachsende Funktion in x, und deshalb ist auch $x = h^{-1}(y)$ eine monoton wachsende Funktion in y. Wegen (9.2) und (9.3) ist $f^*(y) := f(h^{-1}(y))$ für alle $y \in I$ definiert und ebenfalls unimodal.

Wir definieren nun im Falle (a) $y_2 = h(x_1)$, also $y_2 = U_{m-1}/U_m$, und im Falle (b) $y_1 = h(x_2)$, also $y_1 = U_{m-2}/U_m$.

Wir setzen nun die Suche mit der Strategie F_{m-1} für die Variable y

und die Funktion f^* (für $y \in I$) fort. Da $f^*(y_2)$ oder $f^*(y_1)$ bereits beobachtet sind, erhalten wir eine Strategie F_m der Länge m, wenn wir die terminale Entscheidung für F_{m-1} gemäß $x = h^{-1}(y)$ übersetzen. Damit ist auch $F_m \in S_m$.

<u>Satz 9.1:</u> Für die Fibonacci-Strategie F_m gilt

$$\sup_{f \in F} L(D(f, F_m)) \leq \inf_{S \in S_m} \sup_{f \in F} L(D(f,S)) + \varepsilon.$$ (Man beachte, daß F_m eine

Funktion von ε ist).

<u>Beweis:</u> Wir beweisen die Behauptung durch Induktion in m. Für m=2 ist sie richtig, da für $x_1', x_2' \in I, x_1' \leq x_2'$, $\max(L([0,x_2']), L([x_1',1])) \geq \frac{1}{2}$. Angenommen, sie gelte für $m \leq n$ und sei falsch für m=n+1, dann müßte es wegen $L(D(f,F_m)) \leq \varepsilon + 1/U_{m+1}$ eine Strategie $\overline{S} \in S_{n+1}$ geben mit

$$(9.4) \quad \sup\{L(D(f,\overline{S})) \mid f \in F\} < 1/U_{m+1} = 1/U_{n+2}.$$

Wir zeigen zunächst, daß g_2 in $\overline{S}$ als konstant angenommen werden kann. Denn wäre dieses nicht so, so könnten wir eine Strategie $\hat{S}$ definieren, indem wir das x_1 in $\overline{S}$ benutzen und dann $\overline{S}$ auf die Funktion $f(x) - f(x_1)$ anwenden. Das g_2 dieser Strategie ist dann gleich dem $g_2(0)$ von $\overline{S}$ und damit konstant. Nun gilt aber (9.4) auch mit $\hat{S}$ anstelle von $\overline{S}$.

Im folgenden bezeichnen wir x_1 und x_2 für $\overline{S}$ mit b und $b + a = 1 - c, a \geq 0$. Die entsprechenden Werte für F_{n+1} werden mit $d = U_n/U_{n+2}$ und $d + e = 1 - d = U_{n+1}/U_{n+2}$ bezeichnet.

Als nächstes zeigen wir: (9.4) impliziert

$$(9.5) \quad a+b \leq d+e \quad \text{und} \quad a+c \leq d+e.$$

Wir beweisen nur die erste Ungleichung, da die zweite sich analog beweisen läßt. Die Annahme $a+b > d+e$ wird widerlegt, indem wir eine Strategie $S' \in S_n$ konstruieren, für die im Widerspruch zur Induktionsannahme gilt:

$$(9.6) \quad \sup\{L(D(f,S')) \mid f \in F\} < 1/U_{n+1}.$$

Für ein beliebiges $f \in F$ definiere f' durch

$$(9.7) \quad f'(y) = \begin{cases} \exp(f(\frac{y}{a+b})) & \text{falls} \quad 0 \leq y < a+b \\ -y & \text{falls} \quad a+b \leq y \leq 1. \end{cases}$$

Man zeigt leicht, daß $f' \in F$ und $x^{(f')} = (a+b)x^{(f)}$.

Wir beschreiben jetzt S'. Zunächst beobachten wir $f'(b)$ und berechnen $f'(a+b) = -a-b$, dann behandeln wir diese beiden ersten

Beobachtungen an f' gemäß $\overline{S}$, und schließlich nehmen wir die restlichen n-1 Beobachtungen an f vor, indem wir $\overline{S}$ auf f' wie folgt anwenden: Falls die k-te Beobachtung an f' nach $\overline{S}$ zu machen ist im Werte $y_k \geq a+b$ (für $k \geq 3$), so setzt S' $x_{k-1}=0$ und ignoriert den Wert von $f(x_{k-1})$, $f'(y_k)$ wird nach der zweiten Zeile in (9.7) berechnet, und y_{k+1} wird nach $\overline{S}$ berechnet.

Falls die k-te Beobachtung an f' nach $\overline{S}$ im Werte $y_k < a+b$ zu machen ist, so wird die (k-1)-te Beobachtung an f nach S' in $x_{k-1}=y_k/(a+b)$ genommen, der Wert von $f'(y_k)$ wird dann nach (9.7) aus dem beobachteten $f(x_{k-1})$ berechnet, und y_{k+1} ist durch $\overline{S}$ bestimmt.

Nach n Beobachtungen an f (n+1 an f') setzen wir $D(f,S') = [s'/(a+b),\min(1,t'/(a+b))]$, wobei $[s',t']=D(f',\overline{S})$. Natürlich ist $x^{(f)} \in D(f,S')$, so daß $S' \in S_m$. Ferner, da $L(D(f,S')) \leq L(D(f',\overline{S}))/(a+b)$ gilt, würde für $a+b > d+e=U_{n+1}/U_{n+2}$ Ungleichung (9.4) die Ungleichung (9.6) implizieren. Damit haben wir den gewünschten Widerspruch.

Wir können jetzt (9.5) benutzen. Aus $a+c \leq d+e$ und aus $a+b+c=1=2d+e$ folgt $b \geq d$ (ähnlich $c \geq d$). Dieses und (9.4) benutzen wir jetzt für die Konstruktion einer Strategie $S'' \in S_{n-1}$ mit

(9.8) $\sup\{L(D(f,S''))\,|\,f \in F\} < 1/U_n$.

Dieser Widerspruch zur Induktionsvoraussetzung impliziert dann, daß (9.4) falsch ist. Damit haben wir den Satz dann bewiesen.

Um S'' zu konstruieren, definieren wir zunächst für ein beliebiges $f \in F$ die Funktion f'' durch

$$(9.9) \quad f''(y) = \begin{cases} \exp(f(\frac{y}{b})) & \text{für} \quad 0 \leq y < b \\ -y & \text{für} \quad b \leq y \leq 1. \end{cases}$$

Man verifiziert leicht, daß $f'' \in F$ und $x^{(f'')}=bx^{(f)}$. S'' wird unter Anwendung von $\overline{S}$ auf f''-ähnlich wie vorher S' unter Anwendung auf f'-definiert. Die beiden ersten Beobachtungen an f'' gemäß $\overline{S}$ sind $f''(b) = -b$ und $f''(a+b) = -a-b$. Danach entspricht die k-te Beobachtung an f'' gemäß $\overline{S}$ in natürlicher Weise der (k-2)-ten an f gemäß S'', und es gilt $D(f,S'') = [\,s''/b\,,\min(1,t''/b)\,]$, wobei $[s'',t''] = D(f'',\overline{S})$. Man erhält so $L(D(f,S'')) \leq L(D(f'',\overline{S}))/b$, und da $b \geq d = U_n/U_{n+2}$, folgt mit (9.4) die Ungleichung (9.8). Damit ist der Beweis vollständig.   Q.E.D.

Kapitel IX: Suchprobleme mit zufallsgestörten Antworten und
              Kanäle mit Rückkopplung

§ 1:   Einleitung

Bei den in Teil 2 behandelten Suchproblemen waren nur irrtumsfreie (binäre) Tests zugelassen. Wurde der Test t durchgeführt und
war $x \in X = \{1, \ldots, N\}$ das gesuchte Objekt, so war $t(x)$ das Testergebnis. Mit diesen Tests haben wir chemische Experimente, medizinische
Untersuchungen, Wägungen, Vergleiche, usw. modelliert. Theoretisch
sind diese Tests irrtumsfrei. In der Praxis werden jedoch auch etwa
bei chemischen Experimenten und medizinischen Untersuchungen durch
menschliches Versagen oder andere nicht systematische Einflüsse
einige der Testergebnisse falsch sein. Außerdem wird gerade bei
chemischen oder physikalischen Experimenten ein Test im allgemeinen
mehr als zwei mögliche Ergebnisse haben. Diesen Umständen tragen
wir nun durch Erweiterung des in Kap. III dargestellten Modelles
Rechnung. Dort war für $A \subset X$ t_A ein binärer Test: $t_A(x) = 1 \Longleftrightarrow x \in A$. Man
kann dieses auch wie folgt lesen: Die geordnete Partition $A = (A, A^c)$
ist die Frage, und $t_A(x) \equiv t_A(x)$ gibt zur Antwort, ob $x \in A$ oder $x \in A^c$.

Statt binärer erlauben wir jetzt allgemeiner k-äre Fragen, die
durch Angabe einer geordneten Partition von X mit k Mengen beschrieben werden: $A = (A_1, \ldots, A_k)$. Ein irrtumsfreier Test $t_A(x)$ beantwortet die Frage, in welcher der Mengen x liegt. t_A hat den
Wertebereich $Z = \{1, \ldots, k\}$ und $t_A(x) = i \Longleftrightarrow x \in A_i$. Bei einem zufallsgestörten Test hängt die Antwort $j \in Y = \{1, \ldots, k\}$ noch vom Zufall ab.
Hier tritt an die Stelle von $t_A(x)$ eine Zufallsvariable $Y_A(x)$ und
$P(Y_A(x) = j) = P(j|A, x)$ ist die Wahrscheinlichkeit, daß j geantwortet
wird (d.h., daß x in A_j liegt), falls x gesucht wird und Frage A
gestellt wurde.

Nun kann man sich sehr wohl vorstellen, daß für $x, x' \in A_i$
$p(j|A, x)$ von $p(j|A, x')$ verschieden ist, weil etwa in einem chemischen Experiment von x leichter nachzuweisen ist, daß es eine
Säure ist, als dieses für x' der Fall ist. Für derart allgemeine
Abhängigkeiten gibt es aber bisher keine zufriedenstellende Theorie. Hier ist also Raum für die weitere Forschung. Wir werden
stets annehmen, daß für alle A

(1.1) $p(j|A, x) = p(j|A, x')$ für alle $j \in Y$, falls für ein $i (1 \le i \le k)$
        $x, x' \in A_i$ ist.

- 176 -

Aber selbst diese Annahme ist noch zu schwach, und wir müssen die
weitergehende, sicherlich sehr restriktive Forderung stellen, daß
für alle A und A'

(1.2) $p(j|A,x)=p(j|A',x')$ für alle $j\in Y$, falls für ein $i(1\leq i\leq k)$
         $x\in A_i$ und $x'\in A_i'$.

Die Wahrscheinlichkeiten sind also gleich, falls die oben beschriebenen irrtumsfreien Tests t_A und $t_{A'}$ dieselben Antworten geben. Sie
sind damit durch Angabe einer stochastischen Matrix
$w=(w(j|i))_{1\leq i,j\leq k}$ vollständig bestimmt gemäß

(1.3) $p(j|A,x)=P(Y_A(x)=j)=w(j|t_A(x))$.

Ein wichtiger Spezialfall ist der binär symmetrische, bei dem $k=2$
und richtige Antworten mit Wahrscheinlichkeit β verfälscht werden,
also $w=\begin{pmatrix} 1-\beta & \beta \\ \beta & 1-\beta \end{pmatrix}$ ist. Einen anderen Spezialfall bilden die irrtums-
freien Tests, die jetzt durch $w(i|i)=1$ für $i=1,\ldots,k$ charakteri-
siert sind.

In der Theorie der Fragebogen versucht man Forderung (1.2) ab-
zuschwächen.

Da wir systematische Fehler ausschließen, können wir annehmen,
daß die Ergebnisse einer Folge von Tests statistisch unabhängig
sind. Die Matrix w wird als bekannt angenommen. Sie ist zuvor
statistisch zu bestimmen. In § 7 werden wir ein robusteres Modell
behandeln, bei dem die exakte Kenntnis von w nicht angenommen wird.

Bei zufallsgestörten Tests können wir im allgemeinen (etwa
falls w nur positive Elemente hat) das gesuchte Objekt nicht nach
endlich vielen Schritten mit Sicherheit identifizieren. Die bisher
benutzten Kriterien für die Güte einer Strategie, nämlich maximale
und mittlere Suchdauer bis zur Identifikation des gesuchten Objektes, verlieren deshalb ihren unmittelbaren Sinn und bedürfen einer
erweiterten Fassung. Bisher konnten wir uns auf erfolgreiche Strategien s beschränken, bei denen der Zeitpunkt des Stoppens
$\ell(x)=\ell(x,s)$ mit dem Finden des Objektes x festgelegt war. In der
neuen Situation werden wir auch stoppen, wenn x noch nicht mit
Sicherheit gefunden wurde. Aufgrund der durch die Tests gewonnenen
Information müssen wir dann entscheiden, welches Objekt wir für
das gesuchte halten. Wir benötigen also zwei neue Konzepte, nämlich
das der Stopfunktion und das der Entscheidungsfunktion. Darüber
hinaus werden Kriterien für deren Güte erforderlich. Da die Ergeb-

nisse von Tests jetzt auch zufällig sind, sagen wir auch noch wie
Suchstrategien in diesem Falle aussehen.

Eine Strategie s ist eine unendliche Folge $(s_m)_{m=1}^\infty$ von Ab-
bildungen, wobei für m=2,3,...

(1.4) $s_m : Y^{m-1} \to \{t_A | A$ ist k-Partition von $X\}$.

Eine Strategie legt also fest, welcher Test zum Zeitpunkt m zu
wählen ist, falls die Ergebnisfolge $y^{m-1}=(y_1,...,y_{m-1})$ vorliegt.
Wir schreiben auch $t_A(y^{m-1})$ für $s_m(y^{m-1})$. s_1 ist ein festgewählter
Test, der von keiner Ergebnisfolge abhängt, da noch keine vorliegt.
Wir bezeichnen die leere Folge mit y^o und schreiben dann $s_1=t_A(y^o)$.

Die Ergebnisfolge hängt natürlich jetzt vom Zufall ab. Setzen
wir $Y^m=(Y_1,...,Y_m)$ für die zufällige Ergebnisfolge bis m, so gilt
für die bedingte Verteilung bei gesuchtem x und Strategie s nach
unseren Annahmen

(1.5) $P(Y^m=y^m|x,s) = \prod_{1\le i\le m} w(y_i | t_{A(y^{i-1})}(x))$ für $y^m \in Y^m$ und $m\in\mathbb{N}$.

Als nächstes sei eine Stopfunktion ℓ gewählt. Darunter verstehen
wir hier eine Abbildung $\ell : Y^\infty \to \mathbb{N}$ mit der Eigenschaft

(1.6) $\ell(y^\infty)=m \Rightarrow \ell(y'^\infty)=m$ für $y'^\infty=(y_1,...,y_m,y'_{m+1},...)$.

Das Paar (s,ℓ) heißt bei Wald [149] auch "sampling plan", falls
die mit s produzierte Ergebnisfolge mit ℓ gestoppt wird. In Kap. X
wird eine allgemeinere Definition gegeben.

Es wurde bereits erwähnt, daß wir beim Stoppen das gesuchte
Element noch nicht gefunden haben. Bezeichnet $\overline{Y}$ die Menge aller
endlichen Ergebnisfolgen, so heißt $d:\overline{Y}\to X$ eine Entscheidungsfunktion.

Das Tripel $P=(s,\ell,d)$ heißt Suchverfahren (oder auch Entscheidungsverfahren), falls als (terminale) Entscheidung $d(y_1,...,y_\ell)$
gewählt wird, wenn $y^\ell=(y_1,...,y_\ell)$ die von (s,ℓ) produzierte Ergebnisfolge ist.

Mit $P(d=x|x,P)$ bezeichnen wir die Wahrscheinlichkeit, daß wir
die richtige Entscheidung treffen, falls wir x mit P suchen. Die
beiden folgenden Fehlerbegriffe sind grundlegend:

(1.7) $\lambda(P)=\max\{1-P(d=x|x,P)|x\in X\}$ ist die maximale Fehlerwahr-
        scheinlichkeit der Strategie P.

Ist ξ eine a-priori-Verteilung auf X, so mißt

$$(1.8) \quad \lambda_\xi(P) = 1 - P(d=x \mid \xi, P) = \sum_{x \in X} \xi(x)(1 - P(d=x \mid x, P))$$

die mittlere Fehlerwahrscheinlichkeit der Strategie P.

Da häufig keine a-priori-Verteilung bekannt ist, bemüht man sich, ein kleines $\lambda(P)$ zu erreichen. Der Ansatz (1.8) entspricht dem Bayes-Ansatz in der statistischen Entscheidungstheorie. Erklärte Nicht-Bayesianer sollten auf ihn verzichten.

Die Suchdauer des Verfahrens P, also die Stopzeit $\ell(Y^\infty)$ hängt jetzt nicht nur von dem gesuchten Objekt x, sondern auch vom Zufall ab. Wir bezeichnen mit $E(\ell \mid P, x)$ den Erwartungswert dieser Suchdauer für x und mit $M(\ell \mid P, x)$ die maximale Suchdauer für x. Hiermit kann man 4 Begriffe von Suchdauer für P einführen:

$$(1.9) \quad M(\ell \mid P) = \max\{M(\ell \mid P, x) \mid x \in X\}, \text{ die maximale (maximale) Suchdauer,}$$

$$(1.10) \quad E(\ell \mid P) = \max\{E(\ell \mid P, x) \mid x \in X\}, \text{ die maximale erwartete Suchdauer}$$

und bei Vorliegen einer a-priori-Verteilung ξ

$$(1.11) \quad M(\ell \mid P, \xi) = \sum_{x \in X} \xi(x)M(\ell \mid P, x), \text{ die mittlere maximale Suchdauer,}$$

$$(1.12) \quad E(\ell \mid P, \xi) = \sum_{x \in X} \xi(x)E(\ell \mid P, x), \text{ die mittlere erwartete Suchdauer.}$$

Die Güte eines Suchverfahrens wird nicht wie in Kap. III durch die (näher spezifizierte) Suchdauer allein, sondern auch durch $\lambda(P)$ oder $\lambda_\xi(P)$ bestimmt. Theoretisch können so 8 Paare als Maß für die Güte herangezogen werden. Es erscheint natürlich, $\lambda(P)$ in Verbindung mit $M(\ell \mid P)$ oder $E(\ell \mid P)$ und $\lambda_\xi(P)$ in Verbindung mit $M(\ell \mid P, \xi)$ oder $E(\ell \mid P, \xi)$ zu betrachten. In § 3 bis § 7 und auch in § 10 wird $(\lambda(P), M(\ell \mid P))$ als Maß für die Güte zugrundegelegt. Es wird dort sogar $M(\ell \mid P, x) = M(\ell \mid P)$ für alle $x \in X$ sein, d.h. wir haben eine konstante Suchdauer. Wir sprechen in diesem Falle auch von Blockverfahren und von der Suchdauer als Blocklänge. Bei dem von Horstein [64] angegebenen und vor allem von Zigangirov und Burnashev ([168], [169], [24]) analysierten Verfahren wird $(\lambda_\xi(P), E(\ell \mid P, \xi))$ benutzt. Hier handelt es sich um "reine" Bayesche Theorie (§ 8). Es macht aber auch einen gewissen Sinn, die "gemischten Fälle" $(\lambda(P), M(\ell \mid P, \xi))$, $(\lambda(P), E(\ell \mid P, \xi))$, $(\lambda_\xi(P), M(\ell \mid P))$ und $(\lambda_\xi(P), E(\ell \mid P))$ zu betrachten. Es kann zum Beispiel sein, daß die Suchdauer nicht so wichtig wie die Fehlerwahrscheinlichkeit ist. Selbst wenn ξ hier nicht genau bekannt ist, kann man also etwa $(\lambda(P), E(\ell|P,\xi))$ verwenden. Die Ungenauigkeit in ξ und damit in $E(\ell|P,\xi)$ nimmt man in Kauf. Ähnliches gilt, wenn die Präferenz auf der Suchdauer liegt. Ahlswede/Gács [4] haben eine Kraft-Ungleichung für den zufallsgestörten Fall bewiesen. Hieraus lassen sich Resultate der genannten Art ableiten (§ 9).

Anstatt die Güte von P durch Paare aus Fehlerwahrscheinlichkeit und Suchdauer zu messen, könnte man eine allgemeinere Theorie nach dem Vorbild der Wald'schen Entscheidungstheorie anstreben (Kap. X), d.h. allgemeine Verlustfunktionen betrachten.

Der Inhalt der Paragraphen sei - sofern dieses nicht schon geschehen ist - kurz erwähnt. Zunächst zeigen wir in § 2, daß das Suchproblem mit zufallsgestörten Antworten zu einem informationstheoretischen Codierungsproblem für Kanäle mit Rückkopplung äquivalent ist. Danach benutzen wir fast nur noch die informationstheoretische Sprechweise. Wir beginnen in § 3 mit dem mathematisch einfachsten Problem, und zwar behandeln wir Shannons Blockcodierungsverfahren [126] für den Fall irrtumsfreier Entscheidungen $(\lambda(P)=0)$. In § 4 geben wir das Shannon'sche Codierungstheorem ([125], [127]) für diskrete gedächtnislose Kanäle (DGK) an. Dieses ist für unser Suchproblem wichtig, da Shannon in [126] zeigen konnte, daß Rückkopplung nicht die Kapazität des DGK erhöht (§ 5).

Diese Ergebnisse sind Existenz- oder Nicht-Existenzaussagen über Codes. Sie sagen uns, was mit expliziten Codierungsverfahren im Falle von Rückkopplung erreichbar ist.

Danach behandeln wir in § 6 Ahlswedes [2] Blockcodierungsverfahren für den DGK mit Rückkopplung. Entscheidend dabei ist ein Listenreduktionslemma, von dem man auf natürliche Weise auch zum Shannon'schen Codierungstheorem für den DGK (ohne Rückkopplung) gelangt. In [3] hat Ahlswede dieses Verfahren auf das oben erwähnte robuste Modell erweitert (§ 7). Der in § 3 behandelte irrtumsfreie Fall wird dabei mit umfaßt.

In § 10 stellen wir das Codierungsverfahren von Schalkwijk/Kailath [120] und Schalkwijk ([118], [119]) für Gaußsche Kanäle mit Rückkopplung dar. Wir werden dabei interessante Verbindungen zwischen stochastischer Approximation und Such- bzw. Codierungsproblemen im alphabetischen Fall aufzeigen.

Von den zahlreichen Arbeiten auf diesem Gebiet können nur einige dargestellt werden. Weitere Literaturangaben findet man in den jeweiligen Paragraphen. Hervorgehoben seien die Arbeiten [19], [20] von Berlekamp, in denen für den binär symmetrischen Kanal ein besonders effizientes Blockcodierungsverfahren angegeben wird, und die Arbeit [47] von Forney, in der die Existenz besonders guter Verfahren nachgewiesen wird.

§ 2: Ein äquivalentes informationstheoretisches Problem

Die Mengen Z und Y dienen uns jetzt als Eingangs- und Ausgangsalphabet eines diskreten gedächtnislosen Kanals (DGK). Dieser ist durch Angabe der Übertragungsmatrix w

$$(2.1) \quad 1 \geq w(y|z) \geq 0 \ (z \in Z, y \in Y), \quad \sum_{y \in Y} w(y|z) = 1 \ (z \in Z)$$

und die Annahme der Unabhängigkeitsstruktur

$$(2.2) \quad P(Y^m = y^m | z^m) = \prod_{1 \leq t \leq m} w(y_t | z_t) \ \text{für} \ z^m = (z_1, \ldots, z_m) \in Z^m,$$
$$y^m = (y_1, \ldots, y_m) \in Y^m \ \text{und} \ m \in \mathbb{N}$$

vollständig charakterisiert. Hierbei ist $P(Y^m = y^m | z^m)$ die Wahrscheinlichkeit dafür, daß die zufällige empfangene Folge (oder das Wort) $Y^m = (Y_1, \ldots, Y_m)$ gleich y^m ist, falls z^m gesendet wurde.

Man sagt, der Kanal habe (störungsfreie) Rückkopplung, falls zu jedem Zeitpunkt $m \geq 2$ der Sender das empfangene Wort $Y^{m-1} = y^{m-1}$ kennt, bevor er den nächsten Buchstaben x_m sendet. Wir nennen einen solchen Kanal kurz DGKR.

Auf die Bedeutung dieses Kanalmodelles für störende Übertragungssysteme in Kommunikationssituationen, wie sie am konkretesten in der Nachrichtentechnik, aber auch etwa in Physik und Psychologie auftreten, können wir hier nicht näher eingehen. Es sei nur vermerkt, daß Kanäle mit Rückkopplung zum Beispiel bei der Nachrichtenübertragung von Satelliten zu festen Erdstationen eine Rolle spielen, da letztere (im Augenblick noch) genug Energie haben, um die Übertragung zu den Satelliten im wesentlichen störungsfrei zu gestalten. Es sei dem Leser vor allem empfohlen, die bahnbrechende Pionierarbeit von Shannon [125] zu lesen. Dann seien die mathematisch ausgerichteten Lehrbücher von Csiszár/ Körner [33] und Wolfowitz [163] und das für Ingenieure geschriebene Buch von Gallager [51] genannt. Einführende, deutschsprachige

Darstellungen geben Henze/Homuth [59], [60].

Wir wenden uns jetzt den Codierungsproblemen für den DGKR zu. Angenommen, der Sender möchte eine Nachricht $x \in X = \{1,2,\ldots,N\}$ übertragen. Dann bedient er sich einer Eincodierungsfunktion, die wie folgt beschrieben werden kann:

$c_1(x)$ ist ein Element aus Z, und $c_m(x,\cdot)$, $m \geq 2$, sind Funktionen

$$(2.3) \quad c_m(x,\cdot): y^{m-1} \to Z.$$

Eine Eincodierungsfunktion c ist definiert durch

$$(2.4) \quad c(x,y^\infty) = [c_1(x), c_2(x,y^1), \ldots, c_m(x,y^{m-1}), \ldots]$$
$$\text{für alle } x \in X, y^\infty = (y_1, y_2, \ldots) \in Y^\infty = \prod_1^\infty Y.$$

c wird vom Sender wie folgt benutzt. Falls er Nachricht x übertragen möchte, so sendet er zunächst den Buchstaben $c_1(x) \in Z$. Der Empfänger empfängt gemäß dem durch den Kanal beschriebenen Zufallsmechanismus $Y^1 = y^1$. Durch Rückkopplung wird der Buchstabe y^1 dem Sender mitgeteilt, und er sendet dann in Abhängigkeit davon $c_2(x,y^1)$. Zu jedem Zeitpunkt $m > 1$ ist die empfangene Folge $y^{m-1} = (y_1, \ldots, y_{m-1})$ natürlich dem Empfänger und wegen der Rückkopplung auch dem Sender bekannt. Der Sender sendet dann $c_m(x,y^{m-1})$. Man sieht nun leicht, daß Eincodierungsfunktionen den in (1.4) definierten Strategien entsprechen. Dazu überlege man sich nur, daß die Funktion c_m vom Empfänger gewählt werden kann. Er kennt y^{m-1} (nicht x) und damit die Funktion $c_m(\cdot, y^{m-1})$. Diese entspricht dem Test $1_{A(y^{m-1})}(\cdot)$, falls für

$$A(y^{m-1}) = (A_1(y^{m-1}), \ldots, A_k(y^{m-1}))$$

$$(2.5) \quad A_z(y^{m-1}) = \{x \mid c_m(x,y^{m-1}) = z\}, z \in Z = \{1,2,\ldots,k\}.$$

Schließlich gilt wegen (1.5) und (2.2) auch für $m \in \mathbb{N}$

$$(2.6) \quad P(Y^m = y^m \mid x,s) = \prod_{1 \leq i \leq m} w(y_i \mid t_{A(y^{i-1})}(x))$$
$$= \prod_{1 \leq i \leq m} w(y_i \mid c_i(x,y^{i-1})) = P(Y^m = y^m \mid x,c).$$

Wir können jetzt die Begriffe Stopfunktion ℓ und Entscheidungsfunktion d wörtlich übernehmen. Dem Suchverfahren $P = (s,\ell,d)$ entspricht jetzt das Tripel $C = (c,\ell,d)$, welches wir Codierungsverfahren oder auch kurz (sequentiellen) Code nennen. Dieses deuten

wir in den in (1.7) bis (1.12) definierten Größen dadurch an, daß
wir P durch C ersetzen. Statt von Suchdauern sprechen wir jetzt
auch von Codierungslängen. $N=|X|$ nennen wir Codelänge.

Es ist häufig günstiger, eine andere Beschreibung des Codes
(c,ℓ,d) zu verwenden. Dem Paar (c,ℓ) entspricht die sequentielle
Eincodierungsfunktion u, wobei für $y^\infty \in y^\infty$ und $x \in X$

$$(2.7) \quad u(x,y^{\ell(y^\infty)-1}) = [c_1(x),c_2(x,y^1),\ldots,c_{\ell(y^\infty)}(x,y^{\ell(y^\infty)-1})].$$

Ist $D \subseteq \overline{y}$ die Menge der Folgen, auf denen ℓ stoppt, so hat D die
Präfixeigenschaft. Wir können die Entscheidungsfunktion d auf D
einschränken und erhalten die Partition $D=\{D_1,\ldots,D_N\}$ von D:

$$(2.8) \quad D_x = \{\overline{y} \in D \mid d(\overline{y}) = x\}, x \in X = \{1,2,\ldots,N\}.$$

D_x ist die Decodierungsmenge, die x entspricht. Keine Folge in D
ist Präfix einer anderen Folge in D, und jede Folge $y^\infty \in y^\infty$ hat ein
Präfixwort aus D. Umgekehrt ist jedes System $\{B_1,\ldots,B_N\}$ mit diesen
Eigenschaften ein System von Decodierungsmengen und legt (ℓ,d)
fest.

Ein sequentieller Blockcode der Länge m ist ein Code mit

$$(2.9) \quad \ell(y^\infty) = m \text{ für alle } y^\infty \in y^\infty.$$

Äquivalent hierzu ist

$$(2.10) \quad D = y^m.$$

Für einen nicht-sequentiellen Blockcode gilt zusätzlich

$$(2.11) \quad u(x,y^{m-1}) = [c_1(x),c_2(x),\ldots,c_m(x)],$$

d.h. die Eincodierungsfunktion hängt nicht von den empfangenen
Buchstaben ab. Man spricht deshalb auch von dem Codewort
$u_x \in Z^m (x \in X)$. Wir nennen $C = (c,\ell,d)$ in diesem Spezialfall einen
(N,m)-Code, wobei N die Codelänge und m die Blocklänge, also die
gemeinsame Codewortlänge ist. Ist die maximale Fehlerwahrscheinlichkeit des (N,m)-Codes kleiner als oder gleich $\lambda(0 \leq \lambda \leq 1)$, so
sprechen wir von einem (N,m,λ)-Code. Dieser Codebegriff ist angemessen für die Codierungstheorie der Kanäle ohne Rückkopplung. Mit
(N,m,λ,R) bezeichnen wir sequentielle Blockcodes mit der Länge N,
mit der Blocklänge m und maximaler Fehlerwahrscheinlichkeit unterhalb λ.

Abschließend sei noch vermerkt, daß man ganz allgemein für ein
Suchverfahren mit einer (näher spezifizierten) Suchdauer L die Rate

R definiert durch

$$(2.12) \quad R = \frac{\log N}{L}.$$

Eine analoge Definition denken wir uns für Codierungsverfahren getroffen.

§_3: Ein_irrtumsfreies_Verfahren

Wir betrachten sequentielle Blockcodes mit Blocklänge m und Fehlerwahrscheinlichkeit $\lambda = 0$ für den DGK mit Übertragungsmatrix w. Bezeichnet $N_R(m,0)$ das größte N, so daß ein $(N,m,0,R)$-Code für diesen DGK existiert, so sieht man durch Produktbildung von Codes, daß

$$(3.1) \quad N_R(m_1+m_2,0) \geq N_R(m_1,0) \cdot N_R(m_2,0).$$

Die Nullfehlerkapazität $C_R^0 = C_R^0(w)$ ist definiert durch

$$(3.2) \quad C_R^0 = \overline{\lim_{m \to \infty}} \frac{1}{m} \log N_R(m,0).$$

Hier und im folgenden ist log stets $\log_2$.

Aus (3.1) folgt, daß sogar $C_R^0 = \lim_{m \to \infty} \frac{1}{m} \log N_R(m,0)$

gilt.

Shannon [126] hat eine Formel für C_R^0 angegeben, aus der man C_R^0 berechnen kann. Der Beweis, daß alle Raten unterhalb von C_R^0 erreicht werden können, wird durch Angabe eines Codierungsverfahrens - also konstruktiv - geführt.

Satz 3.1: Sei w die Übertragungsmatrix eines DGK. Für $y \in Y$ sei $Z_y = \{z \in Z \mid w(y|z) > 0\}$ und $p_0 = \min_{p \text{ WV auf } Z} (\max_{y \in Y} \sum_{z \in Z_y} p(z))$. Dann gilt

(a) $C_R^0(w) > 0 \iff$ es gibt 2 trägerfremde Zeilenvektoren in w.

(b) $C_R^0(w) = \log p_0^{-1}$, falls $C_R^0(w) > 0$.

Shannon stellt in [126] folgende heuristische Überlegungen an. Sei p eine WV auf dem Eingangsalphabet Z. Dann ist $\sum_{z \in Z_y} p(z)$ die gesamte Wahrscheinlichkeit der Eingangsbuchstaben, die mit positiver Wahrscheinlichkeit bei der Übertragung y ergeben. Ausgangsbuchstaben, für welche diese Summe groß ist, können als "schlecht" angesehen werden, da bei ihrem Empfang eine große Ungewißheit darüber besteht, welcher Buchstabe gesendet wurde. Man wählt nun die WV p auf Z so, daß der "schlechteste" Ausgangsbuchstabe so gut wie möglich ist. Dieses führt auf die Definition von p_o.

Für den Beweis des Satzes benötigen wir ein elementares Resultat, welches man leicht induktiv beweist.

<u>Lemma 3.2:</u> Für jede WV p auf $Z = \{1,\ldots,k\}$ und jedes $N \in \mathbb{N}$ kann man $N_1,\ldots,N_k \in \mathbb{N}_o$ finden mit $|\frac{N_z}{N} - p(z)| \leq \frac{1}{N}$ für $z \in Z$, $\sum\limits_{z \in Z} N_z = N$ und $N_z = 0$, wenn $p(z) = 0$.

<u>Beweis von Satz 3.1:</u>

(a) Wenn es keine 2 trägerfremden Zeilenvektoren in w gibt, so ist klar, daß bei jedem Codierungsverfahren irgendwelche 2 Nachrichten mit positiver Wahrscheinlichkeit zu der gleichen empfangenen Folge führen. Daher gibt es für kein $m \in \mathbb{N}$ einen (N,m,O,R)-Code für $N \geq 2$. Sind andererseits etwa der z-te und z'-te Zeilenvektor trägerfremd, so gilt $N_R(m,0) \geq N_R(1,0)^m \geq 2^m$ und deshalb auch $C_R^o \geq \log 2 > 0$. Darüber hinaus gilt für jedes y $z \in Z_y \rightarrow z' \notin Z_y$, und daher ist für die WV p auf Z mit $p(z)=p(z')=\frac{1}{2}$ $\max\limits_{y \in Y} \sum\limits_{z \in Z_y} p(z) = \frac{1}{2}$ und somit $p_o \leq \frac{1}{2}$. Dieses werden wir unten benutzen.

(b) $\underline{C_R^o \geq \log p_o^{-1}}$: Wir müssen zeigen, daß alle Raten unterhalb $\log p_o^{-1}$ erreichbar sind. Sei p eine WV auf Z, für die p_o angenommen wird. Wir geben zunächst die dem Verfahren zugrundeliegende Idee wieder, ohne die genauen Abschätzungen durchzuführen.

Sei $X = \{1,\ldots,N\}$ die Menge von Nachrichten. Eine davon wird mit Blocklänge m übertragen. Im ersten Schritt zerlegt man die Menge X in $k=|Z|$ disjunkte Mengen $X(1),\ldots,X(k)$ und zwar so, daß $|X(z)| \approx p(z)N$. Wenn x übertragen werden soll und $x \in X(z)$, so sendet man z. Egal welches y empfangen wird, stets gilt $p(\{z'|w(y|z') > 0\}) \leq p_o$. Daher kann man aus dem Empfang von y schließen, daß x eine von ungefähr $p_o N$ Nachrichten ist. Die Menge X' dieser Nachrichten ist dem Empfänger und wegen der Rückkopplung auch dem Sender bekannt. Nun wiederholt man die Prozedur der Unterteilung für X', usw.. Nach mehreren Iterationen werden die Approximationen zwar schlechter, aber diese Überlegung läßt erwarten, daß nach m Schritten $\approx p_o^m N$ Nachrichten in der Konkurrenz bleiben. Aus $p_o^m N \lesssim 1$ erhält man also, daß die Rate $\frac{1}{m} \log N \approx \log p_o^{-1}$ erreicht wird.

    Wir führen jetzt die Rechnungen exakt durch. Zunächst unter-
teilen wir X so in disjunkte Teilmengen $X(1),\ldots,X(k)$, daß für $z\in Z$
und N_z (wie in Lemma 3.2 gewählt) gilt

(3.3) $|X(z)| = N_z$.

Falls $x\in X(z)$, so sendet man z. Wird y empfangen, so weiß der Emp-
fänger, daß x aus einer der Mengen $X(z)$ stammt, für die $w(y|z) > 0$.
Da $p_0 \leq \frac{1}{2}$, kann es höchstens $(k-1)$ solche Mengen geben. Da nach Kon-
struktion $||X(z)| - p(z)N| \leq 1$, hat man auch

$$(3.4)\quad |\bigcup_{z:w(y|z)>0} X(z)| \leq p_0 N + (k-1).$$

Also haben wir zu Beginn der zweiten Teilungsprozedur noch
$N_1 \leq p_0 N + (k-1)$ Nachrichten als Kandidaten. Nach t Schritten haben
wir noch $N_t \leq p_0 N_{t-1} + (k-1)$ Nachrichten. Mit $A = N - \frac{k-1}{1-p_0}$ und $N_0 = N$
ergibt sich

$$(3.5)\quad N_t \leq A p_0^t + \frac{k-1}{1-p_0}.$$

Hieraus erhält man $N_t \leq N p_0^t + \frac{k-1}{1-p_0}(1-p_0^t) \leq N p_0^t + (k-1)2$, da $p_0 \leq \frac{1}{2}$. Sei
nun $m_1 \in \mathbb{N}$ die kleinste Zahl mit $N p_0^{m_1} < 1$. Dann sind nach m_1 Iterationen höchstens noch $2(k-1)$ Nachrichten übrig. Diese lassen sich
mit $\log(2(k-1))$ zusätzlichen Buchstaben trennen. Insgesamt genügt
also eine Blocklänge $m = m_1 + \lceil \log(2(k-1)) \rceil$, um $\lfloor p_0^{-(m-\log(2(k-1)))} \rfloor$
Nachrichten zu trennen. Hieraus folgt $C_R^o \geq \log p_0^{-1}$.

$\underline{C_R^o \leq \log p_0^{-1}}$: Wir zeigen induktiv, daß $N_R(m,0) \leq p_0^{-m}$. Für $m=0$ ist
dieses richtig, und es gelte $N_R(m-1,0) \leq p_0^{-(m-1)}$.

    Für einen $(N,m,0,R)$-Code unterteilen wir $X = \{1,\ldots,N\}$ in die
Mengen $X*(z), z\in Z$, wobei $X*(z)$ die Menge der Nachrichten ist, bei
deren Übertragung zunächst z gesendet wird. Dann ist
$(|X*(1)|N^{-1},\ldots,|X*(k)|N^{-1})$ eine WV auf Z, und nach Definition von
p_0 gibt es ein y mit

$$(3.6)\quad \sum_{z\in Z_y} |X*(z)|N^{-1} \geq p_0.$$

Jede der Nachrichten in $\bigcup_{z\in Z_y} X*(z)$ kann mit positiver Wahrscheinlichkeit zum Empfang von y führen. Es müssen dann also noch

$\mid \underset{z \in Z_y}{\cup} X^*(z) \mid \geq Np_o$ Nachrichten bei einer Blocklänge m-1 getrennt

werden. Falls nun $N > p_o^{-m}$ wäre, so erhielten wir $Np_o > p_o^{-(m-1)}$ und

somit $N_R(m-1,0) > p_o^{-(m-1)}$. Dieses widerspricht der Induktionsan-

nahme.

Q.E.D.

<u>Bemerkung 3.3:</u> In § 7 werden wir sehen, daß eine andere von Shannon in [126] vermutete Formel für C_R^o aus einem allgemeineren Satz folgt.

<u>Bemerkung 3.4:</u> Betrachtet man statt Blockcodierungsverfahren allgemeine sequentielle Verfahren, so kann man wiederum eine Null-fehlerkapazität F_R^o als das Supremum über alle erreichbaren Raten definieren. Es gibt bisher keine Formel zur Berechnung von F_R^o. Wir geben jetzt Forneys [47] untere Schranke für F_R^o an. Sei p eine WV auf Z und $\theta_{zy} = \begin{cases} 0 : w(y|z)=0 \\ 1 : w(y|z)>0 \end{cases}$ für $y \in Y, z \in Z$. Man setze $q=p \cdot w$, d.h. $q(y) = \underset{z}{\Sigma} p(z)w(y|z)$, und $q^o(y) = \underset{z}{\Sigma} p(z)\theta_{zy}$ für $y \in Y$. Dann gilt

$$(3.7) \quad F_R^o \geq \max_{p} (-\underset{y}{\Sigma} q(y) \log q^o(y)).$$

Durch einfache Umformungen zeigt man, daß

$F_R^o \geq \max_{p} (-\log \underset{y}{\Sigma} q(y) q^o(y)) \geq \max_{p} (-\log \underset{y}{\max} q^o(y)) = C_R^o$. Beispiele zeigen, daß im allgemeinen $F_R^o \neq C_R^o$.

§ 4: Shannons Codierungssatz

In der Kanalcodierungstheorie untersucht man die Frage, für welche Werte N, m und λ (N,m,λ)-Codes existieren. Bei gegebener Blocklänge m möchte man möglichst viele Nachrichten N mit möglichst kleiner Fehlerwahrscheinlichkeit λ übertragen können. Diese beiden Ziele stehen natürlich im Widerstreit, und man beschränkt sich deshalb auf zwei Fragestellungen:

1. Gegeben m und $\lambda \in (0,1)$: wie groß können wir N wählen?
2. Gegeben m und N: wie klein kann λ werden?

Die extremalen Größen bezeichnen wir mit $N(m,\lambda)$ und mit $\lambda(m,R)$, $R = \frac{1}{m} \log N$. Beide Fragen wurden in der Literatur ([51], [163], [33]) eingehendst studiert. Shannon kam in [125] durch heuristische Überlegungen auf die Beziehung

$$(4.1) \quad \lim_{m \to \infty} m^{-1} \log N(m,\lambda) = C \text{ für } \lambda \in (0,1),$$

und er gab für die Konstante C eine Formel an, in die die ebenfalls von ihm eingeführte Informationsfunktion I eingeht. Diese
ist für ein Paar diskreter ZV (U,V) wie folgt definiert:

(4.2) $I(U \wedge V) := H(U) + H(V) - H(U,V)$.

Definiert man die mittlere bedingte Entropie von U bei gegebenem V
durch $H(U|V) = - \sum_{u,v} P(U=u,V=v) \log P(U=u|V=v)$, so erhält man durch
elementare Umformungen

(4.3) $I(U \wedge V) = H(U) - H(U|V) = H(V) - H(V|U)$.

Eine ZV Z mit Werten in Z heißt Eingangsvariable des Kanals. Die zugehörige Ausgangsvariable Y ist definiert durch die Vorschrift

(4.4) $P(Y=y,Z=z) = w(y|z) \, P(Z=z)$ für $y \in \mathsf{Y}, z \in \mathsf{Z}$.

Diese Hilfsgrößen dienen zur Beschreibung des Verhaltens von Codes.

Satz 4.1:   Für den DGK ist für alle $\lambda \in (0,1)$
$$\lim_{m \to \infty} m^{-1} \log N(m,\lambda) = \max_Z I(Y \wedge Z).$$

Feinstein [43] und Shannon [127] bewiesen

(4.5) $\underline{\lim}_{m \to \infty} m^{-1} \log N(m,\lambda) \geq \max_Z I(Y \wedge Z)$,

und Fano [42] bewies

(4.6) $\inf_{\lambda > 0} \overline{\lim}_{m \to \infty} m^{-1} \log N(m,\lambda) \leq \max_Z I(Y \wedge Z)$.

Wolfowitz [162] zeigte, daß für alle $m \in \mathbb{N}$

(4.7) $|\log N(m,\lambda) - m \cdot \max_Z I(Y \wedge Z)| \leq c_1(\lambda,w) \sqrt{m}$.

Hieraus folgt für <u>alle</u> $\lambda \in (0,1)$

(4.8) $\overline{\lim}_{m \to \infty} m^{-1} \log N(m,\lambda) \leq \max_Z I(Y \wedge Z)$.

Um die Unterschiede deutlich zu machen, gab Wolfowitz [163] den Ungleichungen (4.5), (4.6) und (4.8) die Namen Codingtheorem, schwache
Umkehrung des Codingtheorems und starke Umkehrung des Codingtheorems. Der Satz 4.1 folgt aus (4.5) und (4.8). Man nennt die größte
Rate, die man für beliebig kleine Fehlerwahrscheinlichkeit asymptotisch in der Blocklänge erzielen kann, die Kapazität C eines Kanals.
Es folgt also schon aus (4.5) und (4.6), daß $\max_Z I(Y \wedge Z)$ die Kapazität des DGK ist. (4.6) wird in § 5, und (4.5) wird in § 6 mit bewiesen.

Ingenieure sind häufiger an der zweiten Fragestellung interessiert. Man gibt sich die Rate R vor und schätzt $\lambda(m,R)$ ab. Die "reliability function" $e(R) = \overline{\lim_{m \to \infty}} - m^{-1} \log \lambda(m,R)$ beschreibt das exponentielle Abfallen des Fehlers $\lambda(m,R)$. Die "sphere packing" Schranke schätzt $e(R)$ von oben, und die "random coding" Schranke schätzt $e(R)$ von unten ab. Oberhalb einer kritischen Rate $R_{crit} < C$ stimmen beide Schranken überein. Selbst für den binär symmetrischen Kanal (BSK) ist $e(R)$ nicht für alle Raten bekannt (Shannon/ Gallager/Berlekamp [129]).

Bei dem Codingtheorem handelt es sich um eine Existenzaussage. Explizite Codekonstruktionen sind so gut wie unbekannt. Wir werden später sehen, daß Rückkopplung die explizite Angabe asymptotisch optimaler Codes ermöglicht.

§ 5: Rückkopplung erhöht nicht die Kapazität des diskreten gedächtnislosen Kanals

Wir betrachten hier einfachheitshalber nur sequentielle Blockcodes. Auch für allgemeine Codierungsverfahren verändert Rückkopplung die Kapazität des DGK nicht ([4]). Der hier dargestellte Beweis ist von Shannon [126]. Das Ergebnis wurde unabhängig auch von Dobrushin [35] erzielt. Die Idee zum Beweis derartiger Aussagen (schwache Umkehrung) stammt von Fano [42]. Das folgende Lemma erfaßt den Kern dieser Idee. Es stellt eine Beziehung zwischen Codelänge, mittlerer Fehlerwahrscheinlichkeit und einer gewissen bedingten Entropie her. Die Blocklänge ist unwichtig und kann gleich 1 gewählt werden. Die Einfachheit des Lemmas geht einher mit seiner vielfältigen Anwendbarkeit in der Informationstheorie.

__Lemma 5.1:__ Sei $\{(u_x, D_x) \mid 1 \le x \le N\}$ ein Blockcode mit $\sum_{1 \le x \le N} \xi(x) w(D_x^c \mid u_x) = \overline{\lambda}$. Ist U eine ZV mit $P(U=u_x) = \xi(x)$ für $x \in X = \{1, \ldots, N\}$ und ist V eine ZV, die mit U durch den Kanal verbunden ist, d.h. $P(V=y \mid U=u_x) = w(y \mid u_x)$ für $x \in X, y \in Y$ und $P(V=y) = \sum_x w(y \mid u_x) \xi(x)$, dann gilt

(5.1) $H(U \mid V) \le 1 + \overline{\lambda} \log N.$

__Beweis:__ Sei die Decodierungsfunktion d gegeben durch $d(y) = x \Longleftrightarrow y \in D_x$, dann gilt $\overline{\lambda} = P(U \ne d(V)) = \sum_y P(U \ne d(V) \mid V=y) P(V=y)$. Man setze für $y \in Y$

$\lambda(y) = P(U \neq d(V) | V=y)$. Denkt man sich das Zufallsexperiment "U bei gegebenem y" in $U \neq d(y)$ und $U=d(y)$ unterteilt, so liefert die Gruppierungseigenschaft der Entropiefunktion

$H(U|V=y) \leq h(\lambda(y)) + (1-\lambda(y)) \cdot 0 + \lambda(y) \log(N-1)$. Hieraus folgt wegen der Konkavität der Entropiefunktion

$$H(U|V) = \sum_y P(V=y) H(U|V=y) \leq h(\overline{\lambda}) + \overline{\lambda} \log(N-1) \leq 1 + \overline{\lambda} \log N. \qquad \text{Q.E.D.}$$

<u>Bemerkung 5.2</u>: Aus Fanos Lemma leitet man die schwache Umkehrung des Codingtheorems (§ 4) für den DGK (ohne Rückkopplung) her. Dabei benötigt man noch eine weitere Ungleichung. Ist $Z^m = (Z_1, \ldots, Z_m)$ eine ZV mit Werten in Z^m, ist $Y^m = (Y_1, \ldots, Y_m)$ eine ZV mit Werten in Y^m und gilt $P(Y^m = y^m | Z^m = z^m) = \prod_{1 \leq t \leq m} w(y_t | z_t)$, so ist

$$(5.2) \quad I(Y^m \wedge Z^m) \leq \sum_{1 \leq t \leq m} I(Y_t \wedge Z_t) \leq mC.$$

Die letzte Ungleichung folgt aus der Formel für C (§ 4), und die erste beweisen wir so:

$$I(Y^m \wedge Z^m) = H(Y^m) - H(Y^m | Z^m) = H(Y^m) - \sum_{z^m} P(Z^m = z^m) H(Y^m | Z^m = z^m)$$

$$= H(Y^m) + \sum_{z^m} P(Z^m = z^m) \sum_{y^m} P(Y^m = y^m | Z^m = z^m) \log P(Y^m = y^m | Z^m = z^m)$$

$$= H(Y^m) - \sum_{1 \leq t \leq m} H(Y_t | Z_t) \leq \sum_{1 \leq t \leq m} H(Y_t) - \sum_{1 \leq t \leq m} H(Y_t | Z_t)$$

$$= \sum_{1 \leq t \leq m} I(Y_t \wedge Z_t).$$

Ist nun $\{(u_x, D_x) | 1 \leq x \leq N\}$ ein (N, m, λ)-Code und ξ die Gleichverteilung auf den Codewörtern, so ist $\overline{\lambda} \leq \lambda$. Definiert man nun $U = U^m$ und $V = V^m$ wie im Lemma, so ist nach (5.1)

$I(U \wedge V) = H(U) - H(U|V) = \log N - H(U|V) \geq (1-\overline{\lambda}) \log N - 1$, und aus (5.2) folgt damit $mC \geq (1-\overline{\lambda}) \log N - 1 \geq (1-\lambda) \log N - 1$.

Hieraus folgt $\inf_{\lambda > 0} \overline{\lim_{m \to \infty}} \frac{1}{m} \log N(m, \lambda) \leq C$.

Wir benutzen jetzt dieses Beweisschema im Falle von Rückkopplung. An die Stelle der u_x treten jetzt Funktionen $u(x, \cdot)$, und es ist lediglich (5.2) zu verallgemeinern. $N_R(m, \lambda)$ sei das maximale N, für welches (N, m, λ, R)-Codes existieren.

<u>Satz 5.3</u>: Für den DGK mit Rückkopplung gilt

$$\inf_{\lambda > 0} \overline{\lim_{m \to \infty}} \frac{1}{m} \log N_R(m, \lambda) \leq C = \max_Z I(Z \wedge Y).$$

Beweis: Seien $\{u(x,\cdot)\,|\,x\in X\}$ sequentielle Eincodierungsfunktionen mit Blocklänge m, sei ξ eine a-priori-Verteilung auf X, und die ZV U habe die Verteilung ξ. $V=V^m=(V_1,\ldots,V_m)$ habe die bedingten Verteilungen

$$(5.3) \quad P(V^m=y^m|x) = W(y^m|u(x,y^{m-1})) = \prod_{1\le t\le m} w(y_t|c_t(x,y^{t-1}))$$

für alle $x\in X$, $y^m\in Y^m$ und die Verteilung
$$P(V^m=y^m) = \sum_{x\in X} \xi(x)W(y^m|u(x,y^{m-1})) \text{ für alle } y^m\in Y^m.$$

Nach den Vorbemerkungen genügt es, $I(U\wedge V^m) \le m\cdot C$ zu beweisen. Wir führen eine Sprechweise ein, die bei ähnlichen Aufgaben häufig nützlich ist. Sind T_1,T_2,T_3 diskrete ZV, so nennt man $I(T_1\wedge T_2|T_3) = H(T_1|T_3) - H(T_1|T_2T_3)$ die (wechselseitige) Information von T_1 und T_2 bedingt nach T_3. Da $I(T_1\wedge T_3) = H(T_1) - H(T_1|T_3)$ und $I(T_1\wedge T_2T_3) = H(T_1) - H(T_1|T_2T_3)$, so gilt

$$(5.4) \quad I(T_1\wedge T_2T_3) = I(T_1\wedge T_3) + I(T_1\wedge T_2|T_3)$$
$$(= I(T_1\wedge T_2) + I(T_1\wedge T_3|T_2)).$$

Wir erhalten damit

$$I(U\wedge V^m) = I(U\wedge V^{m-1}V_m) = I(U\wedge V^{m-1}) + I(U\wedge V_m|V^{m-1}).$$

Falls nun

$$(5.5) \quad I(U\wedge V_m|V^{m-1}) \le C,$$

so folgt $I(U\wedge V_m) \le m\cdot C$ induktiv, da die Ungleichung für m=1 richtig ist. Hinreichend für (5.5) ist wegen
$$I(U\wedge V_m|V^{m-1}) = \sum_{y^{m-1}} P(V^{m-1}=y^{m-1})\, I(U\wedge V_m|V^{m-1}=y^{m-1})$$

$$(5.6) \quad I(U\wedge V_m|V^{m-1}=y^{m-1}) \le C \text{ für alle } y^{m-1}\in Y^{m-1}.$$

Dieses zeigen wir durch folgende Rechnung. Für Wahrscheinlichkeiten $P(U=x,V_m=y_m,V^{m-1}=y^{m-1})$ schreiben wir kurz $Q(x,y_m,y^{m-1})$. Bedingte Wahrscheinlichkeiten bezeichnen wir analog. Dann ist
$$I(U\wedge V_m|V^{m-1}=y^{m-1}) = \sum_{x\in X,\, y\in Y} Q(x,y|y^{m-1})\log \frac{Q(y|x,y^{m-1})}{Q(y|y^{m-1})}$$

$$= \sum_{z\in Z}\ \sum_{x:c(x,y^{m-1})=z}\ \sum_{y\in Y} Q(x,y|y^{m-1})\log \frac{Q(y|x,y^{m-1})}{Q(y|y^{m-1})}.$$

Da der Kanal gedächtnislos ist, gilt nach (5.3) $Q(y|x,y^{m-1})=w(y|z)$, wenn $c(x,y^{m-1}) = z$.

Ferner gilt

$$\sum_{x:c(x,y^{m-1})=z} Q(x,y|y^{m-1}) = Q(z,y|y^{m-1}).$$

Damit erhalten wir

$$(5.7) \quad I(U\wedge V_m|V^{m-1}=y^{m-1}) = \sum_{z\in Z} \sum_{y\in Y} Q(z,y|y^{m-1})\log \frac{Q(y|z)}{Q(y|y^{m-1})}.$$

Nun ist aber

$$Q(z,y|y^{m-1}) = Q(y|z)Q(z|y^{m-1}) = w(y|z)Q(z|y^{m-1}),$$

$$Q(y|y^{m-1}) = \sum_{z\in Z} Q(z,y|y^{m-1}) = \sum_{z\in Z} w(y|z)Q(z|y^{m-1}),$$

und deshalb gilt für $p(z)=Q(z|y^{m-1})$

$$I(U\wedge V_m|V^{m-1}=y^{m-1}) = \sum_{z\in Z} \sum_{y\in Y} p(z)w(y|z)\log \frac{w(y|z)}{\sum_{z\in Z} p(z)w(y|z)}.$$

Dieses ist aber gerade $I(Z\wedge Y)$, falls Z die Verteilung p hat und Y wie in (4.4) definiert ist. Aus $I(Z\wedge Y) \leq C$ folgt damit (5.6). Q.E.D.

<u>Bemerkungen:</u> 1. Kemperman und Kesten haben die starke Umkehrung bewiesen ([83]). Diese gilt nicht für allgemeine Verfahren.

2. Für Kanäle mit Gedächtnis erhöht Rückkopplung die Kapazität.

§_6: Ein_Blockcodierungsverfahren,_Information_als_Listenreduktion

Die Entropie $H(Z)$ einer ZV Z wird häufig als Maß für die Ungewißheit darüber interpretiert, welchen Wert Z annimmt. Die bedingte Entropie $H(Z|Y=y)$ mißt dann die Ungewißheit über den Wert von Z, wenn bekannt ist, daß $Y=y$. Die Ungewißheit in Z nach Beobachtung von Y ist dann im Mittel $H(Z|Y) = \sum_y P(Y=y)H(Z|Y=y)$. Danach mißt $I(Z\wedge Y) = H(Z) - H(Z|Y)$ die Reduktion der Ungewißheit in Z durch Beobachtung von Y, also die Information, die man über Z durch Beobachtung von Y erhält. Da $I(Z\wedge Y) = I(Y\wedge Z)$, sind die Rollen von Z und Y vertauschbar. Wir werden jetzt dieser Interpretation mit Hilfe von Listencodes einen konkreten Sinn geben. Dabei werden wir nicht einfach ein Paar (Y,Z) von ZV betrachten, sondern eine Folge $\{(Y_t,Z_t)\}_{1\leq t\leq \ell}$ von unabhängigen, identisch verteilten Paaren von ZV studieren.

Zunächst werden wir Ahlswedes Listenreduktionslemma [2] wiedergeben. Dieses Lemma ermöglicht die Interpretation "Informa-

tion = Listenreduktion". Danach werden wir Ahlswedes Blockcodierungsverfahren darstellen, welches in einer iterativen Anwendung
des Listenreduktionslemmas besteht. Dabei wird die Rolle der Information in der Codierungstheorie deutlich.

Wir führen jetzt einige Begriffe ein und beginnen mit dem Begriff des Listencodes, der von Elias [39] stammt. Während man sich
bei (N,m,λ)-Codes nach Empfang eines Wortes für ein einziges Codewort entscheidet, lautet die Entscheidung bei Listencodes: "Das ge-
sendete Wort liegt auf einer Liste von Codewörtern." Wir behandeln
hier nur Listencodes mit gleichmäßig beschränkten Mächtigkeiten der
Listen und definieren deshalb: ein (N,ℓ,λ,L)-Listencode ist eine
Menge von Paaren (u_i,D_i) mit $u_i \in Z^\ell, D_i \subset Y^\ell, W(D_i|u_i) \geq 1-\lambda$ $(1 \leq i \leq N)$ und

$$(6.1) \qquad \sum_{1 \leq i \leq N} 1_{D_i}(y^\ell) \leq L \text{ für alle } y^\ell \in Y^\ell.$$

L heißt Listenlänge. Anstatt die Mengen D_i anzugeben, kann man
auch direkt Listen $U(y^\ell) \subset \{u_1, \ldots, u_N\}$, $y^\ell \in Y^\ell$, festlegen. Die Beziehungen zwischen diesen Definitionen ist

$$(6.2) \qquad U(y^\ell) = \{u_i \mid 1 \leq i \leq N, y^\ell \in D_i\}, \quad D_i = \{y^\ell \mid u_i \in U(y^\ell)\}.$$

Wir führen jetzt "typische Folgen" und "erzeugte Folgen" ein.
In den Lemmas 6.1 und 6.2 formulieren wir einige grundlegende
Eigenschaften. In Wolfowitz [163] werden die Begriffe mit $\ell^{1/2}$-Ab-
weichungen statt mit $\varepsilon\ell$-Abweichungen definiert. Die dortigen Beweise lassen sich aber auf die gegenwärtige Situation übertragen,
wenn man statt der gewöhnlichen Form der Tschebyscheff-Ungleichung
die exponentielle Form benutzt. Man kann die Beweise der Lemmas
auch ohne Kenntnis von [163] selbst führen.

Sei $z^\ell = Z_1, \ldots, Z_\ell$ eine Folge unabhängiger, identisch verteilter
ZV mit Werten in Z und Verteilung p. Für $z^\ell \in Z^\ell$ und $z \in Z$ bezeichne
$a(z|z^\ell)$ die Anzahl der Komponenten von z^ℓ mit z.

z^ℓ ist für $\varepsilon \geq 0$ (Z^ℓ,ε)-typisch, falls

$$(6.3) \qquad |\ell p(z) - a(z|z^\ell)| \leq \varepsilon\ell \text{ für alle } z \in Z.$$

$T(Z^\ell,\varepsilon)$ sei die Menge der (Z^ℓ,ε)-typischen Folgen. Für
$z^\ell \in Z^\ell, y^\ell \in Y^\ell, z \in Z$ und $y \in Y$ sei $a(y,z|y^\ell,z^\ell)$ die Anzahl der Komponenten, in denen z^ℓ den Wert z und y^ℓ den Wert y annimmt. Wir betrach-
ten jetzt $(Z^\ell,Y^\ell) = \{(Z_t,Y_t)\}_{1 \leq t \leq \ell}$, wobei

$$P(Y^{\ell}=y^{\ell}|Z^{\ell}=z^{\ell}) = \prod_{1\leq t\leq\ell} w(y_t|z_t).$$

Für $z^{\ell}\in Z^{\ell}$ heißt $y^{\ell}\in Y^{\ell}$ $(Y^{\ell},\varepsilon|z^{\ell})$-erzeugt, falls

(6.4) $\quad |a(y,z|y^{\ell},z^{\ell})-a(z|z^{\ell})w(y|z)| \leq \varepsilon\ell$ für alle $y\in Y,z\in Z$.

Die Menge dieser Folgen bezeichnen wir mit $G(Y^{\ell},\varepsilon|z^{\ell})$.

Lemma 6.1: Für $\ell\in\mathbb{N}$ gilt

(a) $P(Z^{\ell}\in T(Z^{\ell},\varepsilon)) \geq 1-\exp\{-g^1(\varepsilon,p)\ell\}$, wobei $g^1(\varepsilon,p) > 0$ für $\varepsilon > 0$.

(b) $\exp\{H(Z)\ell-g^2(\varepsilon,p)\ell\} \leq |T(Z^{\ell},\varepsilon)| \leq \exp\{H(Z)\ell+g^2(\varepsilon,p)\ell\}$, wobei
$\lim_{\varepsilon\to 0} g^2(\varepsilon,p) = 0$.

Lemma 6.2: Für $\ell\in\mathbb{N}$, $z^{\ell}\in T(Z^{\ell},\varepsilon)$ gilt

(a) $P(Y^{\ell}\in G(Y^{\ell},\varepsilon|z^{\ell})|Z^{\ell}=z^{\ell}) \geq 1-\exp\{-g^3(\varepsilon,p,w)\ell\}$, wobei
$g^3(\varepsilon,p,w) > 0$ für $\varepsilon > 0$.

(b) $\exp\{H(Y|Z)\ell-g^4(\varepsilon,p,w)\ell\} \leq |G(Y^{\ell},\varepsilon|z^{\ell})| \leq \exp\{H(Y|Z)\ell+g^4(\varepsilon,p,w)\ell\}$,
wobei $\lim_{\varepsilon\to 0} g^4(\varepsilon,p,w)=0$.

Die Funktionen g^i $(1\leq i\leq 4)$ lassen sich explizit angeben.

Sei q die Verteilung von Y und w* der "duale Kanal",
$w^*(z|y)=P(Z=z|Y=y)$, dann ergibt die Bayes Formel
$p(z)w(y|z)=q(y)w^*(z|y)$.

Lemma 6.3: Ist $u\in T(Z^{\ell},\varepsilon)$ und $v\in G(Y^{\ell},\varepsilon|u)$, so gilt $v\in T(Y^{\ell},\varepsilon^1)$ und
$u\in G(Z^{\ell},\varepsilon^1|v)$ für $\varepsilon^1=(|Z|+1)2\varepsilon$.

Beweis: Nach Annahme gelten $|a(z|u)-p(z)\ell| \leq \varepsilon\ell$ und
$|a(zy|uv)-w(y|z)a(z|u)| \leq \varepsilon\ell$ für $y\in Y,z\in Z$. Daraus folgt

(6.5) $\quad |a(zy|uv)-w(y|z)p(z)\ell| \leq 2\varepsilon\ell$ für $y\in Y,z\in Z$.

Wegen $a(y|v) = \sum_z a(zy|uv)$ folgt aus (6.5)

(6.6) $\quad |a(y|v)-q(y)\ell| \leq |Z|2\varepsilon\ell$ für $y\in Y$

und deshalb auch $v\in T(Y^{\ell},\varepsilon^1)$. Aus (6.5) und der Bayes Formel erhalten wir $|a(zy|uv)-w^*(z|y)q(y)\ell| \leq 2\varepsilon\ell$. Mit (6.6) ist ferner
$|a(zy|uv)-w^*(z|y)a(y|v)| \leq (|Z|+1)2\varepsilon\ell$. Also gilt auch $u\in G(Z^{\ell},\varepsilon^1|v)$.

Q.E.D.

Lemma 6.4: (Listenreduktionslemma)
Der (N,ℓ,λ,L)-Listencode $\{(G(Y^{\ell},\varepsilon|z^{\ell}),z^{\ell})|z^{\ell}\in T(Z^{\ell},\varepsilon)\}$ besitzt
folgende Eigenschaften:

(a) $\exp\{H(Z)\ell - g^2(\varepsilon,p)\ell\} \leq N \leq \exp\{H(Z)\ell + g^2(\varepsilon,p)\ell\}$

(b) $\lambda \leq \exp\{-g^3(\varepsilon,p,w)\ell\}$

(c) $L \leq \exp\{H(Z|Y)\ell + g^5(\varepsilon,p,w)\ell\}$, wobei $\lim_{\varepsilon\to 0} g^5(\varepsilon,p,w) = 0$.

<u>Beweis:</u> (a) ist äquivalent mit (b) in Lemma 6.1, (b) ist äquivalent mit (a) in Lemma 6.2, und (c) folgt aus Lemma 6.3 und (b) in Lemma 6.2.   Q.E.D.

Betrachtet man (Z^ℓ, Y^ℓ), so nimmt Z^ℓ mit Wahrscheinlichkeit nahe bei 1 einen der Werte in $T(Z^\ell, \varepsilon)$ an und diese sind ungefähr gleich wahrscheinlich. $\log N \sim H(Z)\ell$ ist also ein Maß für die Unbestimmtheit in Z^ℓ. Diese wird durch Beobachtung von Y^ℓ auf $\log L \sim H(Z|Y)\ell$ reduziert. Die "Listenreduktion pro Zeiteinheit"
$\frac{1}{\ell} \log \frac{N}{L} \sim H(Z) - H(Z|Y)$ ist also ein Maß für die Information
$I(Z \wedge Y) = H(Z) - H(Z|Y)$.

Wir wenden uns jetzt dem Blockcodierungsverfahren für den DGK mit Rückkopplung zu. Bei vorgegebener bedingter Wahrscheinlichkeit $P(Y=y|Z=z) = w(y|z)$ ist die Listenreduktion am größten, wenn die Verteilung von Z so gewählt wird, daß $I(Z \wedge Y)$ maximal, also gleich der Kapazität C, ist. Wir denken uns diese Wahl getroffen. Wir können annehmen, daß w mindestens 2 verschiedene Zeilenvektoren hat, etwa $w(\cdot|1)$ und $w(\cdot|2)$, da sonst $C = 0$ ist. Es sei ε so gewählt, daß

(6.7) $H(Z) - g^2(\varepsilon) > H(Z|Y) + g^5(\varepsilon)$.

Die Rückkopplung ermöglicht es nun, Lemma 6.4 iterativ anzuwenden. Bevor wir dieses ausführen, stellen wir zwei technische Resultate voran, die zur Beschreibung des Verfahrens benötigt werden.

<u>Lemma 6.5:</u> Sei $(\ell_i)_{i=1}^\infty$ eine Folge natürlicher Zahlen mit $Q\ell_i \leq \ell_{i+1} \leq Q\ell_i + 1$ $(i \in \mathbb{N})$ für ein $Q \in (0,1)$. Dann gilt für
$I = 1 + \lceil (-\log \ell_1 + \log\log \ell_1)(\log Q)^{-1} \rceil$

(a) $Q \log \ell_1 \leq \ell_I \leq \log \ell_1 + (1-Q)^{-1}$

(b) $\sum_{1 \leq i \leq I} \ell_i \leq (1-Q)^{-1}(\ell_1 + I)$.

<u>Beweis:</u> Aus der Annahme folgt $\ell_i \leq \ell_1 Q^{i-1} + Q^{i-2} + \ldots + 1$ und deshalb $\ell_1 Q^{I-1} \leq \ell_I \leq \ell_1 Q^{I-1} + (1-Q)^{-1}$. Nun ist nach Wahl von I
$Q \log \ell_1 \leq \ell_1 Q^{I-1} \leq \log \ell_1$, und damit gilt (a). Da

$$\sum_{1\leq i\leq I} \ell_i \leq \sum_{1\leq i\leq I} (\ell_1 Q^{i-1} + \sum_{0\leq j\leq i-2} Q^j) \leq \ell_1 (1-Q)^{-1} + I(1-Q)^{-1}, \text{ gilt}$$

auch (b).   Q.E.D.

<u>Lemma 6.6:</u> Seien $r^s = \prod_1^s r$, $\tilde{r}^s = \prod_1^s \tilde{r}$ verschiedene Verteilungen auf Z^s.

Dann gilt für die disjunkten Mengen

$$A = \{z^s | \log \frac{r^s(z^s)}{\tilde{r}^s(z^s)} > 0\}, \quad \tilde{A} = \{z^s | \log \frac{\tilde{r}^s(z^s)}{r^s(z^s)} > 0\}$$

$r^s(A) \geq 1-\beta(r,\tilde{r})^s$, $\tilde{r}^s(\tilde{A}) \geq 1-\beta(r,\tilde{r})^s$, wobei $\beta(r,\tilde{r}) \in (0,1)$.

<u>Beweis:</u> Aus Tschebyscheffs Ungleichung folgt für $\alpha > 0$

$$r^s(A^c) = r^s(\{z^s | \log \frac{\tilde{r}^s(z^s)}{r^s(z^s)} \geq 0\}) = r^s(\{z^s | \exp(\alpha \log \frac{\tilde{r}^s(z^s)}{r^s(z^s)}) \geq 1\})$$

$$\leq E \exp(\alpha \log \frac{\tilde{r}^s}{r^s}) = (\sum_z r(z)^{1-\alpha} \tilde{r}(z)^{\alpha})^s.$$

Setzt man $\beta(r,\tilde{r}) = \sum_z r(z)^{1/2} \tilde{r}(z)^{1/2}$, so folgt, da $r \neq \tilde{r}$,

$$\beta(r,\tilde{r}) < (\sum_z r(z))^{1/2} \cdot (\sum_z \tilde{r}(z))^{1/2} = 1 \text{ aus der Eigenschaft des Skalar-}$$

produktes. Ebenso ist $\tilde{r}^s(\tilde{A}^c) \leq \beta(r,\tilde{r})^s$.   Q.E.D.

Wir haben jetzt alle Hilfsmittel für die Beschreibung und Analyse des Codierungsverfahrens bereitgestellt. Für $g^i(\varepsilon,p,w)$ schreiben wir g^i.

Sei $X = \{1,\ldots,N\}$ die Menge der möglichen Nachrichten und sei $\ell_1 \in \mathbb{N}$ die kleinste Zahl mit $N \leq \exp((H(Z)-g^2)\ell_1)$. Wir definieren die Folge (ℓ_i) induktiv. $\ell_{i+1} \in \mathbb{N}$ ist die kleinste Zahl mit

$$(6.8) \quad \exp((H(Z|Y)+g^5)\ell_i) \leq \exp((H(Z)-g^2)\ell_{i+1}).$$

Setzt man $Q=(H(Z|Y)+g^5)(H(Z)-g^2)^{-1} \in (0,1)$, so erhält man $Q\ell_i \leq \ell_{i+1} \leq Q\ell_i+1$. Damit ist die Voraussetzung von Lemma 6.5 erfüllt.

Wir denken uns die Elemente in $T(Z^{\ell_i},\varepsilon)$ $(1\leq i\leq I)$ lexikographisch geordnet. $\Phi_1 : X \to T(Z^{\ell_1},\varepsilon)$ bilde $i \in X$ auf das i-te Element in $T(Z^{\ell_1},\varepsilon)$ ab. Eine solche injektive Abbildung zwischen 2 geordneten Mengen heiße kanonisch.

Soll $x \in X$ übertragen werden, so senden wir zunächst $\Phi_1(x)$. Der Empfänger erhält eine Folge $v(1)=(v_1,\ldots,v_{\ell_1})$, die durch Rückkopp-lung auch dem Sender bekannt ist. Daher ist auch die Liste

$U(v(1)) = \{ z^{\ell_1} \mid v(1) \in G(y^{\ell_1}, \varepsilon \mid z^{\ell_1}) \}$ beiden bekannt. Nach Lemma 6.4 gilt

$$(6.9) \quad |U(v(1))| \leq \exp((H(Z|Y)+g^5)\ell_1), \lambda_1 \leq \exp(-g^3\ell_1).$$

Φ_2 bilde nun $U(v(1))$ kanonisch in $T(Z^{\ell_2}, \varepsilon)$ ab. Ist $\Phi_1(x)$ in $U(v(1))$, d.h. es wurde kein Fehler gemacht, so wird jetzt $\Phi_2(\Phi_1(x))$ gesendet. Andernfalls wird irgendein Element aus $\Phi_2(U(v(1)))$ gesendet, etwa das erste. Da bereits ein Fehler vorliegt, spielt es keine Rolle, welches Element gesendet wird.

Wurden bereits $u(1), u(2), \ldots, u(i)$ gesendet und $v(1), v(2), \ldots, v(i)$ empfangen, so wird als nächstes $\Phi_{i+1}(u(i))$ gesendet, falls $u(i) \in U(v(i))$. Ansonsten wird das erste Element in $\Phi_i(U(v(i)))$ gesendet.

Insgesamt führen wir I Iterationen durch. Bei der i-ten Iteration haben wir einen Beitrag $\lambda_i \leq \exp\{-g^3\ell_i\}$ zur Fehlerwahrscheinlichkeit, und wegen $\ell_1 \geq \ell_2 \geq \ldots \geq \ell_I$ gilt $\exp(-g^5\ell_i) \leq \exp(-g^5\ell_I)$. Es folgt deshalb aus Lemma 6.5

$$(6.10) \quad \sum_{1 \leq i \leq I} \lambda_i \leq I \exp(-g^5\ell_I) \leq I \exp(-g^5 Q \log \ell_1).$$

Da $I = O(\log \ell_1)$, wird dieser Fehler mit wachsendem ℓ_1 (also wachsendem N) beliebig klein.

Nach Lemma 6.5 (b) ist die bisher benötigte Blocklänge $m_I = \sum_{1 \leq i \leq I} \ell_i \leq (1-Q)^{-1}(\ell_1+I)$. Da $\ell_1 \leq (H(Z)-g^2)^{-1} \log N + 1$, $Q = (H(Z|Y)+g^5)(H(Z)-g^2)^{-1}$ und $I = O(\log \ell_1)$, gilt also $m_I \leq (H(Z)-g^2-H(Z|Y)-g^5)^{-1} \log N + O(\log\log N)$ und deshalb

$$(6.11) \quad \log N + O(\log\log N) \geq m_I(I(Z \wedge Y)-g^2-g^5).$$

Wir kommen also mit der Rate beliebig dicht an die Kapazität heran. Allerdings haben wir nach dem I-ten Schritt noch $L_I \leq \exp((H(Z|Y)+g^5)\ell_I)$ Kandidaten auf der Liste. Nach Lemma 6.5 sind dies aber nur $\exp(O(\log \ell_1))$ viele. Diese Nachrichten lassen sich mit relativ wenig zusätzlicher Blocklänge mit einem Blockcode trennen, den wir mit Hilfe von Lemma 6.6 explizit konstruieren.

Sei $r = w(\cdot|1), \tilde{r} = w(\cdot|2), d_1$ eine Folge aus s Einsen und d_2 eine Folge aus s Zweien. Man setze $D_{d_1} = A$ und $D_{d_2} = \tilde{A}$.

$\{b_1 \ldots b_t | b_i \in \{d_1, d_2\}, 1 \leq i \leq t\}$ sei die Menge der Codewörter und

$$D_{b_1 \ldots b_t} = \prod_{i=1}^{t} D_{b_i} \quad \text{sei die Decodierungsmenge für Codewort } b_1 \ldots b_t.$$

Dann gilt nach Lemma 6.6 und Bernoullis Ungleichung

$$(6.12) \quad W(D_{b_1 \ldots b_t} | b_1 \ldots b_t) \geq 1 - t\beta(w(\cdot|1), w(\cdot|2))^s.$$

Wählt man $t = s$ und s minimal so, daß $2^s \geq L_I = \exp(O(\log \ell_1))$, also $s = O(\log \ell_1)$, so lassen sich die L_I Nachrichten eineindeutig Codewörtern zuordnen, und wegen (6.12) kann die Fehlerwahrscheinlichkeit beliebig klein gemacht werden. Die gesamte Blocklänge des Verfahrens erfüllt $m \leq m_I + O(\log^2 m_I)$. Damit hat das Verfahren alle behaupteten Eigenschaften.

<u>Bemerkung 6.7:</u> Aus Lemma 6.4 läßt sich auch das Codingtheorem für den DGK ohne Rückkopplung leicht wie folgt herleiten. Seien $U_1, \ldots, U_N$ unabhängige, gleichverteilte ZV mit Werten in $T(z^\ell, \varepsilon)$. Die Listen $U_v = \{z^\ell | v \in G(Y^\ell, \varepsilon | z^\ell)\}, v \in y^\ell$, schränken wir jetzt ein zu $U_v(U_1, \ldots, U_N) = U_v \cap \{U_1, \ldots, U_N\}, v \in y^\ell$. Falls etwa $U_1 = u_1$ gesendet wird, so ist mit der Wahrscheinlichkeit mindestens $1 - \lambda u_1$ auf der Liste des empfangenen Wortes v. Der Empfänger votiert für u_1 und entscheidet damit korrekt, falls $U_v \cap \{U_2, \ldots, U_N\} = \emptyset$. Da $|U_v| \leq \exp((H(Z|Y) + g^5)\ell)$ und $|T(z^\ell, \varepsilon)| \geq \exp((H(Z) - g^2)\ell)$, ist $P(U_v \cap \{U_2, \ldots, U_N\} \neq \emptyset) \leq (N-1)\exp((H(Z|Y) - H(Z) + g^5 + g^2)\ell)$.

Für jede Rate $R = \ell^{-1} \log N < C$ und ε hinreichend klein wird also diese Wahrscheinlichkeit mit wachsendem ℓ beliebig klein. Bezeichnen wir mit $\lambda_i(U_1, \ldots, U_N)$ den Fehler für das Codewort U_i, so wird also $E \frac{1}{N} \sum_{i=1}^{N} \lambda_i(U_1, \ldots, U_N) = E\lambda_1$ beliebig klein, und es gibt deshalb eine Realisierung der ZV $U_1, \ldots, U_N$ mit kleinem mittleren Fehler. Beschränkt man sich auf die Hälfte der Codewörter mit den kleineren Fehlerwahrscheinlichkeiten, so folgt die Behauptung.

<u>Bemerkung 6.8:</u> Für den binär symmetrischen Kanal hat als erster Berlekamp ([19], [20]) Blockcodierungsverfahren angegeben. Während bei dem hier beschriebenen Verfahren von der Rückkopplung nur jeweils nach Blöcken der Länge ℓ_i Gebrauch gemacht wird, benutzt Berlekamps Verfahren diese zu jedem Zeitpunkt. Es ermöglicht deshalb eine besonders kleine Fehlerwahrscheinlichkeit. Zigangirov [169] hat dieses Ergebnis nochmals verbessert.

Bemerkung 6.9:   Forney [47] hat mit Zufallscodemethoden eine untere Schranke für die "reliability function" $e_f(R)$ des DGK mit Rückkopplung hergeleitet. Das Ergebnis impliziert, daß für kleine Raten $e_f(R) > e(R)$ eintreten kann. Arutyunyan [7] hat die besten oberen Schranken für $e_f(R)$ erzielt.

§_7:   Ein_robustes_Modell

Bisher haben wir angenommen, daß die Übertragungsmatrix w exakt bekannt ist. Diese Annahme ist aus zwei Gründen nicht immer realistisch:

1.) In vielen Fällen muß w durch statistische Verfahren bestimmt werden. Man gelangt so nie zu einer exakten Kenntnis von w.

2.) Das Übertragungssystem kann Einflüssen unterworfen sein, die zu schwer voraussagbaren Änderungen der Übertragungseigenschaften führen.

Man kann diesen Umständen in gewisser Weise dadurch Rechnung tragen, daß man das bisherige Modell des DGK durch das des beliebig variierenden Kanals (BVK) ersetzt.

Ahlswede [3] hat gezeigt, wie man das in § 6 behandelte Codierungsverfahren für den BVK verallgemeinern kann. Wir stellen dieses hier ohne Beweise dar.

Sei $\mathcal{W} = \{w(\cdot|\cdot|s)\,|\,s\in S\}$ eine zeilen-konvexe kompakte Menge von stochastischen $|Z|\times|Y|$-Matrizen. Für jedes $s^m = (s_1,\ldots,s_m)\in S^m$ definieren wir $W(y^m|z^m|s^m) = \prod_{1\leq t\leq m} w(y_t|z_t|s_t)$ $(y^m\in Y^m, z^m\in Z^m)$ und die Mengen $\mathcal{W}^m := \{W(\cdot|\cdot|s^m)\,|\,s^m\in S^m\}$. Durch die Folge $(\mathcal{W}^m)_{m=1}^{\infty}$ ist dann ein BVK gegeben. In § 6 wurden für den DGK mit Übertragungsmatrix w die Mengen erzeugter Folgen $G(Y^\ell,\varepsilon|z^\ell)$ eingeführt. Jetzt schreiben wir dafür $G(Y^\ell(w),\varepsilon|z^\ell)$, um die Abhängigkeit von w anzudeuten, und wir definieren $G(\mathcal{W},\varepsilon,z^\ell)$ durch

$$(7.1)\quad G(\mathcal{W},\varepsilon,z^\ell) = \bigcup_{w\in\mathcal{W}} G(Y^\ell(w),\varepsilon|z^\ell).$$

Man ist jetzt an einem Blockcodierungsverfahren interessiert, dessen maximale Fehlerwahrscheinlichkeit für alle "individuellen Kanäle" in $\mathcal{W}^m$ gleichmäßig klein ist. $\{(u_i,D_i)\,|\,1\leq i\leq N\}$ ist jetzt ein (N,ℓ,λ,L)-Listencode, wenn neben den üblichen Forderungen noch gilt

$$(7.2)\quad W(D_i|u_i|s^\ell) \geq 1-\lambda \quad \text{für alle } i=1,\ldots,N \text{ und alle } s^\ell\in S^\ell.$$

Folgende Verschärfung von Lemma 6.4 wurde von Ahlswede [3] bewiesen:

Lemma 7.1: (Listenreduktion für den BVK)

Der (N,ℓ,λ,L)-Listencode $\{(G(W,\varepsilon,z^\ell),z^\ell)\,|\,z^\ell\in T(Z^\ell,\varepsilon)\}$ für den BVK hat folgende Eigenschaften:

(a) $\exp(H(Z)\ell - g^2(\varepsilon,p)\ell) \leq N \leq \exp(H(Z)\ell + g^2(\varepsilon,p)\ell)$

(b) $\lambda \leq \exp(-\bar{g}^3\ell)$, wobei $\bar{g}^3 = \min\{g^3(\varepsilon,p,w)\,|\,w\in W\} > 0$ für $\varepsilon > 0$

(c) $L \leq \exp(\ell\cdot\max\{H(Z\,|\,Y(w))\,|\,w\in W\} + \ell\cdot\max\{g^5(\varepsilon,p,w)\ell\,|\,w\in W\})$, wobei
$\lim\limits_{\varepsilon\to o}\max\{g^5(\varepsilon,p,w)\,|\,w\in W\} = 0.$

Das in § 6 beschriebene Codierungsverfahren überträgt sich nun bis zum I-ten Schritt auf den BVK, wenn man die dort benutzten Abschätzungen aus Lemma 6.4 durch die in Lemma 7.1 gegebenen ersetzt. Die letzten L_I Nachrichten kann man aber nur trennen, wenn folgende Bedingung erfüllt ist:

(7.3)   Es gibt zwei Buchstaben $z,z'\in Z, z\neq z'$, so daß
$$\{w(\cdot\,|\,z\,|\,s)\,|\,s\in S\}\cap\{w(\cdot\,|\,z'\,|\,s)\,|\,s\in S\} = \emptyset.$$

Unter dieser Bedingung erhält man als Kapazität für den BVK mit Rückkopplung die Formel

(7.4) $C_R(W) = \min\limits_{w\in W}\max\limits_{Z} I(Z\wedge Y(w)) = \max\limits_{Z}\min\limits_{w\in W} I(Z\wedge Y(w))$

Bemerkung 7.2:   In § 3 haben wir eine Formel für C_o^R für den DGK kennengelernt. In [3] wird gezeigt, daß das Codierungsproblem für den DGK mit Rückkopplung im irrtumsfreien Fall $\lambda=0$ ein Spezialfall des Codierungsproblems für den BVK mit Rückkopplung für $\lambda\in(0,1)$ ist. Die Zuordnung ergibt sich aus
$w\to W_w = \{w'$ stochastisch$|$ $w(y\,|\,z) = 0 \Rightarrow w'(y\,|\,z) = 0\}$. Man erhält so

(7.5) $C_R^o(w) = \min\limits_{w'\in W_w}\max\limits_{Z} I(Z\wedge Y(w')).$

Diese Formel war in [126] vermutet worden.

Bemerkung 7.3:   In [1] wird gezeigt, daß unter der Bedingung $\{w(\cdot\,|\,z\,|\,s)\,|\,s\in S\}\cap\{w(\cdot\,|\,z'\,|\,s)\,|\,s\in S\} = \emptyset$ für alle $z\neq z'$ die Kapazität $C(W)$ des BVK ohne Rückkopplung für maximale Fehlerwahrscheinlichkeit ebenfalls gleich $\min\limits_{w\in W}\max\limits_{Z} I(Z\wedge Y(w))$ ist. Ist diese Bedingung verletzt, so kann $C(W) < C_R(W)$ eintreten, und in diesem Falle ist

C(W) im allgemeinen unbekannt.

§ 8: Ein Bayes-Verfahren

Das erste (sequentielle) Codierungsverfahren für den binär symmetrischen Kanal (BSK) mit Rückkopplung wurde von Horstein [64] für die Situation $(\lambda_\xi(P), E(\ell|P,\xi))$, ξ Gleichverteilung auf X, angegeben. Die Idee seiner Konstruktion kann wie folgt beschrieben werden. Zunächst sind alle Nachrichten gleich wahrscheinlich. Sind bereits $t(t \geq 0)$ Buchstaben übertragen, so berechnet der Empfänger mit Hilfe der bisher empfangenen Buchstaben die a-posteriori-Verteilung ξ_t auf der Nachrichtenmenge X. Dem Sender ist diese via Rückkopplung bekannt. Er ordnet die Nachrichten nach fallenden a-posteriori-Wahrscheinlichkeiten
$\xi_t(x_1(t)) \geq \xi_t(x_2(t)) \geq ... \geq \xi_t(x_N(t))$, und er wählt 2 Mengen
$\{x_i(t) | 1 \leq i \leq T_t\}, \{x_i(t) | T_t < i \leq N\}$ so, daß diese in ihrer gesamten a-posteriori-Wahrscheinlichkeit möglichst dicht beieinander liegen. Liegt die zu übertragende Nachricht in der ersten Menge, so sendet er 0, und sonst sendet er 1. Das Verfahren H stoppt, wenn die a-posteriori-Wahrscheinlichkeit einer Nachricht einen vorgegebenen Wert $1-\eta$ übertrifft.

Die in [64] gegebene Abschätzung der mittleren erwarteten Fehlerwahrscheinlichkeit $\lambda_\xi(H)$ ist lückenhaft. Zigangirov [168] zeigte, daß $\lambda_\xi(H)$ in der Tat für jede Rate $R=E(\ell|H,\xi)^{-1} \log N < C$ gegen 0 konvergiert.

Die Unterteilung in Mengen etwa gleicher a-posteriori-Wahrscheinlichkeit ist erforderlich, um sicherzustellen, daß 0 und 1 etwa gleich häufig gesendet werden. Dieses wiederum ist erforderlich, um die Kapazität zu erreichen, da $p=(\frac{1}{2}, \frac{1}{2})$ für den BSK die die Information maximierende Eingangsverteilung ist.

Burnashev [24] hat den Horstein'schen Ansatz für allgemeine DGK durchgeführt. Dabei wird jetzt im Schritt t des Verfahrens $X=\{1,...,N\}$ in $k=|Z|$ Mengen $X_1(t),...,X_k(t)$ so aufgeteilt, daß $\xi_t(X_i(t)) \sim p_i$ ist, falls $p=(p_1,...,p_k)$ die maximierende Eingangsverteilung ist. Diese Aufteilung kann auf viele Weisen vorgenommen werden. Burnashev läßt den Empfänger eine davon zufällig gemäß der Gleichverteilung auswählen. Diese Wahl wird dem Sender mitgeteilt, und dieser sendet i, falls $x \in X_i(t)$. Hier wird also <u>zusätzlich</u> angenommen, daß der Rückkopplungskanal genug Kapazität hat, um auch

noch den Ausgang der zufälligen Wahl dem Sender mitteilen zu
können. Unter den erwähnten Annahmen zeigt Burnashev, daß die
"reliability function" $e_\xi(R)$ für <u>alle</u> $R \in (0,C)$ gegeben ist durch

$$(8.1) \quad e_\xi(R) = C_1(1-\frac{R}{C}), \quad \text{wobei}$$

$$C_1 = \max\{\sum_y w(y|z) \log \frac{w(y|z)}{w(y|z')} \mid z,z' \in Z, z \neq z'\}.$$

Das angedeutete Verfahren liefert $e_\xi(R) \geq C_1(1-\frac{R}{C})$, und die umge-
kehrte Ungleichung wird über Fanos Lemma in Verbindung mit martin-
galtheoretischen Argumenten geführt. Die mathematisch interessanten
Beweise darzustellen, ist in diesem Rahmen nicht möglich.

<u>§ 9:</u> <u>Eine gemeinsame Verallgemeinerung des "noiseless-coding-
theorem" und des Shannon'schen Codierungstheorems,
sequentielle Verfahren</u>

Wir stellen hier Ergebnisse von Ahlswede/Gács [4] teils ohne
Beweise dar. Diese Ergebnisse nahmen ihren Anfang mit der Beobachtung, daß der Beweis für Krafts Ungleichung und Feinsteins
Maximalcodekonstruktion [43] zum Beweis des Codingtheorems für den
DGK (§ 4) von sehr ähnlicher Struktur sind. Es lag deshalb nahe,
nach einem allgemeineren Satz, den man als Kraft-Ungleichung bei
Anwesenheit von Störungen bezeichnen kann, Ausschau zu halten. Man
wird so zunächst einmal auf folgende Verallgemeinerung des Begriffes Präfixcode geführt.

Sei $\ell^N = (\ell_1, \ldots, \ell_N)$ ein Vektor mit natürlichen Zahlen als Komponenten. Ein (ℓ^N, λ)-Präfixcode für den DGK ist ein System von Paaren
$\{(u_i, D_i) \mid 1 \leq i \leq N\}$ mit

(a) $u_i \in Z^{\ell_i}, D_i \subset Y^{\ell_i}$ für $i = 1, \ldots, N$

(b) Kein Element in $D = \bigcup_{1 \leq i \leq N} D_i$ ist Präfix eines anderen Elementes
in D

(c) $W(D_i | u_i) \geq 1-\lambda$ für $i = 1, \ldots, N$.

Ist $D_i = \{u_i\} (1 \leq i \leq N)$, so erhält man die aus Kap. III, § 4 bekannten
Präfixcodes. Falls $\ell_i = \ell (1 \leq i \leq N)$, so haben wir gerade einen (N, ℓ, λ)-
Code für den DGK. Es gilt nun

<u>Satz 9.1:</u> (Verallgemeinerung von Kraft-Ungleichung/Shannon-
Codierungstheorem)

Sei C die Kapazität eines DGK mit Übertragungsmatrix w:

(a) Ist $\{(u_i, D_i) \mid 1 \leq i \leq N\}$ ein (ℓ^N, λ)-Präfixcode für den DGK, so gilt für alle $\lambda \in (0,1)$ und $\gamma \in (0,1)$

$$(9.1) \quad \sum_{1 \leq i \leq N} \exp\left(-C\ell_i - \left(\frac{d\ell_i}{(1-\lambda)\gamma}\right)^{1/2} + \log\{(1-\lambda)(1-\gamma)\}\right) \leq 1, \text{ wobei } d = d(w)$$

und $d(w) = 0$, falls w störungsfrei ist.

(b) Man kann eine Funktion $k(\lambda)$ mit $k(0) = 0$ angeben, so daß aus

$$(9.2) \quad \sum_{1 \leq i \leq N} \exp\{-C\ell_i + k(\lambda)\ell_i^{1/2}\} \leq 1$$

die Existenz eines (ℓ^N, λ)-Präfixcodes folgt.

Im störungsfreien Falle haben wir $d = \lambda = 0$. Für $\gamma \to 0$ erhält man die Kraft-Ungleichung. Setzt man $\ell_i = \ell (1 \leq i \leq N)$, so liefert (9.2) das Codingtheorem und (9.1) dessen starke Umkehrung für den DGK.

Aus Satz 9.1 leitet man leicht eine Verallgemeinerung des noiseless-coding-theorems her. Sei ξ eine a-priori-Verteilung auf $X = \{1, \ldots, N\}$. Die Größe

$$(9.3) \quad L(\xi, \lambda) = \min\{ \sum_{x \in X} \xi(x)\ell_x \mid (\ell^N, \lambda) \text{ ist Präfixcode}\}$$

mißt die kürzeste mittlere (bezüglich ξ) Länge von Präfixcodes mit N Codewörtern und maximaler Fehlerwahrscheinlichkeit λ.

<u>Satz 9.2:</u> (Codierungstheorem und starke Umkehrung)
Für jedes $\lambda \in (0,1)$ gilt für den DGK mit Kapazität C

$$(9.4) \quad L(\xi, \lambda) = \frac{H(\xi)}{C} + 0\,(H(\xi)^{1/2})$$

<u>Beweis:</u> Aus Satz 9.1 erhalten wir für
$$T = \max\left(k(\lambda), \left(\frac{d}{(1-\lambda)\gamma}\right)^{1/2} - \log(1-\lambda)(1-\gamma)\right) \text{ die Ungleichungen}$$

$$(9.5) \quad \min\{ \sum_{1 \leq i \leq N} \xi(i)\ell_i \mid \sum_{1 \leq i \leq N} \exp(-C\ell_i - T\ell_i^{1/2}) \leq 1\} \leq L\,(\xi, \lambda)$$

$$\leq \min\{ \sum_{1 \leq i \leq N} \xi(i)\ell_i \mid \sum_{1 \leq i \leq N} \exp(-C\ell_i + T\ell_i^{1/2}) \leq 1\}.$$

Wir leiten zunächst eine obere Schranke für $L(\xi, \lambda)$ her. Wähle $\ell_i \in \mathbb{N}$ minimal mit der Eigenschaft $\xi(i) \geq \exp(-C\ell_i + T\ell_i^{1/2})(1 \leq i \leq N)$. Die größere der beiden Lösungen der Gleichung $\log \xi(i) = -C\rho + T\rho^{1/2}$ ist

$$\rho_i = -\frac{\log \xi(i)}{C} + \frac{T^2}{2C^2} + ((\frac{T^2}{2C^2})^2 - \frac{T^2}{C^3} \log \xi(i))^{1/2}$$

$$\leq -C^{-1}\log \xi(i) + C^{-2}T^2 + C^{-3/2}T(-\log \xi(i))^{1/2}.$$

Wegen $\ell_i \leq \rho_i + 1$, und da $\sqrt{}$ eine konkave Funktion ist, erhalten wir

also $L(\xi,\lambda) \leq \sum_{1\leq i\leq N} \xi(i)\ell_i \leq C^{-1}H(\xi)+O(H(\xi)^{1/2})$.

Es gelte andererseits $L(\xi,\lambda) \geq \sum_{1\leq i\leq N} \xi(i)\ell_i$ und

$$(9.6) \quad \sum_{1\leq i\leq N} \exp(-C\ell_i - T\ell_i^{1/2}) \leq 1.$$

Wir können schreiben

$$L := \sum_{1\leq i\leq N} \xi(i)\ell_i = C^{-1} \sum_{1\leq i\leq N} -\xi(i)\log \exp(-C\ell_i - T\ell_i^{1/2}) - C^{-1}T \sum_{1\leq i\leq N} \xi(i)\ell_i^{1/2},$$

und es gilt deshalb wegen der Konkavität von $\sqrt{}$

$$(9.7) \quad L+C^{-1}T L^{1/2} \geq C^{-1} \sum_{1\leq i\leq N} -\xi(i)\log \exp(-C\ell_i - T\ell_i^{1/2}).$$

Definiert man nun $Q_i = [\sum_{1\leq j\leq N} \exp(-C\ell_j - T\ell_j^{1/2})]^{-1} \exp(-C\ell_i - T\ell_i^{1/2})$

und beachtet man, daß $-\sum_{1\leq i\leq N} \xi(i)\log \xi(i) \leq -\sum_{1\leq i\leq N} \xi(i)\log Q_i$, so

folgert man aus (9.7)

$$(9.8) \quad L+C^{-1}TL^{1/2} \geq C^{-1}[H(\xi) - \sum_{1\leq i\leq N} \xi(i)\log \sum_{1\leq j\leq N} \exp(-C\ell_j - T\ell_j^{1/2})].$$

Wegen (9.6) gilt deshalb auch $L+C^{-1}TL^{1/2} \geq C^{-1}H(\xi)$, und hieraus
folgt $L(\xi,\lambda) \geq L \geq C^{-1}H(\xi)-O(H(\xi)^{1/2})$. $\hspace{2em}$ Q.E.D.

Satz 9.2 klärt den Zusammenhang zwischen dem noiseless-coding-theorem und dem Kanalcodierungssatz für den DGK, die er als Spezialfälle enthält. Bei seiner Anwendung auf Kanäle mit Rückkopplung ergibt sich ein Problem dadurch, daß bei Vorliegen eines Fehlers, d.h. $Y^{\ell_i} \notin D_i$, falls u_i gesendet wurde, der Empfänger nicht weiß, wann er stoppen soll. Wir werden jetzt eine Stopfunktion einführen und damit den Präfixcode so modifizieren, daß wir ein sequentielles Codierungsverfahren für den DGK mit Rückkopplung erhalten. Auf diese Weise erhalten wir folgendes Resultat: Bezeichnet $L_R(\xi,\lambda)$ die kleinste mittlere erwartete Länge eines sequentiellen Codierungs-verfahrens mit maximaler Fehlerwahrscheinlichkeit λ, so gilt

<u>Satz 9.3:</u> Für den DGK mit Rückkopplung gilt für jedes $\lambda \in (0,1)$ und jedes $\varepsilon > 0$ $\quad L_R(\xi,\lambda) \leq C^{-1} H(\xi) + O(H(\xi)^{1/2+\varepsilon})$.

<u>Bemerkung 9.4:</u> In [4] wurde bewiesen, daß für jedes $\delta > 0$ ein $\lambda(\delta) \in (0,1)$ existiert mit $L_R(\xi,\lambda) \geq (1-\delta)[C^{-1} H(\xi) - O(H(\xi)^{1/2})]$. $L_R(\xi,\lambda) \geq C^{-1} H(\xi) - O(H(\xi)^{1/2})$ gilt im allgemeinen nicht.

<u>Beweis von Satz 9.3:</u> Wir unterteilen jetzt die diskrete Zeitachse in Sendezeiten und Signalzeiten, die zum Stoppen dienen. Auf jede Sendezeit folgt eine Signalzeit. Die Längen dieser Zeiten seien wie in folgender Abbildung gewählt:

————— Sendezeit

------ Signalzeit

1-ter Block		2-ter Block		k-ter Block	
$L^{1/2+\varepsilon}$ L^{ε} $\cdots$ $L^{1/2+\varepsilon}$ L^{ε}		$2L^{1/2+\varepsilon}$ $2L^{\varepsilon}$ $\cdots$		$kL^{1/2+\varepsilon}$ kL^{ε} $\cdots$	
$L + L^{1/2}$		$2L + 2L^{1/2}$		$kL + kL^{1/2}$	

Fig. 9.1.

Man beachte, daß $L^{\varepsilon}, L^{1/2-\varepsilon}, L^{1/2+\varepsilon}$ nicht notwendig ganzzahlig sind. In dem folgenden Beweis müßten also eigentlich $\lfloor L^{\varepsilon} \rfloor$, $\lfloor L^{1/2-\varepsilon} \rfloor$ und $\lfloor L^{1/2+\varepsilon} \rfloor$ verwendet werden. Wir haben uns diesen Schreibaufwand erspart, da der Leser die notwendigen technischen Modifikationen leicht selbst anbringen kann.

Es bezeichne I_k^t die t-te Sendezeit und J_k^t die t-te Signalzeit im k-ten Block ($1 \leq t \leq L^{1/2-\varepsilon}$, $1 \leq k < \infty$). Da $C > 0$, gibt es 2 Eingangsbuchstaben - sagen wir r (Rot) und g (Grün) - mit $w(\cdot|r) \neq w(\cdot|g)$. Nach Lemma 6.6 gibt es also für jedes $s \in \mathbb{N}$ eine rote Menge $R(s)$ und eine grüne Menge $G(s) = \mathcal{Y}^s - R(s)$ mit

$$(9.9) \quad \min(w(R(s)|\bar{r}^s), w(G(s)|\bar{g}^s)) \geq 1 - \beta(r,g)^s, \text{ wobei}$$

$$\beta(r,g) \in (0,1), \bar{r}^s = (r,\ldots,r) \in Z^s \text{ und } \bar{g}^s = (g,\ldots,g) \in Z^s.$$

Es ist $\gamma = - \ell n\, \beta(r,g) > 0$.

Wir beschreiben jetzt das Codierungsverfahren. Soll Nachricht i übertragen werden, so werden die Buchstaben von u_i (aus dem Präfixcode) nacheinander in den Sendezeiten vom Sender gesendet. Stößt man auf eine Signalzeit, bevor u_i ganz gesendet wurde, so wird in dieser Signalzeit stets der Buchstabe g gesendet. Man kann natürlich mehrere Signalzeiten erreichen.

In jeder Signalzeit J_k^t überprüft der Empfänger, ob die in ihr empfangene Folge in $G(kL^\varepsilon)$ oder in $R(kL^\varepsilon)$ liegt. Das Verfahren stoppt, wenn zum ersten Male eine rote Menge getroffen wird. Dieses ist dem Empfänger und wegen der Rückkopplung auch dem Sender bekannt. Stoppt das Verfahren, bevor u_i vollständig gesendet wurde, so haben wir einen Fehler 2. Art. Ist u_i vollständig gesendet und liegt das empfangene Y^{ℓ_i} in D_i, so entscheidet der Empfänger korrekt, und der Sender hört auf zu senden. Falls $Y^{\ell_i} \notin D_i$, wird nur noch der Buchstabe r gesendet - und zwar sowohl in der verbleibenden Sendezeit (dieses ist aber irrelevant) als auch vor allem in allen Signalzeiten - bis eine rote Menge getroffen wird und das Verfahren stoppt. Hier haben wir den üblichen Fehler 1. Art, von dem wir wissen, daß seine Wahrscheinlichkeit höchstens λ ist.

Wir zeigen zunächst, daß auch die Wahrscheinlichkeit λ_2^i eines Fehlers 2. Art klein ist. Danach schätzen wir die erwartete Länge des Verfahrens ab.

<u>Fehler 2. Art:</u> Es ist für jedes $i \in X = \{1, \ldots, N\}$

$$1 - \lambda_2^i \geq \prod_{1 \leq k < \infty} (1 - \exp(-\gamma k L^\varepsilon))^{L^{1/2-\varepsilon}}$$

$$\geq 1 - \sum_{1 \leq k < \infty} L^{1/2-\varepsilon} \exp(-\gamma k L^\varepsilon)$$

$$\geq 1 - L^{1/2-\varepsilon} \exp(-\gamma L^\varepsilon) \cdot (1 - \exp(-\gamma L^\varepsilon))^{-1}$$

$$\geq 1 - 2L^{1/2-\varepsilon} \exp(-\gamma L^\varepsilon) \quad \text{für } L \geq L_0(\gamma, \varepsilon).$$

Also ist $\max\{\lambda_2^i \mid 1 \leq i \leq N\} \leq \exp(-\gamma L^\varepsilon + (1/2-\varepsilon)\ln L + \ln 2)$ und somit beliebig klein, wenn $L = \sum_{1 \leq i \leq N} \xi(i)\ell_i = C^{-1}H(\xi) + O(H(\xi)^{1/2})$ und $H(\xi)$ groß wird.

<u>Erwartete Länge des Verfahrens P:</u>
Liegt der letzte Buchstabe von u_i in I_k^t, so ist

$$(9.10) \quad \ell_i \geq \sum_{2 \leq j \leq k} (j-1)L + (t-1)kL^{1/2+\varepsilon} \geq \frac{k(k-1)}{2}L \geq \frac{k^2}{4}L \quad (k \geq 2).$$

Mit $p_\kappa := \exp(-\gamma \kappa L^\varepsilon)$ gilt

$$E(\ell \mid P, i) \leq \ell_i + \ell_i L^{-1/2} + kL^{1/2+\varepsilon} + kL^\varepsilon$$

$$+ \sum_{t+1\leq s\leq L^{1/2-\varepsilon}} (s-t)k(L^{1/2+\varepsilon} + L^{\varepsilon})p_k^{s-t}$$

$$+ \sum_{k+1\leq\kappa<\infty} \sum_{1\leq s\leq L^{1/2-\varepsilon}} s\kappa(L^{1/2+\varepsilon} + L^{\varepsilon})p_\kappa^{s-1}\cdot p_{\kappa-1} \; .$$

Hieraus folgt

$$(9.11) \quad E(\ell\,|\,P,i) \leq \ell_i+\ell_i L^{-1/2}+2kL^{1/2+\varepsilon}$$

$$+ L^{1-2\varepsilon}2kL^{1/2+\varepsilon}p_1+L^{1-2\varepsilon}2L^{1/2+\varepsilon} \sum_{k+1\leq\kappa<\infty} \kappa p_{\kappa-1} \; .$$

Nun ist $\displaystyle\sum_{k+1\leq\kappa<\infty} \kappa\rho_{\kappa-1} \leq P_1 \sum_{2\leq\kappa<\infty} \kappa p_{\kappa-2}$,

und deshalb gilt für $L \geq L_o(\varepsilon,\gamma)$

$$(9.12) \quad E(\ell\,|\,P,i) \leq \ell_i+\ell_i L^{-1/2} + 3kL^{1/2+\varepsilon} \; .$$

Für $k=1$ ist $3kL^{1/2+\varepsilon} = 3L^{1/2+\varepsilon}$, und für $k\geq 2$ folgt aus (9.10) $6\ell_i^{1/2} \geq 3kL^{1/2}$. Also folgt aus (9.12)

$$E(\ell\,|\,P,i) \leq \ell_i+\ell_i L^{-1/2} + 3L^{1/2+\varepsilon} + 6\ell_i^{1/2}L^{\varepsilon} \text{ und}$$

$$E(\ell\,|\,P,\xi) \leq L+L^{1/2} + 3L^{1/2+\varepsilon} + 6 \sum_{1\leq i\leq N} \xi(i)\ell_i^{1/2}L^{\varepsilon} \leq L+10L^{1/2+\varepsilon}$$

$$= L+O(L^{1/2+\varepsilon}) = C^{-1}H(\xi)+O(H(\xi)^{1/2+\varepsilon}) \; . \qquad\qquad \text{Q.E.D.}$$

§ 10: Gaußsche Kanäle mit Rückkopplung und stochastische Approximation

Wir behandeln hier Gaußsche Kanäle mit diskreter Zeit. Wie man zu diesen Kanälen durch Filtern der zeitkontinuierlichen "additive white Gaussian noise channels" gelangt, findet man in Gallager [51] dargestellt und ist für das Verständnis des Folgenden nicht relevant. Unser Interesse gilt dem von Schalkwijk/Kailath [120] initiierten und von Schalkwijk vervollkommneten Codierungsverfahren für additive Gaußsche Kanäle G_σ mit einer Energiebeschränkung. Dieses Verfahren wurde durch das Robbins/Monro Verfahren (Kap. VIII) motiviert.

Sei $Z=Y=\mathbb{R}$, d.h. wir haben jetzt unendliche Alphabete. Eine Wahrscheinlichkeitsdichte für den additiven Gaußkanal G_σ ist gegeben durch

$$(10.1) \quad g_\sigma(y\,|\,z) = \frac{1}{(2\pi\sigma^2)^{1/2}} \exp(- \frac{1}{2\sigma^2} (z-y)^2), z\in Z, y\in Y \; .$$

Eine Ausgangsfolge Y^m entsteht aus einer Eingangsfolge z^m durch Addition eines Vektors $Z^m=(Z_1,\ldots,Z_m)$ mit Komponenten, die unabhängige, normalverteilte ZV mit Erwartungswert 0 und Varianz σ^2 sind. Es gilt also für die Dichten

$$(10.2) \quad g_\sigma(y^m|z^m) = \frac{1}{(2\pi\sigma^2)^{m/2}} \exp(- \sum_{1\leq t\leq m} \frac{(y_t-z_t)^2}{2\sigma^2}) \quad \text{für}$$

$$y^m=(y_1,\ldots,y_m)\in Y^m, z^m=(z_1,\ldots,z_m)\in Z^m.$$

Der Kanal ist also insbesondere gedächtnislos. Die Übertragungswahrscheinlichkeiten errechnen sich zu

$$(10.3) \quad P_\sigma(D|z^m) = \int_D g_\sigma(y^m|z^m) dy_1\ldots dy_m$$

für $z^m\in Z^m$ und Borelmengen $D\subset Y^m$.

Ein (N,m,λ)-Code für G_σ ist ein System $\{(u_i,D_i)|1\leq i\leq N\}$ mit disjunkten Borelmengen $D_i\subset Y^m, u_i\in Z^m$ und $P_\sigma(D_i|u_i)\geq 1-\lambda$ für $i=1,2,\ldots,N$.

Natürlich ist das Codierungsproblem ohne weitere Einschränkungen sinnlos, da man offensichtlich sofort $(\infty,1,\lambda)$-Codes für G_σ angeben kann. In realen Kommunikationssystemen unterliegen die Codeworte aber Nebenbedingungen, die das Codierungsproblem vernünftig machen. Die wichtigste dieser Bedingungen ist eine Beschränkung der durchschnittlichen Energie:

$$(10.4) \quad \frac{1}{m} \sum_{1\leq t\leq m} (u_{it})^2 \leq E \quad \text{für } u_i=(u_{i1},\ldots,u_{im}), 1\leq i\leq N.$$

Daneben kommen Amplitudenbeschränkungen $|u_{it}| \leq A(1\leq t\leq m, 1\leq i\leq N)$ vor. Diese werden hier nicht behandelt.

Shannon [128] hat unter Bedingung (10.4) die Kapazität $C_\sigma(E)$ des Kanals G_σ bestimmt. Es gilt

$$(10.5) \quad C_\sigma(E) = 2^{-1}\log(1+E\sigma^{-2}).$$

Zunächst zeigen wir, wie man das RM-Verfahren auf das Problem anwenden kann, N Nachrichten mit kleiner Fehlerwahrscheinlichkeit über G_σ mit Rückkopplung zu übertragen. Später werden wir diesen Ansatz noch verbessern.

Wir denken uns die Nachrichtenmenge $\{1,\ldots,N\}$ im Intervall $[-\frac{1}{2},\frac{1}{2}]$ wie folgt dargestellt. Man zerlege $[-\frac{1}{2},\frac{1}{2}]$ in N disjunkte (halboffene) "Nachrichtenintervalle" gleicher Länge und wähle als "Nachrichtenpunkt" θ den Mittelpunkt des Intervalles, welches der zu übertragenden Nachricht entspricht. Sei $M(x)=\alpha(x-\theta)$ die Gleichung der Geraden durch θ mit Steigung $\alpha>0$. Über α können wir noch weiterverfügen.

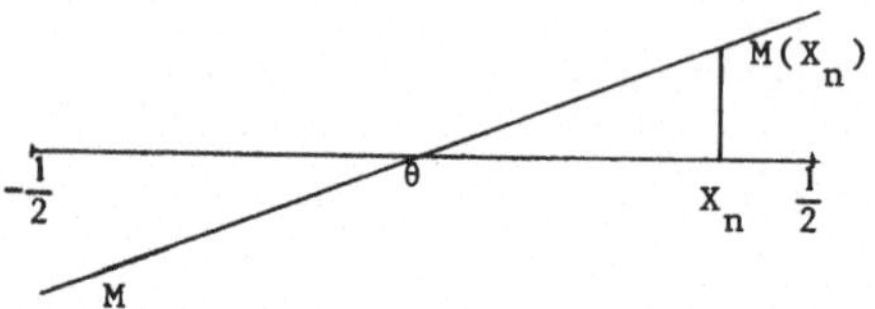

Fig. 10.1.

Wir beginnen jetzt mit $X_1=0$ und senden $M(X_1)=\alpha(X_1-\theta)$ über G_σ. Der Empfänger erhält die Zahl $Y_1(X_1)=\alpha(X_1-\theta)+Z_1$, wobei Z_1 normalverteilt ist mit Erwartungswert 0 und Varianz σ^2. Der Empfänger berechnet jetzt $X_2=X_1-a_1Y_1(X_1)$, wobei a_1 später spezifiziert wird, und X_2 wird dem Sender bekannt, da er Y_1 durch Rückkopplung erfährt. Der Sender sendet jetzt $M(X_2)=\alpha(X_2-\theta)$. Allgemein stellt sich die Situation so dar:

(10.6) $Y_n(X_n) = M(X_n)+Z_n$ wird empfangen,

(10.7) $X_{n+1} = X_n-a_nY_n(X_n)$ wird von Empfänger und Sender berechnet,

und der Sender sendet dann

(10.8) $M(X_{n+1}) = \alpha(X_{n+1}-\theta)$.

Wir erkennen also, daß dieses gerade das RM-Verfahren mit einer Geraden als Regressionskurve und mit unabhängigen, identisch verteilten Gaußschen Störungen ist. In diesem Falle kann die Verteilung von $X_{n+1}-\theta$ direkt berechnet werden. Setzt man etwa $a_n=\frac{1}{\alpha n}$, so folgt aus (10.6) bis (10.8)

(10.9) $X_{n+1} = \theta - \frac{1}{\alpha n} \sum_{1\le t\le n} Z_t$.

Da die Z_t unabhängig sind mit Verteilung $N(0,\sigma^2)$, hat X_{n+1} die Verteilung $N(\theta, \frac{\sigma^2}{\alpha^2 n})$. Man sieht also, daß mit wachsendem n die Verteilung $N(\theta, \frac{\sigma^2}{\alpha^2 n})$ sich zunehmend auf θ konzentriert. Da das Nachrichtenintervall die Länge $\frac{1}{N}$ hat, ist also nach m Iterationen die Wahrscheinlichkeit λ_{m+1}, daß X_{m+1} nicht in dem Intervall mit Mittelpunkt θ liegt, gegeben durch

$$(10.10) \quad \lambda_{m+1} = 2 \; \frac{1}{(2\pi)^{1/2}} \int_{\gamma}^{\infty} e^{-t^2/2} dt, \quad \gamma = \frac{\alpha m^{1/2}}{2\sigma N}.$$

Sie wird also bei konstantem N mit wachsendem m sehr schnell klein. Man kann auch $N = N(m) = m^{1/2(1-\varepsilon)}$ wählen, also N mit m gegen ∞ gehen lassen, denn nach (10.10) ist dann $\gamma = \gamma(m) = \frac{\alpha}{2\sigma} m^{\varepsilon/2}$ und deshalb $\lim\limits_{m\to\infty} \lambda_{m+1} = 0$ für $\varepsilon > 0$. Es ist aber auch $\lim\limits_{m\to\infty} \lambda_{m+1} = 1$ für $\varepsilon < 0$, und um mit positiver Rate R ($N = \exp(Rm)$) übertragen zu können, müssen wir die Rolle von α betrachten. Aus (10.10) folgt, daß wir beliebig große Raten erzielen können, indem wir α hinreichend groß wählen. Dieses ist nach den eingangs gemachten Bemerkungen zu erwarten, da wir durch Vergrößern von α die Bedingungen an die Codeworte abschwächen. Wir müssen also über α so verfügen, daß (10.4) im Mittel gilt. In Schalkwijk/Kailath [120] wird gezeigt, daß man so beliebig dicht an die Kapazität $C_\sigma(\mathbb{E})$ herankommt. Wir werden die Rechnung nicht vorführen, sondern gleich das verbesserte Verfahren aus Schalkwijk [119] darstellen, da dieses viel kleinere Fehlerwahrscheinlichkeiten liefert.

Angenommen, wir haben 2^{Rm} mögliche Nachrichten, $0 < R < C_\sigma(\mathbb{E})$. Wir plazieren diese wie oben im Intervall $[-\frac{1}{2}, \frac{1}{2}]$, also Nachricht $x \in \{1, \ldots, 2^{Rm}\} = X$ ordnen wir dem Punkt $-x2^{-Rm} + \frac{1}{2}$ zu .

Soll x übertragen werden, so wird im 1. Schritt $c_1(x) = \alpha(-x2^{-Rm} + \frac{1}{2})$ gesendet ($\alpha > 1$ wird später spezifiziert). Der Empfänger erhält $Y_1(x) = c_1(x) + Z_1$. Der Sender erfährt $Y_1(x)$, berechnet Z_1 und sendet $c_2(x, Y_1) = -\beta Z_1$. Die Sendeprozedur wird also so eingestellt, daß Fehler ausgeglichen werden. Der Sender führt den Empfänger so an die richtige Zahl heran. Die Zahl $\beta > 0$ wird ebenfalls unten spezifiziert.

Es ist dann $Y_2(x) = -\beta Z_1 + Z_2$. Wieder ist Z_2 dem Sender bekannt. Für $3 \leq \ell \leq m$ definieren wir die Schätzfunktion

$$(10.11) \quad \theta(x, \ell) = \frac{1}{2} - \frac{Y_1(x)}{\alpha} - \frac{\beta}{\alpha} \sum_{2 \leq t \leq \ell-1} \frac{Y_t(x)}{\alpha^t}.$$

Diese ist wegen der Rückkopplung Sender und Empfänger bekannt. Mit ihr wählt der Sender als ℓ-ten Buchstaben $c_\ell(x, Y^{\ell-1}) = \beta\alpha^{\ell-1}(\theta(x, \ell) - x2^{-mR})$, und $Y_\ell = c_\ell(x, Y^{\ell-1}) + Z_\ell$ wird empfangen. Wir haben gesehen, daß alle $Y_t(x)$ nur von x, α, β und den Z_i abhängen. Daher läßt sich auch die Schätzfunktion $\theta(x, \ell)$ als

Funktion dieser Größen angeben. Man beweist induktiv, daß für $\ell \geq 2$ gilt

$$(10.12) \quad \theta(x,\ell+1) = x2^{-Rm} - \frac{Z_1}{\alpha^{2\ell-1}} - \frac{\beta}{\alpha} \sum_{2 \leq t \leq \ell} \frac{Z_t}{\alpha^{2\ell-1}}.$$

Als Summe unabhängiger, normalverteilter ZV Z_i ist auch $\theta(x,m+1)$ normalverteilt. Setzt man nun $\beta^2 = \alpha^2 - 1$, so hat $\theta(x,m+1)$ Erwartungswert $x2^{-Rm}$ und Varianz $\frac{\sigma^2}{\alpha^{2m}}$.

Der Empfänger rechnet zum Schluß der Prozedur $\theta(x,m+1)$ aus und decodiert auf die Nachricht k, für welche $k2^{-Rm}$ am nächsten bei $\theta(x,m+1)$ liegt. Es gilt nun nach der Tschebyscheff'schen Ungleichung

$$(10.13) \quad P(|\theta(x,m+1)-E\theta(x,m+1)| \geq 2^{-Rm}) \leq \frac{\sigma^2}{\alpha^{2m}} 2^{2Rm},$$

und für α mit $\log \alpha > R$ gilt $\frac{\sigma^2}{\alpha^{2m}} 2^{2Rm} \to 0$ $(m \to \infty)$. Wir sehen also, daß

die Wahrscheinlichkeit eines Fehlers für $m \to \infty$ gleichmäßig in x gegen O strebt. Wir werden also bestrebt sein, α möglichst groß zu wählen. Hier setzt nun allerdings Bedingung (10.4) Schranken. $E \frac{1}{m} \sum_{1 \leq t \leq m} [c_t(x,Y^{t-1})]^2$ darf $\mathbb{E}$ nicht überschreiten. Nun ist

$$E \frac{1}{m} \sum_{1 \leq t \leq m} [c_t(x,Y^{t-1})]^2 = \frac{1}{m}(\frac{1}{2}-x2^{-Rm})^2 + \frac{1}{m} \beta^2 \sigma^2$$

$$+ \frac{1}{m} \sum_{2 \leq t \leq m} \beta^2 \alpha^{2t-2} E(\theta(x,t)-x2^{-Rm})^2, \text{und für } \beta^2 = \alpha^2-1 \text{ ist dieses gleich}$$

$$\frac{1}{m}(\frac{1}{2} - x2^{-Rm})^2 + \frac{m-1}{m}(\alpha^2-1)\sigma^2. \text{ Also gilt}$$

$$(10.14) \quad E \frac{1}{m} \sum_{1 \leq t \leq m} [c_t(x,Y^{t-1})]^2 \to (\alpha^2-1)\sigma^2 \text{ gleichmäßig in x für } m \to \infty.$$

Also kann man α^2-1 höchstens so groß wählen, daß $\alpha^2-1 = \mathbb{E}\sigma^{-2}$ gilt. Damit ergibt sich $\log \alpha = 2^{-1} \log (1+\mathbb{E}\sigma^{-2})$. Mit dem Verfahren lassen sich also alle Raten unterhalb $2^{-1} \log (1+\mathbb{E}\sigma^{-2}) = C$ erreichen.

<u>Bemerkung 10.1</u>: Benutzt man statt der Tschebyscheff-Ungleichung in (10.13) die Tatsache, daß $\theta(x,m+1)$ normalverteilt ist, so berechnet man, daß für R<C die Fehlerwahrscheinlichkeit durch $\exp(-e^{cm})$ für geeignetes c abgeschätzt werden kann, sie geht also doppelt exponentiell schnell gegen O. Für Kanäle mit endlichen Alphabeten treten derartige Phänomene nicht auf.

<u>Bemerkung 10.2</u>: Eine Analyse des Verfahrens und des Beweises

zeigt, daß es auch unter schwächeren Bedingungen funktioniert:

(10.15)   die Z_t ($t \in \mathbb{N}$) sind unkorreliert, E $Z_t = 0$, $\sigma^2(Z_t) \leq \sigma^2$.

Normalität, Unabhängigkeit und identische Verteilungen sind also nicht erforderlich. Allerdings kann man die Rate $\log \alpha = C_\sigma$ nicht übertreffen, da diese bei dem verwendeten Schätzer θ allein durch σ^2 und $\mathbb{E}$ bestimmt ist. Für andere Schätzer ist dieses aber möglich. Hieraus folgt insbesondere auch, daß unter den additiven Kanälen mit fester Varianz der Gaußkanal die kleinste Kapazität hat. In Gallager [51] wird dieses direkt bewiesen. Da ferner C_σ mit wachsendem σ fällt, ist das Verfahren robust gegen die Klasse aller additiven Kanäle mit Varianz höchstens σ^2.

Bemerkung 10.3: Man kann das Programm aufstellen, alle in den Kapiteln III bis VII behandelten Suchprobleme noch einmal unter der Annahme, daß alle Tests zufallsgestört sind, zu untersuchen. Wir haben in diesem Kapitel nur das grundlegende Suchproblem aus Kap. III aufgegriffen, da für dieses die weitreichendsten Ergebnisse vorliegen.

Burnashev und Zigangirov ([25], [26]) haben nun das Suchproblem aus Kap. IV in dem Falle untersucht, wo die (binären) Antworten mit Wahrscheinlichkeit $p < \frac{1}{2}$ falsch sind, und sie haben asymptotisch optimale Ergebnisse erzielt. Codierungstheoretisch ausgedrückt heißt dieses, daß sie bei Rückkopplung die Kapazität des BSK auch mit "alphabetischen" sequentiellen Verfahren erreichen. Wir haben oben gesehen, wie Verfahren aus der Theorie der stochastischen Approximation zu Codierungsverfahren für Kanäle mit Rückkopplung führen. Nun kann man das Ergebnis von Burnashev/Zigangirov auch als ein Ergebnis über stochastische Approximation für folgende Situation interpretieren. Die Regressionsfunktion M sei strikt monoton wachsend mit $M(\theta) = 0$. Eine Messung in einem Punkte x stellt fest, ob $M(x) > 0$ oder $M(x) < 0$. Das Meßergebnis ist mit Wahrscheinlichkeit p falsch. Man möchte möglichst schnell die Nullstelle mit ε-Genauigkeit lokalisieren. Es kann erwartet werden, daß man mit allgemeineren und verfeinerten Codierungsmethoden zu besonders effizienten stochastischen Approximationsverfahren gelangt.

Kapitel X: Identifikations- und Rangordnungsprobleme

§ 1: Einleitung

Mitte der vierziger Jahre schrieb Wald ([147] - [152]) seine bahnbrechenden Arbeiten über Sequentielle Analysis und Statistische Entscheidungstheorie. Der Wald'sche SPRT (sequential probability ratio test) zeigt, wie man gegenüber Tests mit festem Stichprobenumfang Kosten sparen kann. Die Statistische Entscheidungstheorie gab eine einheitliche Sprechweise für statistische Fragen, wie man sie bis dahin nicht gekannt hat.

Schon in der Arbeit [147] und dann in den weiteren Arbeiten [148], [150], [151] betont Wald, daß eine wesentliche Rolle der Statistik bei Anwendungen auf Experimente darin besteht, dem Experimentator behilflich zu sein, Entscheidungen zu treffen, und daß Test- und Schätzprobleme nur einen Teil der Probleme darstellen, die mit statistischen Methoden behandelt werden können.

Eine Kategorie solcher Probleme kann man als Identifikations- oder allgemeiner als Rangordnungsprobleme bezeichnen. Als Pionierarbeiten sind wohl Girshick [55], Mosteller [1o4], Stein [137] und Paulson [1o7] zu sehen. Bevor wir diese Probleme beschreiben, werden wir zunächst Multi-Entscheidungsprobleme ganz allgemein formulieren, um eine einheitliche Sprache für die uns hier interessierenden genannten Spezialfälle zu haben. Es sei jetzt nur vermerkt, daß Identifikations- und Rangordnungsprobleme als Sortierprobleme angesehen werden können, bei denen Antworten zufallsbedingten Störungen unterliegen. Damit läßt sich also dieser Bereich der Statistik auf natürliche Weise in die Theorie des Suchens einordnen. Allerdings ist man hier noch weit von "optimalen" Verfahren entfernt. Es ist daher zu hoffen, daß die hier im Buch nebeneinander dargestellten Theorien aus verschiedenen Disziplinen zu wechselseitiger Befruchtung Anlaß geben.

Eine der einfachsten statistischen Aufgaben besteht darin, zwischen zwei Hypothesen zu entscheiden: Ein Zufallsvektor X, der vom Statistiker beobachtet wurde, habe eine von den zwei Verteilungen F_1, F_2. Aufgrund der Beobachtungen ist zu entscheiden, ob F_1 oder F_2 vorliegt. $d_r (r=1,2)$ ist die Entscheidung für F_r. Diese kann natürlich falsch sein. Eine Strategie P (auch Entscheidungsverfahren oder kurz Test genannt) ist eine disjunkte Zerlegung des

Wertebereiches X von X in zwei Mengen X_1 und X_2. Wurde ein Element aus X_r beobachtet, so schreibt die Strategie vor, d_r zu wählen. Sei $P_P\{d_r|F_\ell\}$ die Wahrscheinlichkeit, daß bei Benutzung von Strategie P die Entscheidung d_r getroffen wird, wenn F_ℓ vorliegt. Das bekannte Lemma von Neyman/Pearson beschreibt die Form der Strategien, für die bei fest gewähltem $\alpha \in [0,1]$ das Minimum in

$$(1.1) \quad \min\{P_P\{d_1|F_2\}|\ P \text{ erfüllt } P_P\{d_2|F_1\} \leq \alpha\}$$

angenommen wird.

Eine Strategie P heißt zulässig, falls es keine Strategie P' gibt mit

$$(1.2) \quad P_{P'}\{d_1|F_2\} \leq P_P\{d_1|F_2\}, \quad P_{P'}\{d_2|F_1\} \leq P_P\{d_2|F_1\}$$

und Ungleichheit in wenigstens einer der Ungleichungen.

Aus diesen Definitionen erkennt man sofort, daß die Menge der Strategien, die Neyman/Pearson-Strategien für ein α sind, gleich der Menge der zulässigen Strategien ist und daß es in der Menge der zulässigen Strategien stets eine Min-Max-Strategie gibt, d.h. eine Strategie, für die das Minimum in

$$(1.3) \quad \min_{P} (\max_{1 \leq r \leq 2} [1-P_P(d_r|F_r)])$$

angenommen wird.

Es gibt drei Hauptrichtungen, in denen das beschriebene Testproblem verallgemeinert werden kann.

(A) Es kann mehr als 2 mögliche Entscheidungen geben. Wir sprechen dann von Multi-Entscheidungsproblemen. Das naheliegendste Beispiel dieser Art ist das R-Hypothesenproblem, in dem man sich (anstatt zwischen 2 Hypothesen) zwischen R Hypothesen entscheiden muß. Ersetzt man in (1.3) die Zahl 2 durch $R(R \geq 3)$, so kann man sich wiederum für eine Strategie interessieren, für die das Minimum angenommen wird.

(B) Die Strategie kann sequentiell entscheiden, wieviele Stichproben (Beobachtungen) wir benutzen. Im obigen Testproblem kann etwa X aus einer Folge $X_1, \ldots, X_n$ unabhängiger, identisch verteilter ZV bestehen. Der Stichprobenumfang n wurde vor dem Experiment, welches in der Beobachtung von $X=(X_1, \ldots, X_n)$ besteht, gewählt. Man kann nun auch Experimente betrachten, bei denen der Stichprobenumfang n nicht fest gewählt wird, sondern

vom Verlauf der sukzessiven Beobachtungen X_j abhängt. Wiederum
hat man nur einen Test, aber man hat die Möglichkeit zu stoppen
oder nicht.

(C) Die 2 (einfachen) Hypothesen können durch zusammengesetzte
Hypothesen ersetzt werden, d.h. an Stelle von F_1 und F_2 hat
man jetzt 2 disjunkte Mengen, Ω_1 und Ω_2, von möglichen Verteilungen von X . In Analogie zu (1.1) wird man sich für Strategien P interessieren, für welche bei fest gewähltem α unter der
Bedingung $\max\{P_P\{d_2|F\}|F\in\Omega_1\} \leq \alpha$ $\max\{P_P\{d_1|F\}|F\in\Omega_2\}$ minimal
ist. Mit ähnlichen Modifikationen an (1.2) und (1.3) kann man
hier sowohl zulässige als auch Min-Max-Strategien definieren.

Lösungen für die verallgemeinerten Probleme sind alle ungleich
schwieriger zu erzielen als das Neyman/Pearson Lemma, welches die
ursprüngliche Frage beantwortet. Der Leser kann sich davon zum
Beispiel durch ein Studium des Beweises des folgenden Ergebnisses
von Wald/Wolfowitz [153] überzeugen: Der Wald'sche SPRT zum Testen
zweier einfacher Hypothesen hat unter allen sequentiellen Strategien P mit

(1.4) $P_P\{d_1|F_1\} \geq 1-\alpha_1$, $P_P\{d_2|F_2\} \geq 1-\alpha_2$ $(0<\alpha_1,\alpha_2<1,\alpha_1+\alpha_2<1)$

die kürzeste erwartete Länge (Stichprobenumfang), und zwar sowohl
wenn F_1 als auch wenn F_2 die wahre Verteilung ist. Für ein weiteres
Beispiel sei auf die Ergebnisse von Strassen [141] und Huber/
Strassen [70] für gewisse zusammengesetzte Hypothesen verwiesen.

Es versteht sich, daß die Komplexität der Probleme sich nochmals erhöht, wenn man Verallgemeinerungen in allen genannten Richtungen (A), (B) und (C) gleichzeitig vorsieht.

Dazu kommt noch, daß in Fällen, wo für R>2 optimale sequentielle Strategien bekannt sind, diese für viele Anwendungen rechnerisch zu aufwendig sind.

Angesichts dieser Situation hat man sich in der umfangreichen
Literatur zu diesem Gegenstand - unser Verzeichnis bringt nur eine
kleine Auswahl, die nicht den Anspruch erhebt, alle wichtigen Arbeiten erfaßt zu haben - um Strategien bemüht, die in Analogie zu
(1.4) eine vorgegebene Wahrscheinlichkeit für eine korrekte Entscheidung garantieren, aber nicht notwendig optimal sind. Wir werden hier in mehreren Beispielen gute Strategien angeben, die
gleichzeitig rechnerisch nicht zu aufwendig sind.

Wir wenden uns jetzt der Klasse von Multi-Entscheidungsproblemen zu, die hier behandelt werden sollen. Einfachheitshalber
betrachten wir zunächst den nichtsequentiellen Fall und beginnen
mit den (spezielleren) Identifikationsproblemen. Wir nehmen an,
der Statistiker beobachtet nicht nur - wie bisher - einen Zufallsvektor X, sondern k unabhängige Zufallsvektoren X_i ($1 \leq i \leq k$). Es sei
bekannt, daß jeweils genau eine der ZV $X_1, \ldots, X_k$ die Verteilung
G_j ($1 \leq j \leq k$) hat. $G_1, \ldots, G_k$ seien verschieden. Man möchte die Verteilung eines jeden Zufallsvektors identifizieren. Setzt man
$X = (X_1, \ldots, X_k)$, so gibt es k! mögliche Verteilungen von X, und das
Identifikationsproblem ist äquivalent zu dem Multi-Entscheidungs-
problem, die korrekte Verteilung von X zu finden. Die R=k! Verteilungen F_r ($1 \leq r \leq R$) von X entsprechen gerade den k! Permutationen
der G_j, und die R Entscheidungen d_r ($1 \leq r \leq R$) sind wie in (A) definiert.

Dieses Identifikationsproblem wird vollständig genannt, da es
genau so viele Entscheidungen wie mögliche F_r gibt.

Man ist auch an partiellen Identifikationsproblemen interessiert. Hier entscheidet man sich für eine Teilmenge der F_r. So kann
man etwa danach fragen, welches X_i die Verteilung G_1 hat. In diesem
Falle gibt es nur k Entscheidungen, sagen wir $\hat{d}_1, \ldots, \hat{d}_k$, wobei $\hat{d}_i$
bedeutet: "X_i hat die Verteilung G_1". In der Terminologie von
Kap. V, § 6 würde man hier von einem Auswahlproblem sprechen. Das
gegenwärtige Problem unterscheidet sich aber von dem früher behandelten in zweifacher Hinsicht. Während in Kap. V die Ausgänge
von Vergleichen eindeutig sind, hängen hier die Beobachtungswerte
vom Zufall ab. Darüber hinaus besteht ein weiterer Unterschied in
der Struktur der zulässigen Fragen und Antworten. Dieses läßt sich
am einfachsten verdeutlichen, wenn man das zufällige Element aus-
schließt, indem man annimmt, daß alle Verteilungen 1-Punktvertei-
lungen sind. In Kap. V ist der Suchbereich geordnet, und Fragen
bestehen aus paarweisen Vergleichen. Im Falle der 1-Punktvertei-
lungen legt bereits eine Beobachtung (Frage) die Verteilung von
$X = (X_1, \ldots, X_k)$ fest, und damit wissen wir, welches X_i die Verteilung
G_1 hat.

Natürlich gibt es für jedes i (k-1)! Verteilungen F_r, für die
$\hat{d}_i$ eine korrekte Entscheidung ist. Derartige Symmetrie- oder Invarianzeigenschaften sind verantwortlich dafür, daß man Identifikationsprobleme relativ erfolgreich behandeln kann. Eine Theorie

der Invarianz wurde von Kiefer [85] sehr allgemein entwickelt. Für die hier verfolgten Zwecke werden wir immer mit elementaren Symmetrieüberlegungen auskommen.

Die nächste Erweiterung des Modelles wird dadurch nahegelegt, daß man häufig die G_j parametrisiert hat, etwa durch den Erwartungswert, der jedoch unbekannt sein kann. Es kommt z.B. vor, daß die X_i normal verteilt mit unbekanntem Erwartungswert θ_i ($1 \leq i \leq k$) und gemeinsamer Varianz 1 sind. Wir können fragen, welches X_i das größte θ_i hat, ohne θ_i zu kennen. Wir werden so auf das Problem geführt, das X_i mit größtem Erwartungswert zu suchen, wobei X_i nicht eine von t möglichen Verteilungen, sondern eine von unendlich vielen möglichen Verteilungen hat.

Ein solches Problem nennt man - wegen seiner Analogie zum partiellen Identifikationsproblem - partielles Rangordnungsproblem. Möchte man die in Frage kommenden k Parameterwerte vollständig ordnen, so spricht man vom vollständigen Rangordnungsproblem. Die Parameterwerte können vollständig geordnet sein, ohne daß die zugehörigen Verteilungen vollständig bekannt sind, während beim vollständigen Identifikationsproblem die Verteilungen genau spezifiziert sind. Dieser Unterschied entspricht dem Unterschied zwischen Entscheidungen beim Testen einfacher und zusammengesetzter Hypothesen für R=2 (siehe (C)).

Wir werden im folgenden eine Einführung in den anstehenden Fragenkomplex geben. Danach dürfte der Leser vorbereitet und hoffentlich motiviert sein, um sich selbst seinen Weg durch die umfangreiche Literatur zu bahnen und um sich vielleicht der einen oder anderen unter den zahlreichen Forschungsaufgaben zuzuwenden. Einige solche Aufgaben sind in dem Buch von Bechhofer/Kiefer/Sobel [12] erwähnt. In diesem Buch wird ein allgemeines, einheitliches Modell zur Behandlung von Identifikations- und Rangordnungsproblemen auf entscheidungstheoretischer Grundlage im Sinne von Wald [152] entwickelt. Es wird von vornherein gleich der sequentielle Fall angegangen, da sequentielle Strategien auch bei den genannten Problemen ähnlich wie im Wald'schen SPRT zu erheblichen Einsparungen an Beobachtungen führen. Wir werden dieses Modell hier insoweit darstellen, als dieses für die Behandlung einiger grundlegender Identifikationsprobleme erforderlich ist. Das erwähnte Modell sieht vor, bei jedem Schritt des Verfahrens Stichproben von

allen k Populationen zu entnehmen. Bei relativ ähnlich gearteten
Populationen, wie etwa im parametrischen Fall, liefert dieses gute
Ergebnisse. Man kann aber auch allgemeinere Strategien betrachten,
bei denen etwa Populationen, die besonders "günstige" Daten liefern, bevorzugt befragt werden. Die erste dahingehende Untersuchung
für den Fall k=2 geht auf Girshick [55] zurück. Stein [137] und
Paulson [1o8] haben für k>2 Verfahren zur Behandlung gewisser Rangordnungsprobleme in diesem Sinne angegeben.

Wir werden nun so vorgehen, daß wir in § 2 das entscheidungs-
theoretische Modell für allgemeine Multi-Entscheidungsprobleme
beschreiben. In § 3 bis § 5 behandeln wir dieses allgemeine Modell.

In § 3 leiten wir eine obere Schranke für den erwarteten Verlust gewisser Entscheidungsverfahren her. Wir betrachten insbesondere einfache Verlustfunktionen und Entscheidungsverfahren, die
auf der Bayes-Statistik beruhen. Bei Identifikationsproblemen führt
die vorhandene Symmetrie zu Min-Max-Verfahren.

In § 4 werden für allgemeine Multi-Entscheidungsprobleme Bedingungen angegeben, unter denen ein Entscheidungsverfahren P endliche mittlere Beobachtungsdauer (ASN = "average sample number") hat.

Hoeffding ([12]) hat unter gewissen Regularitätsannahmen eine
untere Schranke für die ASN hergeleitet. Dieses Ergebnis werden
wir in § 5 wiedergeben.

In § 7 und § 8 werden wir das Modell von Bechhofer/Kiefer/Sobel
zur Behandlung von Identifikationsproblemen ausführlich erläutern.
In § 7 werden wir einfache algebraische Invarianzeigenschaften von
Identifikationsproblemen kurz besprechen, und wir werden Typen von
Identifikationsproblemen und von Verteilungsfunktionen angeben, die
in der Praxis besonders häufig auftreten.

In § 8 werden wir das auf dem Bayes-Ansatz beruhende grundlegende sequentielle Entscheidungsverfahren P_B definieren. Es erfüllt für die in § 7 angegebenen Identifikationsprobleme die in § 3
und § 4 gemachten Regularitätsannahmen. P_B hängt von einer Test-
statistik $Q(\xi_m)$ ab, die durch Quotienten von Likelihoodfunktionen
bestimmt ist. Im allgemeinen ist es schwierig, diese Statistik aus-
zuwerten. In § 6 werden wir das Ordnungstheorem von Sobel [131]
kennenlernen, welches es ermöglicht, $Q(\xi_m)$ in einigen Fällen durch
eine einfachere Formel zu beschreiben. Mit dieser Formel läßt sich

$Q(\xi_m)$ relativ einfach berechnen, und damit wird P_B praktisch anwendbar. In § 9 werden wir einige solche Fälle behandeln.

Bechhofer/Kiefer/Sobel benutzen bzw. erweitern die Ergebnisse über Identifikationsprobleme zur Behandlung von Rangordnungsproblemen. Nachdem wir aber die Grundideen ihres Vorgehens bereits an Identifikationsproblemen kennengelernt haben, werden wir aus Platzgründen Rangordnungsprobleme nicht in diesem Sinne behandeln, sondern statt dessen das Verfahren von Paulson [1o8] in § 10 darstellen. In diesem Verfahren werden "ungünstige" Populationen sukzessive aus der Konkurrenz ausgeschieden.

§ 2: Ein Modell für allgemeine sequentielle Multi-Entscheidungsprobleme

Das hier dargestellte Modell kann als Weiterführung des Wald'schen Ansatzes für das Testen zweier Hypothesen angesehen werden.

Sei $X=\{X_j\}_{j\in\mathbb{N}}$ eine Folge zufälliger Objekte. X_j nehme Werte x_j in X_j ($j\in\mathbb{N}$) an. Sei Ω ein gegebener Raum von möglichen Verteilungen von X. Für jedes $F\in\Omega$ sei eine Folge von Dichtefunktionen $f_m(x_1,\ldots,x_m|F)$ gegeben, so daß der Zufallsvektor $(X_1,\ldots,X_m)$ bezüglich eines σ-endlichen Maßes $\nu_m=\mu_1\times\ldots\times\mu_m$ gemäß $f_m(\cdot|F)$ verteilt ist, falls F die Verteilung von X ist. Dabei ist μ_j ein σ-endliches Maß auf X_j. Die Folge $\{f_m\}_{m\in\mathbb{N}}$ erfülle für jedes F die üblichen Verträglichkeitsbedingungen. Es wird angenommen, daß für alle $F\in\Omega$ dieselbe Folge $\{\nu_m\}_{m\in\mathbb{N}}$ zugrundegelegt ist.

In den meisten Anwendungen gilt $\mu_j = \mu_1$ für alle j, und μ_1 ist absolut stetig bezüglich des Lebesguemaßes oder diskret. Die zufälligen Objekte X_j sind häufig reelle Zahlen, Vektoren oder reellwertige Matrizen. Wir nehmen hier stets an, daß X_j im j-ten Schritt des Experimentes beobachtet wird.

Nach Abschluß eines Experimentes muß der Statistiker eine Entscheidung aus dem Raum aller (terminalen) Entscheidungen D^t treffen.

Die Verlustfunktion W sei eine Abbildung $W:\Omega\times D^t\to\mathbb{R}^+$. $W(F,d)$ gibt den Verlust an, den der Statistiker erleidet, wenn er das Experiment mit der Entscheidung d beendet und F die wahre Verteilung ist.

Nimmt W nur die Werte 0 oder 1 an, so heißt W einfach.

An $X_j, \mu_j, f_m, \Omega, D^t$ und W werden folgende Meßbarkeitsforderungen gestellt: X_j ist mit einer σ-Algebra versehen, auf der μ_j ein Maß ist, Ω und D^t haben σ-Algebren, die alle einpunktigen Mengen enthalten, f_m ist meßbar auf $X_1 \times \ldots \times X_m \times \Omega$, und W ist meßbar auf $\Omega \times D^t$. Es bezeichne D die σ-Algebra auf D^t.

Ein (randomisiertes) Entscheidungsverfahren (Strategie, "sampling plan" bei Wald) P ist durch Angabe einer Folge $\{P_m : D \times X^\infty \to [0,1]\}_{m \in \mathbb{N}}$ von Maßkernen definiert. Dabei hängt P_m von x nur bezüglich der ersten m Komponenten $x_1, \ldots, x_m$ ab, ist meßbar in x für jedes feste $\Delta \in D$ und für festes x ein Maß auf (D^t, D) mit $P_m(D^t | x) \le 1$.

Wurden nach m Schritten des Verfahrens $x_1, \ldots, x_m$ beobachtet, so ist $P_m(\Delta | x) = P_m(\Delta | x_1, \ldots, x_m)$ die Wahrscheinlichkeit, eine (terminale) Entscheidung zu treffen, die in $\Delta \in D$ liegt. $1 - P_m(D^t | x)$ ist die Wahrscheinlichkeit für die Entscheidung, eine weitere Beobachtung zu machen.

Sei $n = n(P, X)$ die zufällige Zahl von Beobachtungen, die bis zur Beendigung des Experimentes erforderlich ist, wenn P benutzt wird. n heißt Stopfunktion. Für unsere Zwecke ist es ausreichend, nicht-randomisierte Stopfunktionen zu betrachten, d.h. wir können uns auf solche P beschränken, für die für jedes x und jedes m $P_m(D^t | x) = 0$ oder 1 ist.

Die Risikofunktion $r(F, P)$ ist der erwartete Verlust, wenn F wahr ist und P benutzt wird. Setzt man $R_m = R_m(P) = \{x | n(x) = m\}$ und ist $P(n < \infty | F, P) = 1$, so gilt

$$(2.1) \quad r(F, P) = \sum_{0 \le m < \infty} \int_{R_m} \left(\int_{D^t} W(F, d') dP_m(d' | x) \right) f_m(x | F) d\nu_m.$$

Unser primäres Interesse besteht darin, Strategien P zu finden, die eine vorgegebene Schranke an $r(F, P)$ garantieren. Dabei spielen die Kosten der Experimente zunächst keine Rolle. Wir werden dann diese P im Hinblick auf Kriterien wie erwartete Zahl von Beobachtungen (ASN) untersuchen und vergleichen.

§ 3: Obere Schranken für den erwarteten Verlust

Wir leiten zunächst eine allgemeine Schranke her (Satz 3.1), die wir dann auf Fälle spezialisieren, mit denen wir uns später beschäftigen (Korollare 3.2, 3.3).

Wir legen jetzt eine a-priori-Verteilung ξ auf Ω fest. Dieses heißt nicht, daß unsere Ergebnisse für Identifikationsprobleme von der Kenntnis dieses ξ abhängen, wie dieses in der Bayes-Statistik oder auch in Teilen dieses Buches der Fall ist. Hier dient ξ lediglich dazu, gewisse Verfahren mit gewissen Eigenschaften, die nicht von ξ abhängen, zu entwickeln. In den uns interessierenden Fällen wird Korollar 3.3 anwendbar sein, dessen Aussage von ξ unabhängig ist.

Bei gegebenem ξ bezeichnen wir die a-posteriori-Wahrscheinlichkeit einer meßbaren Menge $\omega \subset \Omega$, nachdem $X_1 = x_1, \ldots, X_m = x_m$ beobachtet wurden, mit $\xi_m(\omega | x)$:

$$(3.1) \quad \xi_m(\omega | x) = \int_\omega f_m(x | F) d\xi \cdot \left(\int_\Omega f_m(x | F) d\xi \right)^{-1}$$

für jedes x mit endlichem zweiten Faktor. Unter der a-priori-Verteilung ξ hat die Menge dieser x die Wahrscheinlichkeit 1.

Seien nun $\beta \in (0,1)$ und $\gamma \geq 0$ fest gewählt. Wir definieren $\Omega_\gamma(d)$ als die Menge der Verteilungen, für die der Verlust höchstens γ ist, wenn wir Entscheidung d treffen:

$$(3.2) \quad \Omega_\gamma(d) = \Omega(d) = \{F | W(F,d) \leq \gamma\}.$$

Für jedes x und jedes m definieren wir

$$(3.3) \quad \Delta_{x,m} = \Delta_{x,m}(\beta, \gamma, \xi) = \{d \in D^t | \int_{\Omega(d)^c} W(F,d) d\xi_m(F | x) \leq \beta\}.$$

<u>Satz 3.1:</u> Seien $\xi, \beta \in (0,1)$ und $\gamma \geq 0$ fest gewählt. Angenommen, das Verfahren P hat die zwei Eigenschaften:

(a) $P(n < \infty | F, P) = 1$ für ξ-fast alle F

(b) $P_m(\Delta_{x,m} | x) = P_m(D^t | x)$ für μ_m-fast alle x und alle m,

dann gilt

$$(3.4) \quad r(\xi, P) = \int_\Omega r(F,P) d\xi \leq \beta + \gamma.$$

<u>Bemerkung:</u> Wie oben vereinbart, betrachten wir nur noch P mit nicht-randomisierter Stopfunktion. Der Satz gilt aber auch ohne diese Einschränkung.

<u>Beweis:</u> Wegen (a) gilt (2.1). Benutzt man nun (b), $\Omega = \Omega(d')^c \cup \Omega(d')$ und (3.1), so erhält man

$$r(\xi,P) = \sum_{0 \le m < \infty} \int_{R_m} \int_{\Delta_{x,m}} \left(\int_{\Omega(d')^c} + \int_{\Omega(d')} \right] W(F,d')d\xi_m(F|x) \} dP_m(d'|x) \right)$$

$$\cdot \left[\int_{\Omega} f_m(x|F)d\xi \right] d\nu_m$$

$$\le \sum_{0 \le m < \infty} \int_{R_m} \int_{\Delta_{x,m}} \left(\int \beta dP_m(d'|x) \right) \left[\int_{\Omega} f_m(x|F)d\xi \right] d\nu_m$$

$$+ \sum_{0 \le m < \infty} \int_{R_m} \int_{\Delta_{x,m}} \left(\int \{ \int_{\Omega(d')} \gamma d\xi_m(F|x) \} dP_m(d'|x) \right) \left[\int_{\Omega} f_m(x|F)d\xi \right] d\nu_m$$

$$\le \sum_{0 \le m < \infty} \int_{R_m} (\beta+\gamma) \left(\int_{\Delta_{x,m}} dP_m(d'|x) \right) \left[\int_{\Omega} f_m(x|F)d\xi \right] d\nu_m$$

$$\le (\beta+\gamma) \sum_{0 \le m < \infty} \int_{R_m} \left[\int_{\Omega} f_m(x|F)d\xi \right] d\nu_m = (\beta+\gamma) \int_{\Omega} \sum_{0 \le m < \infty} \int_{R_m} f_m(x|F)d\nu_m] d\xi = \beta+\gamma.$$

Q.E.D.

Bei Identifikationsproblemen vereinfacht sich die Situation dadurch, daß $\Omega=\{F_1,\ldots,F_S)$ und $D^t=\{d_1,\ldots,d_R\}$ endliche Räume sind. Eine weitere Vereinfachung ergibt sich dadurch, daß wir jetzt stets annehmen, daß W einfach ist.

Wählen wir nämlich $\gamma=0$, so ist $W(F_i,d_r)=0$ für $F_i \in \Omega(d_r)$, und da W einfach ist, gilt auch $W(F_i,d_r)=1$ für $F_i \in \Omega(d_r)^c$. Falls $W=0$ ist, so sprechen wir von einer korrekten Entscheidung, wofür wir die Abkürzung (CD) - "correct decision" - benutzen. Es gilt also

(3.5) $\Omega(d_r) = \{F|d_r$ ist (CD), falls F wahr ist$\}$.

Die a-posteriori-Wahrscheinlichkeit dafür, daß die Entscheidung d_r korrekt ist, sei mit $Q_r(\xi_m)$ bezeichnet. Es ist also

(3.6) $Q_r(\xi_m) = \sum_{F \in \Omega(d_r)} \xi_m(F|x).$

In § 8 wird das Maximum dieser Wahrscheinlichkeiten

(3.7) $Q(\xi_m) := \max\{Q_r(\xi_m) | 1 \le r \le R\} \; (m \in \mathbb{N})$

zur Definition des Verfahrens P_B verwendet. Folgende Spezialfälle von Satz 3.1 werden für die Analyse von P_B wichtig sein.

<u>Korollar 3.2:</u> Seien $\beta \in (0,1), \gamma=0, \xi$ beliebig, $|D^t|<\infty, |\Omega|<\infty$ und W einfach. Angenommen, das Verfahren P hat die zwei Eigenschaften:
(1) $P(n<\infty|F,P)=1$ für alle $F \in \Omega$
(2) Für alle m und μ_m-fast alle $x \in R_m(P)$ ist

(3.8) $P_m(\{d_r | Q_r(\xi_m) \geq 1-\beta\} | x) = 1$.

Dann gilt

(3.9) $P(CD | \xi, P) \geq 1-\beta$.

<u>Beweis:</u> Wir zeigen zunächst, daß die Voraussetzungen von Satz 3.1 erfüllt sind. Da (1) natürlich (a) impliziert, ist nur noch (b) zu verifizieren. Aus $Q_r(\xi_m) = \sum_{F \in \Omega(d_r)} \xi_m(F|x) \geq 1-\beta$ folgt, da $\gamma=0$ und W einfach ist,

$$\sum_{F \in \Omega(d_r)^c} W(F|d_r)\xi_m(F|x) = \sum_{F \in \Omega(d_r)^c} \xi_m(F|x) \leq \beta.$$

Nach (3.3) ist also $d_r \in \Delta_{x,m}$, und mit (2) folgt (b). Aus Satz 3.1 folgt $r(\xi, P) \leq \beta$. Nun ist $r(\xi, P) = 1 - P(CD|\xi, P)$ und deshalb $P(CD | \xi, P) \geq 1-\beta$.   Q.E.D.

Aus Korollar 3.2 erhält man eine triviale - aber nützliche - Folgerung.

<u>Korollar 3.3:</u> Angenommen, P erfüllt die Voraussetzungen von Korollar 3.2 für ein gewisses ξ, und $P(CD | F_i, P)$ ist unabhängig von $i (1 \leq i \leq S)$, dann gilt auch

(3.10) $P(CD | F_i, P) \geq 1-\beta$ $(1 \leq i \leq S)$.

<u>Bemerkung 3.4:</u> Man sagt, ein Verfahren P habe eine Wald'sche Stopstruktur, wenn

(3.11) $n(P, \xi) = \min\{m | Q(\xi_m) \geq 1-\beta\}$

und

(3.12) $P_n(d|x) = |D_{max}^t|^{-1}$ für $d \in D_{max}^t = \{d | Q_d(\xi_n(x)) = Q(\xi_n(x))\}$.

Ein solches Verfahren stoppt also, falls zum ersten Male $Q(\xi_m) \geq 1-\beta$ eintritt. Von den d_r, für die $Q_r(\xi_m)$ maximal ist, wird eines zufällig gemäß der Gleichverteilung gewählt.

Man beachte, daß die in den Korollaren betrachteten Verfahren nicht notwendigerweise Wald'sche Stopstruktur haben. Das Verfahren P_B in § 8 hat aber diese zusätzliche Eigenschaft.

§ 4: <u>Bedingungen für die Endlichkeit der mittleren Beobachtungsdauer (ASN) und ihrer höheren Momente</u>

Wir haben mehrfach die Eigenschaft $P(n < \infty | F, P) = 1$ benutzt. Im folgenden Satz werden Bedingungen angegeben, unter denen

$E(e^{n\alpha}|F,P)<\infty$ (für hinreichend kleine $\alpha>0$) gilt. Hieraus folgt leicht die Endlichkeit der Momente $E(n^\lambda|F,P)$ $(0<\lambda<\infty)$ und $P(n<\infty|F,P)=1$.

Wir schließen nicht aus, daß zwei verschiedene Elemente $F_1,F_2\in\Omega$ dieselbe Verteilung beschreiben, also $F_1=F_2$. Wir nehmen aber jetzt stets an, daß

(4.1) $\quad W(F_1,d)=W(F_2,d)$ für alle $d\in D^t$, falls $F_1=F_2$.

Für den Beweis von Satz 4.2 benötigen wir eine Verallgemeinerung von Lemma 5.3, Kap. III, die sich leicht durch Approximation aus diesem Lemma herleiten läßt.

<u>Lemma 4.1:</u> Für $F_s,F_t\in\Omega$ gilt

(a) $\quad D(F_s\|F_t):=\int_{X_1}\log\dfrac{f(x|F_s)}{f(x|F_t)}\,f(x|F_s)d\mu_1\geq 0$

(b) $\quad D(F_s\|F_t)=0 \iff f(x|F_s)=f(x|F_t)\quad \mu_1\text{-fast überall} \iff F_s=F_t$.

$D(F_s\|F_t)$ nennt man in der Informationstheorie [33] auch I-Divergenz von F_s bezüglich F_t oder auch Kullback-Leibler Information. Wir bevorzugen den Namen I-Divergenz, um Verwechslungen mit der Shannon'schen Information (Kap. IX) vorzubeugen. Diese ist eine I-Divergenz für spezielle Verteilungen.

<u>Satz 4.2:</u> Angenommen es gelten:

(1) $|D^t|,|\Omega|<\infty,\beta\in(0,1),\gamma=0$, und W ist einfach.

(2) $\xi(F)>0$ für alle $F\in\Omega$.

(3) Es gibt mindestens eine korrekte Entscheidung für jedes $F\in\Omega$.

(4) Die X_j sind unabhängig und identisch verteilt.

(5) P hat Wald'sche Stopstruktur.

Dann gibt es eine Konstante $\alpha_o=\alpha_o(D^t,\Omega,P)>0$, so daß

(4.2) $\quad E(e^{n\alpha}|F,P)<\infty$ für alle $\alpha<\alpha_o$.

<u>Beweis:</u> Sei $\Omega=\{F_1,\ldots,F_s\}$ und sei F_s die wahre Verteilung. Einfachheitshalber bezeichnen wir mit d_s ein Element aus D^t, für das $F_s\in\Omega(d_s)$. Setzen wir $\omega=\{F\in\Omega|F=F_s\}$ und beachten wir (4.1), so erhalten wir

(4.3) $\quad Q_s(\xi_m)=\displaystyle\sum_{F\in\Omega(d_s)}\xi_m(F|x)\geq\xi_m(\omega|x)$

$$=f_m(x|F_s)\xi(\omega)\left[\sum_{1\leq i\leq s}f_m(x|F_i)\xi(F_i)\right]^{-1}$$

$$= [1 + \sum_{F_i \notin \omega} \frac{\xi(F_i)}{\xi(\omega)} \frac{f_m(x|F_i)}{f_m(x|F_s)}]^{-1}.$$

Falls nun für ein m die rechte Seite größer als $1-\beta$ ist, dann ist $m \geq n$, da P Wald'sche Stopstruktur hat. Dieses werden wir verwenden, um (4.2) zu beweisen, indem wir zeigen, daß das kleinste solcher m mit "großer" Wahrscheinlichkeit "relativ klein" ist. Dieses wird durch nachfolgende Ungleichung (4.4) ausgedrückt, die wir erst zum Schluß beweisen. Für $\varepsilon \in (0,1)$ sei $\tilde{n} = \tilde{n}(X, \varepsilon)$ der größte Wert von m^*, für den $\max_{F_i \neq F_s} [f_{m^*}(X|F_i)/f_{m^*}(X|F_s)] > \varepsilon$ ist. $\tilde{n} = \infty$, falls kein solches m^* existiert. Dann gilt für geeignete Konstante $c(\varepsilon)$ und $\rho \in (0,1)$

(4.4) $P(\tilde{n} \geq m | F_s) \leq c(\varepsilon) \rho^m$ für $m \in \mathbb{N}_0$.

Aus (4.3) folgt mit der Definition von $\tilde{n}$ und (2), daß für eine geeignete Konstante $c_1(\xi)$

(4.5) $Q(\xi_m) \geq [1 + c_1(\xi)\varepsilon]^{-1}$ für $m > \tilde{n}$.

Für ε hinreichend klein gilt deshalb

(4.6) $Q(\xi_m) \geq 1-\beta$ für $m > \tilde{n}$.

Da P Wald'sche Stopstruktur hat, gilt $n \leq \tilde{n}+1$ und deshalb nach (4.4)

(4.7) $P(n > m | F_s) \leq c(\varepsilon) \rho^m$ für $m \in \mathbb{N}_0$.

Hieraus folgt $E(e^{n\alpha}|F_s, P) = \sum_{0 \leq m < \infty} e^{m\alpha} P(n=m|F_s)$

$\leq \sum_{0 \leq m < \infty} e^{m\alpha} P(n > m-1 | F_s) \leq 1 + c(\varepsilon) e^{\alpha} \sum_{0 \leq m < \infty} (\rho e^{\alpha})^m < \infty$ (für α hinreichend klein).

<u>Beweis von 4.4:</u> Sei $\tilde{n}_i = \tilde{n}_i(X, \varepsilon)$ der größte Wert von m^*, so daß $f_{m^*}(X|F_i)/f_{m^*}(X|F_s) > \varepsilon$ ist. ($\tilde{n}_i = \infty$, falls kein solches m^* existiert.) Dann ist

(4.8) $P(\tilde{n} \geq m | F_s) \leq \sum_{F_i \neq F_s} P(\tilde{n}_i \geq m | F_s) \leq \sum_{F_i \neq F_s} \sum_{m^* \geq m} P(\log \frac{f_{m^*}(X|F_i)}{f_{m^*}(X|F_s)} > \log \varepsilon | F_s)$.

Wir schätzen jetzt $P(\log \frac{f_{m^*}(X|F_i)}{f_{m^*}(X|F_s)} > \log \varepsilon | F_s)$ nach oben ab. Wegen

(4) ist $\log \frac{f_{m^*}(X|F_i)}{f_{m^*}(X|F_s)} = \sum_{1 \leq j \leq m^*} Y_j$ für $Y_j = \log \frac{f_1(X_j|F_i)}{f_1(X_j|F_s)}$, und aus

Tschebyscheffs Ungleichung folgt für $q > 0$

$$P(\sum_{1\leq j\leq m^*} Y_j > \log \varepsilon \,|\, F_s) = P(\exp(q\sum_{1\leq j\leq m^*} Y_j) > \varepsilon^q \,|\, F_s) \leq \varepsilon^{-q} E(\exp(q\sum_{1\leq j\leq m^*} Y_j)\,|\,F_s)$$

$$= \varepsilon^{-q}(E(\exp(qY_1)\,|\,F_s))^{m^*} \quad \text{(nach (4)).}$$

Aus Lemma 4.1 folgt $E(Y_1\,|\,F_s) < 0$, da $F_i \neq F_s$, und es gilt $E(\exp(Y_1)\,|\,F_s) \leq 1$. Nun brauchen aber die Momente von Y_1 nicht endlich zu sein. Wir wählen deshalb ein Z_1 mit endlichem Wertebereich, so daß $Z_1 \geq Y_1$ F_s-fast überall und $E(Z_1\,|\,F_s) < 0$. Dann gilt für hinreichend kleines $q_i > 0$

$$E(\exp(q_i Y_1)\,|\,F_s) \leq E(\exp(q_i Z_1)\,|\,F_s) = 1 + q_i E(Z_1\,|\,F_s) + \sum_{t\geq 2} \frac{q_i^t E(Z_1^t\,|\,F_s)}{t!} =: \rho_i(q_i) < 1.$$

Mit $\rho = \max\{\rho_i\,|\,F_i \neq F_s\} < 1$ und $\hat{q} = \min\{q_i\,|\,F_i \neq F_s\} > 0$ erhalten wir also aus (4.8)

$$P(\tilde{n} \geq m\,|\,F_s) \leq \sum_{F_i \neq F_s} \sum_{m^* \geq m} \varepsilon^{-\hat{q}} \rho^{m^*} \leq c(\varepsilon)\rho^m \quad \text{(für eine geeignete Konstante}$$

$c(\varepsilon))$.

Q.E.D.

§ 5: Eine untere Schranke für die mittlere Beobachtungsdauer (ASN) für ein Multi-Entscheidungsproblem

Sei $X = \{X_j\}_{j\in\mathbb{N}}$ eine Folge unabhängiger, identisch verteilter ZV mit einer gemeinsamen Dichte $f(x|F)$ bezüglich des σ-endlichen Maßes μ_1. Gegeben sind S Verteilungen F_s mit Dichtefunktionen $f(x|F_s)$ ($1 \leq s \leq S$), und wir wissen, daß $f(x|F)$ eine davon ist. Wir benutzen ein sequentielles Verfahren P, um eine von R terminalen Entscheidungen d_r ($1 \leq r \leq R$) bezüglich F zu treffen.

p_{rs} ($1 \leq r \leq R$; $1 \leq s \leq S$) sei die Wahrscheinlichkeit, Entscheidung d_r zu treffen, wenn F_s wahr ist und P benutzt wird.

Wir stellen zum Abschluß unserer allgemeineren Betrachtungen ein Ergebnis dar, welches die Autoren von [12] Hoeffding zuschreiben. Es stellt eine Beziehung zwischen den mittleren Beobachtungsdauern $E(n|F_s, P)$ und den Wahrscheinlichkeiten p_{rs} her.

Satz 5.1: Für das beschriebene Modell sei P ein Verfahren mit $E(n|F_s, P) < \infty$ für alle $s = 1,\ldots,S$. Dann gilt für alle $s = 1,\ldots,S$

$$(5.1) \quad E(n|F_s, P)$$

$$\geq \max_{1\leq t\leq S, t\neq s} \sum_{1\leq r\leq R} p_{rs} \log \frac{p_{rs}}{p_{rt}} \left[\int_X f(x|F_s)\log\frac{f(x|F_s)}{f(x|F_t)}\, d\mu_1\right]^{-1}.$$

Beweis: P legt die Stopfunktion n fest. Wir schreiben Größen wie

$E(n|F_s,P)$ kurz als $E(n|F_s)$, wenn dieses unmißverständlich ist.

Da $X=\{X_j\}_{j\in\mathbb{N}}$ eine Folge unabhängiger, identisch verteilter ZV ist, liefert Walds berühmte Identität ([36], [149])

$$(5.2) \quad E(\log\frac{f_n(X|F_s)}{f_n(X|F_t)}|F_s) = E(\sum_{1\leq j\leq n}\log\frac{f(X_j|F_s)}{f(X_j|F_t)}|F_s)$$

$$= E(n|F_s)E(\log\frac{f(X|F_s)}{f(X|F_t)}|F_s).$$

Hieraus folgt (5.1), <u>falls</u>

$$E(\log\frac{f_n(X|F_t)}{f_n(X|F_s)}|F_s) \leq \sum_{1\leq r\leq R} P_{rs} \log\frac{P_{rt}}{P_{rs}} \text{ ist}.$$

Die linke Seite der Ungleichung läßt sich mit bedingten Erwartungen

schreiben als $\sum_{1\leq r\leq R} P_{rs} E(\log\frac{f_n(X|F_t)}{f_n(X|F_s)}|F_s,d_r)$, und da log eine kon-

kave Funktion ist, liefert Jensens Ungleichung

$$\log E(\frac{f_n(X|F_t)}{f_n(X|F_s)}|F_s,d_r) \geq E(\log\frac{f_n(X|F_t)}{f_n(X|F_s)}|F_s,d_r).$$

<u>Hinreichend</u> für (5.1) ist also

$$(5.3) \quad E(\frac{f_n(X|F_t)}{f_n(X|F_s)}|F_s,d_r) \leq \frac{P_{rt}}{P_{rs}} \quad (1\leq r\leq R; 1\leq s,t\leq S).$$

Um (5.3) zu verifizieren, müssen wir P_{rt} und P_{rs} mit den Dichten berechnen.

Sei $\Psi_m=\Psi_m(x_1,\ldots,x_m;P) = P(n=m|X_1=x_1,\ldots,X_m=x_m;P)$ und sei $\varphi_{rm}=\varphi_{rm}(x_1,\ldots,x_m;P)$ die Wahrscheinlichkeit, Entscheidung d_r zu treffen, falls $n=m$ und $X_1=x_1,\ldots,X_m=x_m$ ist.

Aus $E(n|F_s,P)<\infty$ $(1\leq s\leq S)$ folgt

$$(5.4) \quad P(\sum_{0\leq m<\infty}\Psi_m=1|F_s,P)=1 \text{ für alle } s=1,\ldots,S.$$

Natürlich gilt auch

$$(5.5) \quad \sum_{1\leq r\leq R}\varphi_{rm}=1 \text{ für alle } m\in\mathbb{N}_o$$

und

$$(5.6) \quad P_{rt} = E(\sum_{0\leq m<\infty}\Psi_m\varphi_{rm}|F_t).$$

Wir können mit $f_m(x|F_t) = \prod_{1 \leq j \leq m} f(x_j|F_t)$ also schreiben

$$(5.7) \quad P_{rt} = \Psi_o \varphi_{ro} + \sum_{1 \leq m < \infty} \int_{\chi^m} \Psi_m \varphi_{rm} \frac{f_m(x|F_t)}{f_m(x|F_s)} f_m(x|F_s) \prod_{1 \leq i \leq m} d\mu_i,$$

$$(5.8) \quad P_{rs} = \Psi_o \varphi_{ro} + \sum_{1 \leq m < \infty} \int_{\chi^m} \Psi_m \varphi_{rm} f_m(x|F_s) \prod_{1 \leq i \leq m} d\mu_i.$$

Definieren wir nun $\dfrac{f_o(x|F_s)}{f_o(x|F_t)} \equiv 1$ und bezeichnen wir die bedingte Er-

wartung von $\dfrac{f_n(X|F_t)}{f_n(X|F_s)}$ bei gegebenem d_r mit $E(\dfrac{f_n(X|F_t)}{f_n(X|F_s)}|F_s,d_r)$, so

folgt aus (5.7) und (5.8) nach Definition der bedingten Erwartung

$$P_{rt} = P_{rs} \, E(\frac{f_n(X|F_t)}{f_n(X|F_s)}|F_s,d_r), \quad \text{falls für alle m gilt:}$$

$f_m(x|F_t) > 0 \Rightarrow f_m(x|F_s) > 0$. Andernfalls gilt:

$$P_{rt} \geq P_{rs} \, E(\frac{f_n(X|F_t)}{f_n(X|F_s)}|F_s,d_r). \quad \text{Damit ist (5.3) gezeigt.} \qquad \text{Q.E.D.}$$

§ 6: Das Ordnungstheorem

Dieser Paragraph kann ohne Vorkenntnisse aus dem Rest des
Buches gelesen werden. Die Resultate werden in § 8 und § 9 zur
Berechnung von Statistiken benötigt. Diese Anwendungen können auch
ohne Kenntnis der nachstehenden Beweise verstanden werden.

Seien $A=\{a_1 \leq \ldots \leq a_k\}$ und $B=\{b_1 \leq \ldots \leq b_k\}$ zwei isotone Folgen
nicht-negativer reeller Zahlen. Wir bezeichnen A (und B) auch als
Menge, wenn die Ordnung keine Rolle spielt. Dabei werden a_i und
a_j ($i \neq j$) als verschieden angesehen.

Es sei S_k die symmetrische Gruppe der Ordnung k!, also die
Gruppe der Permutationen auf $\{1,\ldots,k\}$. $\alpha \in S_k$ schreiben wir als
$\alpha=(\alpha(1),\ldots,\alpha(k))$. $t(i,j) \in S_k$ bezeichne die Transposition, die i
und j vertauscht.

Falls nun für $i < j$ $b_{\alpha(i)} > b_{\alpha(j)}$ ist, so gilt mit $\gamma = t(i,j)\alpha$

$$(6.1) \quad \sum_{1 \leq \ell \leq k} a_\ell b_{\alpha(\ell)} \leq \sum_{1 \leq \ell \leq k} a_\ell b_{\gamma(\ell)}.$$

In der Menge von Folgen $\{b_\alpha=(b_{\alpha(1)},\ldots,b_{\alpha(k)})|\alpha \in S_k\}$ führen wir
jetzt eine Halbordnung ein. Dazu definieren wir: zwei Komponenten
$b_{\alpha(i)}, b_{\alpha(j)}$ ($i \neq j$) sind in natürlicher Ordnung, falls $\alpha(i) < \alpha(j)$

für $i<j$. Eine Linksvertauschung ist eine Operation, die zwei Komponenten vertauscht, falls diese nicht in natürlicher Ordnung sind, und ansonsten nichts verändert. Definiere nun für $\alpha,\beta \in S_k$ $b_\alpha > b_\beta$, falls es ein Produkt von Linksvertauschungen gibt, welches b_β in b_α überführt. Man sieht sofort, daß Reflexivität, Transitivität und Antisymmetrie für ">" gelten.

Setzt man nun $b_{\alpha^1} = (b_1,\ldots,b_k)$, $b_{\alpha^R} = (b_k,\ldots,b_1)$, $R=k!$, und bezeichnet man die Elemente in $S_k - \{\alpha^1,\alpha^R\}$ irgendwie mit $\alpha^2,\ldots,\alpha^{R-1}$, so ist $b_{\alpha^1} > b_{\alpha^r} > b_{\alpha^R}$ $(2\leq r\leq R-1)$. Aus (6.1) folgt nun das wohlbekannte, elementare

<u>Lemma 6.1:</u>

(a) $\quad \sum\limits_{1\leq \ell\leq k} a_\ell b_{\beta(\ell)} \leq \sum\limits_{1\leq \ell\leq k} a_\ell b_{\alpha(\ell)}$ für $b_\alpha > b_\beta$

(b) $\quad \sum\limits_{1\leq \ell\leq k} a_\ell b_{\alpha^R(\ell)} \leq \sum\limits_{1\leq \ell\leq k} a_\ell b_{\alpha^r(\ell)} \leq \sum\limits_{1\leq \ell\leq k} a_\ell b_{\alpha^1(\ell)}$ $\quad (2\leq r\leq R-1)$.

Sobel [131] hat dieses Resultat dahingehend verallgemeinert, daß er die Folgen durch "geordnete" Partitionen ersetzt. Sein Ergebnis ist als "Ordering Theorem" bekannt. Bevor wir dieses formulieren und beweisen können, benötigen wir einige Begriffsbildungen für Partitionen.

Sei $(k_1,\ldots,k_\ell)$ eine Folge von ℓ natürlichen Zahlen mit $\sum\limits_{1\leq i\leq \ell} k_i = k$. Diese Folge bleibt jetzt fest gewählt.

Unter einer geordneten Partition (GP) der Menge B verstehen wir eine Folge $P=(B_1,\ldots,B_\ell)$ von disjunkten Teilmengen von B mit

$$(6.2) \qquad \bigcup_{1\leq i\leq \ell} B_i = B, \quad |B_i| = k_i \quad (1\leq i\leq \ell).$$

Die Anzahl $R=R(k_1,\ldots,k_\ell)$ der GP von B beträgt

$$(6.3) \qquad R = k! C^{-1}, \text{ wobei } C = \prod_{1\leq i\leq \ell} k_i!.$$

Falls wir mit B_1^1 die ersten k_1, mit B_2^1 die nächsten $k_2,\ldots$, und mit B_ℓ^1 die letzten k_ℓ Elemente von B bezeichnen, dann erhalten wir eine spezielle Partition $P^1 = \{B_1^1,\ldots,B_\ell^1\}$. Eine andere ausgezeichnete Partition hat man, indem B_1^R die k_1 letzten, B_2^R die k_2 nächstletzten, $\ldots$, und B_ℓ^R die ersten k_ℓ Elemente von B enthält und $P^R = \{B_1^R,\ldots,B_\ell^R\}$ ist.

Sei nun $P^r (1 \leq r \leq R)$ eine Aufzählung aller geordneten Partitionen mit P^1, P^R wie gerade definiert und beliebig sonst.

So wie für den eingangs behandelten Spezialfall ($k_i = 1$ für $1 \leq i \leq \ell = k$) führen wir nun allgemein eine Halbordnung ($>$) auf der Menge der geordneten Partitionen ein, für die:

(6.4) $P^1 > P^r > P^R \; (2 \leq r \leq R-1)$.

Für eine Partition P^r heißen zwei Elemente $b_p \in B_s^r, b_q \in B_t^r \; (s \neq t)$ in natürlicher Ordnung, falls: $p < q \Rightarrow s < t$.

Eine Linksvertauschung sei eine Operation, die zwei derartige Elemente vertauscht, falls diese nicht in natürlicher Ordnung sind.

Definiert man nun $P^{r_2} > P^{r_1}$, falls ein geeignetes Produkt von Linksvertauschungen P^{r_1} in P^{r_2} überführt, so verifiziert man leicht, daß die Menge dieser geordneten Partitionen mit "$>$" teilweise geordnet ist.

Wir nennen eine Linksvertauschung von $b_p \in B_s^r, b_q \in B_t^r$ elementar, falls keine der Teilmengen $B_t^r, B_{t+1}^r, \ldots, B_s^r$ ein Element b_x mit $p < x < q$ enthält.

P'' heiße Vorgänger von P', falls $P'' > P'$, und P'' heiße unmittelbarer Vorgänger von P', falls $P'' > P'$ und falls aus $P'' > P* > P'$ folgt $P* = P''$ oder $P* = P'$.

Zur Übung überlassen wir den Beweis von

<u>Lemma 6.2:</u> P'' ist unmittelbarer Vorgänger von P' genau dann, wenn eine elementare Linksvertauschung P' in P'' überführt.

Um nun (6.4) zu beweisen, zeigen wir zunächst, daß P^1 aus P^r durch ein Produkt von Linksvertauschungen erhalten werden kann. Nach Lemma 6.2 läßt sich dieses dann auch durch ein Produkt elementarer Linksvertauschungen erreichen.

Wir nennen ein Element $b_j (1 \leq j \leq k)$ in P^r einen Linksfahrer, Rechtsfahrer oder Nichtfahrer, je nachdem, in welche Richtung ("links" heißt "kleiner") es fahren muß, um aus seiner Position in P^r in seine Position in P^1 zu gelangen.

Ist b_y der erste Linksfahrer von links, dann muß es mindestens einen Rechtsfahrer links von b_y geben, der nicht in derselben Teilmenge wie b_y liegt. Unter diesen sei b_z am weitesten rechts liegend. Vertausche nun b_y und b_z, klassifiziere die b_j wiederum als

Links-, Rechts- und Nichtfahrer und iteriere die Prozedur. Beachte, daß Linksfahrer (Rechtsfahrer) nach links (rechts) fahren bis sie Nichtfahrer werden. Man erhält schließlich nur Nichtfahrer und ist damit bei P^1 angelangt.

$P^1 > P^r$ folgt nun daraus, daß jede der Vertauschungen eine Links-vertauschung ist.

Man spricht von Rechtsvertauschungen, wenn man die b_j aus ihrer natürlichen Ordnung herausführt. Die duale Schlußweise liefert jetzt $P^R < P^r$.

Wählt man B speziell als $\{1,2,\ldots,k\}$, dann entspricht der GP P^1 die GP

$$\{\{1,\ldots,k_1\},\{k_1+1,\ldots,k_1+k_2\},\ldots,\{k_1+\ldots+k_{\ell-1}+1,\ldots,k_1+\ldots+k_\ell\}\}.$$

Für A führen wir GP $\{A_1,\ldots,A_C\}$ ein, für die <u>zusätzlich</u> die Teilmengen A_i im Sinne von "$\leq$" geordnet sind. Wir benutzen dafür die Bezeichnung G*P. Eine Eigenschaft der elementaren (Links- und Rechts-) Vertauschungen ist, daß sie die Ordnung in jedem A_i er-halten.

Wir wenden uns jetzt dem Ordnungstheorem zu. Bezeichnet man mit S_{k_i} die Gruppe aller Permutationen auf

$\{k_1+\ldots+k_{i-1}+1,\ldots,k_1+\ldots+k_i\}$ $(1 \leq i \leq \ell)$, so ist das direkte Produkt

$$(6.5) \quad U = S_{k_1} \times S_{k_2} \times \ldots \times S_{k_\ell}$$

eine Untergruppe von S_k, und es gilt

$$(6.6) \quad |U| = C.$$

Während Lemma 6.1 sich auf den Fall bezieht, in dem U nur aus der Identität besteht, trifft das Ordnungstheorem eine Aussage, in die alle Permutationen aus U eingehen.

Jeder GP $P^r (1 \leq r \leq R)$ entspricht eine G*P $(P^r)^*$, die aus P^r durch Ordnung der Teilmengen im Sinne von "$\leq$" entsteht. Durchläuft man die Elemente aller Teilmengen von $(P^r)^*$ von links nach rechts, so erhält man eine Folge $(b_i^r)_{1 \leq i \leq k}$.

Wir betrachten nun das durch α und r bestimmte innere Produkt

$$v(\alpha,r) = \sum_{1 \leq i \leq k} a_i b_{\alpha(i)}^r \quad \text{und}$$

$$(6.7) \quad V^r = \{v(\alpha,r) \mid \alpha \in U\}.$$

<u>Satz 6.3:</u> (Ordnungstheorem)

Man kann die Elemente in jedem V^r $(1 \leq r \leq R)$ so als $v_{1r}, \ldots, v_{Cr}$ durch-numerieren, daß die $C \times R$-Matrix $(v_{cr})_{1 \leq c \leq C, 1 \leq r \leq R}$ die folgende Eigenschaft hat:

$$P^r > P^{r'} \Rightarrow v_{cr} \geq v_{cr'} \quad (1 \leq c \leq C, 1 \leq r, r' \leq R).$$

Berücksichtigt man (6.4), so folgt hieraus

<u>Korollar 6.4:</u> Man kann die Elemente in jedem V^r $(1 \leq r \leq R)$ so numerieren, daß $v_{c1} \geq v_{cr} \geq v_{cR}$ für $1 \leq c \leq C$.

<u>Beweis von Satz 6.3:</u> Die Elemente der Untergruppe U entsprechen eineindeutig den Elementen von V^1. Wir werden die Gruppe S_k in $R = k! C^{-1}$ Restklassen (die den Spalten der Matrix entsprechen werden) modulo der Untergruppe U zerlegen. Da U aus allen Permutationen besteht, die die Teilmengen $B_1^1, \ldots, B_\ell^1$ in sich überführen, ist es klar, daß die Partition P^r einer Spalte - sagen wir der r-ten - unserer Matrix entsprechen wird.

Die erste Spalte der Matrix wird dann aus allen inneren Produkten bestehen, die den Elementen u_{c1} aus U entsprechen, wobei die Numerierung dieser Elemente bis auf u_{11}, welches wir einfachheitshalber als Identität wählen, beliebig ist. Die Numerierung in den verbleibenden Spalten wird durch Induktion über die P^r bestimmt.

Angenommen, die Numerierung der inneren Produkte in der r_1-ten Spalte, die P^{r_1} entspricht, ist bereits gewählt, und u_{cr_1} $(1 \leq c \leq C)$ seien die entsprechenden Permutationen. Sei nun P^{r_2} irgendein unmittelbarer Nachfolger von P^{r_1} (d.h. P^{r_1} ist unmittelbarer Vorgänger von P^{r_2}. P^{r_2} kann auch andere unmittelbare Vorgänger haben, und wir zeigen später, daß die nachstehende Definition der u_{cr_2} von der Wahl des Vorgängers unabhängig ist). Die zugehörige elementare Linksvertauschung vertausche b_p und b_q $(p < q)$. Dann definieren wir die Permutationen

$$(6.8) \quad u_{cr_2} = t(p,q) u_{cr_1} \quad \text{für } 1 \leq c \leq C.$$

Dieses legt die Numerierung der inneren Produkte in der r_2-ten Spalte, die P^{r_2} entspricht, fest.

Wir zeigen zunächst, daß es für ein beliebiges Paar (r_1, r_2) mit $P^{r_1} > P^{r_2}$ Numerierungen $\{v_{cr_1} \mid 1 \leq c \leq C\}$ und $\{v_{cr_2} \mid 1 \leq c \leq C\}$ gibt, so daß:

(6.9) $\quad v_{cr_1} \geq v_{cr_2} \quad$ für $1 \leq c \leq C$.

Da man (6.9) iterieren kann, genügt es,(6.9) für den Fall, wo P^{r_2} unmittelbarer Nachfolger von P^{r_1} ist, zu zeigen.

Seien $b_p \in B_s^{r_1}, b_q \in B_t^{r_1}$ ($p<q,s<t$) die vertauschten Elemente und seien a_{cp} und a_{cq} die Koeffizienten von b_p und b_q im inneren Produkt v_{cr_1}. Diese gehören zu verschiedenen Teilmengen A_s und A_t, und deshalb ist $a_{cp} \leq a_{cq}$. Die elementare Linksvertauschung $t(p,q)$ beeinflußt nur Terme mit b_p und b_q:

$$(6.10) \quad v_{cr_1} - v_{cr_2} = a_{cp} b_p + a_{cq} b_q - (a_{cp} b_q + a_{cq} b_p)$$

$$= (a_{cq} - a_{cp})(b_q - b_p) \geq 0 \quad (1 \leq c \leq C).$$

Um den Beweis abzuschließen, brauchen wir nur noch Partitionen P^{r_2} zu betrachten, die mehr als einen unmittelbaren Vorgänger haben. Es genügt zu zeigen, daß für zwei Vorgänger, sagen wir P^{r_1} und P^{r_0}, die vorangegangene Numerierung der Elemente in der r_2-ten Spalte dieselbe ist, egal welcher Vorgänger benutzt wird. Wegen $P^1 > P^{r_1}, P^{r_0} > P^{r_2}$ können wir die beiden Verfahren auf den Ausgangspunkt P^1 beziehen und sie wie folgt bezeichnen:

$$(6.11) \quad u_{cr_2}^1 = u_1 u_{c1}, u_{cr_2}^0 = u_0 u_{c1} \quad (1 \leq c \leq C).$$

Es ist nur noch zu zeigen, daß $u_0 = u_1$. Da u_{11} die Identität ist, genügt es also $u_{1r_2}^1 = u_{1r_2}^0$ zu beweisen.

Bisher wurde die Ordnung in den Teilmengen B_i^* in $P^* := \{B_1^*, \ldots, B_\ell^*\}$ nicht berücksichtigt. Wenn wir diese beachten, so können wir die einzelnen inneren Produkte in jeder Spalte und deshalb auch die entsprechenden Permutationen identifizieren (z.B. $\{(b_1),(b_3,b_2)\} \leftrightarrow a_1 b_1 + a_2 b_3 + a_3 b_2 \leftrightarrow \left(\begin{smallmatrix} 1 & 2 & 3 \\ 1 & 3 & 2 \end{smallmatrix}\right)$).

Fangen wir mit der G*P $(P^1)^* = \{B_1^1, \ldots, B_\ell^1\}$ an, so können wir verschiedene Pfade von P^1 nach P^{r_2} in der halbgeordneten Menge wählen, aber jede elementare Rechtsvertauschung läßt die Ordnung in den Teilmengen unverändert. Deshalb entsprechen $u_{1r_2}^1$ und $u_{1r_2}^0$ derselben G*P und sind daher gleich. $\quad$ Q.E.D.

§ 7: Identifikationsprobleme (IP) und ihre algebraische Struktur

Zunächst einmal legen wir die Terminologie für das Folgende fest, bzw. erinnern an bereits getroffene Vereinbarungen.

$G_1,\ldots,G_k$ sind k Verteilungen unabhängiger,unendlicher Zufallsfolgen. Die Glieder einer Folge brauchen nicht unabhängig zu sein. Jede Verteilung ist genau einer der Populationen $\Pi_1,\ldots,\Pi_k$ zugeordnet. Diese Zuordnung ist dem Statistiker unbekannt.

Für $1\leq i\leq k$ und $j\in\mathbb{N}$ sei X_{ij} die j-te Beobachtung, und $\overline{X}_{im} = (X_{i1},\ldots,X_{im})$ stehe für die ersten m Beobachtungen in Population Π_i. Mit $\vec{X}_m = (\overline{X}_{1m},\ldots,\overline{X}_{km})$ bezeichnen wir die ersten m Beobachtungen in allen k Populationen.

Wir können die Elemente von Ω (im in § 1 beschriebenen Identifikationsproblem) mit den Elementen der symmetrischen Gruppe S_k identifizieren:

Wir sagen, $\alpha=(\alpha(1),\ldots,\alpha(k)) \in S_k$ ist das wahre Element in Ω, falls die Folge $\{X_{\alpha(i)j}\}_{j\in\mathbb{N}}$ gemäß $G_i (1\leq i\leq k)$ verteilt ist.

Eine äquivalente Formulierung ist: α ist wahr, falls die Folge $\{X_{ij}\}_{j\in\mathbb{N}}$ die Verteilung $G_{\alpha^{-1}(i)}$ $(1\leq i\leq k)$ hat.

Wenn α wahr ist, so sagen wir auch: die Population Π_i hat Verteilung $G_{\alpha^{-1}(i)}$.

Wir werden S_k sowohl als Raum aller möglichen Verteilungen als auch als Gruppe von Transformationen (Permutationen), die auf Ω operiert, ansehen. Also, falls $\alpha,\beta\in S_k$, dann können wir $\beta\alpha$ als dasjenige Element von Ω ansehen, welches durch Anwendung der Transformation β auf das Element $\alpha\in\Omega$ entsteht.

Nach diesen Vorbereitungen können wir jetzt Identifikationsprobleme ganz allgemein definieren.

Das Quadrupel $(D^t,\{G_1,\ldots,G_k\},W,\Gamma)$ wird ein Identifikationsproblem (IP) genannt, falls (a) bis (c) gelten:

(a) Γ ist homomorph zu S_k und operiert auf $D^t=\{d_1,\ldots,d_R\}$. Bezeichnet Ψ den Homomorphismus und ist $g_\alpha = \Psi(\alpha)$, so gilt also $g_\alpha g_\beta d = g_{\alpha\beta}d$ für $\alpha,\beta\in S_k$ und $d\in D^t$.

(b) Die Verlustfunktion W hat die Invarianzeigenschaft $W(\alpha,d) = W(\beta\alpha,g_\beta d)$ für $\alpha,\beta \in S_k$ und $d \in D^t$.

(c) Falls $G_i = G_j$ und $\rho = t(i,j)$ die Transposition von i und j ist, dann gilt $W(\rho\alpha,d) = W(\alpha,d)$ für $\alpha \in S_k$ und $d \in D^t$. (Vergl. (4.1)).

Die algebraischen Eigenschaften werden erst zum Tragen kommen, falls das Entscheidungsverfahren P gewisse Symmetrieeigenschaften hat. Dazu definieren wir: P hat Invarianzstruktur (bezügl. (Γ,Ψ)), falls

$(7.1) \quad P_m(\Delta|x) = P_m(g_\alpha(\Delta)|\alpha x)$ für alle $\alpha \in S_k, \Delta \subset D^t$, wobei

$$\alpha x = \{\alpha x_j\}_{j \in \mathbb{N}} \quad \text{und} \quad \alpha x_j = \alpha(x_{1j},\ldots,x_{kj}) = (x_{\alpha(1)j},\ldots,x_{\alpha(k)j}).$$

Die Nützlichkeit dieses Begriffes wird an folgendem Resultat deutlich, dessen Beweis der Leser leicht selbst führen kann.

Satz 7.1: Ist P ein Entscheidungsverfahren für ein IP mit Invarianzstruktur, dann nimmt $r(\alpha,P)$ für alle $\alpha \in \Omega$ denselben Wert an. Gelten zusätzlich die Voraussetzungen von Korollar 3.2 und ist ξ_o die Gleichverteilung auf Ω, so gilt:
$P(CD|\xi_o,P) = P(CD|\alpha,P) \geq 1-\beta$ für alle $\alpha \in \Omega$.

Bemerkungen 7.2:

1. Dieser Satz spielt eine wichtige Rolle, da er es ermöglicht, Entscheidungsverfahren mit Hilfe der a-priori-Verteilung ξ_o zu definieren, deren Fehlerwahrscheinlichkeit aber für <u>alle</u> $\alpha \in \Omega$ die Schranke β nicht übersteigt.

2. Falls alle G_i verschieden sind, so hat X Verteilung α^{-1} genau dann, wenn αX gemäß der Identität in S_k verteilt ist. Deshalb ist dann eine nicht-randomisierte Strategie P mit Invarianzstruktur lediglich eine solche, die anhand der Beobachtungen unabhängig von der willkürlichen Numerierung der Populationen entscheidet.

3. In unseren späteren Beispielen wird Γ isomorph zu S_k sein.

Nachdem wir Identifikationsprobleme allgemein definiert haben, wenden wir uns jetzt solchen Problemen zu, die häufiger in der Praxis auftreten. Um darüber gewisse Vorstellungen zu entwickeln, erwähnen wir zunächst ein Beispiel.

Ein Experimentator möchte k Serien (Populationen), wie etwa k neue Medikamente, k neue Automodelle, k neue Unterrichtsmethoden, usw., vergleichen. Alle k Serien seien experimenteller Natur, und der Experimentator sei aufgrund praktischer Einsicht sicher, daß

alle k Serien voneinander verschieden sind. Sein Ziel ist es, auf
der Basis der Informationen, die ihm durch Messungen an jeder Serie
gegeben werden, die "beste" Serie auszuwählen. Es sei etwa bekannt,
daß alle Messungen normal und unabhängig verteilt sind, jede Serie
durch ihren Erwartungswert charakterisiert ist und daß die beste
Serie diejenige mit dem größten Erwartungswert ist. Der Experimentator ist an einem Verfahren interessiert, welches ihm sagt, welche
Serie zu wählen ist. Das Verfahren soll so beschaffen sein, daß mit
großer Wahrscheinlichkeit die "beste" Serie gewählt wird.

Kennzeichnend für dieses Beispiel ist, daß hier eine Population mit einer bestimmten Eigenschaft, nämlich den größten Erwartungswert zu haben, gesucht wird. Dieser Erwartungswert selbst mag
unbekannt sein, und wir haben es deshalb mit einem Rangordnungsproblem (§ 1) zu tun. Wir werden in § 10 dieses Beispiel eingehend behandeln.

Nimmt man an, daß die Menge aller vorkommenden Erwartungswerte
bekannt ist, so liegt ein IP vor. Dieses ist der praktisch weniger
wichtige Fall. IP dienen dem Theoretiker vor allen Dingen als
Hilfsmittel zum Verstehen von Rangordnungsproblemen. Sie sind in
der Regel nur dann mathematisch einfach zu handhaben, wenn die Verteilungen nicht zu verschiedenartig sind. Dieses ist dann der Fall,
wenn alle Verteilungen einer parametrisierten Familie von Verteilungen angehören. Das Ziel des beschriebenen Problems, nämlich die
Population mit größtem Erwartungswert zu suchen, läßt sich durch
geeignete Wahl einer einfachen Verlustfunktion beschreiben.
Für $i=1,\ldots,k$ gilt:
$W(d_i,\alpha) = 0 \Longleftrightarrow G_{\alpha(i)}$ ist die Verteilung mit größtem Erwartungswert.
$(\Omega(d_1),\ldots,\Omega(d_k))$, wobei $\Omega(d_i) = \{\alpha \mid W(d_i,\alpha) = 0\}$, ist also eine
Partition von Ω.

Man kann nun das Ziel eines Identifikationsproblemes durch
eine Partition von Ω beschreiben. Die Anzahl der möglichen Ziele
wächst also mit $|\Omega|$.

Wir stellen hier einige häufiger vorkommende Ziele zusammen:

Tabelle 7.3.

Zielnummer	Ziel
1.	Suche die Population mit Verteilung G_1
2.	Identifiziere die Verteilung jeder Population

3. Suche die Verteilung von Population Π_1
4. Suche eine Population mit Verteilung G_1 oder G_2
5. Suche 2 Populationen, von denen eine Verteilung G_1 hat.

Der Leser möge sich die Analogie zu den in Kap. V behandelten Sortierproblemen verdeutlichen.

Unter den in der Praxis häufiger vorkommenden Verteilungen ist wohl die Klasse der Koopman/Darmois Verteilungen (KD) die wichtigste. In der nachstehenden Tabelle wird verdeutlicht, daß sie viele bekannte Verteilungen als Spezialfälle umfaßt.

Eine KD-Verteilung hat eine Dichte der Form

$$(7.2) \quad f(x,\theta) = \exp(P(x)Q(\theta) + R(x) + S(\theta))$$

bezüglich eines σ-endlichen Maßes μ auf $\mathbb{R}$. θ ist eine reelle Zahl. Falls θ in einem offenen Intervall θ variieren kann, P,Q,R,S und μ aber fest bleiben, so spricht man von einer KD-Familie. Einige solche Familien sind hier angegeben. μ ist hier entweder das Lebesguemaß auf $\mathbb{R}$ oder das Abzählmaß auf $\mathbb{N}_o$.

<u>Tabelle 7.4.</u>

Hier sind einige spezielle KD-Familien zusammengefaßt worden. Wir geben zunächst die Verteilung, ihre Dichte und die Parameterbereiche und schließlich die Funktionen P,Q,R und S an ($\log = \ell n$).

(A) Normal, $f(x) = \dfrac{1}{\sigma(2\pi)^{1/2}} \exp(-(x-\theta)^2/2\sigma^2)$, $\theta \in \mathbb{R}$ unbekannt, $\sigma^2 \in \mathbb{R}^+$ bekannt, $P(x) = x/\sigma$, $Q(\theta) = \theta/\sigma$, $R(x) = -\frac{1}{2}(\log(2\pi\sigma^2) + x^2/\sigma^2)$, $S(\theta) = -\theta^2/2\sigma^2$.

(B) Normal, $f(x) = \dfrac{1}{(2\pi\theta)^{1/2}} \exp(-(x-\mu)^2/2\theta)$, $\theta \in \mathbb{R}^+$ unbekannt, $\mu \in \mathbb{R}$ bekannt, $P(x) = (x-\mu)^2$, $Q(\theta) = (-2\theta)^{-1}$, $R(x) = 0$, $S(\theta) = -\frac{1}{2}\log(2\pi\theta)$.

(C) Exponentiell, $f(x) = \theta^{-1}\exp(-(x-\xi)/\theta)$ $(x \in [\xi,\infty))$, $\theta \in \mathbb{R}^+$ unbekannt, $\xi \in \mathbb{R}$ bekannt, $P(x) = x-\xi$, $Q(\theta) = -\theta^{-1}$, $R(x) = 0$, $S(\theta) = -\log \theta$.

(D) Bernoulli, $f(x) = \theta^x(1-\theta)^{1-x}$ $(x \in \{0,1\})$, $\theta \in (0,1)$ unbekannt, $P(x) = x$, $Q(\theta) = \log(\theta/(1-\theta))$, $R(x) = 0$, $S(\theta) = \log(1-\theta)$.

(E) Poisson, $f(x) = \frac{\theta^x}{x!} e^{-\theta}$ $(x \in \mathbb{N}_o)$, $\theta \in \mathbb{R}^+$ unbekannt, $P(x) = x$,

   $Q(\theta) = \log \theta$, $R(x) = - \log(x!)$, $S(\theta) = - \theta$.

(F) Negativ binomial, $f(x) = \binom{x-1}{r-1} \theta^r (1-\theta)^{x-r}$ $(x \in \{r, r+1, \ldots\})$,

   $\theta \in (0,1)$ unbekannt, $r \in \mathbb{N}$ bekannt, $P(x) = - x$, $Q(\theta) = - \log(1-\theta)$,

   $R(x) = \log \binom{x-1}{r-1}$, $S(\theta) = r \log (\theta/(1-\theta))$.

§ 8: Ein grundlegendes sequentielles Entscheidungsverfahren

Mit Hilfe von $\vec{X}_m = (\overline{X}_{1m}, \ldots, \overline{X}_{km})$, den ersten m Beobachtungen in allen k Populationen, definieren wir die k! Likelihoodfunktionen

$$(8.1) \quad L_m^{(\alpha)} = G(\vec{X}_m | \alpha)$$

$$= G_1(X_{\alpha(1)1}, \ldots, X_{\alpha(1)m}) \cdots G_k(X_{\alpha(k)1}, \ldots, X_{\alpha(k)m})$$

$$\text{für } \alpha = (\alpha(1), \ldots, \alpha(k)) \in S_k.$$

$L_m^{(\alpha)}$ assoziiert im m-ten Schritt des Experimentes Beobachtungen an $\Pi_{\alpha(i)}$ mit G_i $(1 \leq i \leq k)$.

Im folgenden wird ξ stets als Gleichverteilung ξ_o auf Ω gewählt.

$\xi_m = \xi_m(\alpha | \vec{x}_m)$ sei die a-posteriori-Wahrscheinlichkeit für α im m-ten Schritt, falls $\vec{X}_m = \vec{x}_m$ beobachtet wurde.

Die Fixierung eines Zieles impliziert die Festlegung von $D^t = \{d_1, \ldots, d_R\}$ und einer einfachen Verlustfunktion $W(\alpha, d_r)$: $W(\alpha, d_r) = 0 \Longleftrightarrow d_r$ ist eine korrekte Entscheidung, falls α wahr ist $\Longleftrightarrow \alpha \in \Omega(d_r)$ (in anderer Sprechweise). Bei den in § 7 beschriebenen Zielen ist $|\Omega(d_r)|$ unabhängig von r, und wir bezeichnen diese Kardinalität mit T.

Wie in § 3 definieren wir

$$(8.2) \quad Q_r(\xi_m) = \sum_{\alpha \in \Omega(d_r)} \xi_m(\alpha | \vec{x}_m)$$

$$(8.3) \quad Q(\xi_m) = \max\{Q_r(\xi_m) \mid 1 \leq r \leq R\}.$$

Diese Größe dient uns als Statistik, d.h. Beobachtungswerte gehen nur vermöge $Q(\xi_m)$ in die Entscheidungen ein. Benutzt man die Notationen

$$(8.4) \quad L_m(B) = \sum_{\alpha \in B} L_m^{(\alpha)}, \quad L_m(d) = L_m(\Omega(d)),$$

so kann man nach Definition von ξ_m die Statistik $Q(\xi_m)$ wie folgt berechnen:

$$(8.5) \quad Q(\xi_m) = L_m(\Omega)^{-1} \max\{L_m(d) \mid d \in D^t\}$$

Bevor wir das grundlegende Verfahren P_B angeben, welches $Q(\xi_m)$ benutzt, vergegenwärtigen wir uns, wie der Experimentator (Statistiker) ein Experiment anlegt.

<u>Vorüberlegungen des Statistikers:</u>

Vor Beginn des Experimentes trifft der Statistiker Festlegungen:

(a) Er spezifiziert die k Verteilungen $G_1,\ldots,G_k$, von denen er weiß, daß sie den $\Pi_1,\ldots,\Pi_k$ irgendwie zugeordnet sind. Über die exakte Zuordnung hat er keinerlei a-priori-Wissen.

(b) Er legt sein Ziel fest, d.h. er gibt seine einfache Verlustfunktion wie oben an.

(c) Er wählt eine Konstante $P^* \in (0,1)$.

(d) Er wählt ein Entscheidungsverfahren P, so daß

$$(8.6) \quad P(CD \mid P,\alpha) \geq P^* \text{ für alle } \alpha \in \Omega.$$

Wir beschreiben jetzt ein Verfahren und zeigen dann, daß es diesen Forderungen genügt.

<u>Verfahren P_B:</u>

(1) Stichprobenregel: Im j-ten Schritt des Experimentes beobachte $(X_{1j},\ldots,X_{kj})$.

(2) Stopregel n: Nach dem m-ten Schritt berechne die Statistik $Q(\xi_m)$ und stoppe bei dem ersten Wert m, für den $Q(\xi_m) \geq P^*$.

(3) Terminale Entscheidungsregel: Entscheide d_r, falls $Q_r(\xi_n) = Q(\xi_n)$. Falls für mehrere r Gleichheit gilt, dann wähle ein d_r zufällig gemäß der Gleichverteilung auf diesen r.

<u>Satz 8.1:</u> P_B hat Wald'sche Stopstruktur und Invarianzstruktur. Falls $\{X_{ij}\}_{j \in \mathbb{N}}$ ($1 \leq i \leq k$) Folgen unabhängiger, identisch verteilter ZV sind, so gilt zusätzlich für alle $\alpha \in \Omega$

1.) $P(n<\infty \mid P_B,\alpha) = 1$

2.) Alle Momente von n sind endlich.

3.) $P(CD \mid P_B,\alpha) \geq P^*$.

<u>Beweis:</u> P_B hat Wald'sche Stopstruktur nach Definition (Bemerkung 3.4). Unsere Annahmen sichern die Voraussetzungen von Satz 4.2, und deshalb gelten 1.) und 2.).

P_B hat Invarianzstruktur, da $Q(\xi_m)$ invariant unter $\alpha:\vec{x}_m \to \alpha\vec{x}_m$ und die Anzahl der r mit $Q_r(\xi_m) = Q(\xi_m)$ ebenfalls invariant gegenüber α ist. Deshalb ist auch $P(CD \mid \alpha, P_B)$ unabhängig von α. Die anderen Voraussetzungen von Korollar 3.3 sind ebenfalls erfüllt, und deshalb gilt 3.).   Q.E.D.

<u>Berechnung von $Q(\xi_m)$</u>: Es ist klar, daß für die Nützlichkeit des Verfahrens P_B entscheidend ist, wie schnell sich die Statistik $Q(\xi_m)$ $(m\in\mathbb{N})$ berechnen läßt. Für gewisse Familien von Verteilungen und für gewisse Ziele ermöglicht nun das Ordnungstheorem von Sobel (§ 6), diese Rechnung einfacher zu gestalten. Als besonders geeignete Familie von Verteilungen für diese Art der Auswertung erweist sich die KD-Familie.

Wir nehmen an, daß im IP G_i durch die KD-Dichte $\exp(P(x)Q(\theta_i)+R(x)+S(\theta_i))$ $(1\leq i\leq k)$ gegeben ist. Wir setzen

(8.7) $T_i = Q(\theta_i)$ $(1\leq i\leq k)$ und nehmen an, daß die T_i verschieden sind.

Nach Definition ist jetzt für $\alpha\in S_k$

(8.8) $L_m^{(\alpha)}(\vec{X}_m) = \exp(\sum_{1\leq i\leq k}\sum_{1\leq j\leq m}(P(X_{\alpha(i)j})T_i+R(X_{\alpha(i)j})+S(Q^{-1}(T_i))))$.

Wir werden die Menge all dieser Likelihoodfunktionen jetzt anders beschreiben. Dazu setzen wir

(8.9) $Y_{im} = \sum_{1\leq j\leq m} P(X_{ij})$ $(1\leq i\leq k)$.

Wir bezeichnen die Werte der Y_{im} in Rangordnung als

(8.10) $Y_{[1]m}\leq\cdots\leq Y_{[k]m}$

und die Werte der T_i in Rangordnung als

(8.11) $T_{[1]}<\cdots<T_{[k]}$.

Mit (8.9) erhält (8.8) die Form

$L_m^{(\alpha)} = \exp(\sum_{1\leq i\leq k}(\sum_{1\leq j\leq m}R(X_{\alpha(i)j}) + mS(Q^{-1}(T_i))))\exp(\sum_{1\leq i\leq k}Y_{\alpha(i)m}T_i)$.

Der erste Faktor hängt nicht von α ab. Er ist gleich M_m, wobei

$$(8.12) \quad M_m = M_m(\vec{X}_m, \vec{T}) = \exp\left(\sum_{1 \leq i \leq k} \sum_{1 \leq j \leq m} R(X_{ij}) + m \sum_{1 \leq i \leq k} S(Q^{-1}(T_i))\right)$$

$$\text{mit } \vec{T} = (T_{[1]}, \ldots, T_{[k]}).$$

Es gibt eine Permutation $\alpha' \in S_k$, so daß mit $\gamma = \alpha\alpha'$ für den zweiten Faktor gilt:

$$\exp\left(\sum_{1 \leq i \leq k} Y_{\alpha(i)m} T_i\right) = \exp(\vec{T} \cdot \gamma\vec{Y}_m), \text{ wobei } \gamma\vec{Y}_m = (Y_{[\gamma(1)]m}, \ldots, Y_{[\gamma(k)]m}).$$

Also erhalten wir

$$(8.13) \quad L_m^{(\alpha)} = M_m \exp(\vec{T} \cdot \alpha\alpha'\vec{Y}_m) \text{ für alle } \alpha \in S_k.$$

Setzt man nun

$$(8.14) \quad L_m^{[\alpha]} = M_m \exp(\vec{T} \cdot \alpha\vec{Y}_m) \quad (\alpha \in S_k),$$

so erhält man gerade wieder alle Likelihoodfunktionen.

Um $L_m^{[\alpha]}$ mit $L_m^{[\alpha'']}$ zu vergleichen, braucht man nur $\vec{T} \cdot \alpha\vec{Y}_m$ mit $\vec{T} \cdot \alpha''\vec{Y}_m$ zu vergleichen. Hier kommen nun die Ergebnisse aus § 6 zur Anwendung. Aus Lemma 6.1 folgt bereits, daß eine Anwendung der Transposition $t(\alpha(i), \alpha(j))$ mit $\alpha(i) < \alpha(j)$ auf α $L_m^{[\alpha]}$ vergrößert (verkleinert) falls $i > j$ ($i < j$). Für $k = 3$ erhält man so zum Beispiel

$$(8.15) \quad L_m^{[123]} \geq \max\{L_m^{[132]}, L_m^{[213]}\} \geq \min\{L_m^{[132]}, L_m^{[213]}\}$$

$$\geq \max\{L_m^{[312]}, L_m^{[231]}\} \geq \min\{L_m^{[312]}, L_m^{[231]}\} \geq L_m^{[321]}.$$

Verfolgt man Ziel 2. aus § 7 mit der Verlustfunktion $W_1(\alpha, d_\beta) = 0$, falls $\alpha_j = \beta_j$ für alle j, so ergibt sich hieraus bereits

$$Q(\xi_m) = L_m^{[123]} \cdot \left(\sum_{\alpha \in S_3} L_m^{[\alpha]}\right)^{-1}.$$

Die Aufsummierung der Likelihoodfunktionen wird einem nicht erspart, aber $\max\{L_m(d) \mid d \in D^t\}$ erhält man hier sofort. Der Leser möge sich den Fall $k = 3$ mit Ziel 1. unter Benutzung von (8.15) überlegen.

Für $k \geq 3$ und Ziel 3. etwa wird man mit Lemma 6.1 nicht auskommen. Hier wird das Ordnungstheorem tatsächlich benötigt. Es ist auch aufschlußreich, die Verlustfunktion: $W_2(\alpha, d_\beta) = 0 \Longleftrightarrow \alpha_j = \beta_j$ für ein j in Verbindung mit Ziel 2. für $k = 3$ zu studieren.

§_9: Spezielle_Identifikationsprobleme

Wir betrachten hier stets k (invariante) Populationen $\Pi_1, \ldots, \Pi_k$. Alle Verteilungen G_i ($1 \leq i \leq k$) sind aus einer 1-parame-

trigen Familie und deshalb durch eine Zahl $\theta_{[i]}$ $(1\leq i\leq k)$ charakterisiert. Über die Zuordnung zu den Π_i besteht kein a-priori-Wissen.
Wir wollen Ziel 1. realisieren: "Suche die Population mit Parameter
$\theta_{[k]}$."

Bei diesem Ziel gibt es k! Zustände der Natur: $\Omega=\{\alpha|\alpha\in S_k\}$, wo-
bei α der Zustand ist, in dem $\Pi_{\alpha(i)}$ die Verteilung G_i $(1\leq i\leq k)$ hat.
Es gibt k mögliche terminale Entscheidungen: $D^t=\{d_i|1\leq i\leq k\}$, wobei
d_i die Entscheidung "Π_i hat Verteilung G_k" ist. Als Verlustfunktion
sei stets

$$(9.1) \quad W(\alpha,d_i) = \begin{cases} 0 & \text{falls } \alpha(k)=i \\ 1 & \text{sonst} \end{cases} \qquad \text{gewählt.}$$

Ist $S_k(i,j):=\{\alpha\in S_k|\alpha(j)=i\}$, so ist

$$(9.2) \quad \Omega(d_i) = \{\alpha|\alpha\in S_k(i,k)\}, \quad |\Omega(d_i)| = (k-1)!.$$

Bei dem in § 8 beschriebenen Verfahren P_B müssen Statistiken $Q(\xi_m)$
(m∈ℕ) berechnet werden. Diese hängen nach Wahl des Zieles und der
Verlustfunktion nur noch von den $\Omega(d)$ und den Likelihoodfunktionen
ab ((8.5)). Wir werden an Beispielen sehen, wie die Statistik sich
mit den Familien von Verteilungen ändert.

<u>Beispiel 9.1:</u> Identifizierung der normalen Population mit größtem
Erwartungswert bei gleichen bekannten Varianzen.

$$\text{Gegeben sind } g(x,\theta_i) = \frac{1}{\sigma(2\pi)^{1/2}} \exp(-(x-\theta_i)^2/2\sigma^2) \quad (1\leq i\leq k).$$

Dieses ist (siehe Tabelle 7.5) ein Spezialfall einer KD-Familie mit

$$(9.3) \quad T_i = Q(\theta_i) = \theta_i/\sigma$$

$$(9.4) \quad Y_{im} = \sum_{1\leq j\leq m} X_{ij}/\sigma.$$

Wir definieren die Vektoren $\vec{T} = (T_{[1]},\ldots,T_{[k]})$ und
$\vec{Y}_m = (Y_{[1]m},\ldots,Y_{[k]m})$, wobei $T_{[i]} = \theta_{[i]}/\sigma$ und $Y_{[1]m}\leq\ldots\leq Y_{[k]m}$ die
geordneten Werte der in (9.4) definierten standardisierten Summen
von Beobachtungswerten sind. Nach (8.5) ist
$Q(\xi_m) = L_m(\Omega)^{-1}\max\{L_m(d_i)|1\leq i\leq k\}$. Nun ist

$$L_m(d_i) = \sum_{\alpha\in\Omega(d_i)} L_m^{(\alpha)} = \sum_{\alpha\in S_k(i,k)} L_m^{(\alpha)} = \sum_{\alpha\alpha'\in S_k(\alpha'(i),k)} L_m^{[\alpha\alpha']}$$

$$= \sum_{\gamma\in S_k(\alpha'(i),k)} L_m^{[\gamma]}.$$

Also ist auch

$\max\limits_{1\leq i\leq k} \sum\limits_{\alpha\in S_k(i,k)} L_m^{(\alpha)} = \max\limits_{1\leq i\leq k} \sum\limits_{\alpha\in S_k(i,k)} L_m^{[\alpha]}$. Aufgrund der in § 8 be-

sprochenen Struktur von L_m folgt aus Satz 6.3, daß das Maximum für $U=S_{k-1}\times S_1=S_k(k,k)$ angenommen wird. U entspricht nämlich der ersten Spalte in der Matrix $(v_{cr})_{1\leq c\leq C, 1\leq r\leq R}$.

Also gilt

$$(9.5) \quad Q(\xi_m) = \sum\limits_{\alpha\in S_k(k,k)} \exp(\vec{T}\cdot\alpha\vec{Y}_m)\left(\sum\limits_{\alpha\in S_k} \exp(\vec{T}\cdot\alpha\vec{Y}_m)\right)^{-1}.$$

Nachdem das Verfahren gestoppt hat, entscheidet man sich also für die Population mit größter Summe der Beobachtungswerte. Voraussetzung ist natürlich, daß $P^* > 1/k$ ist, da man sonst ohne Beobachtungen eine der Populationen gemäß der Gleichverteilung auswählt. Es ist nämlich dann bereits $Q(\xi_o)=1/k$.

<u>Beispiel 9.2:</u> Identifizierung der Bernoulli-Verteilung mit größter Erfolgswahrscheinlichkeit.

Hier haben wir $g(x,\theta_i) = \theta_i^x(1-\theta_i)^{1-x}$ mit dem Abzählmaß auf den Punkten 0 und 1. Dieses ist wiederum ein Spezialfall der KD-Familie. $T_i = \log(\theta_i/(1-\theta_i)), Y_{im} = \sum\limits_{1\leq j\leq m} X_{ij}$. Wir definieren wiederum $\vec{T} = (T_{[1]},\ldots,T_{[k]})$ und $\vec{Y}_m = (Y_{[1]m},\ldots,Y_{[k]m})$, wobei $T_{[i]} = \log(\theta_{[i]}/(1-\theta_{[i]}))$ ist und wobei $Y_{[1]m}\leq\ldots\leq Y_{[k]m}$ die angeordneten Werte der beobachteten, kumulativen Zahl von Erfolgen nach dem m-ten Schritt sind. Gleiche Summen können irgendwie angeordnet werden.

$Q(\xi_m)$ wird wiederum durch die Formel (9.5) beschrieben, wobei natürlich $\vec{T}$ und $\vec{Y}_m$ die neue Bedeutung haben. Da Gleichheiten zwischen den $Y_{[i]m}$ mit positiver Wahrscheinlichkeit auftreten, so kann für mehrere Populationen der maximale Wert $Q(\xi_m)$ angenommen werden, falls $Q(\xi_m) < 1/2$ ist. Falls also $P^* < 1/2(1/k < P^* < 1)$ ist, so ist eine randomisierte Entscheidung notwendig. Man rechnet nach, daß für $P^* \geq 1/2$ Randomisierung nicht erforderlich wird, und beim Stoppen lautet die Entscheidungsregel nach Verfahren P_B: "Wähle die Population mit größter Erfolgszahl."

<u>Beispiel 9.3:</u> Identifiziere die Cauchy-verteilte Population mit größtem Erwartungswert, falls alle Populationen denselben bekannten Scale-Parameter haben.

O.B.d.A. kann angenommen werden, daß

$$(9.6) \quad g(x,\theta_i) = \frac{1}{\pi} \frac{1}{1+(x-\theta_i)^2}.$$

Hier ist für $\alpha \in S_k$

$$(9.7) \quad L_m^{(\alpha)} = \prod_{1 \le i \le k} \prod_{1 \le j \le m} \frac{1}{\pi} \frac{1}{1+(X_{\alpha(i)j}-\theta_{[i]})^2}$$

und

$$(9.8) \quad Q(\theta_m) = \max_{1 \le i \le k} \sum_{\alpha \in S_k(i,k)} L_m^{(\alpha)} \left(\sum_{\alpha \in S_k} L_m^{(\alpha)} \right)^{-1}.$$

Hier haben wir keine einfache Formel anzubieten. An diesem Beispiel wird deutlich, wie vorteilhaft es ist, im KD-Fall zu sein. Das letzte Beispiel ist ebenfalls instruktiv.

<u>Beispiel 9.4</u>: Identifiziere die normale Population mit größtem Erwartungswert, falls alle Populationen bekannte, aber möglicherweise verschiedene Varianzen haben.

Gegeben sind für $1 \le i \le k$

$$(9.9) \quad g(x,\theta_i) = \frac{1}{\sigma_i(2\pi)^{1/2}} \exp(-(x-\theta_i)^2/2\sigma_i^2).$$

Zwar ist jede einzelne Verteilung eine KD-Verteilung, aber sie liegen nicht alle in einer 1-parametrigen KD-Familie. Wir können hier $Q(\xi_m)$ nur naiv ausrechnen. Dazu definieren wir

$$\vec{\theta} = (\theta_{[1]},\dots,\theta_{[k]}) \text{ und } \vec{Y} = (Y_{1m},\dots,Y_{km}), \text{ wobei } Y_{im} = \sum_{1 \le j \le m} X_{ij}/\sigma_i^2$$

$(1 \le i \le k)$ und $\sum_{1 \le j \le m} X_{ij}$ die Summe der Beobachtungswerte für Population Π_i im m-ten Schritt ist. σ_i^2 ist die bekannte Varianz, die mit Π_i assoziiert ist. Beachte, daß die $\theta_{[i]}$ und Y_{im} nicht standardisiert und anders als in Beispiel 1 definiert sind. Vor allen Dingen sind die Komponenten in $\vec{Y}_m$ nicht angeordnet. Man erhält durch einfaches Ausrechnen:

$$(9.10) \quad Q(\xi_m) = \max_{1 \le i \le k} \left(\sum_{\alpha \in S_k(i,k)} \exp\{\vec{\theta} \cdot \alpha\vec{Y}_m - \frac{m}{2}[(\vec{\theta})^2 \cdot \alpha\vec{\sigma}^{-2}]\} \right)$$

$$\cdot \left(\sum_{\alpha \in S_k} \exp\{\vec{\theta} \cdot \alpha\vec{Y}_m - \frac{m}{2}[(\vec{\theta})^2 \cdot \alpha\vec{\sigma}^{-2}]\} \right)^{-1},$$

wobei $(\vec{\theta})^2 = ((\theta_{[1]})^2,\dots,(\theta_{[k]})^2)$, $\vec{\sigma}^{-2} = (\sigma_1^{-2},\dots,\sigma_k^{-2})$. Die in Bei-

spiel 9.1 erhaltene Entscheidungsregel ist hier im allgemeinen
nicht richtig.

Eine andere Behandlung des Problems findet man in Stein [137].

§ 10: Paulsons_sequentielles_Verfahren_zur_Auswahl_der_Population
       mit_größtem_Erwartungswert_aus_k_normalverteilten_Popula-
       tionen

Wir erinnern zunächst an das unter Beispiel 9.1 behandelte
Identifikationsproblem. Gegeben sind k Populationen $\Pi_1,\ldots,\Pi_k$ und k
Normalverteilungen $N(\theta_i,\sigma^2)(1\leq i\leq k)$, deren Zuordnung zu den Populationen völlig unbekannt ist. $X_{ij}(1\leq i\leq k, j\in\mathbb{N})$ steht für den Ausgang
der j-ten Beobachtung an Population Π_i. Diese ZV sind alle unabhängig voneinander, haben alle dieselbe bekannte Varianz σ^2, und
die $X_{ij}(j\in\mathbb{N})$ sind identisch verteilt. Die Aufgabe bestand darin,
die Population zu finden, deren Verteilung den größten Erwartungswert θ_i hat.

Nun schwächen wir diese Voraussetzungen dahingehend ab, daß die
Erwartungswerte ebenfalls unbekannt sind. Wir bezeichnen mit μ_i den
unbekannten Erwartungswert von Population Π_i. Die Aufgabe ist wiederum, die Population mit größtem Erwartungswert zu finden. Dieses
ist ein typisches Rangordnungsproblem (§ 1). Die angeordneten Erwartungswerte seien wie folgt bezeichnet: $\mu_{[1]}\leq\ldots\leq\mu_{[k]}$.

$\Pi_{[j]}$ sei die Population mit Erwartungswert $\mu_{[j]}$. Im folgenden wird
angenommen, daß es ein $\delta>0$ gibt mit

$$(10.1) \qquad \mu_{[k]} - \mu_{[k-1]} \geq \delta.$$

Unser Ziel ist, für jedes $\varepsilon\in(0,1)$ ein sequentielles Verfahren anzugeben, für welches die Wahrscheinlichkeit einer korrekten Entschei-
dung mindestens $1-\varepsilon$ beträgt. Hier sind δ und ε Konstante, welche
vom Experimentator vor Beginn des Experimentes aufgrund praktischer
Überlegungen festgelegt werden.

Diese Aufgabe wurde zunächst von Bechhofer [11] gelöst, der ein
nichtsequentielles Verfahren angab. Wir beschreiben hier Paulsons
Vorgehen, welches dann besonders gut ist, wenn viele Populationen
kleine Erwartungswerte haben und deshalb frühzeitig aus der Konkurrenz ausscheiden. Das bisher behandelte Verfahren P_B ist zwar
sequentiell, nutzt aber diese Möglichkeiten nicht aus (§ 1, § 8).
Hier wird deutlich, wieviel von der Forschung auf diesem Gebiete

noch zu leisten ist.

Wir gehen nun so vor, daß wir zunächst eine Klasse $\{P_\lambda \mid 0<\lambda<\delta\}$ von Verfahren angeben und dann zeigen, daß für jedes P_λ $(0<\lambda<\delta)$ gilt:

(10.2) $P(\Pi_{[k]}$ ist gewählt $\mid \mu_{[k]} - \mu_{[k-1]} \geq \delta) \geq 1-\varepsilon$.

Nach Annahme (10.1) ist dann auch $P(\Pi_{[k]}$ ist gewählt$) \geq 1-\varepsilon$. Paulson [1o8] vermutet , daß die Wahl $\lambda = \delta/4$ besonders günstig ist.

Wir beschreiben jetzt das Verfahren P_λ. Zu diesem Zwecke definieren wir

(10.3) $a_\lambda = \sigma^2 (\delta-\lambda)^{-1} \ell n \, (\varepsilon^{-1}(k-1))$

(10.4) $A_\lambda = \lfloor \lambda^{-1} a_\lambda \rfloor$.

Im ersten Schritt des Experimentes wird an jeder Population je eine Beobachtung vorgenommen, und man erhält so $(X_{11}, X_{21}, \ldots, X_{k1})$. Anhand dieser Daten scheidet jede Population Π_j aus der Konkurrenz aus, für die

(10.5) $X_{j1} < \max\{X_{i1} \mid 1 \leq i \leq k\} - a_\lambda + \lambda$.

Falls alle bis auf eine Population im ersten Schritt eliminiert werden, dann stoppen wir und entscheiden uns für die verbliebene Population. Andernfalls nehmen wir in einem zweiten Schritt je eine Beobachtung von allen verbliebenen Populationen. Wir fahren nun so fort, daß wir im r-ten Schritt des Verfahrens $(2 \leq r \leq A_\lambda)$ an allen bis dahin nicht eliminierten Populationen $\Pi_j \in \Gamma_{r-1}$ je eine Beobachtung vornehmen und dann davon wiederum diejenigen Populationen Π_j eliminieren, für die gilt

(10.6) $\displaystyle\sum_{1 \leq s \leq r} X_{js} < \max\{ \sum_{1 \leq s \leq r} X_{\gamma s} \mid \gamma \in \Gamma_{r-1} \} - a_\lambda + \lambda$.

Falls nur eine Population nach dem r-ten Schritt übrigbleibt, so wird diese gewählt, andernfalls gehen wir zum (r+1)-ten Schritt über.

Falls nach A_λ Schritten mehr als eine Population übrig ist, stoppen wir mit dem $(A_\lambda+1)$-ten Schritt, indem wir diejenige Population $\Pi_\gamma (\gamma \in \Gamma_{A_\lambda})$ wählen, für die $\displaystyle\sum_{1 \leq s \leq A_\lambda+1} X_{\gamma s}$ maximal ist.

Wir zeigen nun, daß für jedes $\lambda \in (0,\delta)$ P_λ die genannten Eigenschaften hat. Nach Voraussetzung gilt $\mu_{[k]} \geq \mu_{[k-1]} + \delta$. Da das Verfahren P_λ völlig symmetrisch in den Parametern ist, genügt es zu beweisen, daß unter der Annahme $[k]=k$ die Wahrscheinlichkeit einer korrekten Entscheidung mindestens $1-\varepsilon$ ist. Diese Parameterkonfiguration ($\mu_k \geq \mu_j + \delta$ für $j=1,2,\ldots,k-1$) nennen wir Ω^*.

Das Verfahren gelangt auf zwei Weisen zu einer falschen Entscheidung:

(a) Π_k wird vor dem $(A_\lambda+1)$-ten Schritt eliminiert. Dann existiert ein $r(1\leq r\leq k-1)$ und ein $n(r) \leq A_\lambda$, so daß

$$(10.7) \qquad \sum_{1\leq s\leq n(r)} X_{ks} < \sum_{1\leq s\leq n(r)} X_{rs} - a_\lambda + \lambda.$$

(b) Π_k wird im $(A_\lambda+1)$-ten Schritt eliminiert. Dann gibt es ein $r(1\leq r\leq k-1)$ mit

$$(10.8) \qquad \sum_{1\leq s\leq A_\lambda+1} X_{ks} < \sum_{1\leq s\leq A_\lambda+1} X_{rs} - a_\lambda + (A_\lambda+1)\lambda,$$

da nach Definition von A_λ $(A_\lambda+1)\lambda-a_\lambda \geq 0$ ist.

In jedem Falle gilt:

$P(\Pi_k$ ist eliminiert$|\Omega^*)$

$$\leq P(\exists r(1\leq r\leq k-1), n'(r) \leq A_\lambda+1 \mid \sum_{1\leq s\leq n'(r)} X_{ks} < \sum_{1\leq s\leq n'(r)} X_{rs} -a_\lambda+n'(r)\lambda|\Omega^*)$$

$$\leq \sum_{1\leq r\leq k-1} P(\sum_{1\leq s\leq n} X_{ks} < \sum_{1\leq s\leq n} X_{rs} -a_\lambda+n\lambda \text{ für ein } n<\infty \mid \Omega^*).$$

Wir benutzen jetzt die folgende Ungleichung (siehe etwa Section 2.1 in [8]): Falls $(Y_s)_{1\leq s<\infty}$ eine Folge unabhängiger, identisch verteilter ZV mit $EY_s < 0$ ist, dann folgt für ein t_o mit $E(\exp(t_o Y_s)) = 1$, daß für alle $b > 0$

$$P(\sum_{1\leq s\leq n} Y_s > b \text{ für ein } n < \infty) \leq \exp(-t_o b).$$

Wählt man nun $Y_s = X_{rs} - X_{ks} + \lambda$, so ist

$$(10.9) \qquad t_o = -(\mu_r - \mu_k + \lambda)\sigma^{-2}$$

geeignet. Den Beweis hierfür werden wir nachtragen. Wir erhalten damit $P(\sum_{1\leq s\leq n} X_{ks} < \sum_{1\leq s\leq n} X_{rs} - a_\lambda +n\lambda \text{ für ein } n<\infty|\Omega^*)$

$$= P(\sum_{1\leq s\leq n} (X_{rs} - X_{ks} + \lambda) > a_\lambda \text{ für ein } n<\infty|\Omega^*)$$

$$\leq \exp((\mu_r-\mu_k+\lambda)\sigma^{-2}a_\lambda) \leq \exp((-\delta+\lambda)\sigma^{-2}a_\lambda)$$

und deshalb auch

$P(\Pi_k$ ist eliminiert $|\Omega^*) \leq (k-1)\exp((-\delta+\lambda)\sigma^{-2}a_\lambda)$. Mit (10.3) folgt $P(\Pi_k$ ist gewählt $|\Omega^*) \geq 1-\varepsilon$, und wegen der erwähnten Symmetrie wie behauptet $P(\Pi_{[k]}$ ist gewählt$) \geq 1-\varepsilon$.

<u>Nachtrag:</u> Setzt man $Z_1 = X_{rs} + \lambda$ und $Z_2 = X_{ks}$, so sind Z_1, Z_2 normalverteilt mit $EZ_1 = \mu_r + \lambda$, $EZ_2 = \mu_k$, $\sigma^2(X_1) = \sigma^2(X_2) = \sigma^2$. Setzt man $\alpha_1 = \mu_r + \lambda$ und $\alpha_2 = \mu_k$, so ist zu zeigen, daß

$$(10.10) \qquad E\exp((\alpha_2 - \alpha_1)\sigma^{-2}(Z_1 - Z_2)) = 1.$$

Die linke Seite errechnet sich zu

$$\frac{1}{2\pi\sigma^2} \int_{\mathbb{R}} \int_{\mathbb{R}} \exp\left(-\frac{(z_1-\alpha_1)^2}{2\sigma^2} + \frac{\alpha_2-\alpha_1}{\sigma^2}z_1 - \frac{(z_2-\alpha_2)^2}{2\sigma^2} + \frac{\alpha_1-\alpha_2}{\sigma^2}z_2\right)dz_1 dz_2.$$

Der Exponent im Integranden ist gleich

$$\frac{1}{2\sigma^2}(-z_1^2 - \alpha_1^2 + 2z_1\alpha_1 + 2\alpha_2 z_1 - 2\alpha_1 z_1 - z_2^2 - \alpha_2^2 + 2z_2\alpha_2 + 2\alpha_1 z_2 - 2\alpha_2 z_2)$$

$$= \frac{1}{2\sigma^2}(-z_1^2 - \alpha_2^2 + 2\alpha_2 z_1 - z_2^2 - \alpha_1^2 + 2\alpha_1 z_2) = -\frac{(z_1-\alpha_2)^2}{2\sigma^2} - \frac{(z_2-\alpha_1)^2}{2\sigma^2},$$

und das Integral ist deshalb gleich

$$\frac{1}{\sigma(2\pi)^{1/2}} \int_{\mathbb{R}} \exp\left(-\frac{(z_1-\alpha_2)^2}{2\sigma^2}\right)dz_1 \cdot \frac{1}{\sigma(2\pi)^{1/2}} \int_{\mathbb{R}} \exp\left(-\frac{(z_2-\alpha_1)^2}{2\sigma^2}\right)dz_2 = 1.$$

T E I L 4 :   Suchprobleme mit Inspektionen

Kapitel XI: Die Minimierung der erwarteten Suchkosten

§ 1: Einleitung

In diesem Teil des Buches werden wir ein Suchproblem behandeln,
das sich von den bisherigen Problemen stark unterscheidet. Für die
Darstellung des Suchproblems haben wir ein Beispiel gewählt, an dem
sich die Struktur des Problems leicht erklären läßt. Da dieses Beispiel keine praktische Bedeutung hat, werden wir anschließend an-
wendungsorientierte Beispiele diskutieren.

Ein vergeßlicher Mensch hat zum wiederholten Male in seiner
Wohnung, die aus n Zimmern besteht, seine Brille verlegt. Er muß
entscheiden, in welcher Reihenfolge er die einzelnen Zimmer inspiziert. Bei der Suche kann es vorkommen, daß er das Zimmer, in dem
die Brille liegt, inspiziert, ohne die Brille zu finden. Er will
die erwartete Suchdauer, bis er die Brille findet, minimieren. Dazu schätzt er die folgenden Daten:

1.) $p(k)$ ($1 \leq k \leq n$), die Wahrscheinlichkeit, daß die Brille im k-ten
   Zimmer liegt.

2.) $c(j,k) \in \mathbb{R}^{+}$ ($j \in \mathbb{N}, 1 \leq k \leq n$), die Dauer (Kosten) der j-ten Inspektion
   des k-ten Zimmers und

3.) $q(j,k) \in [0,1]$ ($j \in \mathbb{N}, 1 \leq k \leq n$), die Wahrscheinlichkeit, daß die
   Brille, wenn sie im k-ten Zimmer liegt, genau bei der j-ten
   Inspektion dieses Zimmers gefunden wird. Dabei muß offensicht-
   lich $\sum\limits_{1 \leq j < \infty} q(j,k) \leq 1$ sein.

Es ist klar, daß die Dauer einer Inspektion vom untersuchten
Zimmer abhängt. Einige Zimmer sind übersichtlicher und daher leichter zu inspizieren. Aber es ist auch realistisch anzunehmen, daß
die Inspektionsdauer von der Zahl der zuvor mißglückten Inspektionen dieses Zimmers abhängt. Einerseits sind nach einigen Inspektionen gewisse Teile des Zimmers schon so gründlich untersucht
worden, daß sie nicht noch einmal untersucht werden müssen. Andererseits beginnt man vielleicht erst bei der vierten Inspektion
damit, die Schränke zu öffnen.

Eine Strategie muß nur die Reihenfolge festlegen, in der die
Zimmer untersucht werden sollen. Daher gibt es keine Unterschiede

zwischen sequentiellen und nichtsequentiellen Strategien. Jede Abbildung $s:\mathbb{N}\to\{1,\ldots,n\}$ ist eine Strategie: Zunächst wird das Zimmer $s(1)$ inspiziert, dann $s(2),s(3),\ldots$, solange bis die Brille gefunden wird.

Kein Mensch wird sich die Mühe machen, alle benötigten Daten zu schätzen und eine optimale Strategie zu berechnen, nur um seine Brille zu suchen. Für die folgenden Probleme, die eine ähnliche Struktur haben, wird sich diese Mühe jedoch lohnen.

1.) Ein aus n Teilsystemen bestehendes System (z.B. ein Großcomputer oder das Steuersystem eines Satelliten) ist defekt. Das defekte Teilsystem soll mit möglichst geringen Kosten bestimmt werden.

2.) Es besteht die Möglichkeit, in n Gebieten nach Öl zu suchen. Die Bohrungen sollen so geplant werden, daß die erwarteten Kosten, die entstehen, bis Öl gefunden wird, minimal sind.

3.) Nachdem ein Schiff gesunken ist, soll ein Suchboot die Unglücksstelle möglichst schnell bestimmen, wobei das Meer in n Planquadrate eingeteilt wird.

Für das dritte Beispiel wurden auch nichtdiskrete Suchmodelle entwickelt und untersucht (Kap. XIII). In diesem Bereich werden die Ergebnisse der Theorie des Suchens von der US-Coast-Guard bei der Suche nach abgetriebenen Schiffen verwendet. Auch als 1966 die Amerikaner eine H-Bombe im Mittelmeer bei Palomares (Spanien) verloren hatten und als 1968 das amerikanische atomar angetriebene U-Boot "Scorpion" gesunken war, wurden Ergebnisse für diese Suchprobleme angewendet (Stone [140]).

In Kap. XIII werden wir allgemeinere Suchprobleme diskutieren, die die einzelnen Beispiele noch besser modellieren. In diesem Kapitel wollen wir das oben dargestellte grundlegende Suchproblem lösen. Die Bedeutung der einzelnen Parameter haben wir bereits erläutert.

<u>Definition 1.1:</u> Ein Suchproblem mit Inspektionen ist definiert, wenn für $X:=\{1,\ldots,n\}$ eine a-priori-Verteilung $p=(p(1),\ldots,p(n))$ und Abbildungen $c:\mathbb{N}\times X\to\mathbb{R}^+$ und $q:\mathbb{N}\times X\to[0,1]$ mit $\sum_{1\le j<\infty} q(j,k)\le 1$ für $k\in X$ gegeben sind.

Die Objekte können nur einzeln inspiziert werden. Unter den mit Sicherheit erfolgreichen Strategien soll eine mit minimalen erwarteten Suchkosten bestimmt werden. Diese nennen wir dann optimal.

Im weiteren Verlauf dieses Paragraphen werden wir noch einen
Literaturüberblick und eine graphische Veranschaulichung des Problems geben. In § 2 beantworten wir die Frage nach der Existenz von
erfolgreichen Strategien mit endlichen erwarteten Suchkosten. Bevor wir in § 4 zeigen, wann es optimale Strategien gibt und wie
diese konstruiert werden können, stellen wir in § 3 einige Hilfsmittel zur Verfügung, die es uns ermöglichen, eine gegebene Strategie zu verbessern. Falls keine optimale Strategie existiert, so
möchten wir wenigstens fast optimale Strategien konstruieren.
Dieses Problem wird in § 6 gelöst, indem wir eine optimale Strategie aus der größeren Klasse der Pseudostrategien (§ 5) mit einer
erfolgreichen Strategie approximieren.

Bevor wir die einschränkenden Annahmen, unter denen das Suchproblem zunächst gelöst wurde, diskutieren können, müssen wir
einige Bezeichnungen und Begriffe einführen.

<u>Definition 1.2:</u> Es sei s eine Strategie, $k \in X$ und $t \in \mathbb{N}$.

i) Die Funktion $Z(s,t,k)$ zählt, wieviele der ersten t Inspektionen das k-te Objekt betreffen. $Z(s,\infty,k)$ zählt alle von s
am Objekt k vorgesehenen Inspektionen.

ii) $C(s,t)$ gibt die Kosten der t-ten Inspektion nach Strategie s
an. Es ist $C(s,t)=c(Z(s,t,s(t)),s(t))$.

iii) $C^*(s,t)$ gibt die Kosten der ersten t Inspektionen nach Strategie s an. Es ist
$$C^*(s,t) = \sum_{1 \le \ell \le t} C(s,\ell) \quad \text{und} \quad C^*(s,\infty) = \lim_{t \to \infty} C^*(s,t).$$

iv) $Q(s,t)$ ist die Erfolgswahrscheinlichkeit der t-ten Inspektion
nach Strategie s. Wenn diese Inspektion die j-te Inspektion
des Objekts k ist, so ist $Q(s,t)=p(k)q(j,k)$. Allgemein ist
$Q(s,t)=p(s(t))q(Z(s,t,s(t)),s(t))$. $Q(s,\infty):=1- \sum_{1 \le t < \infty} Q(s,t)$ ist
die Wahrscheinlichkeit, daß s das gesuchte Objekt nicht
identifiziert.

v) $Q^*(s,t):= \sum_{1 \le \ell \le t} Q(s,\ell)$ ist die Wahrscheinlichkeit, daß eine der
ersten t Inspektionen nach Strategie s erfolgreich ist.

vi) Die erwarteten Suchkosten von s betragen

$$E(s) := \sum_{1 \leq t \leq \infty} Q(s,t)C^*(s,t) \quad (0 \cdot \infty := 0).$$

vii) Die Strategie s heißt erfolgreich, wenn $Q(s,\infty)=0$ ist.

viii) Die Strategie s ist optimal, wenn s erfolgreich ist und
keine erfolgreiche Strategie geringere erwartete Suchkosten
hat.

Mit Methoden der dynamischen Programmierung (Bellman [18],
Hinderer [61], Strauch [142]) können wir leicht die Existenz von
Strategien mit minimalen erwarteten Suchkosten beweisen und Methoden zu ihrer Konstruktion erhalten. Diese Strategien sind jedoch
in vielen Fällen nicht erfolgreich und damit nicht optimal. Daher
wurden für dieses Suchproblem andere Lösungsmethoden entwickelt.

Black [21] gab eine sehr schöne Lösung für das Suchproblem
unter der folgenden Annahme an. Es gibt $c_k \in \mathbb{R}^+$ und $q_k \in [0,1]$, so daß
für $j \in \mathbb{N}$ und $k \in X$ $c(j,k)=c_k$ und $q(j,k)=q_k^{j-1}(1-q_k)$ ist. Diese Gleichung für $q(j,k)$ erhalten wir, wenn die Ergebnisse der einzelnen
Inspektionen unabhängig sind und q_k die Wahrscheinlichkeit ist,
daß eine Inspektion des k-ten Objekts erfolglos ist, obwohl k das
gesuchte Objekt ist. Staroverov [136] hatte zuvor einen Spezialfall hiervon gelöst.

Kadane [75] schwächte diese Annahme folgendermaßen ab: Für
$k \in X$ ist $p(k)q(j,k)c(j,k)^{-1}$ monoton fallend in j. Kadane/Simon [77]
haben das Problem gelöst, wenn für jedes Objekt endlich viele Inspektionen ausreichen, d.h. wenn es für jedes k ein $\omega(k) \in \mathbb{N}$ gibt,
so daß $\sum_{1 \leq j \leq \omega(k)} q(j,k)=1$ ist. Unabhängig davon hat Wegener [156]
das Problem ohne einschränkende Annahmen vollständig gelöst.

Wir wollen nun klären, warum insbesondere die Annahme von
Kadane das Problem vereinfacht. Es ist $p(k)q(j,k)$ die Erfolgswahrscheinlichkeit und damit der Nutzen der j-ten Inspektion des k-ten
Objektes, während $c(j,k)$ die zugehörigen Kosten sind. Der Quotient
aus Nutzen und Kosten $p(k)q(j,k)c(j,k)^{-1}$ gibt die Effizienz dieser
Inspektion an. Es ist naheliegend, stets das Objekt zu inspizieren,
bei dem die nächste Inspektion am effizientesten ist. Unter der Annahme von Kadane ergibt dieses Vorgehen eine optimale Strategie,
falls eine solche existiert (§ 4). Falls die Annahme von Kadane
nicht gilt, kann die zweite Inspektion eines Objekts viel effi-
zienter sein als die erste. Dann werden wir dieses Objekt viel-

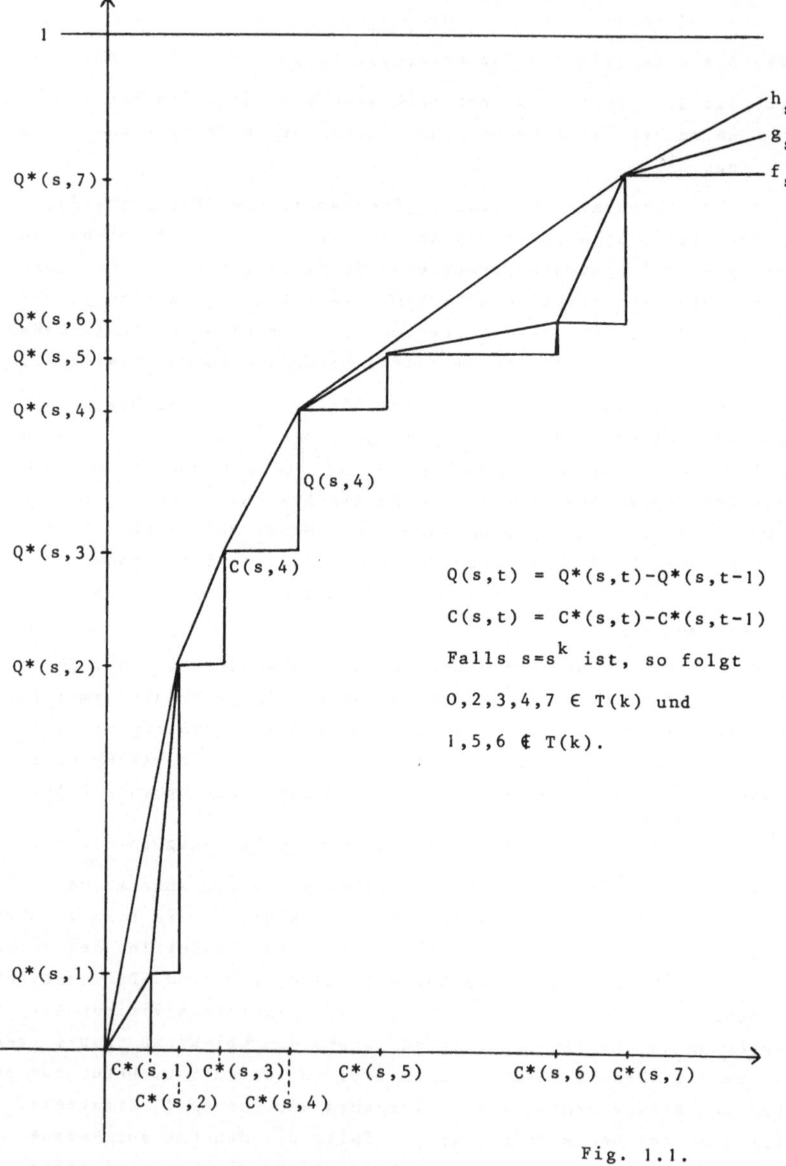

$$Q(s,t) = Q^*(s,t)-Q^*(s,t-1)$$
$$C(s,t) = C^*(s,t)-C^*(s,t-1)$$

Falls $s=s^k$ ist, so folgt
$0,2,3,4,7 \in T(k)$ und
$1,5,6 \notin T(k)$.

Fig. 1.1.

leicht zunächst inspizieren, obwohl die erste Untersuchung eines anderen Objekts verlockender ist. Wir müssen jedoch die wenig effiziente erste Inspektion durchführen, um danach in den Genuß der sehr effizienten zweiten Inspektion zu kommen. Damit ist klar, daß es im allgemeinen nicht optimal ist, nur auf die nächste Inspektion zu achten und diese möglichst effizient zu wählen.

Im folgenden werden wir diese Betrachtungen und die Annahme von Kadane an Abb. 1.1 veranschaulichen.

<u>Definition 1.3:</u> i) Für eine Strategie s ist f_s die folgende auf $[0,C^*(s,\infty))$ definierte Treppenfunktion: $f_s(x):=Q^*(s,t-1)$ für $x\in[C^*(s,t-1),C^*(s,t))$.

ii) g_s ist die stückweise lineare, stetige, monotone Funktion, die aus den linearen Verbindungen der Punkte $(C^*(s,t),Q^*(s,t))$ $(t\in\mathbb{N}_0)$ besteht.

iii) h_s ist die kleinste konkave Majorante von f_s.

iv) Es sei s^k die Strategie, die nur das k-te Objekt inspiziert und
$T(k): = \{t\in\mathbb{N}_0|f_{s^k}(C^*(s^k,t)) = h_{s^k}(C^*(s^k,t))\} \cup \{\infty\}$.

Wie wir in Abb. 1.1 sehen, gibt die Steigung von g_s in einem Intervall die Effizienz der zugehörigen Inspektion an. Genau unter der Annahme von Kadane ist also g_{s^k} konkav und damit $g_{s^k} = h_{s^k}$.
Da f_{s^k} und g_{s^k} nach Definition an den Punkten $C^*(s^k,t)$ überein-
stimmen, ist genau dann $T(k)=\overline{\mathbb{N}}_0:=\mathbb{N}_0\cup\{\infty\}$, wenn die Annahme von Kadane erfüllt ist.

Die Funktionen f_s,g_s und h_s werden auch im weiteren eine wichtige Rolle spielen, da wir uns mit ihnen alle Aussagen und Beweise gut veranschaulichen können. Daher verzichten wir auch auf den Beweis der nächsten Bemerkung.

<u>Bemerkung 1.4:</u> Für jede erfolgreiche Strategie s gilt:

$$E(s) = \sum_{1\leq t<\infty} C^*(s,t)Q(s,t) = \sum_{1\leq t<\infty} C(s,t)(1-Q^*(s,t-1))$$

$$= \int_{[0,C^*(s,\infty))} (1-f_s(x))dx$$

$$= \int_{[0,C^*(s,\infty))} (1-g_s(x))dx + \sum_{k\in X} \sum_{1\leq j<\infty} \frac{1}{2} p(k)q(j,k)c(j,k).$$

O.B.d.A. nehmen wir im weiteren an, daß für alle $k \in X$ $p(k) > 0$ ist. Außerdem teilen wir den Suchbereich in drei Teilmengen. Für jedes Objekt der ersten Gruppe genügen endlich viele Inspektionen, um es mit Sicherheit zu identifizieren. Die anderen Objekte teilen wir noch in zwei Gruppen, je nachdem, ob alle Inspektionen des Objekts zusammen nur endliche Kosten verursachen oder nicht. O.B.d.A. seien also die Objekte so durchnumeriert, daß für geeignete $n_1, n_2 \in \{0, \ldots, n\}$ gilt

i) Für $k \in \{1, \ldots, n_1\}$ gibt es ein $\omega(k) \in \mathbb{N}$, so daß
$$\sum_{1 \leq j \leq \omega(k)} q(j,k) = 1 \text{ ist.}$$

ii) Für $k \in \{n_1+1, \ldots, n_2\}$ gilt i) nicht, und es ist
$$L_k := \sum_{1 \leq j < \infty} c(j,k) \in \mathbb{R}^+.$$

iii) Für $k \in \{n_2+1, \ldots, n\}$ gilt i) nicht, und es ist $\sum_{1 \leq j < \infty} c(j,k) = \infty$.

§ 2: Die Existenz erfolgreicher Strategien mit endlichen erwarteten Suchkosten

Da für jedes Objekt $k \in X$ die a-priori-Wahrscheinlichkeit positiv ist, muß eine erfolgreiche Strategie jedes Objekt, falls es gesucht wird, mit Sicherheit finden. Wenn $\sum_{1 \leq j < \infty} q(j,k) < 1$ ist, so ist dies jedoch selbst mit unendlich vielen Inspektionen des k-ten Objekts nicht möglich. Ist dagegen für alle k $\sum_{1 \leq j < \infty} q(j,k) = 1$, so ist zum Beispiel die Strategie, die alle Objekte immer wieder nacheinander inspiziert, erfolgreich. Es gilt somit

Bemerkung 2.1: i) Es existiert genau dann eine erfolgreiche Strategie, wenn für alle $k \in X$ gilt: $\sum_{1 \leq j < \infty} q(j,k) = 1$.

ii) Falls für alle $k \in X$ gilt: $\sum_{1 \leq j < \infty} q(j,k) = 1$, so ist eine Strategie s genau dann erfolgreich, wenn $Z(s, \infty, k) \geq \omega(k)$ für $k \leq n_1$ und $Z(s, \infty, k) = \infty$ für $k > n_1$ ist.

Wir setzen nun die Existenz einer erfolgreichen Strategie voraus. Mit $E(s|k)$ bezeichnen wir die erwarteten Kosten der Strategie s, falls das Objekt k gesucht wird. Dann ist $E(s) = \sum_{k \in X} p(k) E(s|k)$. Damit $E(s)$ endlich ist, muß also $E(s|k)$ für alle k endlich sein. Wenn das k-te Objekt gesucht wird, so ist natürlich die Strategie

s^k, die nur dieses Objekt inspiziert, optimal. Also ist für alle erfolgreichen Strategien s: $E(s|k) \geq E(s^k|k)$. Falls für ein k $E(s^k|k) = \infty$ ist, kann es daher keine erfolgreiche Strategie mit endlichen erwarteten Suchkosten geben. Es gilt aber auch die Umkehrung.

<u>Satz 2.2:</u> Es gibt genau dann eine erfolgreiche Strategie mit endlichen erwarteten Suchkosten, wenn für alle k $E(s^k|k) < \infty$ und

$$\sum_{1 \leq j < \infty} q(j,k) = 1$$ gelten.

<u>Beweis:</u> Es genügt, unter den Bedingungen $E(s^k|k) < \infty$ und $\sum_{1 \leq j < \infty} q(j,k) = 1$ für alle k eine erfolgreiche Strategie s mit $E(s) < \infty$ zu konstruieren. Dabei benutzen wir die Einteilung der Objekte in die drei Gruppen (§ 1). Für ein Objekt k aus der ersten Gruppe sind $\omega(k)$ Inspektionen ausreichend. Daher inspizieren wir zunächst jedes der Objekte $k \in \{1, \ldots, n_1\}$ $\omega(k)$-mal. Dann ist für $k \leq n_1$ $E(s|k) < \infty$. Da diese $\omega(1) + \ldots + \omega(n_1)$ Inspektionen nur endliche Kosten verursachen, haben diese Inspektionen keinen Einfluß darauf, ob für $k > n_1$ $E(s|k) < \infty$ ist. Daher nehmen wir o.B.d.A. an, daß $n_1 = 0$ ist.

Wäre $n_2 = n$, könnten wir die Objekte immer wieder nacheinander inspizieren. Dann sind sogar die maximalen Suchkosten $L_1 + \ldots + L_n$ endlich. Daher nehmen wir o.B.d.A. an, daß $n_2 < n$ ist.

Wir werden nun zunächst eine Strategie $\bar{s}$ angeben, die für alle Objekte der dritten Gruppe unendlich viele Inspektionen vorsieht und für die für alle $k > n_2$ $E(\bar{s} | k) < \infty$ ist. Die Inspektionen der anderen Objekte $\ell > n_2$ dürfen dabei die Kosten für eine Suche nach k nicht zu sehr erhöhen.

Wenn $\bar{s}(1), \ldots, \bar{s}(t)$ bereits definiert sind (zunächst $t = 0$), wählen wir $\bar{s}(t+1) := k$, so daß für alle $\ell > n_2$

$$\sum_{1 \leq j \leq Z(\bar{s},t,k)+1} c(j,k) \leq \sum_{1 \leq j \leq Z(\bar{s},t,\ell)+1} c(j,\ell)$$ ist. Wir inspizieren

also das Objekt, für das mit der folgenden Inspektion die Kosten am geringsten sind. Dieses Verfahren balanciert die Kosten sehr gut. Da für $k > n_2$ $\sum_{1 \leq j < \infty} c(j,k) = \infty$ ist, sieht $\bar{s}$ für diese Objekte unendlich viele Inspektionen vor.

Falls $\bar{s}(t) = k$ ist, so ist für $\ell > n_2$

$$\sum_{1 \leq j \leq Z(\bar{s},t,\ell)} c(j,\ell) \leq \sum_{1 \leq j \leq Z(\bar{s},t,k)} c(j,k).$$ Würde diese Zwischenbe-

hauptung nicht gelten, so wäre für den letzten Zeitpunkt $T<t$, für den $\bar{s}(T)=\ell$ ist,

$$\sum_{1\le j\le Z(\bar{s},T-1,\ell)+1} c(j,\ell) = \sum_{1\le j\le Z(\bar{s},t,\ell)} c(j,\ell) > \sum_{1\le j\le Z(\bar{s},t,k)} c(j,k)$$

$$\ge \sum_{1\le j\le Z(\bar{s},T-1,k)+1} c(j,k)$$ im Widerspruch zur Definition von $\bar{s}$. Damit

betragen die Kosten von $\bar{s}$ bis zur m-ten Inspektion von k höchstens $n\sum_{1\le j\le m} c(j,k)$. Es folgt $E(\bar{s}|k)\le nE(s^k|k)<\infty$.

Mit der Hilfsstrategie $\bar{s}$ können wir die gewünschte Strategie s definieren. Wir müssen darauf achten, daß die teueren Inspektionen der Objekte aus der dritten Gruppe nicht die Kosten für eine Suche nach einem Objekt der zweiten Gruppe zu sehr erhöhen.

Mit A_t bezeichnen wir die Kosten der ersten t Inspektionen von $\bar{s}$. Für $j\in\mathbb{N}$ und $k\le n_2$ sei $a(j,k)\in\mathbb{N}$ so gewählt, daß $a(j+1,k)>a(j,k)$ und $\sum_{1\le i\le a(j,k)} q(i,k) > 1-2^{-j}A_j^{-1}$ ist. Wir definieren die Strategie s stufenweise. Auf der ℓ-ten Stufe wird jedes Objekt $k\le n_2$ $a(\ell,k)-a(\ell-1,k)$-mal inspiziert und danach das Objekt $\bar{s}(\ell)$ einmal inspiziert. Damit werden alle Objekte unendlich oft inspiziert, und s ist erfolgreich.

Die Kosten für die Inspektionen der Objekte $k\le n_2$ können durch $L:=L_1+\ldots+L_{n_2}$ abgeschätzt werden. Wird das k-te Objekt der zweiten Gruppe gesucht, ist die Wahrscheinlichkeit, daß wir genau ℓ Inspektionen von Objekten der dritten Gruppe durchführen, kleiner als $2^{-\ell}A_\ell^{-1}$. Also gilt für $k\le n_2$: $E(s|k) \le L+ \sum_{1\le\ell<\infty} A_\ell 2^{-\ell}A_\ell^{-1} = L+1<\infty$.

Da für $k>n_2$ $E(s|k)\le L+E(\bar{s}|k)<\infty$ ist, ist der Satz bewiesen. Q.E.D.

Falls alle erfolgreichen Strategien unendliche erwartete Kosten haben, sind alle erfolgreichen Strategien optimal. Daher nehmen wir an, daß es eine erfolgreiche Strategie s mit endlichen erwarteten Kosten gibt.

§ 3: Verfahren zur Verbesserung gegebener Strategien

Wir haben schon in der Einleitung gesehen, daß die Effizienz der Inspektionen für die Konstruktion guter Strategien wichtig ist.

__Definition 3.1:__ i) $e(j,k):=p(k)q(j,k)c(j,k)^{-1}$ ist die Effizienz der j-ten Inspektion des k-ten Objekts.

ii) Mit $e(s,T,T')$ bezeichnen wir die durchschnitt-
liche Effizienz der Inspektionen $T+1,\ldots,T'$ der Strategie s $(T<T')$.
Es ist $e(s,T,T') = (Q*(s,T')-Q*(s,T))\,(C*(s,T')-C*(s,T))^{-1}$.

Wenn für $T<T'<T''<\infty$ die Inspektionen $T+1,\ldots,T'$ einer Strategie
s andere Objekte betreffen als die Inspektionen $T'+1,\ldots,T''$, dann
können wir diese Gruppen von Inspektionen austauschen. Die neue
Strategie müßte genau dann besser sein als s, wenn $e(s,T,T')$
kleiner als $e(s,T',T'')$ ist. Diese Vermutung beweisen wir durch
eine einfache Rechnung.

<u>Satz 3.2:</u> Es sei $E(s)<\infty$ und $0<T<T'<T''<\infty$. Für $t\in\{T+1,\ldots,T'\}$ und
$t'\in\{T'+1,\ldots,T''\}$ sei $s(t)\neq s(t')$. s' sei die Strategie, in der diese
beiden Gruppen von Inspektionen ausgetauscht wurden. Die Folge
$s'(1),s'(2),\ldots$ ist dann gleich
$s(1),\ldots,s(T),s(T'+1),\ldots,s(T''),s(T+1),\ldots,s(T'),s(T''+1),s(T''+2),\ldots$.

i) s' ist genau dann erfolgreich, wenn s erfolgreich ist.

ii) $E(s') \lesseqgtr E(s) \iff e(s,T,T') \lesseqgtr e(s,T',T'')$.

<u>Beweis:</u> Die erste Behauptung ist offensichtlich richtig. Zum Be-
weis der zweiten Behauptung berechnen wir $E(s)-E(s')$. Für $t\leq T$ oder
$t>T''$ ist $C*(s,t)=C*(s',t)$ und $Q(s,t)=Q(s',t)$, für $t\in\{T+1,\ldots,T'\}$
ist $Q(s,t)=Q(s',t+T''-T')$ und
$C*(s,t)-C*(s',t+T''-T')=-(C*(s,T'')-C*(s,T'))$, und für
$t\in\{T'+1,\ldots,T''\}$ ist $Q(s,t)=Q(s',t-(T'-T))$ und
$C*(s,t)-C*(s',t-(T'-T))=C*(s,T')-C*(s,T)$. Also ist
$$E(s)-E(s') = \sum_{1\leq t<\infty} (C*(s,t)Q(s,t)-C*(s',t)Q(s',t))$$
$$= \sum_{T<t\leq T'} Q(s,t)(C*(s,t)-C*(s',t+T''-T'))+ \sum_{T'<t\leq T''} Q(s,t)(C*(s,t)-C*(s',t-(T'-T)))$$
$$=-(Q*(s,T')-Q*(s,T))(C*(s,T'')-C*(s,T'))+(Q*(s,T'')-Q*(s,T'))(C*(s,T')-C*(s,T)).$$
Damit folgt die Behauptung. Q.E.D.

Wir haben auf die Annahme von Kadane, daß die Effizienzen der
Inspektionen jedes Objekts monoton fallen, verzichtet. Die Annahme
von Kadane ist äquivalent zu der Annahme $T(k)=\overline{\mathbb{N}}_0$ für alle k. Im
folgenden zeigen wir, daß die Inspektionen $T+1,\ldots,T'$ von k "zu-
sammengehören", wenn T' der direkte Nachfolger von T in $T(k)$ ist.

<u>Definition 3.3:</u> Mit S* bezeichnen wir die Menge aller erfolgrei-
chen Strategien s mit der folgenden Eigenschaft: Falls T' für ein k
der direkte Nachfolger von T in $T(k)$ ist, führt s die Inspektionen

T+1,...,T' des Objekts k direkt nacheinander aus.

<u>Satz 3.4:</u> Jede optimale Strategie ist ein Element von S*.

<u>Beweis:</u> <u>Annahme:</u> Die Strategie s∉S* ist optimal. Dann gibt es ein k∈X und ein T∈T(k) mit direktem Nachfolger T' in T(k), so daß s die Inspektionen T+1,...,T' von k nicht direkt nacheinander ausführt. (Dabei kann T' = ∞ sein.) Da s erfolgreich ist, muß s aber alle diese Inspektionen vorsehen. s führe diese Inspektionen in m Gruppen (m∈$\overline{\mathbb{N}}$,m≥2) durch, wobei zwischen zwei aufeinanderfolgenden Gruppen nur Inspektionen anderer Objekte liegen und zwei Gruppen durch mindestens eine Inspektion getrennt sind. Mit e_i (1≤i≤m, falls m<∞,i∈$\mathbb{N}$, falls m=∞) bezeichnen wir die durchschnittliche Effizienz der Inspektionen von k, die zur i-ten Gruppe gehören.

Da T' der direkte Nachfolger von T in T(k) ist, muß die durchschnittliche Effizienz der Inspektionen T+1,...,t von k für t<T' kleiner als die durchschnittliche Effizienz der Inspektionen T+1,...,T' von k sein. Also ist $e_1,...,e_m$ oder $e_1,e_2,...$ keine monoton fallende Folge. Wir wählen i, so daß $e_i<e_{i+1}$ ist. Mit e bezeichnen wir die durchschnittliche Effizienz der Inspektionen, die zwischen der i-ten und der (i+1)-ten Gruppe von Inspektionen von k vorgesehen sind.

<u>1. Fall:</u> e_i < e. (<u>2. Fall:</u> e_i ≥ e ⇒ e < e_{i+1}):
Nach Satz 3.2 können wir s verbessern, indem wir die i-te Gruppe ((i+1)-te Gruppe) von Inspektionen von k mit der darauffolgenden (vorhergehenden) Gruppe von Inspektionen anderer Objekte vertauschen. Damit erhalten wir einen Widerspruch zur Optimalität von s.

Q.E.D.

§ 4: Die Existenz und die Konstruktion optimaler Strategien

In § 3 haben wir gezeigt, daß bestimmte Gruppen von Inspektionen bei einer optimalen Strategie direkt nacheinander durchgeführt werden müssen. Daher ist es naheliegend, diese Inspektionen zusammenzufassen.

<u>Definition 4.1:</u> Zu einem Suchproblem (n,p,c,q) definieren wir das duale Suchproblem (n',p',c',q'). n':=n,p':=p. Falls T(k) eine unendliche Menge ist, sei T(k)-{∞} folgendermaßen aufgezählt:
$0=:T(0,k)<T(1,k)<....$ Dann ist

$$c'(j,k):=\sum_{T(j-1,k)<i\leq T(j,k)} c(i,k)$$

und $q'(j,k) := \sum\limits_{T(j-1,k)<i\leq T(j,k)} q(i,k)$. Falls $T(k)$ eine endliche
Menge ist, sei $T(k)$ folgendermaßen aufgezählt:
$0=:T(0,k)<...<T(m,k):=\infty$. Dann werden für $j\leq m$ $c'(j,k)$ und $q'(j,k)$
wie oben definiert. Für $j>m$ werden zusätzliche Inspektionen durch
$c'(j,k):=1$ und $q'(j,k):=0$ definiert.

Im dualen Suchproblem ist offensichtlich $T'(k)=\overline{\mathbb{N}}_0$. Damit ist
im dualen Suchproblem die Annahme von Kadane erfüllt. Wir können
uns o.B.d.A. auf Strategien beschränken, die erst dann eine zusätzliche Inspektion durchführen, wenn alle Inspektionen mit positiver
Effizienz durchgeführt worden sind. Im Gegensatz zu den oben definierten zusätzlichen Inspektionen bezeichnen wir die Inspektionen,
die von jeder erfolgreichen Strategie vorgesehen werden müssen,
als notwendige Inspektionen.

Zu einer Strategie $s\in S^*$ gehört die duale Strategie s^d: Wenn s
die Inspektionen $T(j-1,k)+1,...,T(j,k)$ von k vorsieht, sieht s^d
dafür eine Inspektion von k vor, da ja im dualen Suchproblem diese
Inspektionen zu einer zusammengefaßt wurden. Wenn diese Definition
nur zu einer endlichen Folge von Inspektionen führt, fügen wir beliebige zusätzliche Inspektionen an. Im folgenden Lemma zählen wir
einige einfache Eigenschaften der dualen Strategien auf.

<u>Lemma 4.2:</u> i) Die duale Strategie s^d zu einer Strategie $s\in S^*$ ist
erfolgreich.

ii) $E(s)\leq E(s^d)\leq 2E(s)$. Damit sind die erwarteten Kosten
von $s\in S^*$ genau dann endlich, wenn die erwarteten Kosten der dualen
Strategie endlich sind.

iii) Es gibt eine Konstante $D\in\mathbb{R}$, so daß für alle $s\in S^*$
mit $E(s)<\infty$ $E(s^d)-E(s)=D$ ist.

Den Beweis dieses Lemmas kann der Leser an Abb. 1.1 ablesen.
Die zweite Ungleichung in der Aussage ii) gilt, da $f_{s^d}\leq f_s\leq g_{s^d}\leq 1$ ist
und da die Spiegelungen der Dreiecke zwischen f_{s^d} und g_{s^d} an den
Hypothenusen ebenfalls zwischen f_{s^d} und 1 liegen.

Falls $T(k)$ eine endliche Menge ist, werden unendlich viele Inspektion zu einer zusammengefaßt. Dies kann Probleme aufwerfen,
da wir nach unendlich vielen Inspektionen keine weitere Inspektion
durchführen können. Wir zeigen nun, daß $T(k)$ nur für Objekte der

zweiten Gruppe eine endliche Menge sein kann.

__Lemma 4.3:__ $|T(k)|<\infty \Rightarrow n_1<k\leq n_2$.

__Beweis:__   Für $k\leq n_1$ sind alle $i\geq\omega(k)$ Elemente von $T(k)$.
Es sei angenommen, daß $T(k)$ für ein $k>n_2$ eine endliche Menge ist.
Sei $T:=\max(T(k)-\{\infty\})$. Die Folge $e_m:=e(s^k,T,T+m)$ $(m\in\mathbb{N})$ ist, da
$\sum\limits_{T<j<\infty} c(j,k)=\infty$ ist, eine nichtnegative Nullfolge. Daher gibt es ein
$i\in\mathbb{N}$, so daß e_i ein maximales Folgenglied ist. Es folgt $T+i\in T(k)$ im
Widerspruch zur Definition von T.   Q.E.D.

Wir werden nun hinreichende und notwendige Bedingungen für die
Existenz optimaler Strategien angeben. Dazu unterscheiden wir drei
Fälle:

__1. Fall:__   Für alle k ist $|T(k)|=\infty$.

__2. Fall:__   Es gibt ein k, so daß $|T(k)|<\infty$ ist, und es ist $n_1\leq n-2$.

__3. Fall:__   Es gibt ein k, so daß $|T(k)|<\infty$ ist, und es ist $n_1>n-2$.

Nach Lemma 4.3 sind die Bedingungen des dritten Falles äquivalent
zu $n_1=n-1$, $n_2=n$ und $|T(n)|<\infty$.

Im ersten Fall gilt, daß jede erfolgreiche Strategie für das
duale Suchproblem die duale Strategie zu einer Strategie $s\in S^*$ ist.
Nach Lemma 4.2 ist $E((s^k)^d|k) \leq 2E(s^k|k)<\infty$. Nach Satz 2.2 exi-
stiert damit für das duale Problem eine erfolgreiche Strategie s'
mit endlichen erwarteten Kosten. Die Strategie $s\in S^*$ mit $s^d=s'$ hat
dann nach Lemma 4.2 auch endliche erwartete Kosten. Wir zeigen zunächst, daß unter diesen Umständen eine beste Strategie in S^*
schon optimal ist. Nach Lemma 4.2 und Satz 3.4 gibt es daher genau
dann eine optimale Strategie, wenn es für das duale Problem eine
optimale Strategie gibt. Ist s' optimal für das duale Problem, so
ist für das gegebene Suchproblem die Strategie $s\in S^*$ optimal, für
die $s^d=s'$ ist.

__Satz 4.4:__   Es sei $T(k)$ für alle k eine unendliche Menge.
$s\in S^*$ habe endliche erwartete Kosten, und keine Strategie aus S^*
habe geringere erwartete Kosten als s. Dann ist s optimal.

__Beweis:__   Angenommen es gibt eine erfolgreiche Strategie $\bar{s}$ mit
$E(s)-E(\bar{s})=:\varepsilon>0$. Nach Voraussetzung ist $\bar{s}\notin S^*$, und es ist nach
Satz 3.4 klar, daß wir $\bar{s}$ verbessern können. Damit könnte man
meinen, daß wir nach einer Folge von Verbesserungen von $\bar{s}$ eine

bessere Strategie s*∈S* erhalten im Widerspruch zur Voraussetzung.
Nach einer unendlichen Folge von Verbesserungen kann die Strategie
jedoch die Eigenschaft, erfolgreich zu sein, verlieren. Daher
müssen wir auf andere Weise s*∈S* mit $E(s^*)<E(s)$ konstruieren.

Da $E(s)<\infty$, $s\in S^*$ und für alle k $|T(k)|=\infty$ ist, können wir $T\in\mathbb{N}$ so
wählen, daß $\sum_{T<t<\infty} C^*(s,t)Q(s,t)<\varepsilon$ ist, $Z(s,T,k)\in T(k)$ für alle k
gilt und s bis zum Zeitpunkt T nur notwendige Inspektionen durch-
führt. Wir kümmern uns zunächst nur um die $Z(s,T,k)$ ersten Inspektionen jedes k. Wir bringen diese Inspektionen in eine optimale
Reihenfolge: $s^*(1),\ldots,s^*(T)$. Dann ist $Z(s^*,T,k)=Z(s,T,k)$. Nach
Satz 3.4 hat die Teilstrategie s* die Eigenschaften einer Strategie aus S*. Da auch $\bar{s}$ diese Inspektionen vorsehen muß, ist
$$\sum_{1\leq t\leq T} C^*(s^*,t)Q(s^*,t)\leq E(\bar{s}).$$ Für $t>T$ sei $s^*(t):=s(t)$. Dann ist
$$\sum_{T<t<\infty} C^*(s^*,t)Q(s^*,t)= \sum_{T<t<\infty} C^*(s,t)Q(s,t)<\varepsilon.$$ Zusammenfassend gilt
$s^*\in S^*$ und $E(s^*)<E(\bar{s})+\varepsilon=E(s)$. Mit diesem Widerspruch haben wir den
Satz bewiesen.   Q.E.D.

<u>Satz 4.5:</u> Für alle Objekte k sei T(k) eine unendliche Menge.

 i) Es gibt genau dann eine optimale Strategie, wenn es für das
    duale Problem eine optimale Strategie gibt. Falls s' für das
    duale Problem optimal ist, so ist die Strategie s, für die
    $s^d=s'$ ist, für das gegebene Problem optimal.

ii) Für das duale Problem gibt es genau dann eine optimale Strate-
    gie, wenn die Bedingungen a), b) und c) erfüllt sind.

    a) Sei $e'_k:=\lim_{j\to\infty} e'(j,k)$. Dann gibt es ein e, so daß für $k>n_1$

       $e'_k=e$ ist. Falls $n_1=n$ ist, sei $e=0$. (Da im dualen Problem
       für alle k $e'(j,k)$ monoton fällt, ist e'_k wohldefiniert.)

    b) Die Effizienz jeder Inspektion beträgt mindestens e oder
       ist 0.

    c) Falls $e>0$ ist und es eine Inspektion mit Effizienz e gibt,
       so gibt es für alle $k>n_1$ ein $j(k)\in\mathbb{N}$, so daß für $i>j(k)$
       $e'(i,k)\in\{0,e\}$ ist.

<u>Beweis:</u> i) ist nach den Vorbemerkungen klar.
ii) Eine erfolgreiche Strategie für das duale Problem muß alle
Inspektionen mit positiver Effizienz vorsehen. Wenn zwei Inspek-

tionen verschiedener Objekte aufeinanderfolgen und die zuerst
durchgeführte Inspektion die kleinere Effizienz hat, kann die
Strategie nach Satz 3.2 nicht optimal sein. Da für jedes k $e'(j,k)$
monoton fallend ist, müssen wir also, um eine optimale Strategie
zu erhalten, zu jedem Zeitpunkt das Objekt inspizieren, dessen
nächste Inspektion die größte Effizienz hat. Nur wenn es mehrere
Objekte gibt, für die die nächste Inspektion die größte Effizienz
hat, können wir zwischen mehreren Inspektionen wählen.

"$\Leftarrow$" Folgende Strategie s' ist optimal. Falls $s'(1),\ldots,s'(t)$
definiert sind, sei X_t die Menge der Objekte, für die die nächste
Inspektion die maximale Effizienz hat. Als $s'(t+1)$ wählen wir ein
$k \in X_t$, das bisher am seltensten inspiziert wurde. Die Bedingungen
a), b) und c) sichern uns, daß s' alle Inspektionen mit positiver
Effizienz vorsieht und daher erfolgreich ist. Wir zeigen nun, daß
s' optimal ist.

Nach Bemerkung 1.4 genügt es zu zeigen, daß für alle erfolgreichen Strategien s"
$$\int_{[0,C*(s',\infty))} (1-g_{s'}(x))dx \leq \int_{[0,C*(s'',\infty))} (1-g_{s''}(x))dx$$
ist. O.B.d.A. können wir annehmen, daß auch s" frühestens dann eine
nicht notwendige Inspektion durchführt, wenn alle Inspektionen mit
positiver Effizienz durchgeführt worden sind. Damit können wir auch
annehmen, daß $C*(s',\infty)=C*(s'',\infty)$ ist. Es genügt also zu zeigen, daß
für alle $x \in [0,C*(s',\infty))$ $g_{s'}(x) \geq g_{s''}(x)$ ist. Dies folgt aber aus der
Definition von s'. Die Funktion g_s ist stets eine stückweise
lineare, stetige, monotone Funktion, deren Steigungen durch die Effizienzen der Inspektionen gegeben sind. s' wurde gerade so definiert, daß für $t<t'$ die Effizienz der t-ten Inspektion nicht
kleiner als die Effizienz der t'-ten Inspektion ist. Da außerdem
alle Inspektionen mit positiver Effizienz von s' vorgesehen werden,
muß für alle anderen erfolgreichen Strategien s" $g_{s''} \leq g_{s'}$ sein.

"$\Rightarrow$" Wenn a) nicht gilt, gibt es $k,\ell > n_1$, so daß $e'_\ell < e'_k$ ist.
Damit existiert eine Inspektion, deren Effizienz im Intervall
$(0,e'_k)$ liegt. Diese Inspektion muß von einer erfolgreichen Strategie vorgesehen werden. Von einer optimalen Strategie kann diese
Inspektion jedoch erst nach allen Inspektionen von k vorgesehen
sein. Daher kann es keine optimale Strategie geben.

Wenn a) gilt und b) nicht, muß es eine Inspektion geben, deren
Effizienz im Intervall (0,e) liegt, während für ein anderes Objekt

alle Inspektionen mindestens die Effizienz e haben. Wie im vorigen
Fall kann es keine optimale Strategie geben.

Wenn a) und b) gelten und c) nicht, gibt es eine Inspektion
mit Effizienz e, während für ein Objekt alle Inspektionen eine
größere Effizienz als e haben. Wieder kann es keine optimale Strategie geben. Q.E.D.

<u>Satz 4.6:</u> Falls eine Menge T(k) endlich ist und $n_1 \leq n-2$ ist, gibt
es keine optimale Strategie.

<u>Beweis:</u> Da $n_1 \leq n-2$ ist, gibt es mindestens zwei Objekte (n-1 und n),
die von jeder erfolgreichen und damit auch von jeder optimalen
Strategie unendlich oft inspiziert werden müssen. Da $|T(k)| < \infty$ ist,
müssen nach Satz 3.4 unendlich viele der Inspektionen von k von
einer optimalen Strategie direkt nacheinander vorgesehen sein. Bei-
des läßt sich nicht vereinbaren. Also gibt es keine optimale Strategie. Q.E.D.

<u>Satz 4.7:</u> Es sei $n_1 = n-1$ und $|T(n)| < \infty$. Mit e_k' wird im dualen Pro-
blem die Effizienz der letzten Inspektion von k mit positiver
Effizienz bezeichnet. Es gibt genau dann eine optimale Strategie
für das gegebene Problem, wenn für alle k $e_n' \leq e_k'$ ist.

<u>Beweis:</u> Für die ersten n_1 Objekte gibt es nur endlich viele In-
spektionen mit positiver Effizienz. Das gilt dann auch für das
duale Problem. Da $|T(n)| < \infty$ ist, gibt es im dualen Problem auch
für das n-te Objekt nur endlich viele Inspektionen mit positiver
Effizienz. Daher sind $e_1', \ldots, e_n'$ wohldefiniert.

"$\Leftarrow$" Im dualen Problem kommt es nur darauf an, die endlich
vielen Inspektionen mit positiver Effizienz in eine optimale
Reihenfolge zu bringen. Daher gibt es für das duale Problem stets
eine optimale Strategie s' (Konstruktion nach Satz 4.5), die wir
so wählen können, daß alle Inspektionen mit Effizienz 0 zusätzliche
Inspektionen von n sind. Da für $k \in X$ $e_n' \leq e_k'$ ist, kann s' so bestimmt werden, daß die letzte Inspektion von n mit positiver Effizienz überhaupt die letzte Inspektion mit positiver Effizienz ist.
Daher gibt es eine Strategie $s \in S^*$, für die $s^d = s'$ ist.

Sei nun $\bar{s}$ eine beliebige, erfolgreiche Strategie. Wir können
o.B.d.A. annehmen, daß $\bar{s}$ für $k \leq n_1$ genau $\omega(k)$ Inspektionen vorsieht.
Damit sehen $\bar{s}$ und s von einem Zeitpunkt T an nur noch Inspektionen
von n vor. Indem wir Satz 3.2 endlich oft anwenden, erhalten wir

- 264 -

eine endliche Folge von Strategien $\bar{s}=:s_0,\ldots,s_m:=s$ mit $E(s_i) \geq E(s_{i+1})$. Also ist s optimal.

"$\Rightarrow$" <u>Annahme:</u> $e_k'=\min\{e_1',\ldots,e_n'\}<e_n'$, und es gibt eine optimale Strategie. Nach Satz 3.4 ist $s\in S^*$. Offensichtlich führt s für $k\leq n_1$ genau $\omega(k)$ Inspektionen durch, und es gibt einen Zeitpunkt T, von dem ab s die letzte Gruppe von Inspektionen von n vorsieht. Da $e_k'=\min\{e_1',\ldots,e_n'\}$, können wir nach Satz 3.2 annehmen, daß s direkt vor dem Zeitpunkt T die letzte Gruppe von Inspektionen von k mit durchschnittlicher Effizienz e_k' durchführt. Da $e_n' > e_k'$ ist, gibt es ein $t\in\mathbb{N}$, so daß $e(s,T,T+t)>e_k'$ ist. Wir können s nach Satz 3.2 verbessern, indem wir diese t Inspektionen von n mit der vorherigen Gruppe von Inspektionen von k vertauschen. Mit diesem Widerspruch haben wir den Satz bewiesen.   Q.E.D.

Wir haben nun die Fälle klassifiziert, in denen es eine optimale Strategie gibt. Gleichzeitig haben wir gezeigt, wie optimale Strategien konstruiert werden können. Das folgende Korollar gibt eine einfache Bedingung an, unter der es eine optimale Strategie gibt.

<u>Korollar 4.8:</u> i) Falls für alle k gilt: $\sum\limits_{1\leq j<\infty} c(j,k)=\infty$, so ist $n_1=n_2$.

ii) Ist $n_1=n_2$, gibt es eine optimale Strategie.

<u>Beweis:</u> i) folgt nach Definition von n_1 und n_2.

ii) Falls $n_1=n_2$ ist, so gelten nach Lemma 4.3 die Bedingungen von Satz 4.5. Die Behauptung folgt mit $e:=0$ aus Satz 4.5.   Q.E.D.

§ 5: Die Klasse der Pseudostrategien

Wie wir an den Beweisen der Sätze 4.5, 4.6 und 4.7 ablesen können, gibt es genau dann keine optimale Strategie, wenn es für eine optimale Strategie erforderlich ist, ein Objekt unendlich oft und danach ein anderes Objekt zu inspizieren. Diese Vorgehensweise läßt sich mit einer normalen Strategie nicht realisieren. Wegener [156] hat daher die Menge der Pseudostrategien definiert, bei denen dieses Vorgehen zugelassen ist. Wir können ohne weitere Voraussetzung stets eine optimale Pseudostrategie konstruieren. Darüber hinaus können wir, wie wir in § 6 zeigen werden, jede Pseudostrategie durch eine normale Strategie beliebig gut approximieren. Wir erhalten also stets eine beliebig gute Strategie, wenn wir zunächst eine optimale Pseudostrategie s konstruieren und dann s approximieren.

<u>Definition 5.1</u>: Eine Pseudostrategie $s=(s_1,\ldots,s_m)$ ist eine endliche Folge von normalen Strategien mit der folgenden Eigenschaft: Falls s_i unendlich viele Inspektionen des Objekts k vorsieht, ist für $j>i$ und $t\in\mathbb{N}$ $s_j(t)\neq k$.

Eine Pseudostrategie s soll folgendes Verhalten beschreiben: Wir suchen zunächst mit der Strategie s_1. Wenn die Suche nicht erfolgreich ist, suchen wir mit der Strategie s_2 weiter, usw.. Die Nebenbedingung legt fest, daß ein Objekt, das bereits unendlich oft inspiziert wurde, nicht noch einmal inspiziert wird. Für $m=1$ erhalten wir den alten Begriff einer Strategie. Da jede Strategie nach Definition mindestens ein Objekt unendlich oft inspiziert, ist nach Definition 5.1 stets $m\leq n$.

Wir können nun die Definitionen 1.2 und 1.3 leicht auf die allgemeinere Klasse von Pseudostrategien übertragen. $C(s_i,t)$ soll zum Beispiel die Kosten der t-ten Inspektion nach s_i angeben, wenn wir die Pseudostrategie $s=(s_1,\ldots,s_m)$ verwenden. Es sei $k:=s_i(t)$ das Objekt, das bei dieser Inspektion untersucht wird.

$j:=\sum_{1\leq\ell<i} Z(s_\ell,\infty,k)+Z(s_i,t,k)$ gibt an, zum wievielten Male wir k untersuchen. Nach Definition 5.1 ist $j\neq\infty$. Daher ist $C(s_i,t)=c(j,k)$. Wir werden die anderen Größen nicht formal definieren, da schon durch dieses Beispiel alle weiteren Definitionen klar sein sollten.

Die Bemerkungen 1.4 und 2.1 gelten auch für Pseudostrategien. Da die Menge der erfolgreichen Strategien in der Menge der erfolgreichen Pseudostrategien enthalten ist, gibt es analog zu Satz 2.2 genau dann eine erfolgreiche Pseudostrategie mit endlichen erwarteten Kosten, wenn für alle k $E(s^k|k)<\infty$ und $\sum_{1\leq j<\infty} q(j,k)=1$ ist.

Wenn eine erfolgreiche Pseudostrategie s mit $E(s)<\infty$ eine Gruppe von Inspektionen der Objekte aus $X'\subset X$ direkt nacheinander und daran anschließend eine Gruppe von Inspektionen der Objekte aus $X-X'$ vorsieht und die durchschnittliche Effizienz der ersten Gruppe von Inspektionen kleiner als die durchschnittliche Effizienz der zweiten Gruppe von Inspektionen ist, können wir s verbessern, indem wir die beiden Gruppen von Inspektionen vertauschen. Der Beweis dieser Aussage verläuft analog zum Beweis von Satz 3.2.

<u>Definition 5.2</u>: Es sei PS* die Menge der erfolgreichen Pseudostra-

tegien, die, falls T' der direkte Nachfolger von T in T(k) ist, die Inspektionen T+1,...,T' von k direkt nacheinander ausführen.

Zu jeder Pseudostrategie $s \in PS^*$ gibt es wieder eine duale Pseudostrategie s^d für das duale Suchproblem. Im Gegensatz zu der Menge der (normalen) Strategien gilt hier offensichtlich folgende

<u>Bemerkung 5.3</u>: Ist s' eine erfolgreiche Pseudostrategie für das duale Suchproblem, die frühestens nach allen anderen Inspektionen zusätzliche Inspektionen vorsieht, dann gibt es eine Pseudostrategie $s \in PS^*$, für die $s^d = s'$ ist.

Analog zu Lemma 4.2 gilt

<u>Lemma 5.4</u>: i) Die duale Strategie s^d zu einer Pseudostrategie $s \in PS^*$ ist erfolgreich.

ii) Für $s \in PS^*$ ist $E(s) \leq E(s^d) \leq 2E(s)$.

iii) Es gibt eine Konstante $D \in \mathbb{R}$, so daß für alle $s \in PS^*$ mit $E(s) < \infty$ gilt: $E(s) - E(s^d) = D$.

Da es für das duale Problem (§ 4) eine erfolgreiche Strategie mit endlichen erwarteten Kosten gibt, existiert nach Bemerkung 5.3 und Lemma 5.4 auch für das gegebene Problem eine Pseudostrategie $s \in PS^*$ mit endlichen erwarteten Kosten. Wir zeigen nun zunächst, daß es für das duale Suchproblem stets eine optimale Strategie s' gibt. Danach beweisen wir, daß die nach Bemerkung 5.3 existierende Pseudostrategie $s \in PS^*$ mit $s^d = s'$ optimal ist.

<u>Satz 5.5</u>: Es gibt für das duale Suchproblem stets eine optimale Pseudostrategie.

<u>Beweis</u>: Im dualen Suchproblem ist e'(j,k) für alle k monoton fallend. Wir definieren die Pseudostrategie $s^{(1)} := (s_1')$, indem wir zu jedem Zeitpunkt ein Objekt inspizieren, dessen nächste Inspektion die größte Effizienz hat. Falls $s^{(i)} = (s_1', \ldots, s_i')$ (zunächst für i=1) erfolgreich ist, setzen wir $s' := s^{(i)}$. Falls $s^{(i)}$ nicht erfolgreich ist, definieren wir $s^{(i+1)} := (s_1', \ldots, s_{i+1}')$, indem wir $s_1', \ldots, s_i'$ aus $s^{(i)}$ übernehmen und mit s_{i+1}' zu jedem Zeitpunkt ein Objekt inspizieren, dessen nächste Inspektion die größte Effizienz hat. Spätestens $s^{(n)}$ ist erfolgreich.

Es sei $s' = s^{(m)} = (s_1', \ldots, s_m')$. Wir können annehmen, daß s' frühestens nach allen anderen Inspektionen zusätzliche Inspektionen vorsieht. Wir zeigen nun, daß s' optimal ist.

Nach Bemerkung 1.4 (für Pseudostrategien) genügt es, für alle erfolgreichen Pseudostrategien $s''=(s_1'',\ldots,s_j'')$ zu zeigen, daß

$$\int_{[0,C^*(s_m',\infty))} (1-g_{s'}(x))dx \;\leq\; \int_{[0,C^*(s_j'',\infty))} (1-g_{s''}(x))dx \text{ ist. O.B.d.A.}$$

führt auch die Pseudostrategie s'' erst alle notwendigen Inspektionen durch, bevor sie zusätzliche Inspektionen vorsieht. Daher können wir annehmen, daß $C^*(s_m',\infty)=C^*(s_j'',\infty)$ ist. Es genügt also zu zeigen, daß $g_{s''}\leq g_{s'}$ ist. Dies folgt aber direkt aus der Definition von s', da wir alle Inspektionen der Größe ihrer Effizienz nach geordnet haben und alle Inspektionen mit positiver Effizienz durchführen.

$$\text{Q.E.D.}$$

<u>Satz 5.6:</u> Sei s' die im Beweis von Satz 5.5 konstruierte optimale Pseudostrategie für das duale Suchproblem. Dann ist die Pseudostrategie $s\in PS^*$, für die $s^d=s'$ ist, optimal.

<u>Beweis:</u> Angenommen $\overline{s}$ ist eine erfolgreiche Pseudostrategie, und es ist $\varepsilon:=E(s)-E(\overline{s})>0$.

Nach Lemma 5.4 ist s die beste Pseudostrategie in PS^*. Wir beweisen den Satz, indem wir $s^{**}\in PS^*$ mit $E(s^{**})<E(s)$ konstruieren.

Es sei $s=(s_1,\ldots,s_m)$. Wenn s_m keine Inspektion mit positiver Effizienz vorsehen würde, könnten wir s_m wegfallen lassen. Also können wir annehmen, daß s_m noch mindestens eine Inspektion mit positiver Effizienz vorsieht. Da $E(s)<\infty$ ist, muß $C^*(s_{m-1},\infty)<\infty$ sein. Wir wählen $T_m\in N_o$, so daß $\sum_{T_m<t<\infty} C^*(s_m,t)Q(s_m,t)<\varepsilon m^{-1}$ ist und s_m bis zum Zeitpunkt T_m nur notwendige Inspektionen vorsieht. Dann ist auch $A:=C^*(s_m,T_m)<\infty$. Wir wählen $T_1,\ldots,T_{m-1}\in N_o$ so, daß $\sum_{T_i<t<\infty} (A+C^*(s_i,t))Q(s_i,t)<\varepsilon m^{-1}$ ist und s_i vom Zeitpunkt T_i an nur Objekte inspiziert, die von s_i auch unendlich oft inspiziert werden.

Es sei nun $a_i(k)$ die Anzahl der Inspektionen von k, die von der Strategie s_i bis zum Zeitpunkt T_i vorgesehen sind, $a(k):=a_1(k)+\ldots+a_m(k)$ und $a:=a(1)+\ldots+a(n)$. Wir definieren nun eine Teilstrategie $s^*:\{1,\ldots,a\}\to X$: Für alle k ist $Z(s^*,a,k)=a(k)$, und s^* sieht diese Inspektionen in einer optimalen Reihenfolge vor. Nach dem Beweis von Satz 3.4 führt s^* die Inspektionen $T+1,\ldots,T'$ von k, falls T' der direkte Nachfolger von T in $X(k)$ und $T'\leq Z(s^*,a,k)$ ist, direkt nacheinander aus. Da auch $\overline{s}$ diese

Inspektionen in irgendeiner Reihenfolge vorsieht, ist
$$\sum_{1 \leq t \leq a} C^*(s^*,t)Q(s^*,t) \leq E(\overline{s}).$$

Wir machen nun aus der Teilstrategie s^* eine erfolgreiche
Pseudostrategie s^*, indem wir alle Inspektionen, die von s vorgesehen werden und von der Teilstrategie s^* noch nicht vorgesehen
sind, in der Reihenfolge, in der sie von s vorgesehen sind, an s^*
anhängen. Wenn die j-te Inspektion von k zu den angehängten Inspektionen gehört und bei s bis zu dieser Inspektion Kosten K an-
fallen, betragen bei s^* die Kosten bis zu dieser Inspektion
höchstens K+A. Wenn die Inspektion bei s von s_m vorgesehen ist,
betragen auch bei s^* diese Kosten K. Es folgt nach Definition der
T_i $E(s^*)<E(\overline{s})+\varepsilon=E(s)$.

s* hat beinahe die Eigenschaften einer Pseudostrategie aus PS*.
Für jedes $i \in \{1,\ldots,m\}$ kann jedoch durch die Definition von T_i eine
Gruppe von zusammengehörigen Inspektionen in endlich viele Teile
zerlegt worden sein. Analog zum Beweis von Satz 3.4 genügt es,
Satz 3.2 (für Pseudostrategien) endlich oft anzuwenden, um aus s^*
eine Strategie $s^{**} \in PS^*$ zu konstruieren, die nicht schlechter als s^*
ist. Also ist $E(s^{**}) \leq E(s^*)<E(s)$, und wir haben den Satz bewiesen.

Q.E.D.

§ 6: Die Konstruktion fast optimaler Strategien

__Definition 6.1:__ Eine Strategie s heißt ε-optimal ($\varepsilon>0$), wenn sie
erfolgreich ist und für alle anderen erfolgreichen Strategien s'
$E(s) < E(s')+\varepsilon$ ist.

Wenn keine optimale Strategie existiert, sind wir zumindest
daran interessiert, für jedes $\varepsilon>0$ eine ε-optimale Strategie zu
konstruieren. Dies geschieht im folgenden durch die Approximation
einer optimalen Pseudostrategie. Es sei also s eine optimale
Pseudostrategie (Konstruktion nach § 5) und $\overline{s}$ eine erfolgreiche
Strategie mit endlichen erwarteten Kosten (Konstruktion nach § 2).

Wir wählen nun $T \in \mathbb{N}$, so daß $\sum_{T<t<\infty} C^*(\overline{s},t)Q(\overline{s},t)<\varepsilon$ ist und $\overline{s}$ bis
zum Zeitpunkt T nur notwendige Inspektionen vorschreibt. Die Teil-
strategie $s_\varepsilon:\{1,\ldots,T\} \to X$ soll die ersten $Z(\overline{s},T,k)$ Inspektionen jedes k in der gleichen Reihenfolge vorsehen, wie sie von s vorge-
sehen sind. Dann betragen die erwarteten Kosten dieser Teilstrate-
gie höchstens E(s). Für t>T sei $s_\varepsilon(t):=\overline{s}(t)$. Dann ist s_ε erfolg-

reich, und für alle erfolgreichen Strategien s' ist
$E(s_\varepsilon)<E(s)+\varepsilon\leq E(s')+\varepsilon$. Es folgt

<u>Satz 6.2:</u> Die oben konstruierte Strategie s_ε ist ε-optimal.

Wir haben nun das Suchproblem vollständig gelöst. Wir wissen, wann es eine optimale Strategie gibt, und können sie gegebenenfalls auch konstruieren. In jedem Fall können wir für alle $\varepsilon>0$ eine ε-optimale Strategie konstruieren.

Kapitel XII: Die Maximierung der Erfolgswahrscheinlichkeit bei beschränkten Ressourcen

§ 1: Einleitung

Im vorigen Kapitel wurden Strategien konstruiert, deren erwartete Suchkosten minimal oder beinahe minimal sind. Bei diesen Strategien kann es vorkommen, daß zunächst sehr ineffiziente Inspektionen durchgeführt werden, um danach möglichst frühzeitig in den Genuß von sehr effizienten Inspektionen zu kommen.

In der Praxis wird man jedoch häufig nicht solange suchen können, bis das Objekt gefunden wird. Bei der Suche nach einem gesunkenen Schiff besteht nur bis zu einem Zeitpunkt T die Hoffnung, Überlebende zu bergen. Die Firma, die nach Öl bohrt, hat nur beschränkte Ressourcen R zur Verfügung. Spätestens, nachdem diese Geldmittel ausgegeben worden sind, muß die Firma die Ölsuche auch ohne Erfolg abbrechen. Wenn nun bis zu diesem Zeitpunkt von einer optimalen Strategie nur ziemlich ineffiziente Inspektionen durchgeführt werden, während eine andere nicht optimale Strategie bis zum gleichen Zeitpunkt effizientere Inspektionen vorsieht, ist es unsinnig, die "optimale" Strategie zu benutzen. Statt dessen wollen wir lieber die Bohrungen vorsehen, für die die Wahrscheinlichkeit, Öl zu finden, bevor die Ressourcen verbraucht sind, maximal ist.

Unsere Aufgabe besteht also in der Ermittlung einer Teilstrategie $s:\{1,\ldots,t\}\to X$ ($t\in\overline{\mathbb{N}}_o$ beliebig), so daß $C^*(s,t)\leq R$ und $Q^*(s,t)$ maximal ist. Offensichtlich hängen sowohl $C^*(s,t)$ als auch $Q^*(s,t)$ nicht von der Reihenfolge ab, in der s die Inspektionen bis zum Zeitpunkt t vorsieht. Entscheidend ist nur, wieviele Inspektionen jedes Objekts vorgesehen sind.

<u>Definition 1.1:</u> Zu einem gegebenen Suchproblem (n,p,c,q) sei eine Beschränkung der vorhandenen Ressourcen $R\in\mathbb{R}_o^+$ gegeben. Eine R-zulässige Aufteilungsfunktion ist eine Abbildung $a:X\to\overline{\mathbb{N}}_o$, deren Kosten $C(a):=\sum_{k\in X}\sum_{1\leq j\leq a(k)} c(j,k)$ höchstens R betragen ($c(\infty,k):=0$). $a(k)$ gibt an, wie oft das Objekt k inspiziert werden soll. Die Erfolgswahrscheinlichkeit von a beträgt $W(a):=\sum_{k\in X}\sum_{1\leq j\leq a(k)} p(k)q(j,k)$ ($q(\infty,k):=0$).

<u>Definition 1.2:</u> Eine Aufteilungsfunktion a heißt R-optimal, wenn sie R-zulässig ist und für alle anderen R-zulässigen Aufteilungs-

funktionen die Erfolgswahrscheinlichkeit nicht größer als W(a) ist.

In diesem Kapitel wollen wir beweisen, daß stets eine R-optimale Aufteilungsfunktion existiert. Außerdem werden wir einen Algorithmus zur Konstruktion einer R-optimalen Aufteilungsfunktion angeben.

Wir haben schon gesehen, daß es in vielen Anwendungen wichtiger ist, eine R-optimale Aufteilungsfunktion zu berechnen als eine Strategie mit minimalen erwarteten Kosten zu konstruieren. Zwischen beiden Problemen bestehen jedoch enge Verbindungen. Wir können die Konstruktionsverfahren für optimale und gute Strategien benutzen, um nach der Ermittlung einer R-optimalen Aufteilungsfunktion anzugeben, in welcher Reihenfolge die einzelnen Inspektionen durchgeführt werden sollten, damit im Durchschnitt möglichst wenig von den vorhandenen Ressourcen verbraucht wird. Darüber hinaus beruht der Algorithmus zur Konstruktion einer R-optimalen Aufteilungsfunktion auf dem in Kap. XI § 5 dargestellten Verfahren zur Konstruktion einer optimalen Pseudostrategie.

Das Problem der Maximierung der Erfolgswahrscheinlichkeit bei beschränkten Ressourcen wird zum ersten Mal bei Arkin [5] erwähnt, der annimmt, daß für alle j und k $c(j,k)=1$ und $q(j,k)=q_k(1-q_k)^{j-1}$ ist. In diesem Fall können wir eine optimale Suchstrategie verwenden und die Suche abbrechen, wenn die Ressourcen verbraucht sind. Wir erhalten also eigentlich kein neues Problem. Kadane [75] hat diese neue Fragestellung aufgegriffen und unter der Annahme, daß $e(j,k)$ für alle k monoton fallend ist, einen Algorithmus angegeben, der, falls er stoppt, eine R-optimale Aufteilungsfunktion berechnet hat. Kadane bemerkt, daß der Algorithmus sicherlich dann nach endlich vielen Schritten stoppt, wenn c nach unten durch eine Konstante $\varepsilon>0$ beschränkt ist. Diese Aussage ist allerdings wenig überraschend, da es in diesem Fall offensichtlich nur endlich viele R-zulässige Aufteilungsfunktionen gibt.

Der hier dargestellte Algorithmus von Wegener [157] ist eine Verallgemeinerung des Algorithmus von Kadane. Ohne einschränkende Annahmen können wir zeigen, daß der Algorithmus stets in endlich vielen Schritten eine R-optimale Aufteilungsfunktion berechnet. In einem Schritt des Algorithmus wird eine optimale Pseudostrategie berechnet. Dabei nehmen wir an, daß die analytische Beschaffenheit der Daten diese Berechnung in endlicher Zeit ermöglicht.

Bevor wir den Algorithmus zur Konstruktion einer R-optimalen Aufteilungsfunktion darstellen, geben wir in § 2 einen einfachen Beweis für die Existenz einer R-optimalen Aufteilungsfunktion an.

Unser Algorithmus wird eine große Laufzeit haben. Deshalb diskutieren wir schon in § 3, ob es überhaupt einen "schnellen" Algorithmus zur Lösung unseres Problems geben kann. Wir werden diese Frage mathematisch exakt formulieren und werden zeigen, daß es unter der Annahme einer bekannten Vermutung (NP≠P) keinen schnellen Algorithmus gibt.

In § 4 werden wir Hilfsmittel zur Darstellung des Algorithmus bereitstellen. Mit einer optimalen Pseudostrategie läßt sich leicht eine untere und eine obere Schranke für die Erfolgswahrscheinlichkeit einer R-optimalen Aufteilungsfunktion angeben. Anschließend zeigen wir, wie wir unser Problem in zwei Teilprobleme zerlegen können, wobei die Menge der R-zulässigen Aufteilungsfunktionen in zwei disjunkte Mengen zerlegt wird.

In § 5 schließlich geben wir den Algorithmus zur Berechnung einer R-optimalen Aufteilungsfunktion an. In § 6 analysieren wir diesen Algorithmus.

§ 2: Die Existenz optimaler Aufteilungsfunktionen

Da die Aufteilungsfunktion, die keine einzige Inspektion vorsieht, stets R-zulässig ist, ist $A(R)$, die Menge der R-zulässigen Aufteilungsfunktionen, nicht leer. Daher ist $W_{sup} := \sup\{W(a) \mid a \in A(R)\} \in [0,1]$ wohldefiniert. Für $i \in \mathbb{N}$ gibt es also $a_i^o \in A(R)$ mit $W(a_i^o) \geq W_{sup} - 2^{-i}$. Aus dieser Folge von R-zulässigen Aufteilungsfunktionen werden wir eine R-optimale Aufteilungsfunktion konstruieren. Da wir jedoch die Folge a_i^o nicht in endlicher Zeit berechnen können, ist unser Beweis nur ein Existenzbeweis.

Satz 2.1: Es existiert stets eine R-optimale Aufteilungsfunktion.

Beweis: Zunächst definieren wir rekursiv eine Teilfolge $a_i^n (i \in \mathbb{N})$ von a_i^o mit zusätzlichen Eigenschaften. Falls wir für ein $j \in \{1, \ldots, n\}$ die Folge $a_i^{j-1} (i \in \mathbb{N})$ bereits konstruiert haben, definieren wir $a_i^j (i \in \mathbb{N})$ als Teilfolge von a_i^{j-1} auf die folgende Weise: Wenn $a_i^{j-1}(j)$ beschränkt ist, soll $a_i^j(j)$ konstant sein. Ansonsten soll für alle $i \in \mathbb{N}$ $a_i^j(j) \geq i$ sein. Damit ist $a_i^j \in A(R)$ und $W(a_i^j) \geq W_{sup} - 2^{-i}$.

Nun können wir eine R-optimale Aufteilungsfunktion a angeben.

Falls $a_i^n(j)$ ($i \in \mathbb{N}$) eine konstante Folge ist, soll $a(j)$ gleich dieser
Konstanten sein. Ansonsten ist nach Konstruktion $a_i^n(j) \geq i$, und wir
setzen $a(j) := \infty$. Es folgt für alle $i \in \mathbb{N}$: $W(a) \geq W(a_i^n) \geq W_{sup} - 2^{-i}$ und
damit $W(a) \geq W_{sup}$.

Zum Beweis der R-Optimalität von a müssen wir nur noch zeigen,
daß a R-zulässig ist. Mit X' bezeichnen wir die Menge der Objekte k, so daß für alle $m \in \mathbb{N}$ $a(k) = a_m^n(k)$ ist. Für die Objekte
$k \in X'' := X - X'$ ist $a(k) = \infty$ und $a_m^n(k) \geq m$. Es folgt

$$C(a) = \sum_{k \in X'} \sum_{1 \leq i \leq a(k)} c(i,k) + \sum_{k \in X''} \sum_{1 \leq i < \infty} c(i,k)$$

$$= \lim_{m \to \infty} \left(\sum_{k \in X'} \sum_{1 \leq i \leq a(k)} c(i,k) + \sum_{k \in X''} \sum_{1 \leq i \leq m} c(i,k) \right) \leq \overline{\lim_{m \to \infty}} \ C(a_m^n) \leq R.$$

Q.E.D.

§ 3: Kann_es_schnelle_Algorithmen_zur_Lösung_des_Problems_geben?

Da es im allgemeinen unendlich viele R-zulässige Aufteilungsfunktionen gibt, sind wir zunächst daran interessiert, einen Algorithmus anzugeben, der stets in endlich vielen Schritten eine
R-optimale Aufteilungsfunktion berechnet. Dies wird uns in den
folgenden Paragraphen gelingen, wenn wir annehmen, daß es bei den
gegebenen Daten möglich ist, in endlicher Zeit eine optimale
Pseudostrategie zu berechnen. Darüber hinaus möchten wir gerne
einen möglichst schnellen Algorithmus erhalten. Der von uns dargestellte Algorithmus wird nicht schnell sein. In diesem Paragraphen
zeigen wir, daß es vermutlich keinen schnellen Algorithmus zur Berechnung einer R-optimalen Aufteilungsfunktion gibt.

Um die hier aufgeworfenen Fragen mathematisch behandeln zu
können, müssen wir sie noch exakt formulieren. Dazu werden wir
grundlegende Begriffe und Konzepte aus der Komplexitätstheorie benutzen. Der Leser, der mit diesen Begriffen nicht vertraut ist,
kann sich entweder die benötigten Kenntnisse mit jedem Buch über
Komplexitätstheorie erarbeiten oder aber diesen Paragraphen ohne
diese Kenntnisse lesen, um wenigstens ein intuitives Verständnis
dieser Probleme zu bekommen.

Die Eingabedaten zu unserem Suchproblem bestehen aus
$n, R, p(1), \ldots, p(n)$ und den Funktionen c und q. Damit alle Daten
verfügbar sind, müssen c und q so gegeben sein, daß jeder Funk-
tionswert in endlicher Zeit berechnet werden kann. Da für jedes
$N \in \mathbb{N}$ N Funktionswerte aufgelistet sein können und jeder Algorithmus

unter Umständen alle Daten lesen muß, ist es unsinnig, von der
maximalen Laufzeit eines Algorithmus zu sprechen.

Um dennoch die Laufzeit von Algorithmen vergleichen zu können,
betrachten wir für Algorithmen, die stets eine R-optimale Aufteilungsfunktion berechnen, die maximale Laufzeit $L(m)$, wenn nur m
Daten eingegeben werden. Diese Daten bestehen aus $n,R,p(1),\ldots,p(n)$,
$\omega(1),\ldots,\omega(n)$ $(\omega(i)\in\mathbb{N})$ und für $1\leq j\leq\omega(k)$ aus $q(j,k)$ und $c(j,k)$. Die
Effizienz aller weiteren Inspektionen wird als 0 angenommen. Um
$L(m)$ zu berechnen, müßten wir ein bestimmtes Rechnermodell zu-
grundelegen. In der Komplexitätstheorie wurde jedoch gezeigt, daß
alle bekannten, vernünftigen Modelle zu den gleichen Komplexitäts-
klassen führen. So können wir annehmen, daß wir alle elementaren
Rechenschritte zählen, und wir können dennoch von den Komplexitäts-
klassen sprechen, die im Zusammenhang mit Turingmaschinen definiert
wurden.

Genau dann, wenn sich $L(m)$ nach oben durch ein Polynom in m
beschränken läßt, hat der Algorithmus polynomielle Rechenzeit.
Diese Algorithmen heißen schnell, obwohl natürlich ein Algorithmus,
der bei m eingegebenen Daten m^{100} Rechenschritte benötigt, nicht
schnell ist. Mit P bezeichnen wir die Klasse aller Probleme, für
deren Lösung es einen Algorithmus mit polynomieller Laufzeit gibt.
Dann gibt es für alle Probleme, die nicht in P liegen, sicherlich
keinen schnellen Algorithmus.

Für eine große Klasse wichtiger kombinatorischer Probleme wie
dem Rucksackproblem, dem Problem des Handlungsreisenden, der
Existenz eines Hamiltonschen Pfades, der Berechnung der chroma-
tischen Zahl eines Graphen oder der Berechnung der Cliquenzahl
eines Graphen (Karp [80]) ist noch nicht bewiesen, ob sie in P
liegen oder nicht. Auf einer nichtdeterministischen Turingmaschine
lassen sich diese Probleme in polynomieller Zeit lösen. Die Klasse
der auf einer nichtdeterministischen Turingmaschine in polynomieller Zeit berechenbaren Probleme wird mit NP bezeichnet. Man kann
nun sogar zeigen, daß die oben genannten kombinatorischen Probleme
die schwersten Probleme in NP sind, d.h.: Genau dann, wenn eines
dieser Probleme in P liegt, gilt P=NP. Die noch offene Frage, ob
die Klassen P und NP übereinstimmen, stellt das zentrale Problem
der Komplexitätstheorie dar. Allgemein wird vermutet, daß $P\neq NP$ ist.

Dieses würde bedeuten, daß es für die genannten Probleme keinen

schnellen Algorithmus gibt. Wir begründen nun unsere These, daß es
für unser Suchproblem keinen schnellen Algorithmus gibt, indem wir
zeigen, daß unser Suchproblem schwerer als das Rucksackproblem ist.

Im Rucksackproblem müssen wir für gegebene $d_1,\ldots,d_n,D\in\mathbb{N}$ entscheiden, ob es eine Menge $B\subseteq\{1,\ldots,n\}$ gibt, so daß $\sum_{i\in B} d_i = D$ ist.
Wenn ein Algorithmus unser Suchproblem löst, muß er es auch im
folgenden Spezialfall lösen. Für alle k sei $p(k)=n^{-1}$. Für $j\geq 2$ sei
$q(j,k)=0$. Für alle k sei $q(1,k)=nd_k m^{-1}$ $(d_k,m\in\mathbb{N})$. Es gelte
$c(1,k)=p(k)q(1,k)=d_k m^{-1}$ und $R=Dm^{-1}$ $(D\in\mathbb{N})$. Offensichtlich genügt es,
Aufteilungsfunktionen $a:X\to\{0,1\}$ zu untersuchen. $B(a)$ sei die Menge
aller Objekte k, für die $a(k)=1$ ist. Dann ist
$C(a) = \sum_{k\in B(a)} c(1,k) = \sum_{k\in B(a)} p(k)q(1,k) = W(a)$. Unsere Aufgabe besteht
also darin, eine Aufteilungsfunktion zu finden, deren Kosten
nicht größer als R aber möglichst groß sind. Daher müssen wir insbesondere entscheiden, ob es eine Aufteilungsfunktion $a:X\to\{0,1\}$ mit
$C(a)=R$ gibt. Äquivalent ist die Frage, ob es $B\subseteq X$ mit $\sum_{k\in B} c(1,k)=R$
gibt. Die letzte Gleichung ist äquivalent zu $\sum_{k\in B} d_k = D$. Damit ist
ein Algorithmus für unser Suchproblem auch in der Lage, das Rucksackproblem zu lösen. Falls $P\neq NP$ ist, kann es also für unser Suchproblem keinen schnellen Algorithmus geben.

Alle Konstruktionsverfahren in Kap. XI für optimale oder gute
Strategien oder Pseudostrategien sind, wie wir uns leicht überzeugen können, schnelle Algorithmen.

§_4: Schranken_für_die_maximale_Erfolgswahrscheinlichkeit_und eine_Zerlegung_des_Problems_in_Teilprobleme

Im ersten Teil dieses Paragraphen werden wir eine untere und
eine obere Schranke für W_{max}, die Erfolgswahrscheinlichkeit einer
R-optimalen Aufteilungsfunktion, herleiten. Dazu wollen wir unsere
Kenntnisse über Pseudostrategien wiederholen. Zunächst erweitern
wir für jede Pseudostrategie $s=(s_1,\ldots,s_m)$ den Definitionsbereich
von f_s,g_s und h_s von $[0,C^*(s_m,\infty))$ auf $\mathbb{R}_o^+$, indem wir für $x\geq C^*(s_m,\infty)$
$f_s(x):=g_s(x):=h_s(x):=Q^*(s_m,\infty)$ setzen. Die Eigenschaften von f_s,g_s
und h_s bleiben erhalten. In Kap. XI § 5 haben wir angenommen, daß
es eine erfolgreiche Pseudostrategie mit endlichen erwarteten
Suchkosten gibt. Dann wurde für das duale Suchproblem eine optimale
Pseudostrategie s'^* konstruiert, indem die Inspektionen ihrer Effi-

zienz nach geordnet wurden. Es gilt für alle anderen Pseudostrategien s': $g_{s'} \leq g_{s'*}$. Die Pseudostrategie s* mit $(s*)^d = s'*$ ist für
das gegebene Problem optimal.

In diesem Kapitel können wir nicht einmal voraussetzen, daß es
eine erfolgreiche Pseudostrategie gibt. Wenn s'* und s* dennoch
auf die gleiche Weise wie in Kap. XI § 5 definiert worden sind,
sollen sie weiterhin optimal heißen. Die Folgerung, daß im dualen
Suchproblem für alle Pseudostrategien s' $g_{s'} \leq g_{s'*}$ ist, bleibt
weiterhin richtig.

Zu einer Pseudostrategie s sei $a(s,R)$ die R-zulässige Auftei-
lungsfunktion, die genau die Inspektionen vorsieht, die s, wenn die
Ressourcen R verbraucht sind, bereits beendet hat. Dann ist
$W(a(s,R)) = f_s(C(a(s,R))) = f_s(R)$. Insbesondere folgt

<u>Lemma 4.1:</u> Für jede optimale Pseudostrategie s* gilt:
$f_{s*}(R) = W(a(s*,R)) \leq W_{max}$.

Wir haben schon in § 1 diskutiert, daß diese untere Schranke
für W_{max} keineswegs immer gut ist. Um eine obere Schranke für W_{max}
herzuleiten, nehmen wir zunächst an, daß $e(j,k)$ für alle k monoton
fallend ist, d.h. für alle k ist $T(k) = \overline{\mathbb{N}}_o$. Dann ist das duale
Suchproblem gleich dem gegebenen, und für alle Pseudostrategien s
gilt: $g_s \leq g_{s*}$. Für jede R-zulässige Aufteilungsfunktion a' können
wir eine Pseudostrategie s' angeben, die nur die von a' geplanten
Inspektionen in einer beliebigen Reihenfolge vorsieht. Dann ist
$a' = a(s',R)$ und $W(a') = f_{s'}(R) \leq g_{s'}(R) \leq g_{s*}(R) \leq h_{s*}(R)$. Es folgt somit
$W_{max} \leq g_{s*}(R) \leq h_{s*}(R)$.

Wenn wir die Annahme, daß für alle k $T(k) = \overline{\mathbb{N}}_o$ ist, fallen-
lassen, kann es eine Pseudostrategie s geben, die zunächst eine
effizientere Inspektion als s* vorsieht. In diesem Fall gilt nicht
mehr $g_s \leq g_{s*}$. $g_{s*}(R)$ ist also im allgemeinen keine obere Schranke
für W_{max}. Im folgenden zeigen wir, daß $h_{s*}(R)$ in jedem Fall eine
obere Schranke für W_{max} ist.

<u>Lemma 4.2:</u> Für jede optimale Pseudostrategie s* gilt: $W_{max} \leq h_{s*}(R)$.

<u>Beweis:</u> Wir definieren ein neues Suchproblem $(\overline{n}, \overline{p}, \overline{c}, \overline{q}, \overline{R})$, so daß
für alle k $\overline{T}(k) = \overline{\mathbb{N}}_o$ ist. Dann folgt aus den Vorüberlegungen:
$\overline{W}_{max} \leq \overline{g}_{\overline{s}*}(\overline{R}) \leq \overline{h}_{\overline{s}*}(\overline{R})$. Darüber hinaus soll im neuen Suchproblem
jede Aufteilungsfunktion die gleichen Kosten wie im gegebenen Such-
problem haben. Die Erfolgswahrscheinlichkeit soll höchstens größer

werden. Mit $\overline{R}:=R$ folgt $W_{max} \leq \overline{W}_{max}$. Wenn zusätzlich noch $\overline{h}_{\overline{s}*}(\overline{R})=h_{s*}(R)$ ist, haben wir das Lemma bewiesen.

Es sei $\overline{n}:=n, \overline{p}:=p, \overline{c}:=c, \overline{R}:=R$. Zur Definition von $\overline{q}$ betrachten wir noch einmal Abb. 1.1 aus Kap. XI. Die Treppenfunktion f_{s^k} liegt unterhalb der stückweise linearen, stetigen, konkaven Funktion $h_{s^k} \cdot f_{s^k}$ und h_{s^k} stimmen in den Punkten $C*(s^k,t)$ überein, für die $t \in T(k)$ ist. Falls T' der direkte Nachfolger von T in $T(k)$ ist, so ist h_{s^k} auf dem Intervall $[C*(s^k,T),C*(s^k,T')]$ linear. $\overline{q}(\cdot,k)$ soll nun so definiert werden, daß $\overline{h}_{s^k}=h_{s^k}$ und $\overline{T}(k)=\overline{\mathbb{N}}_o$ ist. Dazu müssen die Treppenstufen von $\overline{f}_{s^k}$ gegenüber denen von f_{s^k} so angehoben werden, daß für alle $t \in \mathbb{N}_o$ $\overline{f}_{s^k}$ und h_{s^k} in den Punkten $C*(s^k,t)$ übereinstimmen.

Aus $\overline{T}(k)=\overline{\mathbb{N}}_o$ und unseren Vorüberlegungen folgt $\overline{W}_{max} \leq \overline{h}_{\overline{s}*}(\overline{R})$. Da die Kosten für alle Inspektionen gleich geblieben sind, sind für beide Probleme die gleichen Aufteilungsfunktionen R-zulässig. Weil darüber hinaus $\overline{f}_{s^k} \geq f_{s^k}$ ist, folgt für alle Aufteilungsfunktionen a: $\overline{W}(a) \geq W(a)$ und somit $\overline{W}_{max} \geq W_{max}$.

Es bleibt zu zeigen, daß $\overline{h}_{\overline{s}*}(\overline{R})=h_{s*}(R)$ ist. Sei T' der direkte Nachfolger von T in $T(k)$. $s*$ führt die Inspektionen $T+1,\ldots,T'$ von k direkt nacheinander durch. Diese Inspektionen haben nach Definition von $\overline{q}$ im neuen Suchproblem alle die gleiche Effizienz. Da $\overline{s}*$ die Inspektionen ihrer Effizienz nach ordnet, kann auch $\overline{s}*$ diese Inspektionen direkt nacheinander vorsehen. Bei der Konstruktion von $s*$ werden nicht die einzelnen Inspektionen nach ihrer Effizienz, sondern die Gruppen von zusammengehörenden Inspektionen nach ihrer durchschnittlichen Effizienz geordnet. Nach Definition von $\overline{q}$ haben die Inspektionen $T+1,\ldots,T'$ von k alle die gleiche Effizienz wie die Gruppe dieser Inspektionen im gegebenen Problem. Daher können wir $\overline{s}*=s*$ wählen.

$\overline{f}_{s*}$ und f_{s*} stimmen für die Werte x überein, an denen eine Gruppe von zusammengehörenden Inspektionen gerade beendet worden ist. Jede konkave Majorante dieser Funktionen muß daher eine Majorante von der stückweise linearen, stetigen Funktion h sein, die die Punkte verbindet, an denen $\overline{f}_{s*}$ und f_{s*} übereinstimmen. Andererseits folgt $h \geq \overline{f}_{s*} \geq f_{s*}$. Schließlich ist h selber konkav,

weil s* die Gruppen zusammengehörender Inspektionen ihrer durchschnittlichen Effizienz nach geordnet hat. Also gilt
$h = \overline{h}_{s*} = h_{s*}, \overline{s}* = s*, \overline{R} = R$ und $\overline{h}_{\overline{s}*}(\overline{R}) = h_{s*}(R)$.
Damit haben wir das Lemma bewiesen.   Q.E.D.

Wenn wir Glück haben, gilt $f_{s*}(R) = h_{s*}(R)$. Dann ist
$W_{max} = W(a(s*,R))$ und $a(s*,R)$ eine R-optimale Aufteilungsfunktion.
Falls jedoch $f_{s*}(R) < h_{s*}(R)$, wissen wir nicht, ob $a(s*,R)$ R-optimal
ist. In dieser Situation hat Kadane das Problem in zwei Teilprobleme zerlegt. In einem Teilproblem darf keine Aufteilungsfunktion
die Inspektion, mit der s* die Ressourcen R überschreitet, durchführen, während im anderen Teilproblem jede Aufteilungsfunktion
diese Inspektion vorsehen muß. Wir können für beide Probleme nach
Lemma 4.1 und 4.2 eine obere und eine untere Schranke für die Effizienz optimaler Aufteilungsfunktionen berechnen. Wenn wir das Problem mit der größeren oberen Schranke lösen und die Effizienz der
optimalen Aufteilungsfunktion größer als die obere Schranke des
anderen Problems ist, haben wir bereits das Gesamtproblem gelöst.

Hiermit haben wir schon die grundlegende Idee des Algorithmus
von Kadane dargestellt. In unserer allgemeineren Situation müssen
wir uns noch mehr Gedanken darüber machen, für welche Inspektionen
wir das Problem zerlegen, damit der Algorithmus immer in endlicher
Zeit stoppt.

Zunächst wollen wir darstellen, wie wir ein Problem in zwei
Teilprobleme zerlegen können. Es sei $S = (n,p,c,q,R)$ das gegebene
Suchproblem und $A(R)$ die Menge der R-zulässigen Aufteilungsfunkti-
onen. Für ein $k \in X$ und ein $j \in \mathbb{N}$ sei $A'(R) := \{a \in A(R) | a(k) \leq j-1\}$ die
Menge der R-zulässigen Aufteilungsfunktionen, in denen die j-te
Inspektion von k nicht durchgeführt wird, und
$A''(R) := \{a \in A(R) | a(k) \geq j\}$ die Menge der R-zulässigen Aufteilungsfunk-
tionen, in denen diese Inspektion durchgeführt wird. Offensichtlich
ist $A(R)$ die disjunkte Vereinigung von $A'(R)$ und $A''(R)$.

Die Lösung des folgenden Suchproblems soll äquivalent zur Bestimmung einer besten Aufteilungsfunktion in $A'(R)$ sein. Wir
sprechen von der "Exklusion der j-ten Inspektion von k".

<u>Definition 4.3:</u> $S' = (n',p',c',q',R')$ wird folgendermaßen definiert.
$n' := n, p' := p, R' := R$. Alle Inspektionen von $k' \neq k$ und die ersten $j-1$
Inspektionen von k haben die gleichen Kosten und die gleiche Er-

folgswahrscheinlichkeit wie im gegebenen Suchproblem. Für $i \geq j$ sei
$c'(i,k):=R+1$ und $q'(i,k):=0$.

Lemma 4.4: a ist genau dann R'-optimal für das neue Suchproblem,
wenn a die beste aller Aufteilungsfunktionen in $A'(R)$ für das alte
Suchproblem ist.

Beweis: Nach Definition ist für $a \in A'(R)$ $C(a)=C'(a)$ und $W(a)=W'(a)$.
Da im neuen Problem die Kosten der j-ten Inspektion von k allein
größer als die vorhandenen Ressourcen sind, sind im neuen Problem
nur Aufteilungsfunktionen aus $A'(R)$ R'-zulässig.   Q.E.D.

Die Lösung des folgenden Suchproblems soll äquivalent zur Bestimmung einer besten Aufteilungsfunktion in $A''(R)$ sein. Wir
sprechen von der "Inklusion der j-ten Inspektion von k".

Definition 4.5: $S''=(n'',p'',c'',q'',R'')$ wird folgendermaßen definiert:
$n'':=n, p'':=p, R'':=R- \sum_{1 \leq i \leq j} c(i,k)$. Alle Inspektionen von $k' \neq k$ haben die
gleichen Kosten und die gleiche Erfolgswahrscheinlichkeit wie im
gegebenen Suchproblem. Für $i \in \mathbb{N}$ sei $c''(i,k):=c(i+j,k)$ und
$q''(i,k):=q(i+j,k)$.

Lemma 4.6: i) $A''(R)$ ist genau dann leer, wenn $R''<0$ ist.

ii) Falls $A''(R) \neq \emptyset$, so ist a genau dann die beste aller
Aufteilungsfunktionen in $A''(R)$, wenn a'', definiert durch
$a''(k'):=a(k')$ für $k' \neq k$ und $a''(k):=a(k)-j$, R''-optimal für das neue
Suchproblem ist.

Beweis: i) ist offensichtlich richtig, da $A''(R)$ genau dann leer
ist, wenn bereits die Kosten der ersten j Inspektionen von k die
vorhandenen Ressourcen übersteigen.
ii) Die Ressourcen für das neue Problem sind genau um die Kosten
der ersten j Inspektionen von k, nämlich $\sum_{1 \leq i \leq j} c(i,k)$, kleiner als
die Ressourcen im gegebenen Suchproblem. Für $a \in A''(R)$ sind
$C(a)-C''(a') = \sum_{1 \leq i \leq j} c(i,k)$ und $W(a)-W''(a'')=p(k) \sum_{1 \leq i \leq j} q(i,k)$ unabhängig
von a. Da die Abbildung $a \to a''$ bijektiv zwischen $A''(R)$ und der Menge
der R''-zulässigen Aufteilungsfunktionen im neuen Problem ist, haben
wir das Lemma bewiesen.   Q.E.D.

§ 5: Ein Algorithmus zur Konstruktion einer optimalen Aufteilungsfunktion

Wir wollen für das gegebene Suchproblem $S_o=(n_o,p_o,c_o,q_o,R_o)$ eine R_o-optimale Aufteilungsfunktion, d.h. eine beste Aufteilungsfunktion in $A_o(R_o)$, konstruieren. Dazu werden wir $A_o(R_o)$ in disjunkte Teilmengen $A_i(R_o)$ zerlegen. Die Bestimmung einer besten Aufteilungsfunktion in $A_i(R_o)$ ist äquivalent zu der Lösung eines neuen Suchproblems $S_i=(n_i,p_i,c_i,q_i,R_i)$. S_i entsteht jeweils durch die Inklusion und/oder Exklusion bestimmter Inspektionen in einem Suchproblem S_T ($T<i$). Daher gibt es Funktionen $u_i,o_i:X\to\overline{\mathbb{N}}_o$, so daß $A_i(R_o)=\{a\in A_o(R_o)\mid u_i(k)\le a(k)\le o_i(k)\}$ ist. Wenn S_i aus S_T durch Inklusion bzw. Exklusion der j-ten Inspektion von k hervorgeht, dann gilt: $o_i=o_T, u_i(k')=u_T(k')$ für $k'\ne k$ und $u_i(k)=u_T(k)+j$ bzw. $u_i=u_T$, $o_i(k')=o_T(k')$ für $k'\ne k$ und $o_i(k)=u_T(k)+j-1$.

Wir werden die Suchprobleme stets so zerlegen, daß $A_o(R_o)$ die disjunkte Vereinigung aller $A_i(R_o)$ ist, die zu unzerlegten Suchproblemen S_i gehören. Die Menge I_i enthält jeweils die Indizes der unzerlegten Suchprobleme. Zu S_i sei s_i^* eine optimale Pseudostrategie und $a_i^*:=a(s_i^*,R_i)$ die zugehörige R_i-zulässige Aufteilungsfunktion. $a_i:=a_i^*+u_i$ ist die R_o-zulässige Aufteilungsfunktion für S_o, die nach Lemma 4.4 und 4.6 genau dann die beste Aufteilungsfunktion in $A_i(R_o)$ ist, wenn a_i^* R_i-optimal in S_i ist. Es ist $U_i:=W(a_i)\le W_{max}$. Nach Lemma 4.2 ist $O_i^*:=h_{s_i^*}(R_i)$ eine obere Schranke für die Erfolgswahrscheinlichkeit einer R_i-optimalen Aufteilungsfunktion in S_i. Nach Lemma 4.4 und 4.6 ist $O_i:=O_i^*+W(u_i)\ge\max\{W(a)\mid a\in A_i(R_o)\}$. Da die Mengen $A_m(R_o)$ ($m\in I_i$) eine disjunkte Zerlegung von $A_o(R_o)$ bilden, gilt $\max\{O_m\mid m\in I_i\}\ge W_{max}$.

Falls die Gesamtkosten von s_i^* größer als R_i sind, berechnen wir noch $j_i\in\mathbb{N}$ und $k_i\in X$, so daß genau dann, wenn s_i^* die j_i-te Inspektion von k_i durchführt, die Ressourcen R_i verbraucht sind. All diese Berechnungen sind nur möglich, wenn $R_i\ge 0$ ist. Andernfalls können wir nach Lemma 4.4 und 4.6 schließen, daß $A_i(R_o)=\emptyset$ ist. In diesem Fall setzen wir $O_i:=-1$.

Algorithmus von Wegener:

Schritt 1: Es sei $S_o=(n_o,p_o,c_o,q_o,R_o)$ das gegebene Suchproblem.
$R_o<0 \Rightarrow A_o(R_o)=\emptyset$ $\rightarrow$ $\boxed{\text{STOP}}$
$R_o\ge 0$. Dann sei $i:=0, I_o:=\{0\}, u_o\equiv 0$ und $o_o\equiv\infty$. Wir berechnen, wie oben

beschrieben, a_o, U_o, O_o, j_o und k_o.   → $\boxed{2}$

<u>Schritt 2:</u> Wir wählen $t \in I_i$, so daß $O_t = \max\{O_m \mid m \in I_i\}$ ist.

$O_t = U_t \Rightarrow a_t$ ist R_o-optimal   → $\boxed{\text{STOP}}$

$O_t \neq U_t$ → $\boxed{3}$

<u>Schritt 3:</u> Wir untersuchen das Suchproblem S_t. Es sei

$j_t' := \min\{m \in T_t(k_t) \mid m \geq j_t\}$.

$j_t' < \infty$ → $\boxed{4}$

$j_t' = \infty$ → $\boxed{6}$

<u>Schritt 4:</u> Die Suchprobleme S_{i+1} und S_{i+2} entstehen aus S_t durch Exklusion bzw. Inklusion der j_t'-ten Inspektion von k_t. Dann ist $A_t(R_o)$ die disjunkte Vereinigung von $A_{i+1}(R_o)$ und $A_{i+2}(R_o)$. Für beide Suchprobleme ($m=1,2$) berechnen wir, falls $R_{i+m} \geq 0$, $a_{i+m}, U_{i+m}, O_{i+m}, j_{i+m}$ und k_{i+m}. Falls jedoch $R_{i+m} < 0$, setzen wir $O_{i+m} := -1$.   → $\boxed{5}$

<u>Schritt 5:</u> i wird um 2 erhöht, $I_i := (I_{i-2} \cup \{i-1,i\}) - \{t\}$ → $\boxed{2}$

<u>Schritt 6:</u> Die j_t-te Inspektion von k_t werde von s_t^* mit der r-ten Teilstrategie durchgeführt. Nach dieser Inspektion führt die r-te Teilstrategie von s_t^*, da $j_t' = \infty$ ist, nur Inspektionen von k_t durch. Es sei $b(k) \in \overline{\mathbb{N}}_o$ die Anzahl der Inspektionen von k, die von den ersten r Teilstrategien von s_t^* vorgesehen sind. Wir wählen $b'(k) \in \mathbb{N}_o$, so daß $b'(k) \leq b(k)$ und $\sum\limits_{k \in X} \sum\limits_{1 \leq m \leq b'(k)} c(m,k) > R_t$ gelten. Es sei $\{k^1, \ldots, k^\ell\} = \{k \in X \mid b'(k) > 0\}$. Die Suchprobleme $S_{i+1}, \ldots, S_{i+L}$ $(L := 2^\ell)$ entstehen alle aus einer Folge von ℓ Inklusionen/Exklusionen. Jeder der L verschiedenen Folgen "Inklusion/Exklusion der $b'(k^1)$-ten Inspektion von $k^1, \ldots,$ Inklusion/Exklusion der $b'(k^\ell)$-ten Inspektion von k^ℓ" soll eines der neuen Suchprobleme entsprechen. Damit haben wir $A_t(R_o)$ in die L disjunkten Mengen $A_{i+1}(R_o), \ldots, A_{i+L}(R_o)$ zerlegt. Für jedes neue Suchproblem S_{i+m} ($1 \leq m \leq L$) werden, falls $R_{i+m} \geq 0$, $a_{i+m}, U_{i+m}, O_{i+m}, j_{i+m}$ und k_{i+m} berechnet. Falls $R_{i+m} < 0$, setzen wir $O_{i+m} := -1$ → $\boxed{7}$

<u>Schritt 7:</u> i wird um L erhöht, $I_i := (I_{i-L} \cup \{i-L+1, \ldots, i\}) - \{t\}$ → $\boxed{2}$

<u>§ 6: Die Analyse des Algorithmus</u>

<u>Satz 6.1:</u> Es sei $R_o \geq 0$. Wenn der Algorithmus stoppt, ist a_t eine

R_o-optimale Aufteilungsfunktion.

<u>Beweis:</u> Der Beweis ist nach unseren Vorbemerkungen zum Algorith-
mus und den Ergebnissen aus § 4 im wesentlichen klar. Wir erreichen
Schritt 3 des Algorithmus nur, wenn $0_t \neq U_t$ ist. In diesem Fall ist
$R_t \geq 0$, die Gesamtkosten von s_t^* sind größer als R_t, und daher sind
j_t und k_t wohldefiniert. In Schritt 4 oder Schritt 6 wird $A_t(R_o)$
in disjunkte Mengen zerlegt. In Schritt 5 oder Schritt 7 werden i
und I_i neu definiert: S_t ist inzwischen zerlegt worden, dafür sind
die neuen Suchprobleme unzerlegt. Da in Schritt 6 die Gesamtkosten
der ersten r Teilstrategien von s_t^* nach Definition von j_t und k_t
größer als R_t sind, können die Werte b'(k) auf die angegebene Weise
gewählt werden.

Da es stets ein Suchproblem $S_m (m \in I_i)$ gibt, das nur durch Exklu-
sionen entstand, gilt stets $0_t \geq 0_m \geq 0$. Aus § 4 und unseren Vorbemer-
kungen folgt $W(a_t) = U_t \leq W_{max} \leq 0_t$. Falls $U_t = 0_t$, so ist a_t R_o-optimal.

Q.E.D.

<u>Satz 6.2:</u> Für jedes Suchproblem stoppt der Algorithmus nach end-
lich vielen Schritten.

<u>Beweis:</u> Wir werden zunächst jedem Suchproblem zwei Kennzahlen zu-
ordnen. L bezeichne die Anzahl der Objekte, für die unendlich viele
Inspektionen positive Effizienz haben. Für die anderen Objekte k
sei die M(k)-te Inspektion die letzte Inspektion mit positiver
Effizienz. M sei die Summe all dieser M(k). Wir kennzeichnen das
Suchproblem durch das Paar $(L,M) \in \mathbb{N}_o^2$. Wir beweisen den Satz durch
Induktion bezüglich der lexikographischen Ordnung auf $\mathbb{N}_o^2$: (L',M') ist
genau dann kleiner als (L,M), wenn $L' < L$ oder $L' = L$ und $M' < M$ ist.

Für $(L,M) = (0,0)$ haben alle Inspektionen die Effizienz 0. Der
Algorithmus stoppt beim ersten Durchlaufen von Schritt 1 oder
Schritt 2. Sei im folgenden die Behauptung für alle (L',M'), die
kleiner als (L,M) sind, bewiesen. S sei ein Suchproblem mit den
Kennzahlen (L,M). O.B.d.A. sei $R \geq 0$.

Wenn der Algorithmus beim ersten Durchlaufen von Schritt 2
stoppt, gilt die Aussage des Satzes. Ansonsten wird das Suchproblem in mehrere neue Suchprobleme zerlegt. Wir können eine optimale Aufteilungsfunktion berechnen, indem wir für alle neuen Probleme mit unserem Algorithmus eine optimale Aufteilungsfunktion
und unter diesen die beste ermitteln. Nach Definition des Algorith-

mus ist dieses Verfahren langsamer als der Algorithmus. Es genügt
also, die Aussage des Satzes für jedes neue Suchproblem S' zu beweisen.

Fall 1: S' entstand aus dem gegebenen Suchproblem unter anderem
durch Exklusion der j-ten Inspektion von k.

Fall 1.1: Für $j' \geq j$ ist $e(j',k)=0$. Dann führt s*, die optimale
Pseudostrategie für S, bevor die Ressourcen R verbraucht sind,
eine nicht notwendige Inspektion durch. In diesem Fall hat der
Algorithmus bereits beim ersten Durchlaufen von Schritt 2 gestoppt,
und das Suchproblem S wurde gar nicht zerlegt.

Fall 1.2: S' entstand unter anderem durch die Exklusion einer Inspektion von k', wobei unendlich viele Inspektionen von k' positive
Effizienz haben. Dann gilt $L'<L$, und die Behauptung folgt nach Induktionsvoraussetzung.

Fall 1.3: Falls die Bedingungen des ersten Falles erfüllt sind,
die Bedingungen von Fall 1.1 oder 1.2 aber nicht, so gilt
$L'=L, M'(k)<M(k)$ und damit $M'<M$. Die Behauptung folgt nach Induktionsvoraussetzung.

Fall 2: S' entstand nur durch Inklusionen, und das gegebene Problem wurde in Schritt 6 des Algorithmus zerlegt. Dann übertreffen
die Kosten der durch Inklusion erzwungenen Inspektionen die
Ressourcen. Also ist $R'<0$, und der Algorithmus stoppt sofort.

Fall 3: S' entstand durch die Inklusion einer Inspektion in
Schritt 4 des Algorithmus. Dann ist $L'=L$ und $M' \leq M$. Wenn $R'<0$ ist
oder der Algorithmus beim ersten Durchlaufen von Schritt 2 stoppt,
gilt die Aussage des Satzes. Ansonsten wiederholen wir unsere
Fallunterscheidung und müssen den Satz nur noch für das Suchproblem S" zeigen, das aus S' durch die Inklusion einer Inspektion in
Schritt 4 entsteht. Diese Argumentation führen wir n-mal durch.
Wir müssen die Aussage des Satzes also nur noch für das Suchproblem
$S^{(n)}$ beweisen, das aus $S^{(o)}:=S$ durch n Inklusionen von Inspektionen
in Schritt 4 des Algorithmus entsteht. Durch Inklusion sollen der
Reihe nach folgende Inspektionen erzwungen werden: $j^{(o)}$-te Inspektion von $k^{(o)},\ldots,j^{(n-1)}$-te Inspektion von $k^{(n-1)}$. Die dabei betrachteten Suchprobleme werden mit $S^{(o)},\ldots,S^{(n)}$ bezeichnet. Indem
wir zeigen, daß $R^{(n)} \leq 0$ ist, beweisen wir, daß der Algorithmus bei
Anwendung auf das Suchproblem $S^{(n)}$ nach endlich vielen Schritten

stoppt.

Im Suchproblem $S^{(i)}$ bezeichnen wir mit $\tilde{a}^i$ die Aufteilungsfunktion, die genau die Inspektionen vorsieht, die die optimale Pseudostrategie $s*^{(i)}$, wenn die Ressourcen $R^{(i)}$ verbraucht sind, durchgeführt hat oder begonnen hat durchzuführen. $S^{(i+1)}$ entsteht aus $S^{(i)}$ durch die Inklusion der $j^{(i)}$-ten Inspektion von $k^{(i)}$. Dabei ist $j^{(i)}=\min\{j\geq\tilde{a}^i(k^{(i)})\mid j\in T^i(k^{(i)})\}$. Daher können wir für das neue Problem $S^{(i+1)}$ eine optimale Pseudostrategie $s*^{(i+1)}$ erhalten, wenn wir in $s*^{(i)}$ die ersten $j^{(i)}$ Inspektionen von $k^{(i)}$ auslassen. Genau um die Kosten dieser Inspektionen ist $R^{(i+1)}$ kleiner als $R^{(i)}$. Daher gilt: $\tilde{a}^{i+1}\leq\tilde{a}^i$, $\tilde{a}^i(k^{(i)})>0$ und $\tilde{a}^{i+1}(k^{(i)})=0$. Also müssen $k^{(o)},\ldots,k^{(n-1)}$ verschieden sein. Es folgt für alle k $\tilde{a}^n(k)=0$ und damit $R^{(n)}\leq 0$. Q.E.D.

Es folgen noch einige Bemerkungen zu dem Algorithmus.

1.) Falls für alle j und k $c(j,k)=1$ und $q(j,k)=q_k(1-q_k)^{j-1}$ ist (Arkin), können wir o.B.d.A. annehmen, daß $R\in\mathbb{N}_o$ ist. In diesem Fall stoppt der Algorithmus beim ersten Durchlaufen von Schritt 2.

2.) Falls für alle k $T(k)=\overline{\mathbb{N}}_o$ ist (Kadane), erreichen wir niemals Schritt 6, und es gilt stets $j'_t=j_t$. Der von uns dargestellte Algorithmus stimmt mit dem Algorithmus von Kadane überein.

3.) Wenn wir ganz auf Schritt 6 verzichten, gilt in manchen Fällen $j'_t=\infty$. Die Inklusion der j'_t-ten Inspektion von k_t macht dann keinen Sinn. Wenn wir stets den Algorithmus von Kadane verwenden (ohne Schritt 6 und mit j_t anstelle von j'_t), können wir den Beweis von Satz 6.2, Fall 3 nicht mehr auf die angegebene Weise führen. Die optimale Pseudostrategie für das neue Problem läßt sich, falls $j_t\notin T_t(k_t)$, nicht so leicht angeben.

4.) Wenn wir ganz auf Schritt 4 verzichten, würde der Algorithmus ebenfalls stets eine optimale Aufteilungsfunktion berechnen und nach endlich vielen Schritten stoppen. Der Beweis von Satz 6.2 würde sich sogar vereinfachen, da der dritte Fall überflüssig wird. Bei jeder Zerlegung eines Suchproblems können wir jedoch bis zu 2^n neue Probleme erhalten, während wir in Schritt 4 stets nur 2 neue Probleme erhalten. Indem wir Schritt 6 nur in den Fällen, in denen Schritt 4 nicht möglich ist, benutzen, verringern wir in vielen Fällen die Laufzeit des Algorithmus.

5.) Wir haben die Zerlegung der Suchprobleme auf die angegebene
Weise vorgeschrieben, damit möglichst die "kritische
Inspektion", bei der die Ressourcen verbraucht sind, betroffen
ist. Auf diese Weise sollte die Laufzeit des Algorithmus in
vielen Fällen möglichst klein sein.

6.) Es gilt zu jedem Zeitpunkt
$U := \max\{U_m \mid m \in I_i\} \leq W_{max} \leq \max\{O_m \mid m \in I_i\} =: O$. Wenn wir nur daran
interessiert sind, eine gute Aufteilungsfunktion zu erhalten,
können wir den Algorithmus stoppen, wenn $O-U$ klein genug ist.

Kapitel XIII: Allgemeinere Modelle für Suchprobleme mit
                Inspektionen

§ 1:   Einleitung

In den vorherigen Kapiteln haben wir für das grundlegende
Suchproblem mit Inspektionen Lösungen erarbeitet. Bei der Anwen-
dung dieser Ergebnisse zeigt es sich, daß unser Modell häufig zu
speziell ist. Daher wurde das Modell in viele Richtungen weiterent-
wickelt, von denen wir die wichtigsten in § 3 - § 12 darstellen.
Für diese allgemeineren Modelle gibt es nicht immer so umfassende
Lösungen wie für das grundlegende Modell. Da die vorhandenen
Lösungsansätze häufig auf den in Kap. XI und Kap. XII dargestellten
Methoden aufbauen, werden wir in diesem Kapitel nicht alle Ergeb-
nisse beweisen. Außerdem setzen wir die Kenntnis der wichtigsten
Ergebnisse der dynamischen Programmierung, die man bei Hinderer
[61] nachlesen kann, voraus. In § 2 behandeln wir noch eine neue
Fragestellung für das grundlegende Suchproblem.

§ 2:   Fast periodische Strategien

Wie wir schon in Kap. XI erwähnt haben, wurde das Problem der
Minimierung der erwarteten Kosten zunächst unter den folgenden An-
nahmen gelöst: Für alle $k \in X$ gibt es ein $c(k) \in \mathbb{R}^+$ und ein $q(k) \in (0,1)$,
so daß für alle $j \in \mathbb{N}$ $c(j,k)=c(k)$ und $q(j,k)=q(k)^{j-1}(1-q(k))$ ist. Die
nach Satz 4.5, Kap. XI existierende optimale Strategie läßt sich
besonders leicht angeben, wenn sie fast periodisch ist.

Definition 2.1:   Eine Strategie s heißt fast periodisch, wenn für
ein $T \in \mathbb{N}_0$ (Länge der nichtperiodischen Anfangsphase) und ein $L \in \mathbb{N}$
(Länge der Periode) für alle $t>T$ gilt: $s(t)=s(t+L)$.

Bemerkung 2.2:   Eine fast periodische Strategie s ist durch die Angabe von T,L und $s(1),\ldots,s(T+L)$ vollständig definiert.

Offensichtlich gibt es im allgemeinen keine optimale Strategie,
die fast periodisch ist. Matula [99] hat in dem oben dargestellten eingeschränkten Modell eine einfache hinreichende und notwendige Bedingung für die Existenz einer optimalen Strategie, die
fast periodisch ist, angegeben.

Bei der Konstruktion einer optimalen Strategie müssen wir die
Werte $e(j,k)$ der Größe nach ordnen. Dabei sind für jedes k
$p(k)$, $1-q(k)$ und $c(k)^{-1}$ konstante Faktoren. Falls eine optimale,

fast periodische Strategie s existiert, müßten bei Anwendung von s "die Situationen zu den Zeitpunkten T,T+L,T+2L,... gleich sein". Wenn a(k) die Anzahl der von s während einer Periode vorgesehenen Inspektionen von k ist, dann stimmen die Situationen vor und nach einer Periode genau dann überein, wenn alle $q(k)^{a(k)}$ gleich sind. Nach diesen Überlegungen ist die Aussage von Satz 2.4 nicht mehr überraschend. Vorher geben wir noch ein elementares Lemma aus der Analysis an, das es ermöglicht, Satz 2.4 einfach darzustellen.

<u>Lemma 2.3:</u> Es existieren genau dann $a(1),\ldots,a(n)\in\mathbb{N}$, so daß alle $q(k)^{a(k)}$ gleich sind, wenn für alle $k,k'\in X$ gilt:
$$\log q(k) \, \log^{-1} q(k')\in\mathbb{Q}.$$

<u>Satz 2.4:</u> Es gibt genau dann eine optimale Strategie, die fast periodisch ist, wenn für alle $k,k'\in X$ gilt:
$$\log q(k) \, \log^{-1} q(k')\in\mathbb{Q}.$$

<u>Beweis:</u> "$\Rightarrow$" Sei s eine optimale Strategie, die fast periodisch ist. a(k) sei die Anzahl der Inspektionen von k, die s während einer Periode vorsieht. Dann ist a(k)>0. Wenn die Behauptung falsch ist, dann ist o.B.d.A. $\log q(1) \, \log^{-1} q(2)\notin\mathbb{Q}$ und damit $q(1)^{a(1)}\neq q(2)^{a(2)}$, o.B.d.A. $q(1)^{a(1)}>q(2)^{a(2)}$. Es seien t'>t>T so gewählt, daß s(t)=2 und s(t')=1 ist. Es folgt für alle $m\in\mathbb{N}_0$: s(t+mL)=2 und s(t'+mL)=1. Mit e_m^1 bzw. e_m^2 bezeichnen wir die Effizienz der von s zum Zeitpunkt t'+mL bzw. t+mL vorgesehenen Inspektion. Aus der Optimalität von s folgt, da t'>t ist, $e_m^1\leq e_m^2$. Andererseits folgt, da s fast periodisch ist, $e_m^1 = e_0^1 q(1)^{a(1)m}$ und $e_m^2 = e_0^2 q(2)^{a(2)m}$. Nach unserer Annahme können wir m so wählen, daß $e_m^1 > e_m^2$ ist. Mit diesem Widerspruch haben wir die erste Hälfte des Satzes bewiesen.

"$\Leftarrow$" Nach Lemma 2.3 können wir $a(1),\ldots,a(n)$ so wählen, daß alle $q(k)^{a(k)}$ gleich sind. Es sei $L:=a(1)+\ldots+a(n)$ und s die optimale Strategie, die zu jedem Zeitpunkt unter den Objekten, deren nächste Inspektion am effizientesten ist, das Objekt mit der kleinsten Nummer wählt. Dann sei T+1 der erste Zeitpunkt, an dem s alle Objekte mindestens einmal untersucht hat. Indem wir zeigen, daß s während der Zeitpunkte T+1,...,T+L jedes Objekt k genau a(k)-mal inspiziert, beweisen wir auch, daß s zu den Parametern T und L fast periodisch ist.

Es sei b(k) die Anzahl der Inspektionen von k, die s zu den Zeitpunkten T+1,...,T+L vorsieht. Wenn die Behauptung falsch ist, gibt es $k,k'\in X$ mit $b(k)<a(k)$ und $b(k')>a(k')$. Daraus werden wir einen Widerspruch ableiten.

Mit T' bezeichnen wir den letzten Zeitpunkt $t\in\{1,\dots,T+1\}$ mit $s(t)=k$ und mit T" den letzten Zeitpunkt $t\in\{1,\dots,T+L\}$ mit $s(t)=k'$. Für $t,t'\in\mathbb{N}$ sei $e(t)=e(Z(s,t-1,k)+1,k)$ die Effizienz der ersten nach dem Zeitpunkt $t-1$ vorgesehenen Inspektion von k und $e'(t') = e(Z(s,t'-1,k')+1,k')$. Aus der Optimalität von s folgt: $e(T')\geq e'(T')$ und $e(T")\leq e'(T")$. Nach der speziellen Wahl von s muß in einer der beiden Ungleichungen die strikte Ungleichheit gelten.

Während der Zeitpunkte $T'+1,\dots,T"$ werden mindestens $b(k')$ Inspektionen von k' durchgeführt. Daher gilt
$$e(T") \leq e'(T") \leq q(k')^{b(k')-1} e'(T') \leq q(k')^{a(k')} e'(T')$$
$= q(k)^{a(k)} e'(T') \leq q(k)^{a(k)} e(T')$. Da entweder die erste oder die letzte Ungleichung strikt gilt, folgt $e(T") < q(k)^{a(k)} e(T')$. Andererseits werden während der Zeitpunkte $T'+1,\dots,T"$ höchstens $b(k)$ Inspektionen von k durchgeführt. Daher gilt
$e(T") \geq q(k)^{b(k)+1} e(T') \geq q(k)^{a(k)} e(T')$. Mit diesem Widerspruch haben wir den Satz bewiesen. $\qquad$ Q.E.D.

Indem wir im zweiten Teil des Beweises $a(1),\dots,a(n)$ so wählen, daß ihr größter gemeinsamer Teiler 1 ist, machen wir die Länge der Periode der optimalen, fast periodischen Strategie so klein wie möglich.

<u>Beispiel 2.5:</u> $n=3, p(1)=\frac{7}{10}, p(2)=\frac{2}{10}, p(3)=\frac{1}{10}, c\equiv1,\ q(1)=\frac{1}{4}, q(2)=\frac{1}{16}$ und $q(3)=\frac{1}{2}$. Mit $a(1)=2, a(2)=1$ und $a(3)=4$ gilt $q(1)^{a(1)}=q(2)^{a(2)}=q(3)^{a(3)}=\frac{1}{16}$. In der folgenden Tabelle haben wir die Effizienzen der Inspektionen berechnet.

j =	1	2	3	4	5
k=1	0,52500	0,13125	0,03281...	0,00820...	0,00205...
2	0,18750	0,01171...	0,00073...		
3	0,05000	0,02500	0,01250	0,00625	0,00312...

Nach dem Beweis von Satz 2.4 ist die fast periodische Strategie s, die durch T=3, L=7 und $(s(1),\dots,s(10)) = (1,2,1,3,1,3,3,2,1,3)$ definiert ist, optimal.

§_3: Optimale_Strategien_zur_Lokalisierung_des_gesuchten_Objektes

Tognetti (Department of the Navy, Canberra) [144] wies auf die

Unterschiede in den folgenden Problemen hin. Wenn ein U-Boot ein bestimmtes Schiff, dessen Position unbekannt ist, in einer bestimmten Zeit mit größtmöglicher Wahrscheinlichkeit versenken soll, dann ist unser Suchmodell angemessen. Die Aufgabe besteht in der Berechnung einer optimalen Aufteilungsfunktion. Wenn jedoch die Fahrt des U-Bootes nur der Aufklärung dient, dann besteht das Ziel in der Maximierung der Wahrscheinlichkeit, den Aufenthaltsort des gesuchten Schiffes richtig anzugeben. Wir geben die Position des Schiffes richtig an, wenn wir es gefunden haben oder wenn wir es nach einer mißglückten Suche am richtigen Ort vermuten. Neben der zulässigen Aufteilungsfunktion müssen wir den Ort angeben, an dem wir das Schiff nach einer erfolglosen Suche vermuten.

<u>Definition 3.1:</u> Eine R-zulässige Lokalisierungsstrategie (a,k) besteht aus einer R-zulässigen Aufteilungsfunktion a und einem $k \in X$. Ihre Erfolgswahrscheinlichkeit beträgt
$$W(a,k) := \sum_{\ell \neq k} p(\ell) \sum_{1 \leq i \leq a(\ell)} q(i,\ell) + p(k).$$
(a,k) ist R-optimal, wenn keine R-zulässige Lokalisierungsstrategie eine größere Erfolgswahrscheinlichkeit hat.

Die folgenden Ergebnisse stammen von Kadane [76]. Wenn (a,k) R-zulässig ist, dann ist auch (a',k), definiert durch $a'(\ell) := a(\ell)$ für $\ell \neq k$ und $a'(k) := 0$ R-zulässig. Außerdem gilt $W(a,k) = W(a',k)$.

<u>Bemerkung 3.2:</u> Es genügt, Lokalisierungsstrategien (a,k) mit $a(k) = 0$ zu betrachten.

Auf folgende Weise können wir stets eine R-optimale Lokalisierungsstrategie berechnen. Für jedes $k \in X$ definieren wir ein neues Suchproblem $S_k = (n_k, p_k, c_k, q_k, R_k)$, indem wir für $j \in \mathbb{N}$ $q_k(j,k) := 0$ und $c_k(j,k) := R+1$ setzen und alle anderen Parameter aus dem gegebenen Problem übernehmen. Wenn a_k eine R_k-optimale Aufteilungsfunktion für S_k ist, dann gibt es offensichtlich keine bessere R-zulässige Lokalisierungsstrategie, die nach einer erfolglosen Suche k als gesucht vermutet, als (a_k, k). Die beste der Lokalisierungsstrategien $(a_1, 1), \ldots, (a_n, n)$ ist also R-optimal.

Bei diesem Verfahren wenden wir den Algorithmus von Wegener aus Kap. XII n-mal an. Wir können Arbeit sparen, wenn wir die Probleme $S_1, \ldots, S_n$ parallel bearbeiten.

Der Aufwand für die Berechnung einer R-optimalen Lokalisierungsstrategie würde sich erheblich verringern, wenn wir direkt

ein Objekt k angeben könnten, für das es eine R-optimale Strategie
(a,k) gibt. Der folgende Satz gibt hinreichende Bedingungen für
diese Arbeitsersparnis an.

Satz 3.3: Sei $b: \overline{\mathbb{N}}_o \times X \to \overline{\mathbb{N}}_o$. Für alle $j \in \overline{\mathbb{N}}_o$ und $\ell \in X$ gelte
$$\sum_{1 \leq i \leq j} c(i,k) \geq \sum_{1 \leq i \leq b(j,\ell)} c(i,\ell) \text{ und}$$

$$p(k)-p(k) \sum_{1 \leq i \leq j} q(i,k) \geq p(\ell)-p(\ell) \sum_{1 \leq i \leq b(j,\ell)} q(i,\ell).$$ Dann gibt es eine
R-optimale Lokalisierungsstrategie (a,k).

Beweis: Sei (a',ℓ) R-optimal. Es sei $a(m):=a'(m)$ für $m \notin \{k,\ell\}$,
$a(k):=0$ und $a(\ell):=b(a'(k),\ell)$. Nach der ersten Voraussetzung ist
(a,k) R-zulässig und daher nach der zweiten Voraussetzung sogar
R-optimal, denn
$$W(a,k)-W(a',\ell) = p(k)+p(\ell) \sum_{1 \leq i \leq a(\ell)} q(i,\ell)-p(\ell)-p(k) \sum_{1 \leq i \leq a'(k)} q(i,k) \geq 0.$$

Q.E.D.

§ 4: Diskrete Suchbereiche mit unendlich vielen Elementen

Wenn wir bei der Suche nach einem gesunkenen Schiff das Meer in
Planquadrate einteilen und aus Gründen der besseren Approximation
an die Wirklichkeit die Anzahl der Planquadrate wachsen lassen,
dann wird die Mächtigkeit des Suchbereichs sehr groß. Eine naheliegende Verallgemeinerung unseres Modells besteht darin, auch ab-
zählbar unendliche Suchbereiche X zuzulassen. Arkin [5] hat ein
derartiges Suchproblem in einem einfachen Spezialfall behandelt.
Wie der Leser sich selbst überzeugen kann, lassen sich alle Aussagen und Beweise aus Kap. XI leicht auf die allgemeinere Situation
übertragen.

§ 5: Stetige Suchprobleme mit Inspektionen

In Kap. XI haben wir die Inspektionen so modelliert, daß wir
die Kosten für die Inspektion, mit der wir das Objekt finden, ganz
aufbringen müssen. Wenn wir jedoch wieder auf das Beispiel des
Mannes, der seine Brille sucht, zurückkommen, sehen wir, daß er die
Brille zu jedem Zeitpunkt finden kann und dann die Suche sofort und
nicht erst nach Beendigung der gesamten Inspektion abbricht. Darüber hinaus sind die Längen der einzelnen Inspektionen nicht vorgegeben. Zu jedem Zeitpunkt können wir die Inspektion eines Zimmers
beenden und in ein anderes Zimmer wechseln. Diese Möglichkeit
werden wir nun modellieren.

Für $k \in X$ und $t \in \mathbb{R}_o^+$ sei $q(t,k)$ die Wahrscheinlichkeit, daß wir die Brille, falls sie im k-ten Zimmer liegt, gefunden haben, wenn wir das k-te Zimmer über einen Zeitraum der Länge t inspiziert haben. Dann ist $q(\cdot,k)$ monoton wachsend und stetig von rechts. Mit t könnten wir anstelle der Suchdauer auch Suchkosten messen.

Eine Strategie muß nun angeben, in welcher Reihenfolge wir die Zimmer inspizieren wollen und wie lange die einzelnen Inspektionen dauern sollen. Es hat sich jedoch gezeigt, daß es in dieser Strategienklasse meistens keine optimale Strategie gibt, da wir die Länge der Inspektionen möglichst klein wählen wollen. Die in Definition 5.1 angegebene Strategienklasse läßt es zu, daß wir das inspizierte Zimmer in beliebig kleinen Zeiträumen wechseln. Wir dürfen sogar die Zimmer gleichzeitig verschieden intensiv inspizieren. Da wir jede dieser Strategien durch Strategien der ersten Art approximieren können, ist diese neue Strategienklasse dem Problem angemessen.

<u>Definition 5.1:</u> Ein Suchproblem sei durch den Suchbereich $X=\{1,\ldots,n\}$, eine a-priori-Verteilung p auf X und monoton wachsende, von rechts stetige Funktionen $q(\cdot,k):\mathbb{R}_o^+ \to [0,1]$ ($k \in X$) gegeben. Eine Abbildung $s:\mathbb{R}_o^+ \times X \to \mathbb{R}_o^+$ ist eine Suchstrategie, wenn für alle $t \in \mathbb{R}_o^+$ gilt: $\sum_{k \in X} s(t,k)=t$ und wenn für alle $k \in X$ $s(\cdot,k)$ monoton wachsend ist. $s(t,k)$ gibt an, wie lange wir während des Zeitintervalls $[0,t]$ das k-te Objekt inspizieren. Mit $Y(s)$ bezeichnen wir die Zufallsvariable, die die Suchdauer bei Verwendung von s mißt. Für die Verteilung $Q(s)$ von $Y(s)$ gilt:
$$Q(s,t):=Q(s)(Y(s) \in [0,t]) = \sum_{k \in X} p(k)q(s(t,k),k).$$
s heißt erfolgreich, wenn $\lim_{t \to \infty} Q(s,t) = 1$ ist. Mit $E(s):=E(Y(s))$ bezeichnen wir die erwartete Suchdauer einer erfolgreichen Strategie. Eine Aufteilungsfunktion $a:X \to \mathbb{R}_o^+$ heißt t-zulässig, wenn $\sum_{k \in X} a(k)=t$. Die Erfolgswahrscheinlichkeit von a beträgt $W(a):= \sum_{k \in X} p(k)q(a(k),k)$.

<u>Satz 5.2:</u> Es gibt genau dann eine erfolgreiche Strategie mit endlicher erwarteter Suchdauer, wenn für alle k gilt:
$$\int_{\mathbb{R}_o^+} (1-q(t,k))dt < \infty.$$

Der einfache Beweis dieses Satzes bleibt dem Leser überlassen.

In Zukunft setzen wir die Existenz einer erfolgreichen Strategie
mit endlicher erwarteter Suchdauer voraus.

Das diskrete Suchproblem aus Kap. XI konnten wir leicht lösen,
wenn die Funktionen g_{sk} konkav sind. Die Situation hier ist ähnlich. Onaga [106] hat das Problem gelöst, wenn $q(\cdot,k)$ für alle k
konkav ist. Wir werden zunächst t-optimale Aufteilungsfunktionen
berechnen.

Wir können nun nicht mehr von der Effizienz einer Inspektion
sprechen. Wenn die Suchdauer für das Objekt k gerade t überschreitet, können wir aber "die Effizienz, k zu diesem Zeitpunkt zu
untersuchen" durch $e(t,k):=p(k)q'(t,k)$ ausdrücken, wobei $q'(\cdot,k)$ die
rechtsseitige Ableitung der Funktion $q(\cdot,k)$ ist. $q'(\cdot,k)$ ist wohldefiniert, monoton fallend und stetig von rechts.

Für $k \in X$ und $L \in \overline{\mathbb{R}}_o^+$ sei $T^>(L,k):=\sup\{t \in \overline{\mathbb{R}}_o^+ | e(t,k)>L\}$ und
$T^\geq(L,k):=\sup\{t \in \overline{\mathbb{R}}_o^+ | e(t,k)\geq L\}$. Dann gibt es für $t \in \mathbb{R}_o^+$ ein $L(t) \in \overline{\mathbb{R}}_o^+$ und
ein $j(t) \in X$, so daß es eine t-zulässige Aufteilungsfunktion a_t mit
folgenden Eigenschaften gibt. Für $k<j(t)$ ist $a_t(k)=T^>(L(t),k)$,
während für $k>j(t)$ gilt: $a_t(k)=T^\geq(L(t),k)$. Schließlich ist für
$k=j(t)$: $a_t(k) \in [T^>(L(t),k),T^\geq(L(t),k)]$.

<u>Satz 5.3:</u> Falls $q(\cdot,k)$ für alle k konkav ist, so ist a_t t-optimal.

<u>Beweisidee:</u> Für jede t-zulässige Aufteilungsfunktion bezeichnen
wir mit $B(a)$ die Menge der Objekte, für die a und a_t verschieden
sind. Wenn a_t nicht t-optimal ist, können wir unter den besseren
t-zulässigen Aufteilungsfunktionen eine auswählen, für die $|B(a)|$
minimal ist. Es sei dann $k \in B(a)$ so gewählt, daß $|a(k)-a_t(k)|$ mini-
mal ist. Es sei $a_t(k)<a(k)$, der andere Fall verläuft analog. Dann
existiert k' mit $a_t(k')>a(k')$. Wir zeigen, daß a' eine mindestens
ebensogute t-zulässige Aufteilungsfunktion wie a ist: $a'(k):=a_t(k)$,
$a'(k'):=a(k')+a(k)-a_t(k)$ und $a'(k''):=a(k'')$ für $k'' \notin \{k,k'\}$. Da
$|B(a')|<|B(a)|$ ist, erhalten wir einen Widerspruch.   Q.E.D.

Wir erhalten offensichtlich eine erfolgreiche Strategie, wenn
wir $s^*(t,k):=a_t(k)$ setzen. Aus Satz 5.3 folgt für alle Strategien s'
und alle $t \in \mathbb{R}_o^+:Q(s^*,t)\geq Q(s',t)$. Strategien mit dieser Eigenschaft
heißen stark optimal. Natürlich ist jede stark optimale Strategie
auch optimal.

<u>Satz 5.4:</u> Falls $q(\cdot,k)$ für alle k konkav ist, so ist s^* stark
optimal.

Falls die Funktionen $q(\cdot,k)$ nicht alle konkav sind, gibt es kein allgemeines Verfahren zur Konstruktion einer t-optimalen Aufteilungsfunktion. Wegener [155] hat gezeigt, wie wir eine optimale Strategie ermitteln können.

<u>Satz 5.5:</u> Für alle k sei $\overline{q}(\cdot,k)$ die kleinste konkave Majorante von $q(\cdot,k)$, und es sei s* die in Satz 5.4 angegebene optimale Strategie für das Suchproblem $(n,p,\overline{q})$. Dann ist s* auch für das Suchproblem (n,p,q) optimal.

<u>Beweisidee:</u> Die Menge aller t für die $q(t,k)\neq\overline{q}(t,k)$ ist, ist die disjunkte Vereinigung von offenen Intervallen $(T_i(k),T_i'(k))$. Eine Strategie s hat die $T(i,k)$-Eigenschaft, wenn es ein t mit $s(t,k)=T_i(k)$ und $s(t+T_i'(k)-T_i(k),k)=T_i'(k)$ gibt, d.h. wenn es ein Zeitintervall der Länge $T_i'(k)-T_i(k)$ gibt, so daß s während dieser Zeitspanne nur k inspiziert und der für k aufgebrachte Suchaufwand während dieser Zeit von $T_i(k)$ auf $T_i'(k)$ steigt.

Wir können beweisen, daß es für jede erfolgreiche Strategie $\overline{s}$ eine nicht schlechtere Strategie s mit der $T(i,k)$-Eigenschaft gibt. Der Beweis dieser Aussage ist der wichtigste Teil des Beweises. Er beruht auf den Ideen, die auch zur Verbesserung von Strategien im diskreten Suchproblem (Kap. XI § 3) führten.

Die Strategie s* hat für alle Paare (i,k) die $T(i,k)$-Eigenschaft. Indem wir das Suchproblem $(n,p,\overline{q})$ als zu (n,p,q) dual auffassen, können wir zeigen, daß s* die beste unter allen Strategien ist, die für alle (i,k) die $T(i,k)$-Eigenschaft haben.

Es bleibt noch zu zeigen, daß die Annahme der Existenz einer erfolgreichen Strategie s mit $E(s^*)-E(s)=:\varepsilon>0$ zu einem Widerspruch führt. Dazu wählen wir auf geeignete Weise eine endliche Menge von Paaren (i,k) so aus, daß alle anderen (i,k) im folgenden Sinne "unwichtig" sind: Wir können leicht eine erfolgreiche Strategie s' konstruieren, die für alle unwichtigen (i,k) die $T(i,k)$-Eigenschaft hat und deren erwartete Suchdauer um höchstens $\frac{\varepsilon}{2}$ größer als $E(s)$ ist. Indem wir die zuerst bewiesene Aussage endlich oft anwenden, erhalten wir eine erfolgreiche Strategie s", die für alle (i,k) die $T(i,k)$-Eigenschaft hat und deren erwartete Suchdauer kleiner als $E(s^*)$ ist. Mit diesem Widerspruch haben wir den Satz bewiesen.

Q.E.D.

Mit dem folgenden Beispiel zeigen wir, daß es nicht immer eine stark optimale Strategie gibt.

<u>Beispiel 5.6:</u> $n=2, p(1)=p(2)=\frac{1}{2}, q(t,1)=0$ für $t<2$ und $q(t,1)=1$ für $t\geq 2, q(t,2)=\min\{\frac{t}{3},1\}$. Dann ist $\overline{q}(t,1)=\min\{\frac{t}{2},1\}$ und $\overline{q}(t,2)=q(t,2)$.

Jede optimale Strategie s inspiziert zunächst 2 Zeiteinheiten lang Objekt 1 und dann 3 Zeiteinheiten lang Objekt 2. Danach haben wir das gesuchte Objekt mit Sicherheit gefunden. Es ist $Q(s,1)=0$. Dagegen gilt für die 1-optimale Aufteilungsfunktion $a:a(1)=0,a(2)=1$ und $W(a)=\frac{1}{6}$.

In dem Beispiel der Suche nach einem gesunkenen Schiff ist die Einteilung in homogene Planquadrate nur eine Approximation an die Wirklichkeit. Statt dessen könnten wir als Suchbereich den Meeresboden annehmen und den Punkt suchen, an dem das Schiff liegt. Da Schiffe eine positive Ausdehnung haben, ist auch dieses Modell nur eine Approximation an die Wirklichkeit.

Als Suchbereich nehmen wir eine Borel-meßbare Teilmenge des $\mathbb{R}^n$ an. (Im weiteren werden wir die Meßbarkeitsvoraussetzungen nicht darstellen.) Die a-priori-Verteilung auf X sei durch eine Dichtefunktion p gegeben. Für alle $x \in X$ und $t \in \mathbb{R}_0^+$ sei $q(t,x)$ die Wahrscheinlichkeit, das Schiff, falls es sich im Punkt x befindet, gefunden zu haben, wenn der Suchaufwand für den Punkt x t beträgt. Wir messen den Suchaufwand mit dem Lebesguemaß.

Eine Strategie ist eine Abbildung $s:\mathbb{R}_0^+ \times X \to \mathbb{R}_0^+$, so daß für alle t $\int_X s(t,x)dx=t$ und für alle x $s(\cdot,x)$ monoton wachsend ist. Es sei $Y(s)$ die Zufallsvariable, die die Suchdauer der Strategie mißt und $Q(s)$ die zugehörige Verteilung. Es ist
$$Q(s)(Y(s)\in[0,t]) = \int_X p(x)q(s(t,x),x)dx.$$ Wir wollen die erwartete Suchdauer erfolgreicher Strategien minimieren.

Die Behandlung stetiger Suchbereiche erfordert einigen Aufwand an Maßtheorie. Trotzdem sind diese Probleme einfacher als die entsprechenden diskreten Probleme. Da jeder einzelne Punkt das Lebesguemaß 0 hat, muß $s(\cdot,x)$ nicht stetig sein, während in dem Problem mit diskretem Suchbereich $s(\cdot,k)$ stetig ist. Wenn nun $q(\cdot,x)$ und die kleinste konkave Majorante $\overline{q}(\cdot,x)$ auf (T,T') nicht übereinstimmen, dann kann $s(\cdot,x)$ "direkt von T zu T' springen", was im diskreten Fall nicht möglich ist.

Arkin [6] hat das Problem zunächst für die Funktionen $\overline{q}(\cdot,x)$ gelöst. Mit ähnlichen Methoden wie im diskreten Fall erhalten wir

eine stark optimale Strategie s*. Bei geeigneter Konstruktion
von s* ist $q(s*(t,x),x)=\overline{q}(s*(t,x),x)$ für alle t und x. Da stets
$q\leq\overline{q}$ ist, folgt

<u>Satz 5.7</u>: Für ein durch p und q zu einem stetigen Suchbereich X
gegebenes Suchproblem existiert stets eine stark optimale Strategie.

Abschließend veranschaulichen wir unsere Überlegungen an einem
Beispiel, das eine stetige Version von Beispiel 5.6 ist.

<u>Beispiel 5.8</u>: $X=[0,2], p=\frac{1}{2}$. Für $x\in[0,1]$ ist für $t<2$ $q(t,x)=0$ und
für $t\geq 2$ $q(t,x)=1$. Für $x\in(1,2]$ ist $q(t,x)=\min\{\frac{t}{3},1\}$.

Die folgende Strategie ist, wie wir auch leicht direkt bewei-
sen können, stark optimal. Für $t\leq 2$ sei für $x\leq\frac{t}{2}:s(t,x)=2$ und an-
sonsten $s(t,x)=0$. Für $t\in[2,5]$ sei für $x\leq 1:s(t,x)=2$ und für
$x>1:s(t,x)=t-2$. Zum Zeitpunkt 5 haben wir das gesuchte Objekt mit
Sicherheit gefunden. Die Wahrscheinlichkeit, während der ersten
Zeiteinheit erfolgreich zu sein, beträgt $\frac{1}{4}$ und ist größer als die
Erfolgswahrscheinlichkeit der 1-optimalen Aufteilungsfunktion im
Beispiel 5.6.

Wir haben hier die Beweise nicht ausführlich dargestellt, da
wir uns auf diskrete Suchprobleme konzentrieren wollen. Im Buch von
Stone [140] werden fast nur stetige Suchprobleme behandelt. Stone
nimmt an, daß die Funktionen $q(\cdot,k)$ oder $q(\cdot,x)$ konkav sind.

§ 6: Die Suche nach einem von mehreren Objekten

Wenn wir bei der Suche nach einem mit wertvoller Ladung gesunkenen Schiff auf dem Meeresboden ein Schiff entdeckt haben,
dann müssen wir dieses Schiff noch näher untersuchen. Es könnte
ja sein, daß wir ein anderes gesunkenes Schiff gefunden haben.
Die Untersuchung eines "falschen" Schiffes verursacht also weitere
Kosten, die wir zu beachten haben.

Das Suchproblem, in dem dieser Sachverhalt modelliert wird,
setzt die folgenden Daten als bekannt voraus: den Suchbereich X
(stetig oder diskret), die a-priori-Verteilung der Lage des gesuchten Schiffes, der Anzahl und der Lage der falschen Schiffe,
die Wahrscheinlichkeit, mit Aufwand t im Punkt $x\in X$ das richtige
oder ein falsches Schiff, das sich in x befindet, entdeckt zu
haben, und die Wahrscheinlichkeit, mit Aufwand t ein in x ent-
decktes Schiff als richtig oder falsch identifiziert zu haben.

Wir wollen eine Strategie mit minimalen erwarteten Suchkosten
angeben. Dabei können wir die Verteilung unseres Suchaufwandes auch
davon abhängig machen, wieviele Schiffe wir bereits an den verschiedenen Punkten gefunden und identifiziert haben. Außerdem müssen wir festlegen, wieviel unserer Suchzeit wir darauf verwenden,
ein gefundenes Schiff zu identifizieren.

Lösungsansätze für dieses Suchproblem gibt es bisher nur für
die stetige Version des Problems (§ 5). Aber selbst dann sind die
Ergebnisse nicht sehr weitreichend. Optimale Strategien können nur
angegeben werden, wenn die Identifizierung eines gefundenen Schiffes nicht unterbrochen werden darf, die Strategien nichtsequentiell sein müssen, d.h. die Verteilung des Suchaufwandes darf nicht
von der Anzahl und der Lage der bereits gefundenen Schiffe abhängen, und wenn die entsprechenden Konkavitätsannahmen gelten.

Für den interessierten Forscher zeigt sich also ein weites
Feld offener Probleme. Es wäre wertvoll, Ergebnisse unter weniger
restriktiven Voraussetzungen zu erhalten und das Problem in einer
diskreten Version zu untersuchen. Für die Darstellung der bisherigen Ergebnisse verweisen wir wieder auf Stone [140].

Wir wollen uns hier einer anderen Fragestellung zuwenden. Bei
der Ölsuche besteht das Ziel nicht darin, ein bestimmtes Ölvorkommen zu entdecken, sondern darin, überhaupt Öl zu finden. Wir
suchen also eines von unter Umständen mehreren Ölvorkommen. Ein
Suchproblem, das diesen Sachverhalt modelliert, wurde von Smith/
Kimeldorf [130] untersucht.

<u>Definition 6.1:</u> Mit $X=\{1,\ldots,n\}$ bezeichnen wir den Suchbereich,
d.h. die Menge der Gebiete, in denen wir nach Öl suchen. Die Zufallsvariable N gibt die Anzahl der gesuchten Objekte (Ölvorkommen)
an. Mit $p^*(j):=P(N=j)$ gelte $\sum\limits_{1\leq j<\infty} p^*(j)=1$. Es gibt also mindestens
ein Objekt. Die Objekte sind unabhängig und identisch auf die Ge-
biete verteilt, wobei $p(k)$ die Wahrscheinlichkeit ist, daß sich
ein bestimmtes Objekt im k-ten Gebiet befindet. Eine Inspektion
des k-ten Gebietes verursacht die Kosten $c(k)\in\mathbb{R}^+$. Wenn es dort j
Objekte gibt, so beträgt die Erfolgswahrscheinlichkeit einer Inspektion $1-(1-p(k)q(k))^j$ mit $q(k)\in(0,1]$, d.h. $q(k)$ ist die Wahrscheinlichkeit, ein bestimmtes Objekt in k bei einer Inspektion
von k zu finden. Wir wollen eine erfolgreiche Strategie angeben,

deren erwartete Kosten bis zum Finden des ersten Objektes minimal
sind.

Für $p*(1)=1$ erhalten wir wieder die einfachste Version des in
Kap. XI gelösten Suchproblemes.

Jede Strategie mit endlichen erwarteten Kosten ist erfolgreich.
Daher genügt es, die erwarteten Kosten zu minimieren. Die Existenz
einer optimalen Strategie können wir nun leicht zeigen, indem wir
das Suchproblem als Problem der dynamischen Programmierung darstellen.

Dazu berechnen wir zunächst, wie sich die Parameter durch eine
erfolglose Inspektion von k ändern. Die a-posteriori-Wahrscheinlichkeit für das Ereignis N=j beträgt

$$(6.1) \quad p_k^*(j)=p^*(j)(1-q(k)p(k))^j \, (\sum_{1 \leq i < \infty} p^*(i)(1-q(k)p(k))^i)^{-1}.$$

Die Objekte sind weiterhin unabhängig und identisch verteilt, wobei sich die Parameter $p(\ell)$ zu

$$(6.2) \quad p_k(\ell)=(1-\delta_{k\ell}q(k))p(\ell)(1-q(k)p(k))^{-1} \qquad (\delta \text{ Kroneckersymbol})$$

verändert haben. c und q bleiben gleich. Daher bezeichnen wir den
Zustand des Systems mit (p,p^*), falls die Suche bisher erfolglos
war, und ansonsten mit $(*)$. Der Aktionenraum kann mit X identifiziert werden, da wir stets jedes Gebiet inspizieren dürfen. Wenn
wir im Zustand (p,p^*) die Aktion k wählen, entstehen die Kosten
$c(k)$, und wir gelangen mit Wahrscheinlichkeit

$$(6.3) \quad \sum_{1 \leq i < \infty} (1-q(k)p(k))^i p^*(i) \text{ in den Zustand } (p_k,p_k^*)$$

und ansonsten in den Zustand $(*)$. Im Zustand $(*)$ bleiben wir, und
es entstehen keine weiteren Kosten.

Direkt aus den bekannten Ergebnissen von Bellman [18] und
Strauch [142] folgt nun die Existenz einer optimalen Strategie.

Wir werden nun, was durchaus naheliegend ist, annehmen, daß
die Anzahl der Objekte poissonverteilt ist, d.h. für ein $\lambda \in \mathbb{R}^+$ gilt
$p^*(j)=\lambda^j(e^\lambda-1)^{-1}(j!)^{-1}$. Dann ist die Anzahl der Objekte nach einer
erfolglosen Inspektion von k poissonverteilt mit dem Parameter

$$(6.4) \quad \lambda_k=\lambda(1-q(k)p(k)).$$

Wie im Fall $p*(1)=1$ werden wir nun zeigen, daß es optimal ist,
stets das Gebiet zu untersuchen, für das die nächste Inspektion am

effizientesten ist. Dazu berechnen wir zunächst $e(p,p^*,k)$, die Effizienz einer Inspektion von k im Zustand (p,p^*). Aus (6.3) folgt mit $f(\lambda):=(1-\exp(-\lambda))^{-1}$

$$(6.5) \quad e(p,p^*,k) = (1- \sum_{1\leq i<\infty} (1-q(k)p(k))^i p^*(i))c(k)^{-1}$$

$$= (1- \sum_{1\leq i<\infty} (1-q(k)p(k))^i \lambda^i (i!)^{-1} \exp(-\lambda)f(\lambda))c(k)^{-1}$$

$$= (1-\exp(-\lambda)-(\exp(\lambda(1-q(k)p(k))-1)\exp(-\lambda))f(\lambda)c(k)^{-1}$$

$$= (1-\exp(-\lambda q(k)p(k)))f(\lambda)c(k)^{-1}.$$

Bevor wir das oben angekündigte Resultat beweisen, zeigen wir zwei Lemmas, von denen das erste analog zu Satz 3.2, Kap. XI durch einfaches Ausrechnen folgt. Der Beweis dieses Lemmas bleibt dem Leser überlassen.

__Lemma 6.2:__ Es sei (p,p^*) der Anfangszustand des Problems. Für die beiden Strategien s und s' gelte: $s(1)=s'(2),s(2)=s'(1)$ und für $t\geq 3$: $s(t)=s'(t)$. Es ist genau dann $E(s)\leq E(s')$, wenn $e(p,p^*,s(1)) \geq e(p,p^*,s(2))$ ist.

__Lemma 6.3:__ Es sei N poissonverteilt, $e(p,p^*,k) = \max\{e(p,p^*,k')|k'\in X\}$ und $i\neq k$. Dann ist $e(p_i,p_i^*,k) = \max\{e(p_i,p_i^*,k')|k'\in X\}$.

Dieses Lemma besagt, daß die effizienteste Inspektion auch dann am effizientesten bleibt, wenn wir zunächst andere Inspektionen durchführen. Damit entspricht dieser Aussage im grundlegenden Modell die Annahme, daß die Effizienzfunktionen konkav sind.

__Beweis des Lemmas:__ Durch Multiplikation der Terme in (6.2) und (6.4) folgt

$$(6.6) \quad \lambda_i p_i(j) = \lambda(1-\delta_{ij}q(i))p(j) \leq \lambda p(j) \text{ für alle } j,$$

wobei für alle $j\neq i$ sogar Gleichheit gilt.

Aus den Voraussetzungen, (6.5) und (6.6) folgt nun
$$e(p_i,p_i^*,k') = (1-\exp(-\lambda_i q(k')p_i(k')))f(\lambda_i)c(k')^{-1}$$
$$\leq (1-\exp(-\lambda q(k')p(k'))f(\lambda_i)c(k')^{-1} = e(p,p^*,k') \ f^{-1}(\lambda)f(\lambda_i)$$
$$\leq e(p,p^*,k)f^{-1}(\lambda)f(\lambda_i) = (1-\exp(-\lambda q(k)p(k)))f(\lambda_i)c(k)^{-1}$$
$$= (1-\exp(-\lambda_i q(k)p_i(k)))f(\lambda_i)c(k)^{-1} = e(p_i,p_i^*,k). \qquad \text{Q.E.D.}$$

__Satz 6.4:__ Falls N poissonverteilt ist, so ist die Strategie, die stets die effizienteste Inspektion durchführt, optimal.

Beweis: Es sei $e(p,p^*,k) = \max\{e(p,p^*,k') \mid k' \in X\}$. Es genügt zu zeigen, daß es im Anfangszustand (p,p^*) eine optimale Strategie s mit $s(1)=k$ gibt. Wir wählen nun eine optimale Strategie s, deren Existenz ja bereits bewiesen wurde, so aus, daß keine andere optimale Strategie früher eine Inspektion von k vorsieht als s. Da s optimal ist, gibt es einen frühesten Zeitpunkt $T \in \mathbb{N}$ mit $s(T)=k$. Falls $T>1$, so ist nach Lemma 6.3 zum Zeitpunkt $T-1$ eine Inspektion von k mindestens so effizient wie die von s durchgeführte Inspektion. Nach Lemma 6.2 ist im Widerspruch zur Definition von s die Strategie, die aus s durch Vertauschung der zu den Zeitpunkten $T-1$ und T vorgesehenen Inspektionen entsteht, ebenfalls optimal. Also ist $T=1$ und damit $s(1)=k$. Q.E.D.

Satz 6.5: Es sei $n \geq 3, p^*(1) \neq 1$ und N nicht poissonverteilt. Dann existieren Funktionen p,q und c, so daß die Strategie, die stets eine effizienteste Inspektion durchführt, nicht optimal ist.

Wir müssen aus Platzgründen auf den Beweis dieses Satzes verzichten. Aus Satz 6.4 und Satz 6.5 folgt, daß genau dann, wenn die Anzahl der Objekte poissonverteilt oder $p^*(1)=1$ ist, die einfache Strategie, immer die effizienteste Inspektion durchzuführen, stets optimal ist. In den anderen Fällen ist es noch unbekannt, wie man eine optimale Strategie berechnen kann. Auch hier wäre es also analog zu Kap. XI, Kap. XII, § 3 und § 5 wichtig, Ergebnisse in den Fällen zu erzielen, in denen es nicht optimal ist, stets die effizienteste Inspektion durchzuführen.

§ 7: Suchprobleme mit zufälligen Parametern

Hall [57], [58] hat folgende Annahmen gemacht: Die Kosten $c(j,k)=c(k)$ sind konstante Größen. Die gemeinsame Verteilung der Zufallsvariablen $Q(j,k)$ ist bekannt, wobei $Q(j,k)$ die Wahrscheinlichkeit angibt, daß nach $j-1$ erfolglosen Inspektionen von k auch die j-te Inspektion von k erfolglos ist, obwohl das k-te Objekt gesucht wird. Die Folgen $Q(j,k)$ und $Q(j,k')$ $(j \in \mathbb{N}, k \neq k')$ sind unabhängig. Nach der j-ten Inspektion von k erfahren wir, was unrealistisch scheint, den Wert der Zufallsvariablen $Q(j,k)$. Schließlich ist die letzte Annahme Halls gerade so gewählt, daß die Effizienzfunktionen fast sicher konkav sind. Es wird vorausgesetzt, daß für alle k die Folge

$$p(k)(\prod_{1\leq i<j} Q(i,k))(1-E(Q(j,k)\mid Q(1,k),\ldots,Q(j-1,k)))c(k)^{-1} \text{ fast}$$

sicher monoton fällt.

Man kann dann, was unter diesen Voraussetzungen nicht erstaunt, folgendes Ergebnis beweisen. Die Strategie, die stets die effizienteste Inspektion durchführt, ist optimal. Da der Beweis dieser Aussage nur eine Übertragung der Methoden aus Kap. XI auf diese allgemeinere Situation ist, wollen wir ihn nicht darstellen. Der interessierte Leser kann versuchen, Ergebnisse unter allgemeineren Voraussetzungen zu erzielen.

§ 8: Such- und Stopprobleme

Hier greifen wir das in Kap. XI dargestellte Beispiel der Suche nach dem Defekt in einem aus n Teilen bestehenden System wieder auf. Zu den Suchkosten kommen, nachdem wir das k-te Teilsystem als defekt erkannt haben, die Kosten $C(k)$ für die Erneuerung dieses Teilsystems hinzu. Andererseits können wir die Suche auch ohne Erfolg abbrechen und das ganze System mit den Kosten C erneuern. Diese Möglichkeit modellieren wir durch eine mit Sicherheit erfolgreiche Stopaktion, die die Kosten C verursacht. Außerdem entstehen nun bei einer erfolgreichen Inspektion von k die zusätzlichen Kosten $C(k)$. Wir behandeln jetzt das Suchmodell aus Kap. XI mit dieser einen Änderung. Damit jede Strategie mit endlichen erwarteten Kosten erfolgreich ist, setzen wir für alle k voraus: $\sum_{1\leq j<\infty} c(j,k)=\infty$.

Für das oben genannte Problem folgt (Satz 8.1) aus den Ergebnissen der dynamischen Programmierung die Existenz einer optimalen Strategie. Für alle anderen Zwecke ist es günstiger, ein äquivalentes Problem zu behandeln, bei dem die Kosten jeder erfolgreichen Strategie offensichtlich genau um C geringer sind als in dem obigen Problem. Die Kosten der Stopaktion werden auf 0 festgesetzt. Dafür erhalten wir bei einer erfolgreichen Inspektion von k die Belohnung $b(k):=C-C(k)\in\mathbb{R}_o^+$. Belohnungen werden wie negative Kosten behandelt. Diesem Modell liegt die Annahme zugrunde, daß wir die Erneuerung des Systems schon geplant haben und die Ersparnis, wenn nur ein Teilsystem erneuert werden muß, als Gewinn verbuchen.

Eine Strategie beschreiben wir durch eine Abbildung $s:\{1,\ldots,T\}\to X(T\in\overline{\mathbb{N}}_o)$. Dabei soll zunächst die durch s gegebene Teilstrategie verwendet und danach gestoppt werden. Die Strategie, die sofortiges Stoppen vorschreibt (T=0), bezeichnen wir mit s^o.

Such- und Stopprobleme wurden unter anderem von Chew [29], [30], Kan [79], Ross [117] und Stone [140] untersucht. Wir stellen hier die allgemeinsten bekannten Ergebnisse über die Existenz und die Konstruktion optimaler Strategien dar. Diese Resultate basieren auf Ergebnissen von Ross, die von Stone verallgemeinert wurden. Alle weiteren bekannten Ergebnisse beruhen auf sehr speziellen Annahmen. Sie behandeln einerseits das Problem der näherungsweisen Berechnung optimaler Stopzeiten. Andererseits werden die erwarteten Suchkosten optimaler Strategien mit den erwarteten Suchkosten von besten Strategien aus speziellen Strategienklassen, wie der Menge aller Strategien mit T≤t, verglichen.

Um Aussagen über die Existenz optimaler Strategien zu erhalten, stellen wir das Suchproblem als Problem der dynamischen Programmierung dar. Den Zustand nach einer erfolgreichen Suche bezeichnen wir mit (*), während die anderen Zustände durch $z=(p,q,c)$ gekennzeichnet werden. Als Aktionen sind dann außer der Stopaktion die Inspektionen der einzelnen Teilsysteme zugelassen. Die Durchführung der Stopaktion verursacht keine Kosten und führt in den Zustand (*). Eine Inspektion von k ist mit Wahrscheinlichkeit $p(k)q(1,k)$ erfolgreich. In diesem Fall entstehen die Kosten $c(1,k)-b(k)$, und wir erreichen den Zustand (*). Mit Wahrscheinlichkeit $1-p(k)q(1,k)$ ist diese Inspektion erfolglos. Dann entstehen die Kosten $c(1,k)$, und wir erreichen den Nachfolgezustand $z_k=(p_k,q_k,c_k)$ mit

$$p_k(\ell) = (1-\delta_{k\ell}q(1,k))\, p(\ell)\, (1-p(k)q(1,k))^{-1} (\delta \text{ Kroneckersymbol}),$$

$$q_k(j,\ell) = q(j+\delta_{k\ell},\ell)\, (1-\delta_{k\ell}q(1,k))^{-1} \text{ und } c_k(j,\ell) = c(j+\delta_{k\ell},\ell).$$

Im neuen Zustand z_k entspricht die j-te Inspektion von k der (j+1)-ten Inspektion von k in z. Bei dem Vergleich der Effizienzen zueinander gehörender Inspektionen folgt für alle $j\in\mathbb{N}, k,\ell\in X$, daß

$$e_k(j,\ell)e(j+\delta_{k\ell},\ell)^{-1} = (1-p(k)q(1,k))^{-1}$$

unabhängig von j und ℓ ist. Damit können wir in jedem von z erreichbaren Zustand einen Vergleich der Effizienz zweier Inspektionen auf den Vergleich der zugehörigen Inspektionen im Anfangszustand z zurückführen.

Es sei $f(z):=\inf\{E(s)\,|\, s \text{ erfolgreich}, z \text{ Anfangszustand}\}$. Dann folgt Satz 8.1 aus den Ergebnissen von Bellman [18] und Strauch [142].

<u>Satz 8.1:</u> Für jeden Anfangszustand $z=(p,q,c)$ gilt:

$f(z) = \min\{0,\min\{c(1,k)-p(k)q(1,k)b(k)+(1-p(k)q(1,k))f(z_k)\,|\,k\in X\}\}$.
In jedem Fall existiert eine optimale Strategie. Falls $f(z)=0$, so
ist es optimal, sofort zu stoppen. Ansonsten ist es optimal, die
Aktion durchzuführen, für die die rechte Seite der obigen Gleichung
minimal ist.

<u>Satz 8.2:</u> Für festes q und c sei $g(p):=f(p,q,c)$. Dann ist g
konkav. $S:=\{p\,|\,g(p)=0\}$, die Menge aller a-priori-Verteilungen, für
die sofortiges Stoppen optimal ist, ist konvex.

<u>Beweis:</u> Mit $E(s|k)$ bzw. $E(s|p)$ bezeichnen wir die erwarteten
Kosten von s, wenn k gesucht bzw. p die a-priori-Verteilung ist.
Die Infima werden nun über die Menge der erfolgreichen Strategien
gebildet. Für $\lambda\in[0,1]$ und $p=\lambda p^1 + (1-\lambda)p^2$ folgt

$$g(p) = \inf\{E(s|p)\} = \inf\{\textstyle\sum_{k\in X} p(k)E(s|k)\}$$

$$\geq \lambda\inf\{\textstyle\sum_{k\in X} p^1(k)E(s|k)\}+(1-\lambda)\inf\{\textstyle\sum_{k\in X} p^2(k)E(s|k)\}$$

$$= \lambda\, g(p^1)+(1-\lambda)g(p^2).$$ Also ist g konkav.

Sind $p^1,p^2\in S$, dann gilt $g(p^1)=g(p^2)=0$. Aus der Konkavität von g
folgt $g(p)\geq 0$, während aus Satz 8.1 folgt $g(p)\leq 0$. Damit ist $g(p)=0$,
$p\in S$ und S konvex.   Q.E.D.

Bevor wir nun Aussagen zur Konstruktion optimaler Strategien
beweisen, wollen wir zeigen, daß zwei plausible Vermutungen falsch
sind.

<u>Gegenbeispiel 8.3:</u> <u>Vermutung:</u> Falls die Kosten jeder Inspektion
von k größer als $b(k)$ sind, dann gibt es eine optimale Strategie,
die niemals k untersucht.

Diese Vermutung ist falsch, denn für $p(1)=\frac{3}{4}$, $p(2)=\frac{1}{4}$,
$q(1,1)=q(1,2)=1$, $c(j,1)=5$, $c(j,2)=10$, $b(1)=0$ und $b(2)=210$ folgt
aus dem Vergleich aller vernünftigen Strategien, daß $s:\{1,2\}\to X$
mit $s(1)=1$ und $s(2)=2$ die einzige optimale Strategie ist.

<u>Gegenbeispiel 8.4:</u> <u>Vermutung:</u> Falls $e(\cdot,k)$ für alle k monoton
fallend ist, gibt es entweder eine optimale Strategie, die zunächst
eine effizienteste Inspektion durchführt, oder s^o ist optimal.

Auch diese Vermutung ist falsch, denn mit $c(j,1)=10$ und ansonsten den gleichen Parametern wie im vorigen Beispiel gilt
$e(1,1) > e(1,2)$, aber $s:\{1\}\to X$ mit $s(1)=2$ ist die einzige optimale
Strategie.

Das folgende triviale Lemma wird sich als sehr nützlich erweisen.

Lemma 8.5: Es sei $s:\{1\}\to X$ mit $s(1)=k$ die Strategie, die nach einer Inspektion von k stoppt. Im Anfangszustand z gilt genau dann $E(s^o) \underset{>}{\overset{<}{\equiv}} E(s)$, wenn $p(k)q(1,k)b(k) \underset{>}{\overset{<}{\equiv}} c(1,k)$ ist.

Im folgenden geben wir zunächst eine hinreichende Bedingung für die Existenz einer optimalen Strategie, die nie die Stopaktion wählt, an. Da die erwartete Belohnung aller erfolgreichen Strategien, die nie die Stopaktion wählen, $\sum_{k\in X} p(k)b(k)$ beträgt, können wir dann die Belohnung ignorieren und eine optimale Strategie mit den Methoden aus Kap. XI berechnen. Anschließend geben wir eine hinreichende Bedingung für die Optimalität von s^o an.

Satz 8.6: Es sei $a(k):=\sup\{c(j,k)q(j,k)^{-1} \sum_{j\leq i<\infty} q(i,k) \mid j\in\mathbb{N}\}$, und es gelte $\sum_{k\in X} a(k)b(k)^{-1} \leq 1$. Dann gibt es eine optimale Strategie, die nie die Stopaktion wählt.

Beweis: Falls im Zustand $z=(p,q,c)$ für ein k gilt: $p(k)q(1,k)b(k) \geq c(1,k)$, dann gibt es nach Satz 8.1 und Lemma 8.5 eine optimale Strategie, die nicht sofort stoppt. Damit jede optimale Strategie im Zustand z stoppt, muß also für alle k $p(k)q(1,k)b(k) < c(1,k)$ und daher
$$1 = \sum_{k\in X} p(k) < \sum_{k\in X} c(1,k)q(1,k)^{-1}b(k)^{-1}$$
sein. Andererseits gilt für jeden Zustand z', den wir von z aus erreichen können:
$$c'(1,k)q'(1,k)^{-1} = c(j,k)q(j,k)^{-1} \sum_{j\leq i<\infty} q(i,k) \leq a(k)$$
und daher
$$\sum_{k\in X} c'(1,k)q'(1,k)^{-1}b(k)^{-1} \leq \sum_{k\in X} a(k)b(k)^{-1} \leq 1. \qquad \text{Q.E.D.}$$

Satz 8.7: Falls für alle $j\in\mathbb{N}$ und $k\in X$ gilt, daß $q(j,k)(\sum_{j\leq i<\infty} q(i,k))^{-1}b(k) \leq c(j,k)$ ist, so ist s^o optimal.

Beweis: Nach Satz 8.2 genügt es, die Behauptung für die Extremalpunkte der Menge aller a-priori-Verteilungen zu zeigen. Wir können also annehmen, daß k das gesuchte Objekt ist. Dann genügt es, die Strategien zu untersuchen, die nur k inspizieren. Nach Voraussetzung ist für jeden erreichbaren Zustand die erwartete Belohnung der nächsten Inspektion von k nicht größer als die Kosten dieser Inspektion. Also gilt die Behauptung. $\qquad$ Q.E.D.

Im folgenden behandeln wir den Fall konkaver Effizienzfunktionen. Dabei zeigen wir, daß die im Gegenbeispiel 8.4 widerlegte Vermutung doch in die richtige Richtung wies.

Wenn im Anfangszustand z $e(\cdot,k)$ für alle k monoton fällt, dann ist auch $e'(\cdot,k)$ für alle k und für alle von z erreichbaren Zustände z' monoton fallend. Falls wir nun allgemein in der Lage sind, bei konkaven Effizienzfunktionen die erste Aktion einer optimalen Strategie zu bestimmen, dann können wir sogar eine optimale Strategie berechnen.

<u>Satz 8.8:</u> Für alle k' sei $e(\cdot,k')$ monoton fallend und $e(1,k') \le e(1,k)$. Dann gibt es entweder keine optimale Strategie, die k inspiziert, oder eine optimale Strategie s mit $s(1)=k$.

<u>Beweis:</u> Unter der Annahme der Existenz einer optimalen Strategie s, die eine Inspektion von k vorsieht, beweisen wir die Existenz einer optimalen Strategie s' mit $s'(1)=k$. Es sei t der Zeitpunkt, zu dem s zum ersten Mal k inspiziert. s' entstehe aus s, indem wir die Gruppe der ersten t-1 Inspektionen mit der t-ten Inspektion vertauschen. Dann ist $s'(1)=k$. Die erwartete Belohnung ist für s' genauso groß wie für s. Da die erste Inspektion von k die insgesamt effizienteste Inspektion ist, folgt aus Satz 3.2, Kap. XI, daß auch s' optimal ist.   Q.E.D.

Direkt an dem Beweis von Satz 8.8 sehen wir, daß unter der zusätzlichen Voraussetzung $e(1,k') < e(1,k)$ für $k'\neq k$ jede optimale Strategie, die überhaupt eine Inspektion von k vorsieht, als erstes k inspiziert.

<u>Satz 8.9:</u> Zusätzlich zu den Bedingungen von Satz 8.8 sei $p(k)q(1,k)b(k) \ge c(1,k)$. Dann gibt es eine optimale Strategie s mit $s(1)=k$.

<u>Beweis:</u> Wenn die Behauptung falsch ist, kann nach Satz 8.8 keine optimale Strategie s eine Inspektion von k vorsehen. Diese Aussage führen wir nun zum Widerspruch.

Da die erwarteten Kosten einer optimalen Strategie endlich sind, muß s für einen Zeitpunkt $T<\infty$ im Zustand z_T die Stopaktion vorsehen. Es ist $p_T(k) \ge p(k)$, $q_T(1,k)=q(1,k)$, $c_T(1,k)=c(1,k)$ und daher $p_T(k)q_T(1,k)b(k) \ge c_T(1,k)$. Im Widerspruch zu der obigen Aussage ist nach Lemma 8.5 auch die Strategie s', die nach den von s vorgesehenen Inspektionen vor dem Stoppen noch eine Inspektion von k durchführt, optimal.   Q.E.D.

Satz 8.10: Zusätzlich zu den Bedingungen von Satz 8.8 gelte für ein $B \in \mathbb{R}_o^+$ und alle $k':b(k')=B$. Dann ist entweder s^o optimal, oder es gibt eine optimale Strategie s mit s(1)=k.

Beweis: Wenn die Behauptung falsch ist, dann gilt für jede optimale Strategie s, daß sie zu einem Zeitpunkt $T \in \mathbb{N}$ die Stopaktion wählt und keine Inspektion von k vorsieht. Es sei k':=s(T). Damit es nicht besser wäre, schon zum Zeitpunkt T-1 zu stoppen, muß nach Lemma 8.5 $e_{T-1}(1,k') \geq B^{-1}$ sein. Andererseits folgt aus den Voraussetzungen $e_T(1,k) \geq e_{T-1}(1,k) \geq e_{T-1}(1,k') \geq B^{-1}$. Nach Lemma 8.5 ist daher im Widerspruch zu unserer ersten Aussage auch die Strategie s', die nach den von s vorgesehenen Inspektionen vor dem Stoppen noch eine Inspektion von k durchführt, optimal.   Q.E.D.

Nach den Vorüberlegungen zu Satz 8.8 ist es unter den Bedingungen von Satz 8.10 stets optimal, eine effizienteste Inspektion durchzuführen oder zu stoppen. Damit haben wir in diesem Spezialfall das Problem der Berechnung einer optimalen Strategie auf das allerdings schwierige Problem der Berechnung einer optimalen Stopzeit reduziert. Dem Leser, der an Stopproblemen interessiert ist, wird das Buch von Chow/Robbins/Siegmund [31] empfohlen.

§ 9: Suchprobleme mit positiven Transportkosten

Bei der Suche nach einem Ölvorkommen entstehen außer den Kosten für die Bohrungen weitere Kosten, wenn die Bohrinsel in eine andere Region transportiert werden muß. Diese Kosten sind offensichtlich zu groß, um vernachlässigt zu werden. Wir erweitern unser Suchmodell aus Kap. XI in folgender Weise. Wenn wir die j-te Inspektion von k durchführen, direkt nachdem wir k' inspiziert haben, verursacht diese Inspektion die Kosten c(j,k)+T(k',k). Dabei bezeichnet $T(k',k) \in \mathbb{R}_o^+$ die Transportkosten, um von k' nach k zu gelangen. Für alle k ist T(k,k)=0, und für $k' \neq k$ ist T(k',k)>0.

Für dieses Modell gibt es außer den Aussagen über die Existenz optimaler Strategien, die aus der dynamischen Programmierung folgen, noch keine Ergebnisse.

Etwas anders ist die Situation, wenn wie in § 5 der Suchaufwand stetig verteilt werden kann. Die Transportkosten entstehen dann bei jedem Wechsel des inspizierten Objektes. Gilbert [53]

und Kisi [88] haben das Problem unter den folgenden Annahmen ge-
löst: $n=2, T(1,2)=T(2,1), q(t,k)=1-\exp(-a_k t)$ mit $a_k \in \mathbb{R}^+$. Gilbert hat
den Fall $n=2$ näher untersucht und angegeben, unter welchen Bedingungen optimale Strategien unendlich viele Wechsel zwischen den
Objekten vorsehen.

Onaga [106] hat dieses Modell für allgemeines n unter der fol-
genden Annahme behandelt: Es gibt eine Funktion $T:X \rightarrow \mathbb{R}^+$, so daß für
alle $k' \neq k$ die Bedingung $T(k',k)=T(k)$ erfüllt ist. Er hat gezeigt,
wie sich die erwarteten Kosten einer gegebenen Strategie verändern, wenn wir die Reihenfolge zweier aufeinanderfolgender Inspektionen vertauschen oder wenn wir eine Inspektion von k um eine
kurze Zeitspanne verlängern (verringern) und dafür die darauffol-
gende Inspektion von k um dieselbe Zeitspanne verringern (verlängern). Außerdem gibt er an, wielange die erste Inspektion von k
bei einer optimalen Strategie mindestens dauert. Mit diesen Ergebnissen kennen wir zumindest einige Eigenschaften optimaler Strategien.

Für die hier dargestellte, wichtige Modellerweiterung sind aber
fast alle interessanten Fragen noch unbeantwortet.

§ 10: Die Suche nach einem nicht stationären Objekt

Im U-Boot-Krieg sind die gesuchten Objekte, die Schiffe des
Gegners, nicht stationär. Wenn der Auftrag für ein U-Boot darin
besteht, ein Frachtschiff zu versenken, dann kann der Frachter versuchen, dem U-Boot zu entkommen. Diese Verfolgungsspiele wurden mit
den Methoden der mathematischen Spieltheorie behandelt. Da wir
nicht den Platz haben, diese Theorie darzustellen, wollen wir den
interessierten Leser auf die umfangreiche Literatur über Verfolgungsspiele verweisen. Das eingeschränkte Problem, zu speziellen
randomisierten Strategien des Gegners eine optimale Gegenstrategie
zu bestimmen, wird von Stone [140] als Suche nach einem sich abhängig von zufälligen Parametern deterministisch bewegenden Objekt
dargestellt.

Das folgende Modell beschreibt ein diskretes Suchproblem, in
dem das gesuchte Objekt nicht stationär ist. $p(k)(k \in X=\{1,\ldots,n\})$
ist die Wahrscheinlichkeit, daß sich das Objekt zu Beginn der
Suche in der k-ten Region befindet. Mit $q(k)$ bezeichnen wir die
Erfolgswahrscheinlichkeit einer Inspektion der k-ten Region, wenn

sich das Objekt dort befindet. Die Dauer jeder Inspektion beträgt 1.
Schließlich bildet die Bewegung des gesuchten Objektes eine
Markoffkette mit den Übergangswahrscheinlichkeiten $a(i,j)$. Die
a-posteriori-Wahrscheinlichkeit, daß sich das Objekt nach einer erfolglosen Inspektion von k in ℓ befindet, bezeichnen wir mit $p_k(\ell)$.

<u>Definition 10.1:</u> $Q_t(p,s)$ sei die Wahrscheinlichkeit, daß eine der
ersten t Inspektionen der Strategie s erfolgreich ist. $E(p,s)$ sei
die erwartete Suchdauer der Strategie s, wobei p jeweils die
a-priori-Verteilung ist. Dazu sei $Q_t(p):=\sup\{Q_t(p,s))\}$ und
$E(p):=\inf\{E(p,s)\}$.

In diesem Modell ist es nicht vernünftig, wie in Kap. XII Aufteilungsfunktionen zu untersuchen, da die Erfolgswahrscheinlichkeit
wesentlich von der Reihenfolge der Inspektionen abhängt.

Der folgende Satz folgt aus der Optimalitätsgleichung von
Bellman [18] in der dynamischen Programmierung.

<u>Satz 10.2:</u> i) $Q_t(p)=\max\{p(k)q(k)+(1-p(k)q(k))Q_{t-1}(p_k)\,|\,k\in X\}$.

ii) $E(p)=\min\{1+(1-p(k)q(k))E(p_k)\,|\,k\in X\}$.

Da $Q_o(p)=0$ ist, können wir $Q_t(p)$ rekursiv berechnen. Außerdem
erhalten wir eine Strategie mit maximaler Erfolgswahrscheinlichkeit
für die ersten t Inspektionen, wenn wir bei der Verteilung p und
noch t' bevorstehenden Inspektionen die Region k inspizieren, für
die $p(k)q(k)+(1-p(k)q(k))Q_{t'-1}(p_k)$ maximal ist. Diese Berechnungen
erfordern viel Rechenzeit, bessere allgemeine Methoden sind aber
nicht bekannt.

Falls wir die Funktion E kennen, so erhalten wir eine optimale
Strategie, wenn wir bei der Verteilung p für das gesuchte Objekt
die Region k inspizieren, für die $1+(1-p(k)q(k))E(p_k)$ minimal ist.

Pollock [110] hat für n=2 zwei Spezialfälle gelöst. Es gilt:
$$p_1(1) = (p(1)(1-q(1))a(1,1) + p(2)a(2,1))(1-p(1)q(1))^{-1},$$
$$p_2(1) = (p(1)a(1,1) + p(2)(1-q(2))a(2,1))(1-p(2)q(2))^{-1},$$
$$p_1(2) = 1-p_1(1) \quad \text{und} \quad p_2(2) = 1-p_2(1).$$

Im ersten Spezialfall hat Pollock angenommen, daß die Inspektionen irrtumsfrei sind: $q(1)=q(2)=1$. Dann sind $p_1(k)=a(2,k)$ und
$p_2(k)=a(1,k)$ unabhängig von p. Aus Satz 10.2 folgt
$E(p)=\min\{1+p(2)E(p_1), 1+p(1)E(p_2)\}$. Daher ist $E(p)=1+p(2)E(p_1)$ ge-

nau dann, wenn $p(2)E(p_1) \leq p(1)E(p_2)$, also genau dann, wenn
$p(1) \geq E(p_1)(E(p_1) + E(p_2))^{-1} =: p*$ ist. $p*$ hängt nur von a ab.

Unter welchen Bedingungen gilt: $p_1(1) = a(2,1) \geq p*$ und
$p_2(1) = a(1,1) \geq p*$? Falls diese beiden Ungleichungen erfüllt sind,
so folgt einerseits $E(p_1)=1+p_1(2)E(p_1)=1+(1-a(2,1))E(p_1)$, d.h.
$E(p_1)=a(2,1)^{-1}$, und andererseits
$E(p_2)=1+p_2(2)E(p_1)=1+a(1,2)a(2,1)^{-1}$. Nach Definition ist in diesem
Fall $p*=(1+a(2,1)+a(1,2))^{-1}$.

Falls also $a(2,1) \geq (1+a(2,1)+a(1,2))^{-1} = p*$ und $a(1,1) \geq p*$ ist,
so gilt: Für $p(1) \geq p*(p(1) \leq p*)$ ist es optimal, die erste (zweite)
Region zu inspizieren, und es gilt $E(p)=1+p(2)a(2,1)^{-1}$
$(E(p)=1+p(1)(1+a(1,2)a(2,1)^{-1})$. Wir überlassen es dem Leser, die
anderen drei Fälle zu untersuchen.

Im zweiten Spezialfall nimmt Pollock an, daß $a(1,1)=a(2,1)$ ist.
Damit gilt $\tilde{p}(1):=p_1(1)=p_2(1)=a(2,1)$ und $\tilde{p}(2)=p_1(2)=p_2(2)=1-a(2,1)$.
Die a-posteriori-Verteilung des gesuchten Objektes ist also unab-
hängig von der ersten Inspektion.

Nach Satz 10.2 ist $E(p)=\min\{1+(1-p(k)q(k))E(\tilde{p})|k\in\{1,2\}\}$.
$E(p)=1+(1-p(1)q(1))E(\tilde{p}) \iff 1-p(1)q(1) \leq 1-p(2)q(2) \iff$
$p(1) \geq p_*:=q(2)(q(1)+q(2))^{-1}$. Wenn $p(1) \geq p_*$ $(p(1) \leq p_*)$ ist, dann
ist es optimal, die erste (zweite) Region zu inspizieren.

Für $\tilde{p}(1) \geq p_*$ ist $E(\tilde{p}) = 1+(1-\tilde{p}(1)q(1))E(\tilde{p})$, d.h.
$E(\tilde{p}) = \tilde{p}(1)^{-1}q(1)^{-1}$ und für $\tilde{p}(1) \leq p_*$ ist $E(\tilde{p}) = \tilde{p}(2)^{-1}q(2)^{-1}$. Da wir
nun auch $E(p)$ berechnen können, haben wir das Problem vollständig
gelöst.

Die dargestellten einfachen Methoden führen nur unter sehr
speziellen Annahmen zum Erfolg. Allgemeinere Methoden sind noch
nicht bekannt.

§ 11: Suchen, ohne dabei entdeckt zu werden

Sweat (Naval Undersea Research and Development Center,
Pasadena) [143] hat darauf hingewiesen, daß ein U-Boot-Kommandant
bei der Aufgabe, ein bestimmtes Schiff zu versenken, nicht die erwartete Suchdauer bis zur Entdeckung dieses Schiffes minimieren
sollte. Bei dieser Sichtweise würde er nämlich außer acht lassen,
daß das U-Boot vom Feind entdeckt und versenkt werden kann. Daher
schlug Sweat das folgende Suchmodell vor, in dem das Ziel darin

besteht, das gesuchte Objekt mit der größtmöglichen Wahrscheinlichkeit zu finden, bevor man selbst entdeckt wird. Sweat selber hat
eine Lösung des Problems angegeben. Wir stellen hier eigene, einfachere Beweise dar.

Für die a-priori-Verteilung p auf $X=\{1,\ldots,n\}$ gelte für alle
$k:p(k)\in(0,1)$. Die a-posteriori-Verteilung nach einer erfolglosen
Inspektion von k bzw. t erfolglosen Inspektionen mit Strategie s
bezeichnen wir mit p_k bzw. $p^{s,t}$. Es ist $q(j,k)=q(k)(1-q(k))^{j-1}$ mit
$q(k)\in(0,1)$. Die Wahrscheinlichkeit, bei einer Inspektion von k
nicht entdeckt zu werden, betrage $\gamma(k)\in(0,1)$, wobei die einzelnen
Inspektionen unabhängig sind.

Wenn die t-te von s vorgesehene Inspektion die j-te Inspektion
von k ist, dann ist ihre Erfolgswahrscheinlichkeit
$p(k)q(j,k) = p(s(t))q(Z(s,t,s(t)),s(t))$. Die Wahrscheinlichkeit, vor
dieser Inspektion noch nicht entdeckt worden zu sein, beträgt
$\prod\limits_{\ell\in X}\gamma(\ell)^{Z(s,t-1,\ell)}$. Daher gilt für W(p,s), die Wahrscheinlichkeit,
mit Strategie s bei der a-priori-Verteilung p das gesuchte Objekt
zu finden, bevor man selbst entdeckt wird:
$$W(p,s) = \sum\limits_{1\leq t<\infty} p(s(t))q(Z(s,t,s(t)),s(t)) \prod\limits_{\ell\in X}\gamma(\ell)^{Z(s,t-1,\ell)}.$$ Aus der
dynamischen Programmierung folgt

Satz 11.1: Mit $W(p) = \sup\{W(p,s)\}$ gilt
$W(p) = \max\{p(k)q(k)+(1-p(k)q(k))\gamma(k)W(p_k)|k\in X\}$. Die Strategie s, die
im Zustand p eine Region k inspiziert, für die
$p(k)q(k)+(1-p(k)q(k))\gamma(k)W(p_k)$ maximal ist, ist optimal.

Dieser Satz ist äußerst nützlich, weil er die Existenz einer
optimalen Strategie sichert. Er hilft aber nicht direkt bei der
Konstruktion optimaler Strategien.

Die Effizienz der j-ten Inspektion von k definieren wir als
Quotient aus der Erfolgswahrscheinlichkeit und den "Kosten", d.h.
der Wahrscheinlichkeit, bei dieser Inspektion entdeckt zu werden:
$e(j,k):=p(k)q(j,k)(1-\gamma(k))^{-1}$. Mit e(s,t) bezeichnen wir die Effizienz der t-ten Inspektion von s. Im folgenden zeigen wir, daß genau die Strategien, die die Inspektionen der Größe ihrer Effizienz
nach durchführen, optimal sind.

Lemma 11.2: Jede optimale Strategie sieht unendlich viele Inspektionen jedes Objektes vor.

Beweis: Es genügt zu zeigen, daß für jeden Zustand p jede optimale Strategie jedes Objekt mindestens einmal inspiziert. Sei s nun eine Strategie, die nur Objekte aus $A \underset{\neq}{\subseteq} X$ inspiziert. Es sei $A' \subseteq A$ die Menge der Objekte, die s unendlich oft inspiziert. Dann gilt $p^{t,s}(k) \geq p(k) > 0$ für $k \in X-A$ und $p^{t,s}(k) \to 0$ für $k \in A'$. Jeder Zustand $p^{t,s}$ wird mit positiver Wahrscheinlichkeit erreicht. Ausgehend von $p^{t,s}$ beträgt die Erfolgswahrscheinlichkeit von s für große t höchstens $\sum_{k \in A'} p^{t,s}(k)$, während die Erfolgswahrscheinlichkeit jeder Strategie s', die zunächst $\ell \in X-A$ inspiziert, mindestens $p(\ell)q(\ell)$ beträgt. Für genügend große t ist s' besser als s. Daher ist s nicht optimal.   Q.E.D.

Lemma 11.3: s führe zum Zeitpunkt t die j-te Inspektion von k und zum Zeitpunkt t+1 die j'-te Inspektion von $k' \neq k$ durch. s' entstehe aus s durch Vertauschung dieser beiden Inspektionen. Es ist genau dann $W(p,s) \underset{>}{\leq} W(p,s')$, wenn $e(j,k) \underset{>}{\leq} e(j',k')$ ist.

Beweis: Zum Beweis berechnen wir $W(p,s)-W(p,s')$. In diesen beiden Ausdrücken unterscheiden sich nur die Summanden t und t+1, die aber den Faktor $\gamma^* := \prod_{\ell \in X} \gamma(\ell)^{Z(s,t-1,\ell)}$ gemeinsam haben. Es ist

$$W(p,s)-W(p,s') = p(k)q(j,k)\gamma^* + p(k')q(j',k')\gamma^*\gamma(k) - p(k')q(j',k')\gamma^*$$

$$- p(k)q(j,k)\gamma^*\gamma(k') = \gamma^*(p(k)q(j,k)(1-\gamma(k')) - p(k')q(j',k')(1-\gamma(k))).$$

Q.E.D.

Satz 11.4: Genau die Strategien, die die Inspektionen der Größe ihrer Effizienz nach durchführen, sind optimal.

Beweis: Aus Lemma 11.3 folgt, daß alle Strategien, die die Inspektionen der Größe ihrer Effizienz nach durchführen, die gleiche Erfolgswahrscheinlichkeit haben. Nach Satz 11.1 genügt es zu zeigen, daß alle anderen Strategien s nicht optimal sind. Wenn s nicht für alle k unendlich viele Inspektionen vorsieht, dann folgt aus Lemma 11.2, daß s nicht optimal ist. Ansonsten gibt es Zeitpunkte t und t' mit $t<t'$ und $e(s,t)<e(s,t')$. Dann existiert, da $e(\cdot,k)$ für alle k monoton fallend ist, ein Zeitpunkt t" mit $e(s,t")<e(s,t"+1)$ und $s(t") \neq s(t"+1)$. Nach Lemma 11.3 ist s nicht optimal.   Q.E.D.

Verallgemeinerungen dieses Modells wurden bisher noch nicht untersucht.

§ 12: Die Suche auf der Geraden

Bei der Suche nach einem Objekt im $\mathbb{R}^n$ haben wir in § 5 voraus-

gesetzt, daß wir den Suchaufwand stetig verteilen können. Dies ist
zum Beispiel dann eine vernünftige Annahme, wenn bei der Suche nach
einem gesunkenen Schiff sehr viele Schiffe eingesetzt werden. Wenn
jedoch nur ein Suchschiff zur Verfügung steht, dann muß eine Strategie die Route dieses Schiffes festlegen. Die Suche ist dann erfolgreich beendet, wenn der Abstand zwischen Suchschiff und ge-
sunkenem Schiff zum ersten Mal höchstens r beträgt.

Bisher wurde dieses Suchproblem nur für die reelle Zahlenge-
rade $\mathbb{R}^1$ untersucht. Dann kann o.B.d.A. angenommen werden, daß $r=0$
ist. Pro Zeiteinheit können wir einen Weg der Länge 1 zurücklegen.
Eine Strategie $s=\{x_i\}_{i\in\mathbb{N}}$ mit $...<x_4<x_2<0\leq x_1<x_3<...$ schreibt folgende Route vor: Wir starten im Nullpunkt und gehen bis x_1, kehren
um, gehen bis x_2, usw.. Wenn sich das gesuchte Schiff im Punkt
$x\in(x_{i-2},x_i]\cup[x_i,x_{i-2})$ befindet, dann beträgt die Suchdauer
$T(s,x)=2 \sum_{1\leq j<i} |x_j|+|x|$. Für die Zufallsvariable X, die den Ort des
gesuchten Objektes angibt, ist die Verteilung $F(x):=P(X\leq x)$ gegeben.
Unser Ziel besteht in der Bestimmung einer erfolgreichen Strategie s mit minimaler erwarteter Suchdauer $E(s):=E(T(s,x))$.

Da die Suchdauer, um den Punkt x zu erreichen, mindestens $|x|$
beträgt, gilt für jede erfolgreiche Strategie $s:E(s)\geq E(|X|)$.
Andererseits ist die Strategie s*, definiert durch $x_i:=\varepsilon(-2)^{i-1}$,
offensichtlich für jedes $\varepsilon>0$ erfolgreich. Es gilt für $x\in[0,x_1]$:
$T(s*,x)=|x|$ und für $x\in[x_2,0)$: $T(s*,x)=2\varepsilon+|x|$. Für
$x\in(x_{i-2},x_i]\cup[x_i,x_{i-2})$ mit $i\geq 3$ gilt, da $|x|>|x_{i-2}|=\varepsilon 2^{i-3}$ ist,
$T(s*,x)=2\varepsilon \sum_{1\leq j<i} 2^{j-1}+|x|<\varepsilon 2^i+|x|<9|x|$. Also ist $E(s*) \leq 9 E(|X|)+2\varepsilon$.

<u>Satz 12.1</u>: Für jede erfolgreiche Strategie s gilt $E(s) \geq E(|X|)$,
und für alle $\varepsilon>0$ gibt es eine erfolgreiche Strategie s mit
$E(s) \leq 9 E(|X|)+2\varepsilon$.

Mit diesem einfachen Resultat kennen wir die erwartete Suchdauer einer optimalen oder einer guten Strategie schon ziemlich
genau.

Beck [14] und Franck [48] geben eine notwendige und hinreichende Bedingung für die Existenz einer optimalen Strategie an. Ob
diese Bedingung erfüllt ist, hängt nur vom Verhalten von F in der
Nähe von 0 ab: Es gibt genau dann keine optimale Strategie, wenn
wir jede erfolgreiche Strategie verbessern können, indem wir vor

dem ersten Schritt positiver Länge einen kleinen Schritt positiver Länge in die andere Richtung durchführen.

Beck [15] hat eine größere Strategienmenge definiert, in der es stets eine optimale Strategie gibt. Diese Strategien ermöglichen es, daß wir mit einer "Oszillation um den Nullpunkt" beginnen. Für eine Strategie $s=\{x_i\}_{i\in\mathbb{Z}}$ mit

$$\ldots<x_2<x_0\leq x_{-2}\leq x_{-4}\leq\cdots\leq 0\leq\cdots\leq x_{-3}\leq x_{-1}<x_1<x_3<\ldots \text{ gilt für}$$

$$x\in(x_{i-2},x_i]\cup[x_i,x_{i-2}): \quad T(s,x)=2\sum_{-\infty<j<i}|x_j|+|x|.$$

Die weiteren Arbeiten über die Suche auf der Geraden (z.B. Beck/Newman [16], Beck/Warren [17], Fristedt/Heath [50]) beschäftigen sich für allgemeinere Modelle mit der Frage nach der Existenz optimaler Strategien. Dagegen gibt es bisher keine allgemeinen Verfahren für die Konstruktion optimaler Strategien. Selbst in dem wichtigen Fall, daß X normalverteilt ist, oder in dem Fall, daß die Dichte $f(x)=F'(x)$ Dreiecksgestalt hat ($f(x)=\max\{0,1-|x|\}$), ist noch keine optimale Strategie bekannt.

Literatur

[1] Ahlswede, R.: A method of coding and an application to
     arbitrarily varying channels. To appear in Journal of
     Combinatorics, Inf. Theory & System Sciences

[2] Ahlswede, R.: A constructive proof of the coding theorem
     for discrete memoryless channels in case of complete feedback,
     Trans. Sixth Prague Conf. on Inf. Th., Stat. Dec. Fcts. and
     Rand. Proc., 1-22 (1971)

[3] Ahlswede, R.: Channels with arbitrarily varying channel
     probability functions in the presence of noiseless feedback,
     Z. Wahrsch.th. u. verw. Geb. 25, 239-252 (1973)

[4] Ahlswede, R./Gács, P.: Two contributions to information theory,
     Colloquia Mathematica Societatis János Bolyai, 16. Topics in
     Inf. Th., Keszthely, Hungaria (Ed. Csiszár, Elias) (1975)

[5] Arkin, V.I.: Uniformly optimal strategies in search problems,
     Theory of Prob. and Appl. 9, 159-160 (1964)

[6] Arkin, V.I.: A problem of optimum distribution of search
     effort, Theory of Prob. and Appl. 9, 674-680 (1964)

[7] Arutyunyan, E.A.: Lower bound for error probability in
     channels with feedback, Problemy Peredachi Informatsii 13,
     36-44 (1977)

[8] Bartlett, M.S: An introduction to stochastic processes with
     special reference to methods and applications, Cambridge
     University Press (1976)

[9] Batcher, K.F.: Sorting networks and their applications,
     Proc. AFIPS 32, 307-314 (1968)

[10] Bayer, P.J.: Improved bounds on the costs of optimal and
     balanced binary search trees, Ph. D. thesis, MIT (1975)

[11] Bechhofer, R.E.: A single-sample multiple decision procedure
     for ranking means of normal populations with known variances,
     Ann. Math. Stat. 25, 16-39 (1954)

[12] Bechhofer, R.E./Kiefer, J./Sobel, M.: Sequential identifica-
     tion and ranking procedures, The University of Chicago Press,
     Chicago (1968)

[13] Bechhofer, R.E./Sobel, M.: A single-sample multiple decision
     procedure for ranking variances of normal populations,
     Ann. Math. Stat. 25, 273-289 (1954)

[14] Beck, A.: On the linear search problem, Israel Journal
     Math. 2, 221-228 (1964)

[15] Beck, A.: More on the linear search problem, Israel Journal
     Math. 3, 61-70 (1965)

[16] Beck, A./Newman, D.J.: Yet more on the linear search problem,
     Israel Journal Math. 8, 419-429 (1970)

[17] Beck, A./Warren, P.: The return of the linear search problem,
     Israel Journal Math. 14, 169-183 (1973)

[18] Bellman, R.: Dynamic programming, Princeton University Press,
     Princeton (1957)

[19] Berlekamp, E.R.: Block coding with noiseless feedback,
     Ph. D. thesis, MIT, Dept. of Electr. Eng. (1964)

[20] Berlekamp, E.R.: Block coding for binary symmetric channels
     with noiseless delayless feedback, in: "Error correcting
     codes" (Ed. Mann, Madison) (1968)

[21] Black, W.L.: Discrete sequential search, Information and
     Control 8, 159-162 (1965)

[22] Blum, J.R.: Approximation methods which converge with
     probability one, Ann. Math. Stat. 25, 382-386 (1954)

[23] Burkholder, D.L.: On a class of stochastic approximation
     processes, Ann. Math. Stat. 27, 1044-1059 (1956)

[24] Burnashev, M.V.: Information transmission over a discrete
     channel with feedback, Random transmission time, Problemy
     Peredachi Informatsii 12, 10-30 (1976)

[25] Burnashev, M.V./Zigangirov, K.Sh.: An interval estimation
     problem for controlled observations, Problemy Peredachi
     Informatsii 10, 51-61 (1974)

[26] Burnashev, M.V./Zigangirov, K.Sh.: A problem of observation
     control, Problemy Peredachi Informatsii 11, 44-52 (1975)

[27] Cairns, S.: Balance scale sorting, American Math. Monthly 70,
     136-148 (1963)

[28] Césari, Y.: Questionnaire, codage et tris, Institute Blaise
     Pascal, Paris (1968)

[29] Chew, M.C.: A sequential search procedure, Ann. Math. Stat. 38,
     494-502 (1967)

[30] Chew, M.C.: Optimal stopping in a discrete search problem,
     Operations Research 21, 741-747 (1973)

[31] Chow, Y.S./Robbins, H./Siegmund, D.: Great expectations:
     The theory of optimal stopping, Houghton Mifflin Company (1971)

[32] Chung, K.L.: On a stochastic approximation method, Ann. Math.
     Stat. 25, 463-483 (1954)

[33] Csiszár, I./Körner, J.: Information theory, coding theorems
     for discrete memoryless systems, to appear

[34] Derman, C./Sacks, J.: On Dvoretzky's stochastic approximation
     theorem, Ann. Math. Stat. 30, 601-605 (1959)

[35] Dobrushin, R.L.: Information transmission in a channel with
     feedback, Teor. Veroyatnost. i Primenen 34, 367-383 (1958)

[36] Doob, J.L.: Stochastic processes, John Wiley & Sons, New York
     (1953)

[37] Dorfman, R.: The detection of defective members of large
     populations, Ann. Math. Stat. 14, 436-440 (1943)

[38] Dvoretzky, A.: On stochastic approximation, Proc. of the
     Third Berkeley Symp. on Math. Stat. and Probability,
     University of California Press 1, 39-55 (1956)

[39] Elias, P.: List decoding for noisy channels, Technical Report
     335, Res. Lab. of Electr., MIT, Cambridge, Mass. (1955)

[40] Erdös, P./Rényi, A.: On two problems of information theory,
     Publ. Math. Inst. Hungar. Acad. Sci. 8, 241-254 (1963)

[41] Fabian, V.: Zufälliges Abrunden und die Konvergenz des
linearen (Seidelschen) Iterationsverfahrens, Math. Nachrichten 16, 265-279 (1957)

[42] Fano, R.M.: Statistical theory of communication, Notes of
a course given at MIT (1952, 1954)

[43] Feinstein, A.: A new basic theorem of information theory,
Trans. IRE. PGIT, 2-22 (1954)

[44] Feller, W.: An introduction to probability theory and its
applications, John Wiley & Sons, New York (1968)

[45] Floyd, R./Rivest, R.: Expected time bounds for selection,
Comm. of the ACM 18, 165-172 (1975)

[46] Ford, L.R./Johnson, S.M.: A tournament problem, American
Math. Monthly 66, 387-389 (1959)

[47] Forney, G.D.: Exponential error bounds for erasure, list
and decision feedback schemes, IEEE Trans. Inf. Th. 2,
206-220 (1968)

[48] Franck, W.: On an optimal search problem, SIAM Review 7,
503-512 (1965)

[49] Fredman, M.L.: Two applications of a probabilistic search
technique: sorting X + Y and building balanced search
trees, 7th ACM Symposium on Theory of Computing,
Albuquerque, 240-244 (1975)

[50] Fristedt, B./Heath, D.: Searching for a particle on the
real line, Adv. of Appl. Prob. 6, 79-102 (1974)

[51] Gallager, R.G.: Information theory and reliable communication,
John Wiley & Sons, New York (1968)

[52] Germansky, B.: Notiz über die Lösung von Extremalaufgaben
mittels Iteration, Z. Ang. Math. Mech. 14, 187 (1953)

[53] Gilbert, E.N.: Optimal search strategies, SIAM 7, 413-424
(1959)

[54] Gilbert, E.N./Moore, E.F.: Variable-length binary encodings,
Bell System Techn. J. 38, 933-967 (1959)

[55] Girshick, M.A.: Contributions to sequential analysis,
Ann. Math. Stat. 17, 123-143 (1946)

[56] Hadrian, A./Sobel, M.: Selecting the t-th largest using
binary errorless comparisons, Colloquia Mathematica
Societatis János Bolyai (1969)

[57] Hall, G.J.: Sequential search with random overlook
probabilities, Ann. Stat. 4, 807-816 (1976)

[58] Hall, G.J.: Strongly optimal policies in sequential search
with random overlook probabilities, Ann. Stat. 5, 124-135
(1977)

[59] Henze, E./Homuth, H.H.: Einführung in die Informationstheorie, Vieweg (1970)

[60] Henze, E./Homuth, H.H.: Einführung in die Codierungstheorie,
Vieweg (1974)

[61] Hinderer, K.: Foundations of non-stationary dynamic programming with discrete time parameter, Lecture Notes in Operations Research and Mathematical Systems, Springer (1970)

[62] Hodges, J.L./Lehmann, E.: Two approximations to the Robbins-
Monro process, Proc. Third Berkeley Symp. on Math. Stat. and
Prob., 95-104 (1956)

[63] Horibe, Y.: An improved bound for weight-balanced tree,
Information and Control 34, 148-151 (1977)

[64] Horstein, M.: Sequential transmission of digital information
with feedback, IEEE Trans. Inf. Theory 9, 136-143 (1963)

[65] Hotelling, H.: Experimental determination of the maximum of
a function, Ann. Math. Stat. 12, 20-46 (1941)

[66] Hu, T.C.: A new proof of the T-C algorithm, SIAM 25, 83-94
(1973)

[67] Hu, T.C./Tan, K.C.: Least upper bound on the cost of optimum
binary search trees, Acta Informatica 1, 307-310 (1972)

[68] Hu, T.C./Tan, K.C.: Path length of binary search trees,
SIAM 22, 225-234 (1972)

[69] Hu, T.C./Tucker, A.C.: Optimum computer search trees and
variable-length alphabetical codes, SIAM 21, 514-532 (1971)

[70] Huber, P.J./Strassen, V.: Minimax tests and the Neyman-Pearson
lemma for capacities, Ann. Stat. 1, 251-263 (1973)

[71] Huffman, D.A.: A method for the construction of minimum
redundancy codes, Proc. I.R.E. 40, 1098-1101 (1952)

[72] Hwang, F.K./Lin, S.: Optimal merging of 2 elements with n
elements, Acta Informatica 1, 145-158 (1971)

[73] Hwang, F.K./Lin, S.: A simple algorithm for merging two
disjoint linearly ordered sets, SIAM Journal on Computing 1,
31-39 (1972)

[74] Itai, A.: Optimal alphabetic trees, SIAM Journal on
Computing 5, 9-18 (1976)

[75] Kadane, J.B.: Discrete search and the Neyman-Pearson lemma,
Journal of Math. Analysis and Appl. 22, 156-171 (1968)

[76] Kadane, J.B.: Optimal whereabouts search, Operations
Research 19, 894-904 (1971)

[77] Kadane, J.B./Simon, H.A.: Optimal strategies for a class of
constrained sequential problems, Ann. Stat. 5, 237-255 (1977)

[78] Kallianpur, G.: A note on the Robbins-Monro stochastic
approximation method, Ann. Math. Stat. 25, 386-388 (1954)

[79] Kan, Y.C.: A counterexample for an optimal search and stop
model, Operations Research 22, 889-892 (1974)

[80] Karp, R.M.: Reducibility among combinatorial problems in
"Complexity of computer computations" (Ed. Miller/Thatcher),
New York (1972)

[81] Katona, G.: On separating systems of a finite set, Journal
of Combinatorial Theory 1, 174-194 (1966)

[82] Katona, G.: Combinatorial search problems, A survey of
combinatorial theory (Ed. Srivastava et al.), 285-308 (1973)

[83] Kemperman, J.H.B.: Strong converses for a general memoryless
channel with feedback, Trans. Sixth Prague Conf. on Inf. Th.,
Stat. Dec. Fcts. and Rand. Proc. (1971)

[84] Kiefer J.: Sequential minimax search for a maximum,
      Proc. Amer. Math. Soc. 4, 502-506 (1953)

[85] Kiefer, J.: Invariance, minimax sequential estimation and
      continous time processes, Ann. Math. Stat. 28, 573-601 (1957)

[86] Kiefer, J./Wolfowitz, J.: Stochastic estimation of the
      maximum of a regression function, Ann. Math. Stat. 23,
      462-466 (1952)

[87] Kirkpatrick, D.: Topics in the complexity of combinatorial
      algorithms, Tech. Rep. 74, Toronto (1974)

[88] Kişi, T.: On an optimal searching schedule, Journal of the
      Operations Research Society of Japan 8, 53-65 (1965)

[89] Kislitsyn, S.S.: On the selection of the k-th element of an
      ordered set by pairwise comparisons, Sibirsk Mat. Zh. 5,
      557-564 (1964)

[90] Knuth, D.E.: Optimum binary search trees, Acta Informatica 1,
      14-25 (1971)

[91] Knuth, D.E.: The art of computer programming, vol. 3,
      Addison-Wesley (1973)

[92] Komlós, J./Révész, P.: On the rate of convergence of the
      Robbins-Monro method, Z. Wahrsch.th. u. verw. Geb. 25,
      39-47 (1972)

[93] Kumar, S.: Group-testing to classify all units in a trinomial
      sample, Studia Sci. Math. Hungar. 5, 229-247 (1970)

[94] Lindström, B.: On a combinatorial detection problem I,
      Publ. Math. Inst. Hungar. Acad. Sci. 9, 195-206 (1964)

[95] Lindström, B.: On a combinatorial problem in number theory,
      Canad. Math. Bull. 8, 477-490 (1965)

[96] Lindström, B.: On a combinatorial detection problem II,
      Studia Sci. Math. Hungar. 1, 353-361 (1966)

[97] Loève, M.: On almost sure convergence, Proc. of the Second
      Berkeley Symp. on Math. Stat. and Prob., University of
      California Press, 279-303 (1951)

[98] Loève, M.: Probability theory, van Nostrand (1955)

[99] Matula, D.: A periodic optimal search, American Math.
      Monthly 71, 15-21 (1964)

[100] Mehlhorn, K.: Nearly optimal binary search trees, Acta
      Informatica 5, 287-295 (1975)

[101] Mehlhorn, K.: Dynamic binary search, 4th Colloquium on
      Automata, Languages and Programming, Turku, Springer Lecture
      Notes 52, 323-336 (1977)

[102] Mehlhorn, K.: A best possible bound for the weighted path
      length of binary search trees, SIAM Journal on Computing 6,
      235-239 (1977)

[103] v. Mises, R./Pollaczek-Geiringer, H.: Praktische Verfahren
      der Gleichungsauflösung, Z. Ang. Math. Mech. 9, 58-77 (1929)

[104] Mosteller, F.: A k-sample slippage test for an extreme
      population, Ann. Math. Stat. 19, 58-65 (1948)

[105] Munro, I./Spira, P.M.: Sorting and searching in multisets, SIAM Journal on Computing 5, 1-8 (1976)

[106] Onaga, K.: Optimal search for detecting a hidden object, SIAM 20, 298-318 (1971)

[107] Paulson, E.: A multiple decision procedure for certain problems in the analysis of variance, Ann. Math. Stat. 20, 95-98 (1949)

[108] Paulson, E.: A sequential procedure for selecting the population with the largest mean from k normal populations, Ann. Math. Stat. 35, 174-180 (1964)

[109] Picard, C.: Théorie des questionnaires, Gauthier-Villars, Paris (1965)

[110] Pollock, S.M.: A simple model of search for a moving target, Operations Research 18, 883-903 (1970)

[111] Pratt, V./Yao, F.: On lower bounds for computing the i-th largest element, Proc. 14th Ann. IEEE Symp. on Switching and Automata Theory, 70-81 (1973)

[112] Rényi, A.: On random generating elements of a finite Boolean algebra, Acta Sci. Math. (Szeged) 22, 75-81 (1961)

[113] Rényi, A.: On a problem of information theory, Publ. Math. Inst. Hungar. Acad. Sci. 6, 505-516 (1961)

[114] Rényi, A.: On the theory of random search, Bull. American Math. Soc. 71, 809-828 (1965)

[115] Rényi, A.: Lectures on the theory of search, University of North Carolina, Chapel Hill, Institute of Statistics Mimeo Ser. No. 600.7 (1969)

[116] Robbins, H./Monro, S.: A stochastic approximation method, Ann. Math. Stat. 22, 400-407 (1951)

[117] Ross, S.M.: A problem in optimal search and stop, Operations Research 17, 984-992 (1969)

[118] Schalkwijk, J.P.M.: Coding for feedback communication, Trans. Fourth Prague Conf. on Inf. Th.,Stat. Dec. Fcts. and Rand. Proc. (1965)

[119] Schalkwijk, J.P.M.: A coding scheme for additive noise channels with feedback, part II: band-limited signals, IEEE Trans. Inf. Th. 12, 183-189 (1966)

[120] Schalkwijk, J.P.M./Kailath, T.: A coding scheme for additive noise channels with feedback, part I: no bandwith constraint, IEEE Trans. Inf. Th. 12, 172-182 (1966)

[121] Schmetterer, L.: Stochastic approximation, Proc. of the Fourth Berkeley Symp. on Math. Stat. and Probability, University of California Press 1, 587-609 (1961)

[122] Schönhage, A.: The production of partial orders, Astérisque 38-39, 229-246 (1976)

[123] Schönhage, A./Paterson, M./Pippenger, N.: Finding the median, Journal of Computer and System Sciences 13, 184-199 (1976)

[124] Schreier, J.: On a tournament elimination system, Mathesis Polska 7, 154-160 (1932)

[125] Shannon, C.E.: A mathematical theory of communication,
Bell System Techn. J. 27, 379-424, 623-657 (1948)

[126] Shannon, C.E.: The zero-error capacity of a noisy channel,
IRE Trans. Inf. Th. 3, 3-15 (1956)

[127] Shannon, C.E.: Certain results in coding theory for noisy
channels, Information and Control 7, 6-25 (1957)

[128] Shannon, C.E.: Probability of error for optimal codes in a
Gaussian channel, Bell System Techn. J. 38, 611-656 (1959)

[129] Shannon, C.E./Gallager, R.G./Berlekamp, E.R.: Lower bounds
to error probability for coding on discrete memoryless
channels, Information and Control 10, Part I, 65-103,
Part II, 522-552 (1967)

[130] Smith, F.H./Kimeldorf, G.: Discrete sequential search for one
of many objects, Ann. Stat. 3, 906-915 (1975)

[131] Sobel, M.: On a generalization of an inequality of Hardy,
Littlewood and Polya, Proc. Amer. Math. Soc. 5, 596-602
(1954)

[132] Sobel, M.: Group testing to classify efficiently all
defectives in a binomial sample, Information and Decision
Processes (Ed. Machol), Mc Graw-Hill, New York, 127-161
(1960)

[133] Sobel, M.: On the ordering of the t best of n items using
binary comparisons, Tech. Rep. 113, Univ. of Minnesota
(1968)

[134] Sobel, M.: Binomial and hypergeometric group testing,
Studia Sci. Math. Hungar. 3, 19-42 (1968)

[135] Sobel, M./Groll, P.A.: Group testing to classify efficiently
all defectives in a binomial sample, Bell System Techn. J.38,
1179-1259 (1959)

[136] Staroverov, O.V.: On a searching problem, Theory of Prob.
and Appl. 8, 184-187 (1963)

[137] Stein, C.: The selecting of the largest of a number of means,
Ann. Math. Stat. 19, 429 (1948)

[138] Steinhaus, H.: One hundred problems in elementary
mathematics, Pergamon Press, London, problems 52, 85 (1958)

[139] Sterrett, A.: On the detection of defective members of large
populations, Ann. Math. Stat. 28, 1033-1036 (1957)

[140] Stone, L.D.: Theory of optimal search, Academic Press (1975)

[141] Strassen, V.: Meßfehler und Information, Z. Wahrsch.th. u.
verw. Geb. 2, 273-305 (1964)

[142] Strauch, R.E.: Negative dynamic programming, Ann. Math.
Stat. 37, 871-889 (1966)

[143] Sweat, C.W.: Sequential search with discounted income - the
discount is a function of the cell searched, Ann. Math.
Stat. 41, 1446-1455 (1970)

[144] Tognetti, K.P.: An optimal strategy for a whereabouts search,
Operations Research 16, 209-211 (1968)

[145] Tukey, J.: The problem of multiple comparisons, (unpubl.),
Princeton Univ., Princeton N.J. (1953)

[146] Ungar, P.: The cut-off point for group testing, Comun. Pure
Appl. Math. 13, 49-54 (1960)

[147] Wald, A.: Contributions to the theory of statistical
estimation and testing hypotheses, Ann. Math. Stat. 10,
299-326 (1939)

[148] Wald, A.: Statistical decision functions which minimize the
maximum risk, Ann. Math. Stat. 16, 265-280 (1945)

[149] Wald, A.: Sequential analysis, John Wiley & Sons, New York
(1947)

[150] Wald, A.: Foundations of a general theory of sequential
decision functions, Econometrika 15, 279-313 (1947)

[151] Wald, A.: Statistical decision functions, Ann. Math.
Stat. 20, 165-205 (1949)

[152] Wald, A.: Statistical decision functions, John Wiley & Sons,
New York (1950)

[153] Wald, A./Wolfowitz, J.: Optimum character of the sequential
probability ratio test, Ann. Math. Stat. 19, 326-339 (1948)

[154] Wasan, M.T.: Stochastic approximation, University Press,
Cambridge (1969)

[155] Wegener, I.: The discrete search problem and the optimum
distribution of search effort, submitted to: Mathematics
of Operations Research (1978)

[156] Wegener, I.: The discrete sequential search problem with
nonrandom cost and overlook probabilities, submitted to:
Mathematics of Operations Research (1978)

[157] Wegener, I.: The discrete sequential search problem and
the optimal allocation of search effort, submitted to:
Mathematics of Operations Research (1978)

[158] Wegener, I.: On separating systems whose elements are sets
of at most k elements, to appear in Discrete Mathematics

[159] Wilde, D.J.: Optimum seeking methods, Prentice-Hall
International Series in the Physical and Chemical
Engineering Sciences, Eaglewood Cliffs, N.J. (1964)

[160] Wolfowitz, J. On the stochastic approximation method of
Robbins and Monro, Ann. Math. Stat. 23, 457-461 (1952)

[161] Wolfowitz, J.: On stochastic approximation methods,
Ann. Math. Stat. 27, 1151-1156 (1956)

[162] Wolfowitz, J.: The coding of messages subject to chance
errors, Illinois J. Math. 1, 591-606 (1957)

[163] Wolfowitz, J.: Coding theorems of information theory,
Springer, Heidelberg, 3-rd edition (1977)

[164] Wong, E.: A linear search problem, SIAM Review 6,
168-174 (1964)

[165] Yao, A.C./Yao, F.F.: Lower bounds of merging networks,
Journal of the Association for Computing Machinery 23,
566-571 (1976)

[166] Yap, C.K.: New upper bounds for selection,
Communications of the ACM 19, 501-508 (1976)

[167] Yap, C.K.: New results for medians and related problems,
      Symp. on Algorithms and Complexity: New Directions and
      Recent Results, Pittsburg, Pa., (1976)

[168] Zigangirov, K. Sh.: Upper bounds for the error probability
      for channels with feedback, Problemy Peredachi Informatsii 6,
      87-92 (1970)

[169] Zigangirov, K.Sh.: Number of correctable errors for
      transmission over a binary symmetrical channel with
      feedback, Problemy Peredachi Informatsii 12, 3-19 (1976)

[170] Zimmerman, S.: An optimal search procedure,
      American Math. Monthly 66, 690-693 (1959)

<u>Sachverzeichnis</u>

Teubner Studienbücher Fortsetzung

Mathematik Fortsetzung

Krabs: **Optimierung und Approximation**
208 Seiten. DM 25,80

Rauhut/Schmitz/Zachow: **Spieltheorie**
Eine Einführung in die mathematische Theorie strategischer Spiele
400 Seiten. DM 28,80 (LAMM)

Stiefel: **Einführung in die numerische Mathematik**
5. Aufl. 292 Seiten. DM 26.80 (LAMM)

Stiefel/Fässler: **Gruppentheoretische Methoden und ihre Anwendung**
Eine Einführung mit typischen Beispielen aus Natur- und Ingenieurwissenschaften
256 Seiten. DM 25,80 (LAMM)

Stummel/Hainer: **Praktische Mathematik**
299 Seiten. DM 28,80

Topsøe: **Informationstheorie**
Eine Einführung. 88 Seiten. DM 12,80

Velte: **Direkte Methoden der Variationsrechnung**
Eine Einführung unter Berücksichtigung von Randwertaufgaben bei partiellen
Differentialgleichungen. 198 Seiten. DM 25,80 (LAMM)

Walter: **Biomathematik für Mediziner**
148 Seiten. DM 15,80

Witting: **Mathematische Statistik**
Eine Einführung in Theorie und Methoden. 3. Aufl. 223 Seiten. DM 26,80 (LAMM)

Preisänderungen vorbehalten